普通高等教育通识类课程教材

大学计算机基础教程

（Windows 10+Office 2016）

主　编　饶拱维　郭其标　房宜汕

副主编　杨贵茂　温凯峰　伍春晴　巫满秀

温　文　吴华光　刘　航

中国水利水电出版社
www.waterpub.com.cn
·北京·

内 容 提 要

本书是根据教育部非计算机专业计算机基础课程教学指导分委员会最新制定的教学大纲、全国计算机等级考试大纲，并结合高等学校非计算机专业培养目标编写而成。全书共有 7 章，主要内容包括计算机基础知识、Windows 10 操作系统、Word 2016 文字处理、Excel 2016 电子表格处理、PowerPoint 2016 演示文稿制作、多媒体技术基础知识、计算机网络基础和 Internet。

本书可作为各类高等学校非计算机专业计算机基础课程教材，也可作为全国计算机等级考试的参考书及广大计算机爱好者的自学用书。

图书在版编目（CIP）数据

大学计算机基础教程 : Windows 10+Office 2016 / 饶拱维，郭其标，房宜汕主编. -- 北京 : 中国水利水电出版社，2020.12

普通高等教育通识类课程教材

ISBN 978-7-5170-9243-8

Ⅰ. ①大… Ⅱ. ①饶… ②郭… ③房… Ⅲ. ①Windows操作系统－高等学校－教材②办公自动化－应用软件－高等学校－教材 Ⅳ. ①TP316.7②TP317.1

中国版本图书馆CIP数据核字(2020)第251205号

策划编辑：陈红华　责任编辑：陈红华　加工编辑：周益丹　封面设计：李　佳

书　　名	普通高等教育通识类课程教材 大学计算机基础教程（Windows 10+Office 2016） DAXUE JISUANJI JICHU JIAOCHENG（Windows 10+Office 2016）
作　　者	主　编　饶拱维　郭其标　房宜汕 副主编　杨贵茂　温凯峰　伍春晴　巫满秀　温　文　吴华光　刘　航
出版发行	中国水利水电出版社 （北京市海淀区玉渊潭南路 1 号 D 座　100038） 网址：www.waterpub.com.cn E-mail：mchannel@263.net（万水） sales@waterpub.com.cn 电话：（010）68367658（营销中心）、82562819（万水）
经　　售	全国各地新华书店和相关出版物销售网点
排　　版	北京万水电子信息有限公司
印　　刷	三河市铭浩彩色印装有限公司
规　　格	184mm×260mm　16 开本　21 印张　515 千字
版　　次	2020 年 12 月第 1 版　2020 年 12 月第 1 次印刷
印　　数	0001—4000 册
定　　价	53.00 元

序

自 20 世纪 80 年代以来，高等学校计算机教育发展迅速，计算机教育的内容不断扩展、程度不断加深。特别是近十年来，计算机向高度集成化、网络化和多媒体化发展的速度一日千里；社会信息化不断向纵深发展，各行各业的信息化进程不断加速；计算机应用技术与其他专业的教学、科研工作的结合更加紧密；各学科与以计算机技术为核心的信息技术的融合，促进了计算机科学的发展，各行业对学生的计算机应用能力也有更高和更具体的要求。

基于近年来计算机科学的发展，以及国家教育部关于计算机基础教学改革的指导思路，我们确立了这套“计算机基础”的编写思想与编写计划。教材是教学过程中的“一剧之本”，是高校计算机教学的首要问题。本套教材编写计划的制定凝聚了编委会和作者的心血，是大家多年来计算机学科教学和研究的成果体现，并得到了陈火旺院士的亲自指导与充分肯定。

本套教材经过了我们精心的策划和组织，同时在编写过程中，充分考虑了计算机学科的发展与“计算机学科教学计划”中内容和模块的调整，使得整套教材更具科学性和实用性。整套教材体系结构按课程设置进行划分，每册教材均涵盖了相应课程教学大纲所要求的内容，既具备科学设置的合理性，又符合计算机学科发展的需要。从结构上遵循教学认知规律，基本上能够满足不同层次院校、不同教学计划的要求。

本套教材的作者均为多年来从事教学、研究的专家和学者，他们有丰富的教学实践经验，所编写的教材结构严谨、内容充实、层次清晰、概念准确、论理充分、理论联系实际、深入浅出、通俗易懂。

教材建设是一项长期艰巨的系统工程，尤其是计算机科学技术发展迅速、内容更新快，为使教材更新能跟上科学技术的发展，我们将密切关注计算机科学的发展新动向，以使我们的教材编写在内容上不断推陈出新，在体系上不断发展完善，以适应高校计算机教学的需要。

编委会

2020 年 8 月

前　　言

进入21世纪以来，中小学信息技术教育越来越普及，大学新生计算机知识的起点随之逐年提高，大学计算机基础教学的改革近年在全国高校轰轰烈烈地展开。自1997年11月教育部高教司颁发了“加强非计算机专业计算机基础教学工作的几点意见”以来，全国高校的计算机基础教育逐步走上了规范化的发展道路。21世纪以后，计算机基础教学所面临的形势发生了很大变化，计算机应用能力已成为了衡量大学生素质与能力的突出标志之一。在这种形势下，2004年10月，教育部非计算机专业计算机基础课程教学指导分委员会提出了“进一步加强高校计算机基础教学的几点意见”（简称“白皮书”），高校的计算机基础教育将从带有普及性质的初级阶段，开始步入更加科学、更加合理、更加符合21世纪高校人才培养目标且更具大学教育特征和专业特征的新阶段。这对大学计算机基础教育的教学内容提出了更新、更高、更具体的要求，同时也把计算机基础教学推入了新一轮的改革浪潮之中。

本书根据教育部计算机基础课程教学指导分委员会对计算机基础教学的目标与定位、组成与分工，以及计算机基础教学的基本要求和计算机基础知识的结构所提出的“大学计算机基础”课程教学大纲，并结合中学信息技术教育的现状编写而成的。

本书由饶拱维、郭其标、房宜汕担任主编，由饶拱维终审、定稿。全书分为7章：第1章由杨贵茂编写，第2章由巫满秀、刘航编写，第3章由伍春晴、温凯峰编写，第4章由饶拱维、郭其标编写，第5章由房宜汕、温文编写，第6章由吴华光编写，第7章由温凯峰编写。

为便于教师教学和学生学习，本书配有配套的实验教材，并提供实验文档、电子教案、教学素材等，如有需要，可发E-mail到mzrgw@163.com索取。

本书在编写过程中得到了有关专家和老师的指导与支持，在此表示衷心的感谢。由于编者水平有限，书中难免有疏漏和不足之处，敬请各位专家、同行和广大读者提出宝贵意见，以便再版时及时修改，在此表示诚挚的谢意！

编　者

2020年8月

目　　录

第 1 章 计算机基础知识

1.1 计算机的发展

1.1.1 计算机的概念与产生

计算机（computer）的全称是电子计算机（electronic computer），俗称电脑，是一种能够按照程序运行，自动、高速处理海量数据的现代化智能电子设备，是一种具有计算能力和逻辑判断能力的机器，它是由硬件和软件组成。没有安装任何软件的计算机称为裸机。

20 世纪 40 年代中期，导弹、火箭、原子弹等现代科技的发展，迫切需要解决很多复杂的数学问题，原有的计算工具已经满足不了要求，另外电子学和自动控制技术的迅速发展，为研制电子计算机提供了技术条件。1946 年 2 月，在美国宾夕法尼亚大学，世界上第一台电子数字计算机 ENIAC（Electronic Numerical Integrator And Calculator——电子数字积分计算机，简称“埃尼亚克”）诞生了，它的出现标志着计算机时代的到来，如图 1-1 和图 1-2 所示。

图 1-1　ENIAC

图 1-2　ENIAC

第一台计算机 ENIAC 是第二次世界大战期间，美国为计算炮弹的运行轨迹而设计的，它主要采用的元器件是电子管。该机使用了 1500 个继电器，18800 个电子管，占地 170 平方米，重 30 多吨，耗电 150 千瓦，耗资 40 万美元。这台计算机每秒能完成 5000 次加法运算，300 多次乘法运算，比当时最快的计算工具快 300 倍，这台计算机的功能虽然无法与今天的计算机相比，但它的诞生却是科学技术发展史上的一次意义重大的事件，展露了新技术革命的曙光。经过几十年的发展，计算机技术的应用已经十分普及，从国民经济的各个领域到个人生活、工作的各个方面，可谓无所不在。

1.1.2 计算机的发展

在第一台计算机诞生后的几十年里，计算机的发展日新月异，特别是电子器件的发展，更有力地推动了计算机的发展，所以人们习惯以计算机的主要元器件作为计算机发展年代划分的依据。人们根据计算机的性能和使用的主要元器件不同，将计算机的发展划分成四个阶段，也称为四代。每一个阶段在技术上都是一次新的突破，在性能上都是一次质的飞跃。

第一代（1946—1958 年）是电子管计算机时代（如图 1-3 所示）。其特征是采用电子管作为逻辑元件，用阴极射线管或水银延迟线作为主存储器，结构上以 CPU 为中心，速度慢、存储量小。这一代计算机的逻辑元件采用电子管，并且使用机器语言编程，后来又产生了汇编语言。

第二代（1959—1964 年）是晶体管计算机时代（如图 1-4 所示）。其特征是用晶体管代替了电子管，用磁芯作为主存储器，引入了变地址寄存器和浮点运算部件，利用 I/O（Input/Output）处理机提高输入和输出操作能力等。这一代计算机的逻辑元件采用晶体管，并出现了管理程序和 COBOL、FORTRAN 等高级编程语言，以简化编程过程，建立了子程序库和批处理管理程序，应用范围扩大到数据处理和工业控制。

图 1-3　电子管

图 1-4　晶体管

第三代（1965—1970 年）是集成电路计算机时代（如图 1-5 所示）。其特征是用集成电路（Integrated Circuit，IC）代替了分立元件晶体管。这一代计算机逻辑元件采用中、小规模集成电路，出现了操作系统和诊断程序，高级语言更加流行，如 BASIC、Pascal、APL 等。

第四代（1971 年至今）是超大规模集成电路计算机时代（如图 1-6 所示）。其特征是以大规模集成电路（LSI）和超大规模集成电路（VLSI）为计算机主要功能部件，用 16KB、64KB 或集成度更高的半导体存储器部件作为主存储器。这一代计算机采用的逻辑元件是微处理器和其他芯片，其特点主要包括速度快、存储容量大、外部设备种类多、用户使用方便、操作系统和数据库技术进一步发展。同时，1971 年美国 Intel 公司首次把中央处理器（CPU）制作在一块芯片上，研究出了第一个 4 位单片微处理器，它标志着微型计算机的诞生。

图 1-5　集成电路

图 1-6　超大规模集成电路

第五代计算机是正在研制中的新型电子计算机。有关第五代计算机的设想，是 1981 年在日本东京召开的第五代计算机国际会议上正式提出的。第五代计算机的特点是智能化，具有某些与人的智能相似的功能，可以理解人的语言，能思考问题，并具有逻辑推理的能力。

我国计算机事业是从 1956 年制定的《十二年科学技术发展规划》后开始起步的。1958 年成功地仿制了 103 和 104 电子管通用计算机。20 世纪 60 年代中期，我国已全面进入到第二代电子计算机时代。我国的集成电路在 1964 年已研制出来，但真正生产集成电路是在 70 年代初期。80 年代以来，我国的计算机科学技术进入了迅猛发展的新阶段。

1.1.3　计算机的分类

计算机发展到今天，已是种类繁多，并表现出各自不同的特点。可以从不同的角度对计算机进行分类。

计算机按信息的表示形式和对信息的处理方式不同可分为数字计算机（digital computer）、模拟计算机（analogue computer）和混合计算机。数字计算机所处理的数据都是以 0 和 1 表示的二进制数字，是不连续的离散数字，具有运算速度快、准确、存储量大等优点，因此适合进行科学计算、信息处理、过程控制和人工智能等，具有最广泛的用途。模拟计算机所处理的数据是连续的，称为模拟量。模拟量以电信号的幅值来模拟数值或某物理量的大小，如电压、电流、温度等都是模拟量。模拟计算机解题速度快，适于解高阶微分方程，在模拟计算和控制系统中应用较多。混合计算机则集数字计算机和模拟计算机的优点于一身。

计算机按用途不同可分为通用计算机（general purpose computer）和专用计算机（special purpose computer）。通用计算机广泛适用于一般科学运算、学术研究、工程设计和数据处理等，具有功能多、配置全、用途广、通用性强的特点，市场上销售的计算机多属于通用计算机。专用计算机是为适应某种特殊需要而设计的计算机，通常增强了某些特定功能，忽略了一些次要要求，所以专用计算机能高速度、高效率地解决特定问题，具有功能单纯、使用面窄甚至专机专用的特点。模拟计算机通常都是专用计算机，在军事控制系统中被广泛的使用，如飞机的自动驾驶仪和坦克上的兵器控制计算机。

目前国际上沿用的分类方法，是根据电气和电子工程师协会（IEEE）的一个委员会于 1989 年 11 月提出的标准来划分的，即把计算机划分为巨型机（超级计算机）、小巨型机、大型机、小型机、工作站和微型机等。

1. 巨型机

巨型机（giant computer）又称超级计算机（supercomputer），是指运算速度超过每秒 1 亿次的高性能计算机，它是目前功能最强、速度最快、软硬件配套齐备、价格最贵的计算机，主要用于解决诸如气象、太空、能源、医药等尖端科学研究和战略武器研制中的复杂计算。其研制水平、生产能力及应用程序，已成为衡量一个国家经济实力与科技水平的重要标志。目前，巨型机主要用于战略武器（如核武器和反弹道武器）的设计、空间技术、石油勘探、长期天气预报以及社会模拟等领域。世界上只有少数几个国家能生产巨型机，著名的巨型机有：2020 年 6 月 23 日发布的世界超级计算机 TOP 500 排名中，日本的 Fugaku（“富岳”，如图 1-7 所示）超级计算机以每秒达到 41.55 亿亿次的运算速度夺取第一名宝座，美国的 Summit（“顶点”，如图 1-8 所示）超级计算机以每秒 14.88 亿亿次的运算速度排名第二。我国国家并行计算机工程技术研究中心开发的“神威·太湖”超级计算机（如图 1-9 所示）和我国国防科技大学研发的天河 2A 超级计算机分别排名第四和第五，运算速度分别是 9.3 亿亿次和 6.14 亿亿次。

图 1-7　日本的“富岳”

图 1-8　美国的“顶点”

图 1-9　我国的“神威·太湖”

2. 小巨型机

小巨型机（mini supercomputer），也称小超级机，出现于 20 世纪 80 年代中期，它的问世对巨型机的高价格发出了挑战，其最大的特点就是具有更高的性价比。

3. 大型机

大型机（mainframe）称为大型主机、大型计算机或大型通用机（常说的大中型机），其特点是通用性强、有很强的综合处理能力。处理速度高达每秒 30 万亿次，主要用于大银行、大公司、规模较大的高校和科研院所，所以也被称为“企业级”计算机。大型机经历了批处理、分时处理、分散处理与集中管理等几个主要发展阶段。美国 IBM 公司生产的 IBM 360、IBM 370、IBM 9000 系列就是国际上最具有代表性的大型机。IBM 大型机如图 1-10 所示。

4. 小型机

小型机（minicomputer）一般用于工业自动控制、医疗设备中的数据采集等场合。其规模和运算速度比大中型机要差，但仍能支持十几个用户同时使用。小型机具有规模较小、结构简单、成本较低、操作简单、易于维护、与外部设备连接容易等特点，是在 20 世纪 60 年代中期发展起来的一类计算机。当时微型计算机还未出现，因而得以广泛推广应用，许多工业生产自动化控制和事务处理都采用小型机，它也常用在一些中小型企事业单位或某一部门，例如，高等院校的计算机中心都以一台小型机为主机，配以几十台甚至上百台终端机，以满足大量学生学习程序设计课程的需要。典型的小型机是美国 DEC 公司的 PDP 系列计算机、IBM 公司的 AS/400 系列计算机、我国的 DJS-130 计算机等。IBM 小型机如图 1-11 所示。

图 1-10　IBM 大型机

图 1-11　IBM 小型机

5. 工作站

工作站（workstation）是介于 PC 和小型机之间的一种高档微型机，是为了某种特殊用途而将高性能的计算机系统、输入/输出设备与专用软件结合在一起的系统，如图 1-12 所示。它的独到之处是有大容量主存、大屏幕显示器，特别适合于计算机辅助工程。例如，图形工作站一般包括主机、数字化仪、扫描仪、鼠标器、图形显示器、绘图仪和图形处理软件等，它可以完成对各种图形与图像的输入、存储、处理和输出等操作。目前生产工作站的厂家有著名的 Sun、HP 和 SGI 等公司。

图 1-12　工作站

自 1980 年美国 Appolo 公司推出世界上第一个工作站 DN-100 以来，工作站迅速发展，成为专门处理某类特殊事务的一种独立的计算机类型。早期的工作站大都采用 Motorola 公司的 680x0 芯片，配置 UNIX 操作系统，现在的工作站多数采用 Pentium IV 芯片，配置 Windows 2000、Windows XP 或者 Linux 操作系统。

6. 微型机

微型机简称“微机”，是当今使用最广泛、产量最大的一类计算机，体积小、功耗低、成本少、灵活性大，性价比明显优于其他类型计算机，因而得到了广泛应用。微型机可以按结构和性能划分为单片机、单板机、个人计算机等几种类型。

微型机的中央处理器采用微处理芯片，体积小巧轻便。目前微型机使用的微处理芯片主要有 Intel 公司的 Pentium 系列、AMD 公司的 Athlon 系列，以及 IBM 公司 Power PC 等。

1.1.4　计算机的发展趋势

现代计算机的发展表现在两个方面：一是朝着巨（巨型化）、微（微型化）、多（多媒体化）、网（网络化）和智（智能化）5 种趋向发展；二是朝着非冯·诺依曼结构发展。

1. 计算机发展的 5 种趋向

（1）巨型化。巨型化是指发展高速度、大存储容量和强功能的超级巨型计算机。这既是诸如天文、气象、原子、核反应等尖端科学发展以及进一步探索新兴科学的需要，同时也是为了让计算机具有人脑学习、推理的复杂功能。当今知识信息犹如核裂变一样不断膨胀，记忆、存储和处理这些信息是必要的。

（2）微型化。由于超大规模集成电路技术的发展，计算机的体积越来越小，功耗越来越低，性能越来越强，性价比越来越高，微型计算机已广泛应用到社会各个领域。除了台式微型计算机外，还出现了笔记本型、掌上型。随着微处理器的不断发展，微处理器已应用到仪表、家用电器、导弹弹头等中、小型计算机无法进入的领域。

（3）多媒体化。多媒体是“以数字技术为核心的图像、声音与计算机、通信等融为一体的信息环境”的总称。多媒体技术的目标是无论何时何地，只需要简单的设备就能自由自在地以交互和对话方式收发所需要的信息。多媒体技术的实质就是让人们利用计算机以更接近自然的方式交换信息。

（4）网络化。网络化就是用通信线路把各自独立的计算机连接起来，形成各计算机用户之间可以相互通信并使用公共资源的网络系统，一方面使众多用户能共享信息资源，另一方面使各计算机之间能通过互相传递信息进行通信，把国家、地区、单位和个人连成一体，提供方便、及时、可靠、广泛、灵活的信息服务。

（5）智能化。智能化是指使计算机具有人的智能，能够像人一样思考，让计算机能够进行图像识别、定理证明、研究学习、探索、联想、启发和理解人的语言等，是新一代计算机要实现的目标。随着计算机的计算能力的不断增强，通用计算机也开始具备一定的智能化，如各种专家系统的出现就是用计算机模仿人类专家的工作。智能化从本质上扩充了计算机的能力，使其能越来越多地代替人类的脑力与体力劳动。

2. 非冯·诺依曼结构模式

随着计算机技术的发展、计算机应用领域的开拓更新，冯·诺依曼结构模式已不能满足需要，所以出现了制造非冯·诺依曼计算机的想法。自20世纪60年代开始除了创造新的程序设计语言，即所谓的“非冯·诺依曼”语言外，还从计算机元件方面提出了发明与人脑神经网络相类似的新型大规模集成电路的设想，即分子芯片。

（1）光子计算机。光子计算机是一种由光信号进行数字运算、逻辑操作、信息存储和处理的新型计算机。它由激光器、光学反射镜、透镜、滤波器等光学元件和设备构成，靠激光束进入反射镜和透镜组成的阵列进行信息处理，以光子代替电子，光运算代替电运算。光的并行、高速天然地决定了光子计算机的并行处理能力很强，具有超高运算速度。在光子计算机中，光子的速度是电子的300多倍。2003年10月，全球首枚嵌入光核心的商用向量光学处理器问世，其运算速度是8万亿次/秒，预示着计算机将进入光学时代。

（2）生物计算机。20世纪80年代中期开始研制生物计算机（分子计算机），其特点是采用生物芯片，它由生物工程技术产生的蛋白质分子构成。在这种生物芯片中，信息以波的形式传播，运算速度比当今最新一代计算机快10万倍，并拥有巨大的存储能力。由于蛋白质分子能够自我组合，再生新的微型电路，使得生物计算机具有生物体的一些特点，如能发挥生物体本身的调节机能从而自动修复芯片发生的故障，还能模仿人脑的思考机制。目前，生物计算机研究领域已经有了新的进展，预计在不久的将来就能制造出分子元件，即通过在分子水平上的物理化学作用对信息进行检测、处理、传输和存储。

（3）量子计算机。量子计算机是指处于多现实态下的原子进行运算的计算机，多现实态是量子力学的标志。在某种条件下，原子世界存在着多现实态，即原子和亚原子粒子可以同时存在于此处和彼处，可以同时表现出高速和低速，可以同时向上和向下运动。如果使这些不同的原子状态分别代表不同的数字或数据，就可以利用一组具有不同潜在状态组合的原子，在同一时间对某一问题的所有答案进行探寻，寻找正确答案。量子计算机具有解题速度快、存储量大、搜索功能强和安全性较高等优点。

在进入21世纪之际，各国政府和各大公司都纷纷制定了针对量子计算机的一系列研究开发计划，获得了新的突破。

2009年11月15日，美国国家标准技术研究院研制出可处理两个昆比特数据的量子计算机。

2017年5月3日，中国科学院潘建伟团队构建的光量子计算机实验样机计算能力已超越早期的计算机。此外，中国科研团队完成了10个超导量子比特的操纵，成功打破了当时世界上最大位数的超导量子比特的纠缠和完整的测量记录。

2020年6月18日，潘建伟、苑震生等在超冷原子量子计算和模拟研究中取得重要进展——在理论上提出并实验实现原子深度冷却新机制的基础上，在光晶格中首次实现了1250对原子高保真度纠缠态的同步制备，为基于超冷原子光晶格的规模化量子计算与模拟奠定了基础。

1.2　计算机的特点与应用

1.2.1　计算机的特点

计算机的应用已经渗透到社会的各行各业，其主要原因是计算机具有以下特点。

1. 高速的运算能力

现在，一般的计算机运算速度是每秒几十万次到几百万次，大型计算机的运算速度是每秒几亿亿次。我国的“天河二号”运算速度已达 3.39 亿亿次/秒，这是人的运算能力无法比拟的。高速运算能力可以完成天气预报、大地测量、运载火箭参数等的计算。

2. 很高的计算精度

由于计算机内采用二进制数字进行运算，其计算精度可通过增加表示数字的设备来获得，使数值计算可根据需要获得千分之一至几百万分之一，甚至更高的精确度。一般计算机的字长越长，所能表达的数字的有效位就越多，其运算的精度就越高。

3. 具有“记忆”功能

计算机中设有存储器，存储器可记忆大量的数据。当计算机工作时，计算的数据、运算的中间结果及最终结果都可存入存储器中。最重要的是，可以把人们为计算机事先编好的程序也存储起来，这是计算机工作原理的关键。

4. 具有逻辑判断能力

计算机不仅能进行算术运算，还可以进行逻辑判断和推理，并能根据判断结果自动决定以后执行什么命令。

5. 高度的自动化和灵活性

由于计算机能够存储程序，并能够自动依次逐条地运行，不需要人工干预，这样计算机就实现了高度的自动化和灵活性。

6. 联网通信，共享资源

若干台计算机联入网络后，为人们提供了一种有效的、崭新的交互方式，便于世界各地的人们充分利用人类共有的知识财富。

1.2.2　计算机的应用

随着计算机技术的不断发展，计算机的应用领域越来越广泛，应用水平越来越高，已经渗透到各行各业，改变着人们传统的工作、学习和生活方式，推动着人类社会的不断发展。计算机的应用主要体现在以下几个方面。

1. 科学计算

科学计算也称为数值计算，是指利用计算机来完成科学研究和工程技术中提出的数学问题的计算。在现代科学技术工作中，科学计算问题是大量的和复杂的。利用计算机的高速计算、大存储容量和连续运算的能力，可以实现人工无法解决的各种科学计算问题。近几十年来，一些现代尖端科学技术的发展都是建立在计算机的基础上的，如卫星轨迹计算、气象预报等。

2. 数据处理

数据处理也称为非数值处理或事务处理，是指对各种数据进行收集、存储、整理、分类、统计、加工、利用、传播等一系列活动的统称。科学计算的数据量不大，但计算过程比较复杂；而数据处理数据量很大，但计算方法较简单。据统计，80%以上的计算机主要用于数据处理，这类工作量大且涉及面宽，决定了计算机应用的主导方向。目前，数据处理已广泛应用于办公自动化、企事业计算机辅助管理与决策、情报检索、图书管理、电影电视动画设计、会计电算化等各行各业。

3. 过程控制

过程控制也称为实时控制，是指利用计算机及时采集、检测数据，按最佳值迅速地对控制对象进行自动控制或自动调节。随着生产自动化程度的提高，对信息传递速度和准确度的要求也越来越高，这一任务靠人工操作已无法完成，只有计算机才能胜任。以计算机为中心的控制系统可以及时地采集数据、分析数据、制定方案，进行自动控制。它不仅可以减轻劳动强度，而且可以大大地提高自动控制的水平，提高产品的质量和合格率。因此，过程控制在冶金、电力、石油、机械、化工以及各种自动化部门得到广泛的应用，同时还应用于导弹发射、雷达系统、航空航天等各个领域。

4. 计算机辅助系统

计算机辅助系统的应用，可以提高产品设计、生产和测试过程的自动化水平，降低成本，缩短生产的周期，改善工作环境，提高产品质量，获得更高的经济效益。计算机辅助技术包括计算机辅助设计、计算机辅助制造和计算机辅助教学等。

（1）计算机辅助设计（Computer Aided Design，CAD）。计算机辅助设计是综合地利用计算机的工程计算、逻辑判断、数据处理功能和人的经验与判断能力，形成一个专门的系统，用来进行各种图形设计和图形绘制，对所设计的部件、构件或系统进行综合分析与模拟仿真实验。它是近十几年来形成的一个重要的计算机应用领域。目前在汽车、飞机、船舶、集成电路、大型自动控制系统的设计中，CAD 技术占据了愈来愈重要的地位。

（2）计算机辅助制造（Computer Aided Manufacturing，CAM）。计算机辅助制造是指利用计算机系统进行生产设备的管理、控制和操作的过程。例如，在产品的制造过程中，用计算机控制机器的运行，处理生产过程中所需的数据，控制和处理材料的流动以及对产品进行检测等。使用 CAM 技术可以提高产品质量，降低成本，缩短生产周期，提高生产率和改善劳动条件。

可将 CAD 和 CAM 技术集成实现设计生产自动化，这种技术被称为计算机集成制造系统（CIMS）。它的实现将真正做到无人化工厂（或车间）。

（3）计算机辅助教学（Computer Aided Instruction，CAI）。计算机辅助教学是指利用计算机进行辅助教学、交互学习。如利用计算机辅助教学系统制作的多媒体课件可以使教学内容生动、形象逼真，取得良好的教学效果。通过交互方式的学习，可以使学员掌握学习的进度，进行自测，方便灵活，可满足不同层次的学员的要求。CAI 的主要特色是交互教育、个别指导和因人施教。

5. 人工智能

人工智能（Artificial Intelligence，AI）是用计算机模拟人类的智能活动，如模拟人脑学习、推理、判断、理解、问题求解等过程，辅助人类进行决策，如专家系统。人工智能是计算机科学研究领域最前沿的学科，现在人工智能的研究已取得了不少成果，有些已开始走向实用阶段，例如，能模拟高水平医学专家进行疾病诊疗的专家系统，具有一定思维能力的智能机器人（图

1-13）等。

6. 信息高速公路

图 1-13 机器人

1993 年 2 月，时任美国副总统艾伯特·戈尔在一次演讲中提出“信息高速公路”的概念。1993 年 9 月美国正式宣布实施“国家信息基础设施”计划，俗称“信息高速公路”计划，引起了世界各发达国家、新兴工业国家和地区的极大反响，各国家、地区积极加入到了这场国际大竞争中。

国家信息基础设施，除通信、计算机、信息本身和人力资源关键要素的硬环境外，还包括标准、规则、政策、法规和道德等软环境。由于我国的信息技术相对落后，信息产业不够强大，信息应用不够普遍和信息服务队伍不够壮大等现状，有关专家提出，我国的信息高速公路应该加上两个关键部分，即民族信息产业和信息科学技术。

7. 电子商务

电子商务（electronic commerce）最早产生于 20 世纪 60 年代，发展于 20 世纪 90 年代，一般指的是在网络上通过计算机进行业务通信和交易处理，实现商品和服务的买卖以及资金的转账，同时还包括企业之间及其内部借助计算机及网络通信技术能够实现的一切商务活动，也就是通过网络进行的生产、销售和流通活动，不仅包括在互联网上的交易，而且包括利用信息技术来降低商务成本、增加流通价值和创造商业机遇的所有商务活动。

商务活动的核心是信息活动，在正确的时间和正确的地点与正确的人交换正确的信息是电子商务成功的关键。电子商务的显著特点是突破了时间和地点的限制，低成本、高效率、虚拟现实、功能全面，使用更灵活和更加安全有效。

电子商务的运行模式按照电子商务交易主体之间的差异可以有多种不同的模式，其中最典型的运行模式有：商家－商家模式（Business to Business，B2B）；商家－消费者模式（Business to Customer，B2C）；消费者－消费者模式（Customer to Customer，C2C）。

8. 电子政务

电子政务就是指政府机构运用现代计算机技术和网络技术，将管理和服务的职能转移到网络上去，实现政府组织结构和工作流程的重组优化，超越时间、空间和部门分隔的制约，向全社会提供高效优质、规范透明和全方位的管理与服务。它开辟了推动社会信息化的新途径，创造了政府实施产业政策的新手段。电子政务的出现有利于政府转变职能，提高运作的效率。

电子政务的特点是转变政府工作方式，提高政府科学决策水平，优化信息资源配置，借助信息技术降低管理和服务成本。

从电子政务服务的对象看，电子政务的主要内容包括：政府－政府电子政务（Government to Government，G2G）；政府－企业电子政务（Government to Business，G2B）；政府－公民电子政务（Government to Citizen，G2C）。

1.3 计算机中的数值转换

1.3.1 进位计数制及其特点

进位计数制的特点是表示数值大小的数码与它在数中的位置有关。如十进制数 23.45，数码 2 处于十位上，代表 $2\times10^1=20$，即 2 处的位置具有 10^1 权；3 处于个位上，代表 $3\times10^0=3$；4 处于小数点后第一位，代表 $4\times10^{-1}=0.4$；最低位 5 处于小数点后第二位，代表 $5\times10^{-2}=0.05$。

十进制运算中，凡超过 10 就向高位进一位，相邻间是十倍关系，10 称为进位“基数”。同理，若是二进制，则进位基数为 2，八进制的进位基数为 8，十六进制的进位基数为 16。因此，任何进位计数制都有两个要素：数码的个数和进位基数。

1. 十进制

十进制（decimal system）是人们十分熟悉的计数体制。它用 0、1、2、3、4、5、6、7、8、9 十个数字符号，按照一定规律排列起来表示数值的大小。

任意一个十进制数，都可表示为$(X)_{10}$、$[X]_{10}$或 XD，如 628 可表示为$(628)_{10}$、$[628]_{10}$或 628D。

【例 1.1】十进制数$[X]_{10}=654.16$，可以写成

$$[X]_{10}=[654.16]_{10}$$
$$=6\times10^2+5\times10^1+4\times10^0+1\times10^{-1}+6\times10^{-2}$$

从这个十进制数的表达式中，可以得到十进制数的特点：

（1）每一个位置（数位）只能出现十个数字符号 0～9 中的一个。通常把这些符号的个数称为基数，十进制数的基数为 10。

（2）同一个数字符号在不同的位置代表的数值是不同的。例 1-1 中，左右两边的数字都是 6，但右边第一位数的数值为 0.06，而左边第一位数的数值为 600。

（3）十进制的基本运算规则是“逢十进一”。例 1-1 中，小数点左边第一位为个位，记作 10^0；第二位为十位，记作 10^1；第三位为百位，记作 10^2；小数点右边第一位为十分位，记作 10^{-1}；第二位为百分位，记作 10^{-2}；通常把 10^{-2}、10^{-1}、10^0、10^1、10^2 等称为对应数位的权，各数位的权都是基数的幂。每个数位对应的数字符号称为系数。显然，某数位的数值等于该位的系数和权的乘积。

一般来说，n 位十进制正数$[X]_{10}=a_{n-1}a_{n-2}\ldots a_1a_0$可写为以下形式：

$$[X]_{10}=a_{n-1}\times10^{n-1}+a_{n-2}\times10^{n-2}+\ldots+a_1\times10^1+a_0\times10^0$$

式中 a_0、a_1、…、a_{n-1} 为各数位的系数（a_i 是第 i+1 位的系数），它可以取 0～9 十个数字符号中的任意一个；10^0、10^1、…、10^{n-1} 为各数位的权；$[X]_{10}$ 中下标 10 表示 X 是十进制数，十进制数的括号也经常被省略。

2. 二进制

与十进制类似，二进制（binary system）的基数为 2，即二进制中只有两个数字符号（0 和 1）。二进制的基本运算规则是“逢二进一”，各数位的权为 2 的幂。

任意一个二进制数，都可表示为$(X)_2$、$[X]_2$或 XB，如 110 可表示为$(110)_2$、$[110]_2$或 110B。

一般来说，n 位二进制正整数$[X]_2$的表达式可以写成：

$$[X]_2=a_{n-1}\times2^{n-1}+a_{n-2}\times2^{n-2}+\ldots+a_1\times2^1+a_0\times2^0$$

式中 a_0、a_1、…、a_{n-1} 为系数，可取 0 或 1 两种值；2^0、2^1、…、2^{n-1} 为各数位的权。

【例 1.2】八位二进制数$[X]_2=10001111$，可以写成

$$[X]_2=[10001111]_2$$
$$=1\times2^7+0\times2^6+0\times2^5+0\times2^4+1\times2^3+1\times2^2+1\times2^1+1\times2^0=[143]_{10}$$

除了使用二进制和十进制外，在计算机的应用中，也经常使用八进制和十六进制。

3. 八进制

在八进制（octal system）中，基数为 8，它有 0、1、2、3、4、5、6、7 八个数字符号，八进制的基本运算规则是“逢八进一”，各数位的权是 8 的幂。

任意一个八进制数，都可表示为$(X)_8$、$[X]_8$或 XQ，如 127 可表示为$(139)_8$、$[139]_8$或 139Q（注：为了区分 O 与 0，可把 O 用 Q 来表示）。

n 位八进制正整数的表达式可写成

$$[X]_8=a_{n-1}\times8^{n-1}+a_{n-2}\times8^{n-2}+\ldots+a_1\times8^1+a_0\times8^0$$

【例 1.3】八进制数$[X]_8=173.5$，可以写成

$$[X]_8=[173.5]_8$$
$$=1\times8^2+7\times8^1+3\times8^0+5\times8^{-1}=(123.625)_{10}$$

4. 十六进制

在十六进制（hexadecimal system）中，基数为 16。它有 0、1、2、3、4、5、6、7、8、9、A、B、C、D、E、F 十六个数字符号。十六进制的基本运算规则是“逢十六进一”，各数位的权为 16 的幂。

【例 1.4】十六进制数$[X]_{16}$=3AF.C8，可以写成

$$[X]_{16}=[3AF.C8]_{16}$$
$$=3\times16^2+10\times16^1+15\times16^0+12\times16^{-1}+8\times16^{-2}=(943.78125)_{10}$$

综上所述，各进制数都可以用权展开来表示，公式为

$$N=a_{n-1}\times r^{n-1}+a_{n-2}\times r^{n-2}+\ldots+a_1\times r^1+a_0\times r^0+a_{-1}\times r^{-1}+\ldots+a_{-m}\times r^{-m}$$

总结以上 4 种进位计数制，可以将它们的特点概括为每一种进位计数制都有一个固定的基数，每一个数位都可取数码中的不同数值，每一种进位计数制都有自己的位权，并且遵循“逢 r 进一”的规则。

表 1-1 列出了常用各种进制数的表示方法。

表 1-1　计算机中常用的各种进制数的表示

进位制	十进制	二进制	八进制	十六进制
基本符号	0、1、…、9	0、1	0、1、…、7	0、1、…、9、A、B、…、F
基数	r=10	r=2	r=8	r=16
位权	10^i	2^i	8^i	16^i
规则	逢十进一	逢二进一	逢八进一	逢十六进一
形式表示	D	B	O（Q）	H

不论是哪一种进位计数制，其计数和运算都有共同的规律和特点。进位计数制的表示主要包含三个基本要素：数位、基数和位权。数位是指数码在一个数中所处的位置；基数是指某种进位计数制中所含的基本符号的个数，用 r 表示，例如十进位计数制中，每个数位上可以使用的数码为 0、1、2、3、…、9 十个数码，即其基数为 10；每一固定位置对应的单位值称为位权，各种进位计数制中位权的值恰好是基数 r 的某次幂，例如在十进位计数制中，小数点左边第一位位权为 10^0，左边第二位位权为 10^1，左边第三位位权为 10^2……，小数点右边第一位位权为 10^{-1}，小数点右边第二位位权为 10^{-2}……，即小数点左边位权依次为 r^0、r^1、r^2…，小数点右边位权依次为 r^{-1}、r^{-2}…。

1.3.2 不同数制的相互转换

将数由一种数制（进位计数制）转换成另一种数制称为数制间的转换。由于计算机采用二进制，但用计算机解决实际问题时对数值的输入/输出通常使用十进制，这就有一个十进制向二进制转换或由二进制向十进制转换的过程。也就是说，在使用计算机进行数据处理时首先必须把输入的十进制数转换成计算机所能接受的二进制数；计算机在运行结束后，再把二进制数转换为人们所习惯的十进制数输出。这两个转换过程完全由计算机系统自动完成，不需人参与。有时候，直接对二进制和十进制进行转换比较烦琐，为方便起见，人们常用八进制或十六进制作为中间结果进行数制转换。下面来看各种数制之间是怎样完成转换的。

1. r 进制转换成十进制

r 进制转换成十进制采用"位权法"，就是将各位数码乘以各自的权值累加求和，即按权展开求和。可用如下公式表示：

$$N=\sum_{i=-m}^{n-1} a_i \times r^i$$

【例 1.5】将下列各数转换成十进制数。

解：$(11010.10)_B = 1\times2^4+1\times2^3+0\times2^2+1\times2^1+0\times2^0+1\times2^{-1}+0\times2^{-2}=(26.5)_D$

$(236.14)_O = 2\times8^2+3\times8^1+6\times8^0+1\times8^{-1}+4\times8^{-2}=(158.1875)_D$

$(2E9.C8)_H = 2\times16^2+14\times16^1+9\times16^0+12\times16^{-1}+8\times16^{-2}=(745.78125)_D$

2. 十进制转换成 r 进制

数制之间进行转换时，通常对整数部分和小数部分分别进行转换。将十进制数转换成 r 进制数时，先将十进制数分成整数部分和小数部分，然后再利用各自的转换法则进行转换，最后在保持小数点位置不变的前提下将两部分结果写在一起。

整数部分的转换法则为：除基取余倒着读，直到商取 0 为止。

小数部分的转换法则为：乘基取整正着读，直到小数部分取 0 或达到所要求的精度为止。

【例 1.6】将十进制数 207.815 转换成二进制数。

解：（1）整数部分（除 2 取余法）

除数	被除数/商	取余数	余数	低→高
2	207			低
2	103	……	1	
2	51	……	1	
2	25	……	1	
2	12	……	1	
2	6	……	0	
2	3	……	0	
2	1	……	1	
	0	……	1	高

（2）小数部分（乘 2 取整法）

运算	取整数	低→高
0.815 × 2 = 1.63	1	高
0.63 × 2 = 1.26	1	
0.26 × 2 = 0.52	0	
0.52 × 2 = 1.04	1	低

转换结果：$(207.815)_D \approx (11001111.1101)_B$

有时小数部分可能永远不会得到 0，按所要求的精度进行取值即可。

将十进制数转换成八进制或十六进制，方法与将十进制数转换成二进制数相同，只是整数部分的"除 2 取余法"变成了"除 8 取余法"或"除 16 取余法"，小数部分的"乘 2 取整法"

变成了“乘 8 取整法”或“乘 16 取整法”。

【例 1.7】将十进制数 193.12 转换成八进制数。

解：（1）整数部分（除 8 取余法）

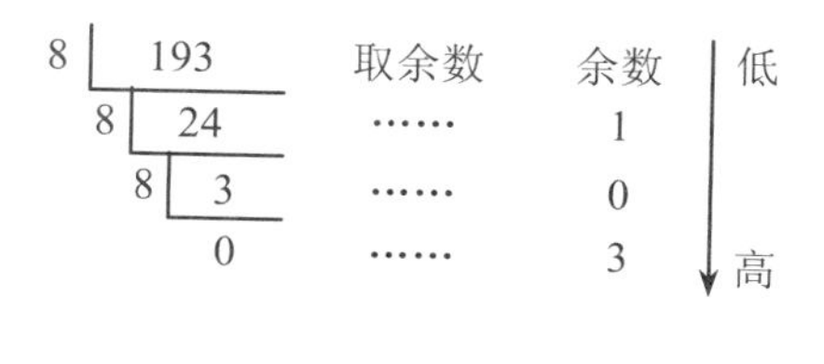

（2）小数部分（乘 8 取整法）

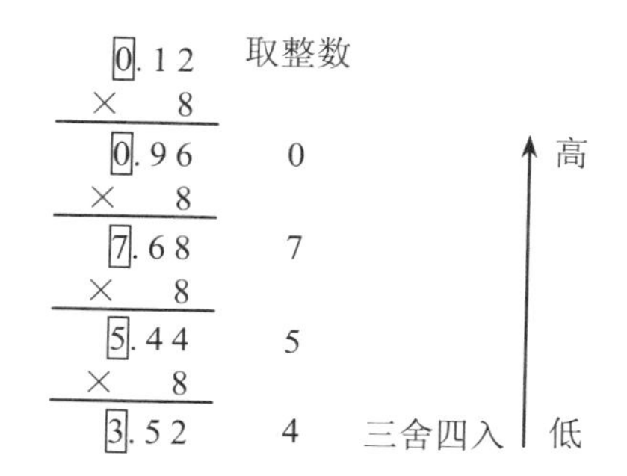

转换结果：$(193.12)_D \approx (301.0754)_O$

十进制的舍入方法为四舍五入，类似地，二进制为零舍一入，八进制为三舍四入，十六进制为七舍八入。

【例 1.8】将十进制数 69.625 转换成十六进制数。

解：（1）整数部分（除 16 取余法）

16 | 69　　取余数　　余数　　低
16 | 4　　……　　5
0　　……　　4　　高

（2）小数部分（乘 16 取整法）

0.625　　取整数
× 16
10.00　　A

转换结果：$(69.625)_D \approx (45.A)_H$

3. 八进制和二进制之间的转换

由表 1-2 中八进制与二进制之间的关系可知，一位八进制数相当于三位二进制数，因此，要将八进制数转换成二进制数时，只需以小数点为界，向左或向右每一位八进制数用相应的三位二进制数取代即可，即“以一换三”，如果不足三位，可用 0 补足。反之，二进制数转换成相应的八进制数，用上述方法的逆过程，即以小数点为界，向左或向右每三位二进制数用相应的一位八进制数取代即可。

表 1-2　八进制与二进制之间的关系

八进制	二进制
0	000
1	001
2	010
3	011
4	100
5	101
6	110
7	111

【例 1.9】将八进制数$(265.734)_O$转换成二进制数。

解： 2 6 5 . 7 3 4

010 110 101 111 011 100

即$(265.734)_O = (10110101.1110111)_B$

【例 1.10】将二进制数$(1100101.010011111)_B$转换成八进制数。

解： 001 100 101 . 010 011 111

1 4 5 2 3 7

即$(1100101.010011111)_B = (145.237)_O$

4. 十六进制和二进制之间的转换

由表 1-3 中十六进制与二进制之间的关系可知，一位十六进制数相当于四位二进制数，因此，要将十六进制数转换成二进制数时，只需以小数点为界，向左或向右每一位十六进制数用相应的四位二进制数取代即可，即“以一换四”，如果不足四位，可用 0 补足。反之，二进制数转换成相应的十六进制数是上述方法的逆过程，即以小数点为界，向左或向右每四位二进制数用相应的一位十六进制数取代即可。

表 1-3 十六进制与二进制之间的关系

十六进制	二进制	十六进制	二进制
0	0000	8	1000
1	0001	9	1001
2	0010	A	1010
3	0011	B	1011
4	0100	C	1100
5	0101	D	1101
6	0110	E	1110
7	0111	F	1111

【例 1.11】将十六进制数$(69A.BD3)_{16}$转换成二进制数。

解： 6 9 A . B D 3

0110 1001 1010 1011 1101 0011

即$(69A.BD3)_H = (11010011010.101111010011)_B$

【例 1.12】将二进制数$(11101101101111.101000101)_B$转换成十六进制数。

解： 0011 1011 0110 1111 . 1010 0010 1000

3 B 6 F A 2 8

即$(11101101101111.101000101)_B = (3B6F.A28)_H$

1.3.3 数值的存储

计算机处理信息，除了处理数值信息之外，还要处理大量的符号、字母、汉字等非数值信息。而计算机只能识别二进制数码信息，因此一切非二进制数码的信息，如各种字母、数字、符号，都用二进制特定数码来表示。

计算机中使用的二进制数共有 3 个单位：位、字节和字。

“位”是计算机中数的最小单位，称为比特（bit），简记为 b，即二进制数的一位“0”或“1”所占的空间。

在计算机中，8 个位（bit）组成一个字节（Byte），简记为 B。字节是最基本的数据单位。一个字节可存放一个 ASCII 码，两个字节可存放一个汉字。

存储器的容量一般以 KB、MB、GB、TB 和 PB 为单位。

1KB=1024B=2^{10}B。

1MB=1024KB=2^{10}KB。

1GB=1024MB≈1000MB

1TB=1024GB≈1000GB

1PB=1024TB≈1000TB

字（word）是计算机进行数据处理时，一次存取、加工和传送的数据长度。由于字长是计算机一次所能处理的实际位数的多少，决定了计算机进行数据处理的速率，因此，字长常常成为衡量计算机性能的标志，如常用的字长有 8 位、16 位、32 位和 64 位等。

1. 有符号数的机器数表示

数在计算机中的表示统称为机器数。机器数有如下 3 个特点。

（1）数的符号数值化。在计算机中，因为只有 0 和 1 两种形式，因此，数的正、负号也用 0 和 1 表示。通常把一个数的最高位定义为符号位，用 0 表示正，1 表示负，此时的 0 或 1 称为数符，其余位仍表示数值。机器数是把机器内存放的正、负符号数值化后的数，机器数对应的数值称为机器数的真值数。

若一个数占 8 位，则表示形式如图 1-14 所示。

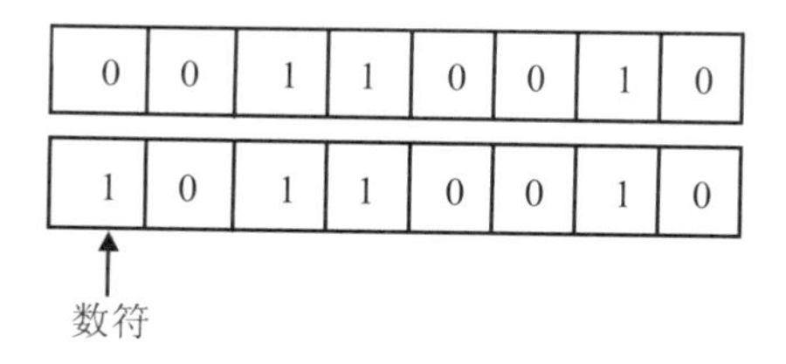

图 1-14　机器数

如$(+50)_{10}=(00110010)_2$和$(-50)_{10}=(10110010)_2$，它们在机器中的存放形式如图 1-14 所示。

（2）计算机中常只表示整数和纯小数，将小数点约定在一个固定的位置上，不再占用 1 个数位。

（3）机器数表示的范围受字长和数据类型的限制。

例如，用 16 位二进制数表示，则十进制数-513 的二进制数表示为 1000001000000011，显然，用 8 位二进制数无法表示这个数。

2. 定点数与浮点数

在计算机中，对于一般的数有两种表示方法：定点数与浮点数。

（1）定点数。所谓定点数是指小数点位置固定的数。通常用定点数来表示整数与纯小数，其分别称为定点整数与定点小数。

1）定点整数：小数点默认为在整个二进制数的最后（小数点不占二进制位）。在这种表示中，符号位右边的所有位数表示的是一个整数，我们称用这种方法表示的数为定点整数。

例如，用 8 位二进制定点整数表示十进制数−77 为

$$(-77)_{10}=(11001101)_2$$

2）定点小数：小数点默认为在符号位之后（小数点不占二进制位）。在这种表示中，符号位右边的第一位是小数的最高位，我们称用这种方法表示的数为定点小数。

例如，用 8 位二进制定点小数表示十进制纯小数+0.296875 为

$$(+0.296875)_{10}=(00100110)_2$$

（2）浮点数。对于既有整数部分，又有小数部分的数，由于其小数点的位置不固定，一般用浮点数表示。在计算机中，通常所说的浮点数就是指小数点位置不固定的数。

一个既有整数部分又有小数部分的十进制数 R 可以表示成如下形式：

$$R=Q\times10^n$$

其中，Q 为一个纯小数，n 为一个整数。例如，十进制数+23.475 可以表示成$+0.23475\times10^2$，十进制数 0.00003957 可以表示成 0.3957×10^{-4}。纯小数 Q 的小数点后第一位一般为非零数字。

同样，对于既有整数部分又有小数部分的二进制数 P 也可以表示成如下形式：

$$P=S\times2^n$$

其中 S 为二进制定点小数，称为 P 的尾数；n 为二进制定点整数，称为 P 的阶码，它反映了二进制数 P 的小数点后的实际位置。为使有限的二进制位数能表示出最多的数字位数，定点小数 S 的小数点后的第一位（即符号位的后面一位）一般为非零数字（即为“1”）。

【例 1.13】用 16 位二进制定点小数与 8 位二进制定点整数表示十进制−255.75。

解：首先将$(-255.75)_{10}$转换成二进制数为

$$(-255.75)_{10}=(-11111111.11)_2=(-0.1111111111)_2\times2^8$$

将阶码 8 也转换成二进制数为

$$(+8)_{10}=(+1000)_2$$

将尾数化成 16 位二进制定点小数为

$$S=(-0.1111111111)_2=(1\ 111111111100000)_2$$

↑小数点的位置

将阶码化成 8 位二进制定点整数为

$$n=(+1000)_2=(00001000)_2$$

↑小数点的位置

十进制−255.75 转换成所要求的二进制浮点数后，存放的形式为

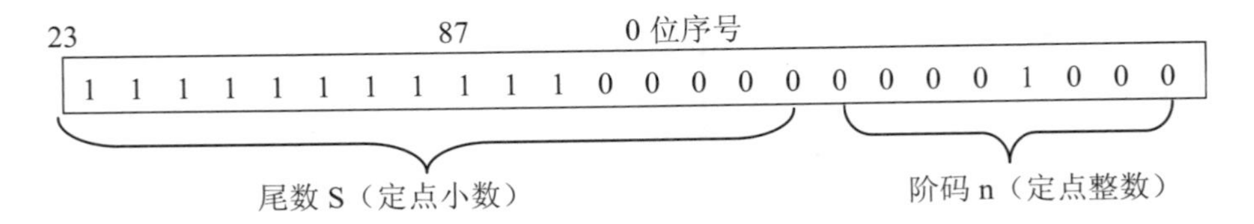

由此可见，在计算机中表示一个浮点数，其结构为

尾数部分（定点小数）		阶码部分（定点整数）	
数符±	尾数 S	阶符±	阶码 n

1.4 计算机中的信息编码

1.4.1 西文字符编码

关于“字符”这种常见的非数值型数据，计算机中普遍采用 ASCII 码，即美国信息交换标准码（American Standard Code for Information Interchange）。

ASCII 码总共有 128 个元素，用 7 位二进制数就可以对这些字符进行编码。一个字符的二进制编码占 8 个二进制位，即 1 个字节，在 7 个二进制位前面的第 8 位码是附加的，即最高位，常以 0 填补，称为奇偶校验位。7 位二进制数共可表示 2^7=128 个字符，它包含 10 个阿拉伯数字、52 个英文大小写字母、32 个通用控制字符、34 个控制码。ASCII 码表见表 1-4，纵向的 3 位（高位）和横向的 4 位（低位）组成 ASCII 码的 7 位二进制代码。

表 1-4 7 位的 ASCII 码表

低 4 位	高 3 位							
	000	001	010	011	100	101	110	111
0000	NUL	DLE	SP	0	@	P	、	p
0001	SOH	DC1	!	1	A	Q	a	q
0010	STX	DC2	"	2	B	R	b	r
0011	ETX	DC3	#	3	C	S	c	s
0100	EOT	DC4	$	4	D	T	d	t
0101	ENQ	NAK	%	5	E	U	e	u
0110	ACK	SYN	&	6	F	V	f	v
0111	BEL	ETB	'	7	G	W	g	w
1000	BS	CAN	(	8	H	X	h	x
1001	HT	EM	)	9	I	Y	i	y
1010	LF	SUB	*	:	J	Z	j	z
1011	VT	ESC	+	;	K	[	k	{
1100	FF	FS	,	<	L	\	l	|
1101	CR	GS	-	=	M	]	m	}
1110	SO	RS	.	>	N	↑	n	~
1111	SI	US	/	?	O	↓	o	Del

1.4.2 汉字编码

（1）汉字国标码和区位码。在计算机中一个汉字通常用两个字节的编码表示，我国制定了 GB2312—1980《中华人民共和国国家标准信息交换用汉字编码字符集（基本集）》，简称“国标码”，这是计算机进行汉字信息处理和汉字信息交换的标准编码。在该编码中，共收录汉字和图形符号 7445 个，其中一级常用汉字 3755 个（按汉语拼音字母顺序排列），二级常用汉字 3008 个（按部首顺序排列），图形符号 682 个。

在 GB2312—1980 中规定，全部国标汉字及符号组成一个 94×94 的矩阵。在此矩阵中，每一行称为一个“区”，每一列称为一个“位”。于是构成了一个有 94 个区（01～94 区），每个区有 94 个位（01～94 个位）的汉字字符集。区码与位码组合在一起就形成了“区位码”，唯一地确定某一汉字或符号。

区位码的分布规则如下。

1）01～09 区：图形符号区。

2）10～15 区：自定义符号区。

3）16～55 区：一级汉字区，按汉字拼音排序，同音字按笔画顺序。

4）56～87 区：二级汉字区，按偏旁部首、笔画排序。

5）88～94 区：自定义汉字区。

（2）汉字输入码。所谓汉字输入码就是用于使用西文键盘输入汉字的编码。每个汉字对应一组由键盘符号组成的编码，对于不同的汉字输入法，其输入码不同。汉字输入码也称外码。汉字输入码方案目前已达 600 多种，已经在计算机中实现的也超过了 100 种。常见的汉字输入码方案可分为如下 4 类。

1）数码——用数字组成的等长编码，典型代表有区位码、电报码。

2）音码——根据汉字的读音组成的编码，典型代表有全拼码和双拼码。

3）形码——根据汉字的形状、结构特征组成的编码，典型代表有五笔字型、表形码。

4）音形码——将汉字读音与其结构特征综合考虑的编码，典型代表有自然码、首尾拼音码。

（3）汉字内码。无论用户用哪种输入法，汉字输入到计算机后都转换成汉字内码进行存储，以方便机内的汉字处理。汉字内码是采用双字节的变形国标码，在每个字节的低 7 位与国标码相同，每个字节的最高位为 1，以与 ASCII 字符编码区别。

（4）汉字字形码。汉字字形码（汉字输出码）是将点阵组成的汉字模型数字化，形成的一串二进制数，主要用于输出汉字。输出汉字时，将汉字字形码再还原为由点阵构成的汉字，所以汉字字形码又被称为汉字输出码。

汉字是一种象形文字，每一个汉字可以看成是一个特定的图形，这种图形可以用点阵、轮廓向量、骨架向量等多种方法表示，而最基本的是用点阵表示。如果用 16×16 点阵来表示一个汉字，则一个汉字占 16 行，每一行有 16 个点，其中每一个点用一个二进制位表示，值 0 表示暗，值 1 表示亮。由于计算机存储器的每个字节有 8 个二进制位，因此，16 个点要用两个字节来存放，16×16 点阵的一个汉字字形需要用 32 个字节来存放，这 32 个字节中的信息就构成了一个 16×16 点阵汉字的字模。

从汉字代码的转换关系的角度看，图 1-15 描述了汉字信息处理的过程。

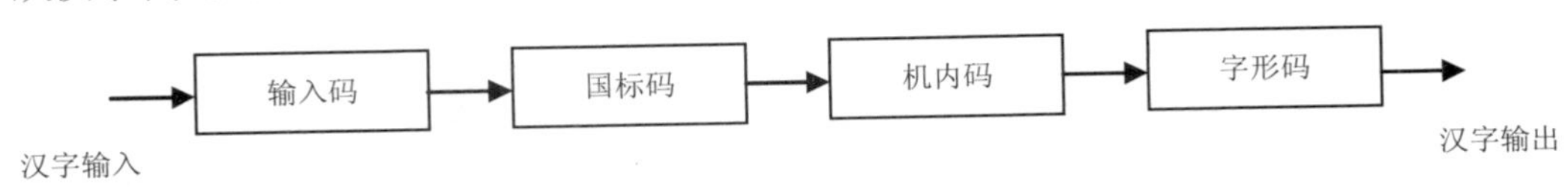

图 1-15　汉字信息处理过程

1.4.3　图形编码

在计算机中存储和处理图形同样要用二进制数编码的形式。要表示一幅图片或屏幕图形，最直接的方式是“点阵表示”。在这种方式中，图形由排列成若干行、若干列的像素（pixels）组成，形成像素的阵列。阵列中的像素总数决定了图形的精细程度。像素的数目越多，图形越精细，其细节的分辨程度也就越高，但同时也必然要占用更大的存储空间。对图形的点阵表示，其行列数的乘积称为图形的分辨率。例如，若一个图形的阵列总共有 480 行，每行 640 个点，则该图形的分辨率为 640×480。这与一般电视机的分辨率差不多。

像素实际上就是图形中的一个个光点，一个光点可以是黑白的，也可以是彩色的，因而一个像素也可以有以下几种表示方式：

（1）最简单的情况。假设一个像素只有纯黑、纯白两种可能性，那么只用一个二进位就可以表示了。这时，一个 640×480 的像素阵列需要 640×480/8 = 38400Byte=37.5KB。

（2）多种颜色。假设一个像素至少要有四种颜色，那么至少要用两个二进位来表示。如果用一个字节来表示一个像素，那么一个像素最多可以有 256 种颜色。这时，一个 640×480 的像素阵列需要 640×480 = 307200Byte=300KB。

由黑白两色像素构成的图形也可以用像素的灰度来模拟彩色显示，一个像素的灰度就是像素的黑的程度，即介于纯黑和纯白之间的各种情况。计算机中采用分级方式表示灰度，例如分成 256 个不同的灰度级别（可以用 0～255 的数表示），用 8 个二进位就能表示一个像素的灰度。采用灰度方式，使图形的表现力增强了，但同时存储一幅图形所需要的存储量也增加了。例如采用上述 256 级灰度，与采用 256 种颜色一样，表示一幅 640×480 的图形就需要大约 30 万个字节（300KB）。

（3）真彩色图形显示。由光学关于色彩的理论可知，任何颜色的光都可以由红、绿、蓝三种基色（光）通过不同的强度混合而成。今天所谓真彩色的图形显示就是用三个字节表示一个点（像素）的色彩，其中每个字节表示一种基色的强度，强度分成 256 个级别。不难计算，要表示一个 640×480 的“真彩色”的点阵图形，需要将近 1MB 的存储空间。

图形的点阵表示法的缺点是：经常用到的各种图形，如工程图、街区分布图、广告创意图等是用线条、矩形、圆等基础图形元素构成的，图纸上绝大部分都是空白区，因而存储的主要数据是 0（白色基本上都是用 0 表示，也占用存储空间），浪费了存储空间，而真正需要精细表示的图形部分却不精确，图形中的对象和它们之间的关系没有明确地表示出来，图形中只有一个一个的点。点阵表示的另一个缺点是：如果取出点阵表示的一小部分图形加以放大，图的每个点就都被放大，放大的点构成的图形会出现锯齿状。为了节约存储空间并且适应图形信息的高速处理，出现了许多其他图形表示方法，这些方法的基本思想是用直线来逼近曲线，用直线段两端点位置表示直线段，而不是记录线上各点，这种方法简称为矢量表示方法。采用这类方法表示一个图形可以只用很少的存储量。另外，采用解析几何的曲线公式也可以表示很多曲线形状，这称为图形曲线的参数表示方法。由于存在着多种不同的图形编码方法，图形数据的格式互不相同，应用时常会遇到数据不“兼容”的问题，不同的图形编码体制之间必须经过转换才能互相利用。

1.5 计算机信息化

1.5.1 信息化的概念

信息化概念是从社会进化的角度提出的。综合资料所见，“信息化”一词起源于日本。信息化的思想是 1963 年 1 月在日本社会学家梅倬忠夫发表的《信息产业论》中首次提出的，但有关社会现象，则更早就受到西方学者的重视和研究。“信息化”概念由 1967 年日本科学技术和经济研究团体提出，基本看法是今后的人类社会将是一个以信息产业为主体的信息化社会。

信息化是指信息技术和信息产业在经济和社会发展中的作用日益加强，并发挥主导作用的动态发展过程。它以信息产业在国民经济中的比重、信息技术在传统产业中的应用程度和信息基础设施建设水平为主要标志。

从内容上看，信息化可分为信息的生产、应用和保障三大方面。信息生产，即信息产业化，要求发展一系列信息技术及产业，涉及信息和数据的采集、处理、存储技术，包括通信设备、计算机、软件和消费类电子产品制造等领域。信息应用，即产业和社会领域的信息化，主要表现在利用信息技术改造和提升农业、制造业、服务业等传统产业，大大提高各种物质和能量资源的利用效率，促进产业结构的调整、转换和升级，促进人类生活方式、社会体系和社会文化发生深刻变革。信息保障，指保障信息传输的基础设施和安全机制，使人类能够可持续地提升获取信息的能力，包括基础设施建设、信息安全保障机制、信息科技创新体系、信息传播途径和信息能力教育等。

1.5.2 信息化的层次

国家大力支持发展信息化，信息化又可以简单分为 5 个层次：

（1）产品信息化。产品信息化是信息化的基础，含两层意思：一是产品所含各类信息比重日益增大，物质比重日益降低，产品日益由物质产品的特征向信息产品的特征迈进；二是越来越多的产品中嵌入了智能化元器件，使产品具有越来越强的信息处理功能。

（2）企业信息化。企业信息化是国民经济信息化的基础，指企业在产品的设计、开发、生产、管理、经营等多个环节中广泛利用信息技术，并大力培养信息人才，完善信息服务，加速建设企业信息系统。

（3）产业信息化。产业信息化指农业、工业、服务业等传统产业广泛利用信息技术，大力开发和利用信息资源，建立各种类型的数据库和网络，实现产业内各种资源、要素的优化与重组，从而实现产业的升级。

（4）国民经济信息化。国民经济信息化指在经济大系统内实现统一的信息大流动，使金融、贸易、投资、计划、通关、营销等组成一个信息大系统，使生产、流通、分配、消费等经济的 4 个环节通过信息进一步联成一个整体。

（5）社会生活信息化。社会生活信息化指包括经济、科技、教育、军事、政务、日常生活等在内的整个社会体系采用先进的信息技术，建立各种信息网络，大力开发与人们日常生活相关的信息内容，丰富人们的精神生活，拓展人们的活动时空。

1.5.3　信息化与社会发展

1. 信息社会

信息社会也称信息化社会，是脱离工业化社会以后，信息将起主要作用的社会。在农业社会和工业社会中，物质和能源是主要资源，人们所从事的是大规模的物质生产。而在信息社会中，信息成为比物质和能源更为重要的资源，以开发和利用信息资源为目的信息经济活动迅速扩大，逐渐取代工业生产活动而成为国民经济活动的主要内容。信息经济在国民经济中占据主导地位，并构成社会信息化的物质基础。以计算机、微电子和通信技术为主的信息技术革命是社会信息化的动力源泉。

信息技术发展和应用所推动的信息化，给人类经济和社会生活带来了深刻的影响。进入 21 世纪，信息化对经济社会发展的影响愈加深刻。世界经济发展进程加快，信息化、全球化、多极化发展的大趋势十分明显。信息化被称为推动现代经济增长的发动机和现代社会发展的均衡器。信息化与经济全球化，推动着全球产业分工深化和经济结构调整，改变着世界市场和世界经济竞争格局。从全球范围来看，信息化的影响主要表现在以下三个方面：

第一，信息化促进产业结构的调整、转换和升级。电子信息产品制造业、软件业、信息服务业、通信业、金融保险业等一批新兴产业迅速崛起，传统产业如煤炭、钢铁、石油、化工、农业在国民经济中的比重日渐下降。信息产业在国民经济中的主导地位越来越突出。国内外已有专家把信息产业从传统的产业分类体系中分离出来，称其为农业、工业、服务业之后的“第四产业”。

第二，信息化成为推动经济增长的重要手段。信息经济的显著特征就是技术含量高、渗透性强、增值快，可以在很大程度上优化对各种生产要素的管理及配置，从而使各种资源的配置达到最优状态，降低生产成本，提高劳动生产率，扩大社会的总产量，推动经济的增长。在信息化过程中，通过加大对信息资源的投入，可以在一定程度上替代各种物质资源和能源的投入，减少物质资源和能源的消耗，改变传统的经济增长模式。

第三，信息化引起生活方式和社会结构的变化。随着信息技术的不断进步，智能化的综合网络遍布社会各个角落，信息技术正在改变人类的学习方式、工作方式和娱乐方式。数字化的生产工具与消费终端广泛应用，人类已经生活在一个被各种信息终端所包围的社会中。信息逐渐成为现代人类生活不可或缺的重要元素之一。一些传统的就业岗位被淘汰，劳动力人口主要向信息部门集中，新的就业形态和就业结构正在形成。在信息化程度较高的发达国家，其信息业从业人员已占整个社会从业人员的一半以上。一大批新的就业形态和就业方式被催生，如弹性工时制、家庭办公、网上求职、灵活就业等。商业交易方式、政府管理模式、社会管理结构也在发生变化。

信息化浪潮的持续深入使人类社会日渐超越“工业社会”，而呈现“信息社会”的基本特征，主要表现在：信息技术促进生产的自动化，生产效率显著提升，科学技术作为第一生产力得到充分体现；信息产业形成并成为支柱产业；信息和知识成为重要社会财富；信息化管理在提高企业效率中起到了决定性作用；信息产业经济形成并占据重要的经济份额。

2. 信息化发展战略

2006 年 3 月举行的第 60 届联合国大会通过第 252 号决议，确定自 2006 年开始，每年 5 月 17 日为“世界信息社会日”，这标志着信息化对人类社会的影响进入了一个新的阶段。加快信息化发展，使信息化向纵深推进，推动信息社会建设已经成为世界各国的共同选择。发达国家信息化发展目标更加清晰，各国纷纷出台了相应的计划和战略。美国政府相继发布“21 世纪信息技术计划”“网络与信息技术研究开发计划”和《网络空间安全国家战略》。日本政府制定了《Focus21 技术研发计划》，通过国家预算对电子信息技术领域中的下一代半导体芯片、高可靠软件系统、下一代平面显示技术、下一代全球定位系统等进行重点投入。韩国政府推出“IT839 战略”，确定了 9 项具有增长动力的信息技术作为近期及中长期的投资重点。

3. 中国信息化进展

经过努力，中国信息化建设取得了可喜的进展，信息产业从无到有，已经成为国民经济的基础产业、支柱产业和先导产业。《中国数字经济发展白皮书（2020 年）》显示，2019 年我国数字经济增加值规模达到 35.8 万亿元，占 GDP 比重 36.2%。电子商务发展势头良好，电子政务稳步展开，科技、教育、文化、医疗卫生、社会保障、环境保护等领域信息化步伐明显加快。基础信息资源建设开始起步，互联网中文信息比重大幅上升。信息安全保障逐步加强，信息化政策法律环境不断改善。《电子签名法》已颁布实施，信息化培训工作得到高度重视，信息化人才队伍不断壮大。

我国信息化的五大应用领域如下：

（1）经济领域的信息化，包括农业信息化、工业信息化、服务业信息化、电子商务等。

（2）社会领域的信息化，包括教育、体育、公共卫生、劳动保障等。

（3）政治领域的信息化，包括门户网站、重点工程等。

（4）文化领域的信息化，包括图书、档案、文化博览、广播电视、网络治理等。

（5）军事领域的信息化，包括装备、情报、指挥、后勤等。

4. 信息化发展趋势

信息化是充分利用信息技术，开发利用信息资源，促进信息交流和知识共享，提高经济增长质量，推动经济社会发展转型的历史进程。

当今世界正处在科技创新突破和新科技革命的前夜，在今后的 10 年至 20 年，很有可能发生一场以绿色、智能和可持续为特征的新的科技革命和产业革命。为了全面实现小康社会和现代化建设目标的战略任务，面对可能发生的新科技革命，我国必须及早准备。5G 移动通信网络；由云、网、端组成的新型数字基础设施；物联网、大数据、人工智能、区块链等一批公共应用基础设施；高端芯片、核心电子元器件、重要基础软件；物联网操作系统、网络数据库、5G 智能终端、语音图像识别技术。这些技术的突破将对我国的信息化进程产生重大影响。

由 IBM 公司提出的“智慧的地球”描述了信息社会的远景。“智慧的地球”的核心是：以一种更智慧的方法通过利用新一代信息技术来改变政府、企业和人们相互交互的方式，以便提高交互的明确性、效率、灵活性和响应速度，通过信息基础架构与高度整合的基础设施的完美结合，使得政府、企业和人们可以做出更明智的决策。智慧方法有三方面特征：更透彻的感知，更广泛的互联互通，更深入的智能化。

5. 信息化发展对我国经济社会的影响

信息化的发展将对我国的产业结构、经济体系、组织体系和社会结构产生重大影响。

（1）信息化发展对产业结构的影响。信息化发展对产业结构的影响主要表现在以下方面：传统工业在国民经济中不再占有支配性的地位；传统产业通过信息化改造，实现了“产业升级”，造就了信息化的第二产业；催生了众多新兴的产业部门（其中特别重要的是支撑整个信息化进程的信息产业，尤其是微电子和软件产业）；导致了现代服务业的诞生和迅速发展。

（2）信息化发展对经济体系的影响。信息化发展对经济体系的影响主要表现在以下方面：在土地和资本与各种物质资源依然重要的同时，信息资源正在成为信息社会经济系统最重要的资源基础；信息技术和信息资源使社会生产力结构发生巨大变化，信息系统则改变了社会经济系统运行的方式；引起国民经济的基础发生革命性变化，包括产业结构、地区经济结构和一次、二次、三次产业结构的变化；促进了社会经济体系的全球化。

（3）信息化发展对组织体系的影响。信息化发展对组织体系的影响主要表现在以下方面：促使组织体系全球化；以互联网为基础的网络化管理正在取代传统的金字塔式的管理结构；推动了政府和社会管理体制的变革。

（4）信息化发展对社会结构的影响。信息化发展对社会结构的影响主要表现在以下方面：使传统意义上的产业工人在社会就业结构中的比例大大下降；工作方式以及社会就业形态将发生相当大的变化；从事信息与知识处理的人员将会大量增加，可能出现新的社会两极化现象。

6．我国信息化发展道路

整体来看，中国是在工业化水平较低的基础上推进信息化的，不可能也不应该走发达国家“先工业化，后信息化”的发展道路，只能是把工业化与信息化结合起来，优先发展信息产业，以信息化带动工业化，以工业化促进信息化。

第一，要利用先进的科学技术实现后发效应，加快我国信息产业的发展。要加快建设先进、适用的信息化基础设施，大力提升网络功能和业务提供能力，做大做强电子信息产业，集中力量突破集成电路、软件、关键电子元器件、关键工艺装备等基础产业的发展瓶颈。积极鼓励和引导自主创新，形成以企业为主体的技术创新体系，提高自我良性发展的能力，提高我国信息产业在全球产业格局中的地位。

第二，要大力加强农业、重工业、能源、交通运输等传统产业的信息化，并利用这一有利时机带动服务业等相关产业，顺利实现产业结构的调整、转换和升级。要加强信息技术在农业、农村中的应用，逐步缩小城乡“数字鸿沟”。加快信息技术改造传统产业步伐，推进设计研发信息化、生产装备数字化、生产过程智能化和经营管理网络化。运用信息技术推动高能耗、高物耗和高污染行业的改造。加强信息资源的开发利用，建设先进网络文化。

第三，要积极采取措施，缩小数字鸿沟，加强信息安全保障，培育国民信息技能，使信息化惠及全民。要建立和完善普遍服务制度，面向老少边穷地区和社会困难群体，提供便捷便宜的信息服务。大力开发各类适农电子产品，推广信息技术在农业和农村的应用。进一步加大信息基础设施建设，加强应对突发事件的软硬件建设，促进提高容灾能力，提升信息化安全保障与灾难恢复能力。大力普及信息技术教育，积极开展国民信息技能教育和培训，壮大信息化人才队伍。

7．信息化面临的挑战

信息化在迅猛发展的同时，也给人类带来负面、消极的影响。这主要体现在信息化对全球和社会发展的影响极不平衡，信息化给人类社会带来的利益并没有在不同的国家、地区和社会阶层得到共享。数字化差距或数字鸿沟加大了发达国家和发展中国家的差距，也加大了一国国内经济发达地区与经济不发达地区间的差距。信息技术的广泛应用使劳动者对具体劳动的依赖程度逐渐减弱，对劳动者素质特别是专业素质的要求逐渐提高，从而不可避免地带来了一定程度上的结构性失业。数字化生活方式的形成，使人类对信息手段和信息设施及终端的依赖性越来越强，在基础设施不完善、应急机制不健全的情况下，一旦发生紧急状况，将造成生产生活的极大影响。另外，信息安全与网络犯罪、信息爆炸与信息质量、个人隐私权与文化多样性的保护等，也是信息化带给人类社会的新的挑战。

总之，伴随着信息技术的发展，信息化和全球化已成为当代世界经济不可逆转的大趋势。应正确认识全球信息化发展的大趋势，主动应对这个大趋势，趋利避害，加快发展信息产业，积极推进国民经济和社会信息化，缩小数字鸿沟，提高信息安全保障水平，为创新型国家和社会主义和谐社会建设做出更大贡献。

1.6 计算机系统概述

一个完整的计算机系统是由硬件系统和软件系统两部分组成的。硬件系统是指构成计算机的电子线路、电子元器件和机械装置等物理设备的总称，是看得见、摸得着的实实在在的有形实体。软件系统是指程序、程序运行时所需要的数据以及开发、使用和维护这些程序所需要的文档的集合，包括计算机本身运行所需要的系统软件、各种应用程序和用户文件等。如果说计算机硬件系统相当于人的躯体的话，那么计算机软件系统就是人的大脑，由软件系统控制、协调硬件系统的动作，完成用户交给计算机的任务。

1.6.1 计算机系统的组成

现代计算机之父冯•诺依曼在“存储程序通用电子计算机方案”中明确指出了组成计算机硬件系统的五大功能部件：运算器、控制器、存储器、输入设备和输出设备。其中运算器和控制器合在一起被称作中央处理器，习惯上又常将中央处理器和主存储器（也称为“内存储器”）称作主机，而将输入设备、输出设备和辅助存储器（也称为“外存储器”）称为外部设备。软件系统是各种程序及有关文档资料的集合，它可分为系统软件和应用软件两大类。计算机系统示意图如图 1-16 所示。

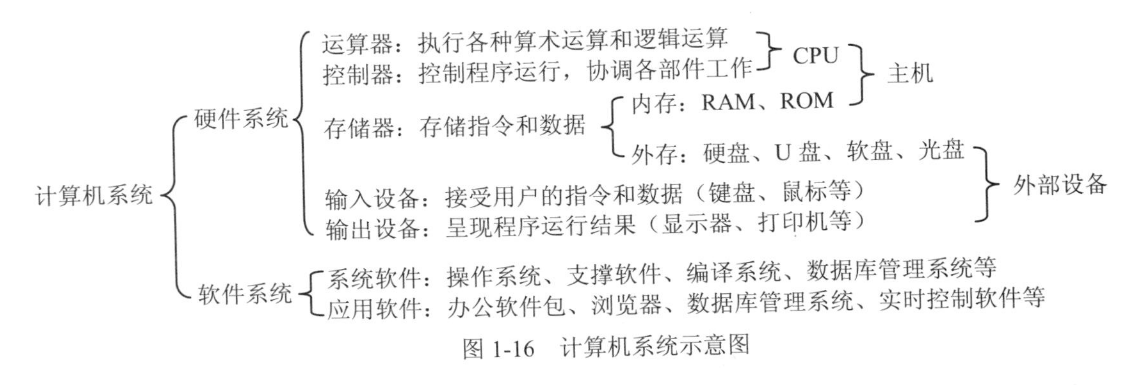

图 1-16 计算机系统示意图

1.6.2 计算机的硬件系统

从 20 世纪初，物理学和电子学科学家们就在争论制造可以进行数值计算的机器应该采用什么样的结构。人们被十进制这个人类习惯的计数方法所困扰。所以，那时研制模拟计算机的呼声更为响亮和有力。20 世纪 30 年代中期，美籍匈牙利科学家冯•诺依曼（Von Neumann）

（如图 1-17 所示）大胆地提出：抛弃十进制，采用二进制作为数字计算机的数制基础。同时，他还提出预先编制计算程序，然后由计算机来按照人们事前制定的计算顺序来执行数值计算工作。

图 1-17　冯·诺依曼

冯·诺依曼理论的要点如下：

（1）计算机应由 5 个部分组成：运算器、控制器、存储器、输入设备和输出设备。

（2）程序和数据以同等地位存放在存储器中，并按地址寻访。

（3）程序和数据以二进制表示。

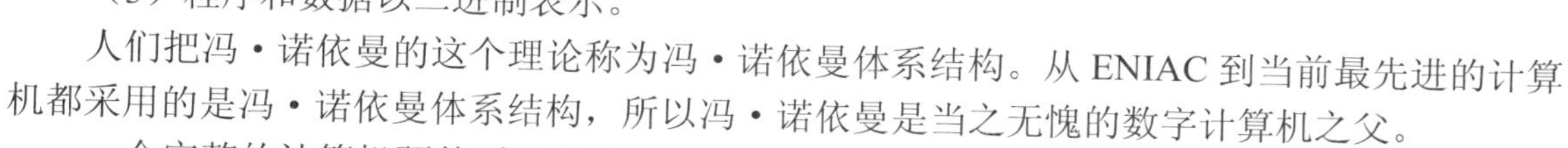

人们把冯·诺依曼的这个理论称为冯·诺依曼体系结构。从 ENIAC 到当前最先进的计算机都采用的是冯·诺依曼体系结构，所以冯·诺依曼是当之无愧的数字计算机之父。

一个完整的计算机硬件系统从功能角度而言必须包括运算器、控制器、存储器、输入设备和输出设备 5 部分，每个功能部件各尽其职、协调工作。它们之间的关系如图 1-18 所示。其中虚线箭头表示由控制器发出的控制信息流向，实线箭头为数据信息流向。

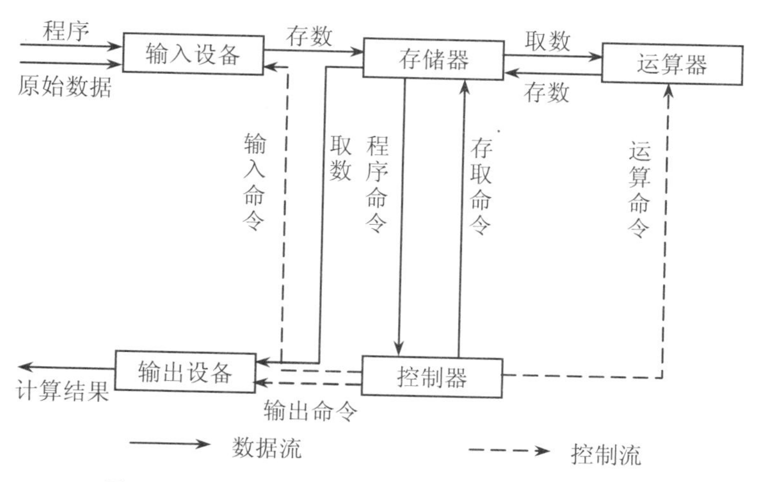

图 1-18　计算机硬件系统的基本结构及工作过程

下面介绍计算机五大硬件部件的基本功能。

1. 运算器

运算器又称算术逻辑单元（Arithmetic and Logic Unit，ALU），它是计算机对数据进行加工处理的部件，包括算术运算（加、减、乘、除等）和逻辑运算（与、或、非、异或比较等）。运算器中的数据取自内存，运算的结果又送回内存。运算器对内存的读写操作是在控制器的控制之下完成的。

2. 控制器

控制器是计算机的神经中枢，用来控制程序的运行，协调各部件的工作。控制器是对计算机发布命令的“决策机构”，用来协调和指挥整个计算机系统的操作，它本身不具有运算功能。控制器负责从存储器中取出指令，对指令进行译码，并根据指令的要求，按时间的先后顺序向各部件发出控制信号，保证各部件协调一致地工作，一步一步地完成各种操作。控制器主要由指令寄存器、译码器、程序计数器和操作控制器等组成。

运算器和控制器是计算机的核心部件，这两部分合称中央处理单元（Central Processing Unit，CPU），如果将 CPU 集成在一块芯片上作为一个独立的部件，该部件称为微处理器（Microprocessor，MP）。

3. 存储器

存储器是用来存储数据和程序的“记忆”装置，相当于存放资料的“仓库”。计算机中的全部信息，包括数据、程序、指令以及运算的中间数据和最后的结果都要存放在存储器中。

存储器由若干个存储单元组成，每个存储单元可存放八位二进制数，标识每个单元的唯一编号称为地址。信息可以按地址写入（存入，即把信息写入存储器，原来的内容被抹掉）或读出（取出，即从存储器中取出信息，不破坏原有内容）。存储器的基本存储单位为字节（Byte），并约定八位二进制数为一个字节，字节用 B 表示。存储单位还有千字节（KB）、兆字节（MB）、千兆字节（GB）、太字节（TB）、拍字节（PB）、艾字节（EB）、泽字节（ZB）和尧字节（YB），它们之间的换算公式如下：

1KB=1024B=2^{10}字节

1MB=1024KB=2^{20}字节

1GB=1024MB=2^{30}字节

1TB=1024GB=2^{40}字节

1PB=1024TB=2^{50}字节

1EB=1024PB=2^{60}字节

1ZB=1024EB=2^{70}字节

1YB=1024ZB=2^{80}字节

存储器分为两大类：一类是内部存储器，简称“内存储器”“内存”或“主存”；另一类是外部存储器或辅助存储器，简称“外存储器”“外存”或“辅存”。

（1）内存储器：是指设置在计算机内部的存储器，用来存放当前正在使用的或随时要使用的程序或数据。CPU 可以直接访问内存。

从输入设备输入到计算机中的程序和数据都要送入内存，需要对数据进行操作时，再从内存中读出数据（或指令）送到运算器（或控制器），由运算器（或控制器）对数据进行规定的操作，其中间结果和最终结果保存在内存中，输出设备输出的信息也来自内存。内存中的信息不能长期保存，如要长期保存需要转送到外存储器中。

（2）外存储器：是指设置在主机外部的存储器，用来存储暂时不用的信息。外存储器一般不直接与微处理器打交道，外存中的数据应先调入内存，再由微处理器进行处理。

外存和内存虽然都是用来存放信息的，但是它们有很多不同之处：一是受技术、价格和速度等因素的限制，内存的存储容量不能做得过大，而外存的容量不受限制；二是 CPU 可以直接访问内存，而外存的内容需要先调入内存再由 CPU 进行处理，所以 CPU 访问内存的速度比较快；三是外存中存储的信息断电后仍然可以保存，磁盘上的信息一般可保存数年之久，而内存中的信息断电后即消失；四是外存的价格要比内存便宜很多。

4. 输入设备

输入设备是用来接受用户输入的原始数据和程序，并将它们转变为计算机可识别的形式（二进制）存放到内存中。

常用的输入设备有键盘、鼠标、扫描仪、数码相机、磁盘、光盘等。最常使用的是键盘和鼠标。

5. 输出设备

输出设备用来将存放在内存中并由计算机处理的结果转变为人们所能接受的形式。常用的输出设备有显示器、打印机、音箱、绘图仪等。磁盘驱动器既属于输入设备又属于输出设备。

1.6.3　计算机的软件系统

计算机软件是指在计算机硬件上运行的各种程序、程序运行所需要的数据以及开发、使用和维护这些程序所需要的文档的集合。一台性能优良的计算机硬件系统能否发挥其应有的功能，取决于为之配置的软件是否完善、丰富。因此，在使用和开发计算机系统时，必须要考虑软件系统的发展与提高，必须熟悉与硬件配套的各种软件。从计算机系统的角度划分，计算机软件分为系统软件和应用软件。

1. 系统软件

系统软件是为提高计算机效率和方便用户使用而设计的各种软件，一般是由计算机厂家或专业软件公司研制。系统软件又分为操作系统、支撑软件、编译系统和数据库管理系统等。

（1）操作系统。操作系统是为了合理、方便地利用计算机系统，而对其硬件资源和软件资源进行管理和控制的软件。操作系统具有进程管理、存储管理、设备管理、文件管理和作业管理等五大管理功能，由它来负责对计算机的全部软硬件资源进行分配、控制、调度和回收，合理地组织计算机的工作流程，使计算机系统能够协调一致、高效率地完成处理任务。操作系统是计算机最基本的系统软件，对计算机的所有操作都要在操作系统的支持下才能进行。

从操作的角度而言，操作系统是一台比裸机（不包含任何软件的机器）功能更强、服务质量更高、使用户感觉方便友好的虚拟机器。因此，也可以说它是介于用户与裸机之间的一个界面，是计算机的操作平台，用户通过它来使用计算机。

（2）支撑软件。支撑软件是支持其他软件的编制和维护的软件，是为了对计算机系统进行测试、诊断和排除故障，进行文件的编辑、传送、装配、显示、调试，以及进行计算机病毒检测、防治等的程序，是软件开发过程中进行管理和实施而使用的软件工具。在软件开发的各个阶段选用合适的软件工具可以大大提高工作效率和软件质量。

（3）编译系统。要使计算机能够按照人的意图去工作，就必须使计算机能接受人向它发出的各种命令和信息，这就需要有用来进行人和计算机交换信息的“语言”。计算机语言的发展有机器语言、汇编语言和高级语言 3 个阶段。

（4）数据库管理系统。数据库是以一定组织方式存储起来且具有相关性数据的集合，它的数据冗余度小而且独立于任何应用程序而存在，可以为多种不同的应用程序共享。也就是说，数据库的数据是结构化的，对数据库输入、输出及修改均可按一种公用的可控制的方式进行，使用十分方便，大大提高了数据的利用率和灵活性。数据库管理系统（Database Management System，DBMS）是对数据库中的资源进行统一管理和控制的软件，数据库管理系统是数据库系统的核心，是进行数据处理的有利工具。

2. 应用软件

应用软件是为计算机在特定领域中的应用而开发的专用软件。应用软件由各种应用系统、软件包和用户程序组成。各种应用系统和软件包是提供给用户使用的针对某一类应用而开发的独立软件系统，例如科学计算软件包（IMSL 等）、文字处理系统（WPS 等）、办公自动化系统（OAS）、管理信息系统（MIS）、决策支持系统（DSS）、计算机辅助设计系统（CAD）等。应用软件不同于系统软件，系统软件是利用计算机本身的逻辑功能，合理地组织用户使用计算机的硬件和软件资源，以充分利用计算机的资源，最大限度地发挥计算机效率，以便于用户使用、管理为目的；而应用软件是用户利用计算机和它所提供的系统软件，为解决自身的、特定的实际问题而编制的程序和文档。

3. 计算机语言

要使计算机按人的意图运行，就必须使计算机懂得人的意图，接受人向它发出的命令和信息，计算机语言就是人与计算机之间交流信息的工具。人们要利用计算机来解决问题，就必须采用计算机语言来编制程序。编制程序的过程称为程序设计，计算机语言又被称为程序设计语言。计算机语言通常分为机器语言、汇编语言和高级语言三类，其中机器语言和汇编语言属于低级语言。

（1）机器语言。机器语言是一种用二进制代码（以 0 和 1）表示的，能被计算机直接识别和执行的语言。用机器语言编写的程序，称为计算机机器语言程序。它是一种低级语言，用机器语言编写的程序不便记忆、阅读和书写。通常不用机器语言直接编写程序。

（2）汇编语言。汇编语言（assembly language）是一种用助记符表示的、面向机器的程序设计语言，用汇编语言编写的程序称为汇编语言程序。汇编语言程序不能直接识别和执行，必须由“汇编程序”翻译成机器语言程序，然后才能由计算机执行，这种“汇编程序”就是汇编语言的翻译程序。汇编语言指令比机器语言好记，简洁、高效，但与 CPU 等硬件的相关性强，存在指令多、烦琐、易错、不易移植、每条指令功能弱等缺点，主要用于编写直接控制硬件的底层程序，一般的计算机用户很少使用这种语言编写程序。

（3）高级语言。由于机器语言和汇编语言的局限性，不少计算机科学工作者开始研究、探讨和设计便于应用而又能充分发挥计算机硬件功能的程序设计语言。高级语言是一种比较接近自然语言（即人们通常所说的语言）的计算机语言。在高级语言中，一条命令可以代替几条、几十条甚至几百条汇编语言命令。高级语言由于接近自然语言，因此有易学、易记、易用、通用性强、兼容性好、便于移植等优点。用高级语言编写的程序一般称为“源程序”，计算机不能识别和执行，要把用高级语言编写的源程序翻译成机器指令，通常有编译和解释两种方式。

编译程序是将用高级语言编写的程序（源程序）翻译成目标程序，然后通过链接程序将目标程序链接成可执行程序，这个可执行程序可以独立于源程序直接运行，如 C 语言。

解释程序是在运行高级语言源程序时，对源程序进行逐行翻译，边翻译边执行，与编译过程不同的是解释过程不产生目标程序。

1.7 计算机的工作原理

1.7.1 指令与指令系统

1. 指令、指令系统与程序的概念

指令是指示计算机执行某种操作的命令，每条命令都可完成一个独立的操作。指令是硬件能理解并能执行的语言，一条指令就是机器语言的一个语句，是程序员进行程序设计的最小语言单位。使用汇编语言或高级语言编程，最终都需翻译成机器语言才能被计算机识别并执行。

所有指令的集合称为计算机的指令系统，程序就是为完成既定任务而编写的一组指令序列。

2. 指令格式

计算机中的指令由操作码字段和操作数字段两部分组成。操作码字段表示计算机要执行的操作，而操作数字段则指出在指令执行操作过程中所需要的操作对象。例如，加法指令除需要指定做加法操作外，还需提供加数和被加数。操作数字段可以是操作对象本身，也可以是操作对象地址的一部分，还可以是指向操作对象地址的指针或其他有关操作数的信息。

指令的一般格式如图 1-19 所示。

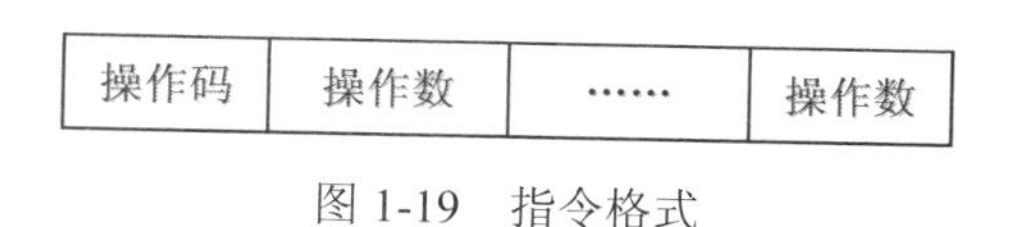

图 1-19　指令格式

（1）操作码。操作码一般放在指令的前部，由若干位二进制数组成，由于每一种操作都要用不同的二进制代码表示，所以操作码部分应有足够的位数，以便能表示指令系统的全部操作。

（2）操作数。操作数字段可以有一个、两个或三个，通常称为一地址、二地址或三地址指令。例如单操作指令就是一地址指令，它只需要指定一个操作数。

（3）指令字长度。任何指令都是用机器字表示的。通常，把一条指令的机器字称为指令字。而指令字长度就是指一条指令中所包含的二进制代码的位数。显然，指令字长度主要取决于操作码的长度和操作数地址的个数及长度。Intel 8086 的指令长度为 8 位、16 位、24 位、32 位、40 位和 48 位 6 种。

1.7.2　计算机的工作原理

计算机的工作原理就是计算机执行程序的原理。现在的计算机基本都是基于“存储程序”的原理设计制造出来的。存储程序原理是由美籍匈牙利数学家冯 • 诺依曼于 1946 年提出来的，根据此概念设计的计算机统称为冯 • 诺依曼机。

冯 • 诺依曼的设计思想被誉为计算机发展史上的里程碑，标志着计算机时代的真正开始。

存储程序原理的基本思想是：把程序存储在计算机内，使计算机能像快速存取数据一样快速存取组成程序的指令。为实现控制器自动连续地执行程序，必须先把程序和数据送到具有记忆功能的存储器中保存起来，然后给出程序中第一条指令的地址，控制器就可依据存储程序中的指令顺序周而复始地取出指令、分析指令、执行指令，直到完成全部指令操作为止。由此可见，计算机之所以能自动连续地工作，完全是因为人们预先把程序和有关的数据存入计算机的存储装置中了，这就是存储程序原理。存储程序原理实现了计算机工作的自动化。

1.8　微型计算机的组成部件

微型计算机又称个人计算机，是计算机领域中应用最广的计算机。与其他类型的计算机一样，微型计算机也是由硬件系统和软件系统两大部分组成的。下面主要介绍微型计算机的硬件系统的组成。

1.8.1 微型计算机系统

典型的微型计算机系统（如图 1-20 所示）一般由主机、显示器、键盘、鼠标组成。

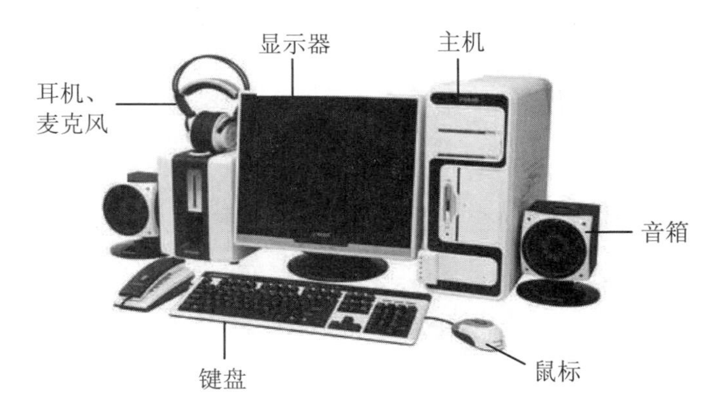

图 1-20 典型的微型计算机系统

主机（如图 1-21 所示）里面一般有主板、硬盘、光驱、电源，主板上一般插有 CPU、内存、显卡等。

图 1-21 主机内部结构

1. CPU

在微型计算机中，运算器和控制器被制作在同一块半导体芯片上，称为中央处理单元（Central Processing Unit），简称 CPU，又称微处理器，如图 1-22 所示。CPU 是微型计算机的心脏，是计算机内部完成指令的读出、解释和执行的重要部件，它的性能直接决定了微型计算机的性能。能够处理的数据位数是 CPU 的一个最重要的性能标志。人们通常所说的 8 位机、16 位机、32 位机、64 位机即指 CPU 可同时处理 8 位、16 位、32 位、64 位的二进制数据。

CPU 又分为很多种类，即不同的档次。目前，大多数微型计算机所使用的 CPU 都是美国 Intel 公司生产的。Intel 系列的 CPU 按性能由低到高依次有：8088/8086、80286、80386、80486、Pentium（奔腾）系列、Celeron（赛扬）、酷睿系列等。生产 CPU 的公司不只 Intel 一家，IBM、Apple、AMD、Motorola 等也是著名的生产 CPU 的公司。

图 1-22　CPU

随着计算机技术的飞速发展，生产出的 CPU 功能越来越强，工作速度越来越快，内部结构也越来越复杂。

2. 内存储器

微型计算机的存储器分为内存储器和外存储器两种。内存储器是指主机内部的存储器，用来存放程序与数据，可直接与 CPU 交换信息。内存储器一般都是采用大规模或超大规模集成电路工艺制造的半导体存储器，具有体积小、重量轻、存取速度快等特点。

在计算机中，内存储器按其工作特点分为随机存取存储器（Random Access Memory，RAM）、只读存储器（Read-Only Memory，ROM）和高速缓冲存储器（Cache）。

（1）随机存取存储器（RAM）。随机存取存储器简称"随机存储器"或"读写存储器"，是一种既能写入又能读出数据的存储器，用来存放正在执行的程序和数据。计算机中的内存（或内存条）一般指的就是随机存储器。内存条如图 1-23 所示。

图 1-23　内存条

RAM 又可分为动态随机存储器（Dynamic RAM，DRAM）和静态随机存储器（Static RAM，SRAM）。

1）动态随机存储器（DRAM）。DRAM 需要周期性地给电容充电（刷新），以维持存储内容的正确，一般每隔 2ms 刷新一次。这种存储器集成度较高，价格较低，主要用于主存，但由于需要周期性地刷新，存取速度较慢。一种称为 SDRAM 的新型 DRAM，由于采用与系统时钟同步的技术，所以比 DRAM 快得多。现在，多数计算机用的都是 SDRAM。

2）静态随机存储器（SRAM）。SRAM 是利用双稳态的触发器来存储"1"和"0"的。"静态"的意思是指它不需要像 DRAM 那样经常刷新，只要正常供电即能保持存储数据的正确。所以，SRAM 比任何形式的 DRAM 都快得多，也稳定得多。但 SRAM 的价格比 DRAM 贵得多，所以只用在特殊场合（如高速缓冲存储器）。

RAM 具有以下特点：

1）可读可写。读出时不改变原有内容，写入时才修改原有内容。

2）随机存取。与顺序存取不同，写入或读出数据时都可以不考虑原有数据写入时的顺序和当前的位置排列。取数据时可直接找到要读的数据，存数据时可直接找到要写入的位置。

3）断电或关机时，存储的内容全部消失，且不能恢复。

对于微型计算机上使用的 RAM，其存储容量随着微机档次的提高在不断增加，286 微机的基本内存配置为 1MB，386 微机的基本内存配置为 2MB～4MB，486 微机的基本内存配置为 4MB～8MB，而 Pentium（奔腾）微机的基本内存配置在 16MB 以上。随着硬件产品的不断发展以及价格的下降，目前计算机内存的配置一般都在 4GB 以上。

（2）只读存储器（ROM）。ROM 是计算机内部一种只能读出数据信息而不能写入信息的存储器。当机器断电或关机时，ROM 中的信息不会丢失。ROM 中主要存放计算机系统的设置程序、基本输入/输出系统等对计算机运行十分重要的信息，如 IBM-PC 系列微机及其兼容机中的 BIOS（基本输入/输出系统）就存储在 ROM 中。ROM 中存放的信息是制造厂预先用特定的方法写进芯片的，断电后原来写入的数据信息不丢失。

常用的只读存储器有以下几种：

1）可编程只读存储器（Programmable ROM，PROM）。PROM 是一种空白 ROM，用户可按照自己的需要对其编程。输入 PROM 的指令称为微码，一旦微码输入，PROM 的功能就和普通 ROM 一样，内容不能消除和改变。

2）可擦除和可编程的只读存储器（Erasable Programmable ROM，E-PROM）。E-PROM 可以从计算机上取下来，用特殊的设备擦除其内容后重新编程。

3）闪存（FlashROM）。闪存不像 PROM、E-PROM 那样只能一次编程，而是可以电擦除，重新编程。闪存常用于个人计算机、蜂窝电话、数码相机、个人数字助手等。

（3）高速缓冲存储器（Cache）。现在的 CPU 速度越来越快，它访问数据的周期甚至达到了几纳秒（ns），而 RAM 访问数据的周期最快也需 50ns。计算机在工作时，CPU 频繁地和内存储器交换信息，当 CPU 从 RAM 中读取数据时，就不得不进入等待状态，放慢它的运行速度，因此极大地影响了计算机的整体性能。为有效地解决这一问题，目前在微机上采用了 Cache。Cache 是介于 CPU 和 RAM 之间的一种可高速存取信息的芯片，是 CPU 和 RAM 之间的桥梁，用于解决它们之间的速度冲突问题，它的访问速度是 DRAM 的 10 倍左右。CPU 要访问内存中的数据，需先在 Cache 中查找，当 Cache 中有 CPU 所需的数据时，CPU 直接从 Cache 中读取，如果没有，就从内存中读取数据，并把与该数据相关的一部分内容复制到 Cache，为下一次的访问做好准备，从而提高工作效率。

从实际使用情况看，尽量增大 Cache 的容量和采用回写方式更新数据是一种不错的选择。但当 Cache 达到一定的容量后，速度的提高并不明显，且制造成本较高，故不必将 Cache 的容量提得过高。Cache 一般由 SRAM 构成。

3. 外存储器

一些大型的项目往往涉及几百万个数据，甚至更多。这就需要配置第二类存储器，外存储器（也称辅助存储器，简称“外存”）。外存储器一般不直接与微处理器打交道，外存中的数据应先调入内存，再由微处理器进行处理。为了增加内存容量，方便读写操作，有时将硬盘的一部分当作内存使用，这就是虚拟内存。虚拟内存利用在硬盘上建立“交换文件”的方式，把部分应用程序（特别是已闲置的应用程序）所用到的内存空间搬到硬盘上去，以此来增加可使用的内存空间和弹性，当然，容量的增加是以牺牲速度为代价的。交换文件是暂时性的，应用程序执行完毕便自动删除。常用的外存储器有硬盘、光盘、优盘等。

（1）硬盘。硬盘存储器由硬盘驱动器和硬盘控制器组成。硬盘控制器也称硬盘适配器，是硬盘驱动器与主机的接口。硬盘片由涂有磁性材料的铝合金构成。硬盘外观结构如图 1-24 所示。

图 1-24 硬盘外观结构图

（2）光盘。光盘存储器由光盘和光盘驱动器组成。光盘存储器也是微机上使用较多的存储设备。光盘的最大特点是存储量大，并且价格低、寿命长、可靠性高，特别适合于需要存储大量信息的计算机使用，例如百科全书、图像、声音信息等。光盘的存储原理不同于磁盘存储器。它是将激光聚焦成很细的激光束照射在记录媒体上，使介质发生微小的物理或化学变化，从而将信息记录下来；又根据这些变化，利用激光将光盘上记录的信息读出。

常用的光盘存储器有以下几种类型：

1）只读型光盘（Compact DiscRead-Only Memory，CD-ROM）。这种光盘中的信息是制造商事先写入和复制好的，用户只能读取或再现其中的信息。目前这类光盘的技术比较成熟，信息存储密度比磁盘等介质高得多，是国内外市场上 CD 产品的主流介质。

2）一次性可写入光盘（Compact Disc-Recordable，CD-R）。这种光盘不仅可以读出信息，还能记录新的信息，但需要专门的光盘刻录机完成数据的写入。现在光盘刻录机具有光驱的读盘功能，同时其价格与光驱也相差不大，得到了广泛的应用。常见的一次性可写入光盘的容量为 650MB。

3）可反复擦写光盘（Compact Disc-Rewritable，CD-RW）。这种光盘不仅可多次读，而且可多次写，信息写入后可以擦掉，并重写新的信息。其容量为 10MB～1GB 不等，可代替磁带、磁盘。

（3）优盘。优盘（又称 U 盘）是一种移动存储设备，其存储介质为快闪内存（Flash Memory）。快闪内存即闪存，是一种集成电路芯片，它最初是从关闭电源后数据也不会丢失的只读内存（ROM）派生出来的，以块为单位进行写入和删除操作，存取速度快。优盘无机械装置，可承受 3 米高自由落体的震动，还具有防潮、防磁、耐高低温等特性。优盘体积小，重量轻，采用芯片存储，数据极为安全可靠，使用寿命长，可擦写 100 万次以上，数据至少可保存 10 年，已成为当今比较流行的存储设备之一。

优盘采用 USB 接口，可热插热拔，即插即用，无需驱动器，无需外接电源。但是插拔 USB 设备时，容易使静电直接通过 USB 设备传回电脑主板，此时瞬间产生的较高电压会使主板的重要部件烧毁并使系统无法正常开机工作，所以插拔USB 设备一定要按指定的操作方式进行。Windows 2000 和Windows XP 都有安全移除 USB 设备的选项。

目前比较常用的优盘容量为 32GB、64GB、128GB 等。随着技术的发展，优盘容量也在加大。图 1-25 为优盘的外观。

图 1-25 优盘外观

4. 系统主板

（1）主板。主板，又称主机板（mainboard）、系统板（systemboard）或母板（motherboard），它安装在机箱内，是微机最基本的也是最重要的部件之一。主板一般为矩形电路板，上面安装了组成计算机的主要电路系统，一般有 BIOS 芯片、I/O 控制芯片、键盘和面板控制开关接口、指示灯插接件、扩充插槽、主板及插卡的直流电源供电接插件等元件。主板结构如图 1-26 所示。

图 1-26 主板结构

（2）主板内部插槽。

1）CPU 插槽。在主板上有一个白色正方形、布满插孔的插座，它就是 CPU 的插槽（如图 1-27 所示）。CPU 插槽是用来连接和固定 CPU 的。不同类型的 CPU 使用的 CPU 插槽结构是不一样的。

图 1-27 CPU 插槽

2）内存插槽。内存插槽是用来连接和固定内存条的。内存插槽通常有多个（如图 1-28 所示），可以根据需要插不同数目的内存条。

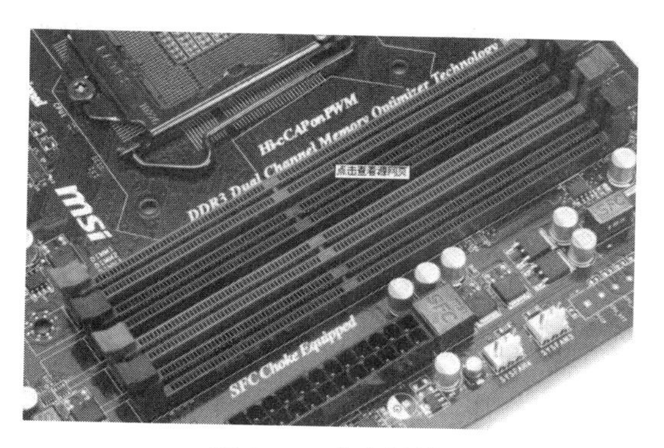

图 1-28　内存插槽

（3）外部设备接口。常用外部设备接口如图 1-29 所示。

其中，1：键盘和鼠标接口；2：并行接口；3：串行 COM 口，主要是用于以前的扁口鼠标、调制解调器（Modem）以及其他串口通信设备；4 和 5：USB 接口，也是一种串行接口；6：双绞以太网线接口，也称为“RJ-45 接口”，主板集成了网卡时才会提供该接口，它将用于网络连接的双绞网线与主板中集成的网卡连接起来；7：声卡输入/输出接口，主板集成了声卡时才提供该接口，不过现在的主板一般都集成了声卡，所以通常在主板上都可以看到这 3 个接口。常用的接口只有 2 个，那就是输入和输出接口，通常是用颜色来区分的，最下面红色的为输出接口，接音箱、耳机等音频输出设备；而最上面浅蓝色的为音频输入接口，用于连接麦克风、话筒之类的音频外设。

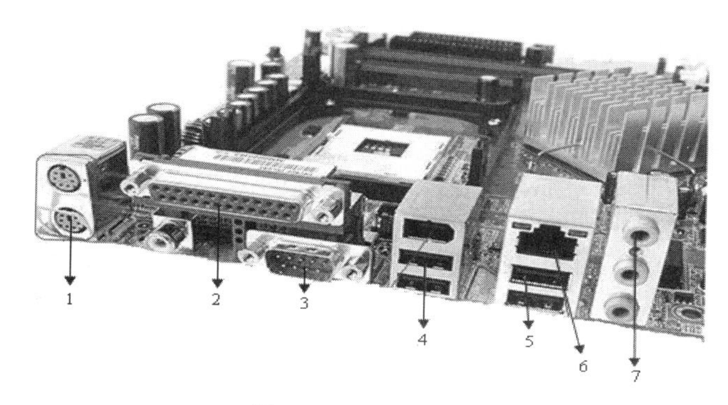

图 1-29　常用外设接口

1）IDE 接口。IDE 接口是用来连接 IDE 设备（采用 IDE 接口的硬盘、CD-ROM 或者 DVD-ROM）的，一般靠近主板边缘。通常主板上有两个 IDE 接口，分别用 IDE1 和 IDE2 表示。每个接口都可以连接一个主设备（master）和一个从设备（slaver），所以一般主板都可以连接 4 个 IDE 设备。IDE 接口中有 40 根针，插座中间有一个小的缺口，该缺口具有防反插和定位的作用，使用 IDE 数据线时，只有把接头上有箭头状突起的边对准这个缺口才能插入。

2）SATA 接口。SATA 是 Serial ATA 的缩写，即串行ATA。这是一种完全不同于并行 ATA 的新型硬盘接口类型，由于采用串行方式传输数据而得名。SATA总线使用嵌入式时钟信号，具备了更强的纠错能力，与以往相比其最大的区别在于能对传输指令（不仅仅是数据）进行检查，如果发现错误会自动矫正，这在很大程度上提高了数据传输的可靠性。串行接口还具有结构简单、支持热插拔的优点。

3）串行接口。目前大多数主板都提供了两个 9 针 D 型 RS-232C 异步串行通信型接口，分别为 COM1、COM2 或 COMA、COMB。串行接口的作用是用来连接串行鼠标、外置调制解调器、绘图仪等设备的。

4）并行接口。并行接口一般用来连接打印机或扫描仪。

5）USB 接口。它也是一种串行接口。目前许多设备都采用这种设备接口，如 Modem、打印机、扫描仪、数码相机等。它的优点就是数据传输速率高，支持即插即用，支持热插拔，无需专用电源，可以连接多个设备等。

6）PS/2 接口。PS/2 接口仅能用于连接键盘和鼠标，PS/2 接口来源于 IBM 公司曾推出的 IBM PS/2 计算机，虽然 IBM PS/2 计算机已被淘汰，但 PS/2 接口却被保留下来，被后来的计算机所使用。PS/2 接口的最大好处就是不占用串口资源。

一般情况下，主板都配有两个 PS/2 接口，上为鼠标接口，下为键盘接口，鼠标的接口为绿色，键盘的接口为紫色。PS/2 接口使用 6 脚母插座，1 脚为键盘/鼠标信号，3 脚为地线，4 脚为+5V 电源，5 脚为键盘/鼠标时钟信号，2 脚和 6 脚为空。

7）音频接口。现在，很多主板将声卡集成在上面，因此提供了音频接口。其中，Line Out 接口是用来连接扬声器或耳机的，Line in 接口用来与外接 CD 播放器或其他音频设备连接，MIC 接口是用来与话筒连接的。

5. 总线

总线是计算机中传输数据信号的通道。总线的传输方式是并行的，所以也称并行总线。在微型计算机中，微处理器与存储器以及其他接口部件之间通信的总线称为系统内部总线；主机系统与外部设备之间通信的总线称为外部总线。在 I/O 总线上通常传输数据、地址和控制等三种信号。传输数据信号的总线称为数据总线，传输地址信号的总线称为地址总线，传输控制信号的总线称为控制总线，所以 I/O 总线由这三种总线构成。总线就像“高速公路”，总线上传输的信号则被视为高速公路上的“车辆”。显而易见，在单位时间内公路上通过的“车辆”数直接依赖于公路的宽度和质量。因此，I/O 总线技术成为微型计算机系统结构的一个重要技术指标。

微型计算机采用开放体系结构，在系统主板上装有多个扩展槽，扩展槽与主板上的 I/O 总线相连，任何插入扩展槽的电路板（如显卡、声卡）都可通过 I/O 总线与 CPU 连接，这为用户自己组合可选设备提供了方便。

目前可见到的总线结构与扩展槽如下：

（1）ISA 总线。ISA 总线又称“工业标准结构（Industry Standard Architecture，ISA）”总线。ISA 总线是总线的元老，ISA 总线数据宽度只有 16 位，时钟频率为 8.3MHz，数据传输率只有 16MB/s。ISA 总线的主要缺点是不能动态地分配系统资源，CPU 占用率高，插卡的数量也有限。

（2）PCI 总线。PCI（Peripheral Component Interconnect）总线又称外部设备互连总线。PCI 总线是 1991 年由 Intel 公司推出的，用于解决外部设备接口的问题。PCI 总线或插槽是目前主板上最常见的，也是最多的插槽，现在所有的主板上都有它的踪影。它为显卡、声卡、网卡、电视卡、Modem 等提供了连接接口。

PCI 总线定义了 32 位数据总线，工作频率为 33MHz，同时支持 10 个外部设备。在 PCI 总线标准 V2.2 中，其可扩展为 64 位，工作频率为 66MHz。PCI 总线是一种不依附于某个具体处理器的局部总线。PCI 插槽如图 1-30 所示。

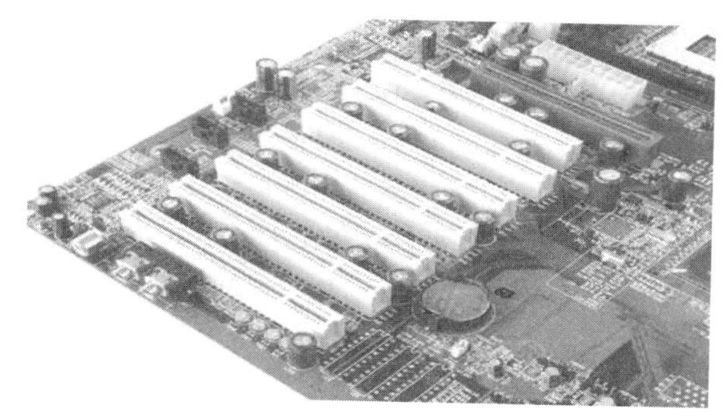

图 1-30　PCI 插槽

（3）AGP 扩展槽。AGP（Accelerated Graphics Port，加速图形端口）扩展槽是 AGP 图形显示卡的专用插槽。AGP 是专门用于高速处理图像的，它使用 64 位图形总线将 CPU 与内存连接，以提高计算机对图像的处理能力。AGP 扩展槽如图 1-31 所示。

图 1-31　AGP 扩展槽

1.8.2　常用外部设备

1. 输入设备

输入设备是将数据、程序等转换成计算机能接受的二进制数，并将它们送入内存。常用的输入设备有键盘（如图 1-32 所示）、鼠标（如图 1-33 所示）、扫描仪（如图 1-34 所示）、光笔（如图 1-35 所示）、触摸屏等。

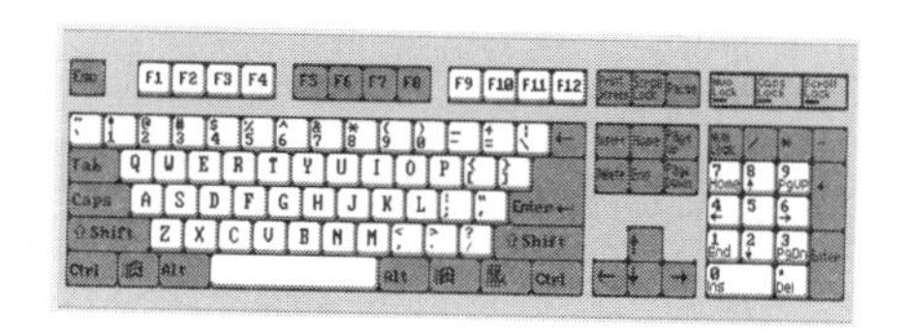

图 1-32　101 键盘

图 1-33　鼠标

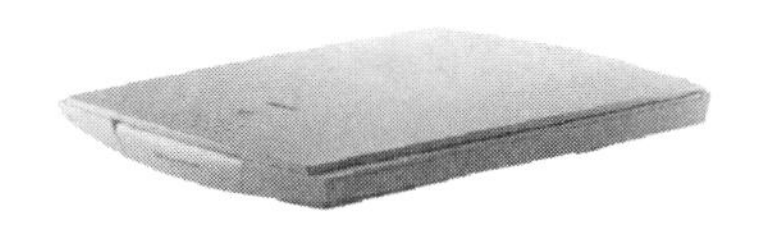

图 1-34　扫描仪

图 1-35　光笔

（1）键盘（keyboard）是一种重要的输入设备，它与显示器一起成为人机对话的主要工具。键位基本与英文打字机键盘相同，操作也基本相同。键盘通过插入主板上的键盘接口与主机相连接。目前，常用的键盘有 101 键盘和 104 键盘。

（2）鼠标（mouse）是一种常见的输入设备。它通过 RS-232C 串行口或者是 USB 接口和主机相连接。它可以方便、准确地移动显示器上的光标，并通过单击选取光标所指的内容。随着软件中窗口、菜单的广泛使用，鼠标已成为计算机系统的必备输入设备之一。

2. 输出设备

输出设备是将计算机处理的结果转换成人们所能识别的形式显示、打印或播放出来。常用的输出设备有显示器、打印机、绘图仪等。

（1）显示器（CRT）是微机必要的输出设备，它可以显示用键盘输入的命令和数据，也可以将计算结果以字符、图形或图像的形式显示出来，如图 1-36 所示。显示器由监视器和显示适配器两部分组成。监视器通过一个 9 针或 15 针的插头连接到主机内的显示适配器上。显示适配器，即显卡，是 CPU 与显示器之间的接口电路，如图 1-37 所示。显卡直接插在系统主板的总线扩展槽上，它的主要功能是将要显示的字符或图形的内码转换成图形点阵，并与同步信息形成视频信号输出给显示器。显卡是直接决定计算机的视觉效果的部件之一，其性能的好坏将直接影响到我们对计算机的可视感觉。

图 1-36　显示器

图 1-37　显卡

（2）打印机是一种常用的输出设备，它可以将计算机处理结果用各种图表、字符的形式打印在纸上。目前最普及的打印机按印字的工作原理可以分为击打式和非击打式两种。常见的打印机有针式打印机、喷墨打印机、激光打印机等。打印机与主机之间通过打印适配器连接。

1.9　微型计算机的主要性能指标及组装

1.9.1　微型计算机的主要性能指标

微型计算机的性能指标决定着微型计算机的性能优劣及应用范围的宽窄。实际上微型计算机的主要性能指标是由以下几部分组成的。

1. CPU 的主要性能指标

（1）字长。字长是计算机运算部件一次能处理的二进制数据的位数。人们通常所说的 8

位机、16 位机、32 位机、64 位机即是指 CPU 可同时并行处理 8 位、16 位、32 位、64 位的二进制数据。8 位的 CPU 为早期的微型机产品使用，后来的 IBM PC/XT、IBM PC/AT 及 286 机使用的均是 16 位的 CPU，80386、80486、80586、Pentium II（奔腾 II）、Pentium III（奔腾 III）、Pentium IV（奔腾 IV）属于 32 位的 CPU。而近年出厂的 CPU 都是 64 位的了，包括 AMD 公司的速龙、羿龙、闪龙，Intel 公司的奔腾 D、酷睿构架的所有 E 系列/Q 系列、最新 Nehalem 构架的 i7/5/3 等。

（2）速度。不同配置的计算机执行相同任务所需要的时间可能不同，这跟计算机的速度有关。计算机的速度指标可用主频及运算速度加以评价。

运算速度用以衡量计算机运算的快慢程度，通常给出每秒钟所能执行的机器指令数，以 MIPS（Million of Instructions Per Second，百万指令数/秒）为单位。主频被称为时钟频率，是反映 CPU 性能高低的一个很重要的指标。主频以兆赫兹（MHz）为单位，主频越高，计算机的速度越快，目前市场上已有主频超过 4GHz 的 CPU 出售。

2. 内存的主要性能指标

（1）存储容量。计算机的处理能力不仅与字长、速度有关，而且很大程度上还取决于存储容量，存储容量分为主存容量（又称为内存容量）和辅存容量（又称为外存容量），外存容量通常指硬盘、光盘、U 盘等的容量。存储容量以字节为单位，1 个字节由 8 个二进制位组成。由于存储容量一般很大，所以通常用千字节（KB）、兆字节（MB）和吉字节（GB）表示。目前，内存的标准配置为 4GB 以上。

（2）存取速度。存取速度是指请求写入（或读出）到完成写入（或读出）所需要的时间，其单位为纳秒（ns）。

3. 磁盘的主要性能指标

磁盘的主要性能指标有记录密度、存储容量、寻址时间等。

（1）记录密度。记录密度也称为存储密度，是指单位盘片面积的磁层表面上存储二进制信息的量。

（2）存储容量。存储容量是指磁盘格式化以后能够存储的信息量，和内存容量单位相同。

（3）寻址时间。寻址时间是指驱动器磁头从起始位置到达所要求的读写位置所经历的时间总和。寻址时间由查找时间和等待时间构成，其中查找时间也称为寻道时间，是指找到磁道的时间，等待时间是指读写扇区旋转至磁头下方所用的时间。

4. 总线的主要性能指标

总线的主要性能指标有总线的带宽、总线的位宽和总线的工作频率。

（1）总线的带宽。总线的带宽是指单位时间内可传送的数据，即每秒钟可传送多少字节。

（2）总线的位宽。总线的位宽是指总线同时传送的数据位数。如工作频率确定，总线的带宽与总线的位宽成正比。

（3）总线的工作频率。总线的工作频率也称为总线的时钟频率，是指用于协调总线上的各种操作的时钟信号的频率，以 MHz 为单位。工作频率越高则总线工作速度越快，即总线带宽越宽。

5. 常用外部设备的主要性能指标

（1）CD-ROM 驱动器的主要性能指标有容量、数据传输率、读取时间、误码率等。

（2）打印机的主要性能指标有打印速度、打印质量、打印密度、打印宽度、打印噪声、使用寿命等。

以上只是一些主要的性能指标，各项指标之间不是彼此孤立的。在实际应用时，应该把它们综合起来考虑，而且还要遵循性价比高的原则。

1.9.2 组装前的准备

组装计算机前需要做好充分的准备工作，下面介绍常用的计算机组装工具和一些组装常识。组装计算机不能单凭双手，还必须借助一些工具，而且为了计算机和个人的安全还需要了解组装计算机的一些常识。

1. 装机部件和工具的准备

组装一台计算机，首先明确自己的要求，即看你要用计算机干什么，然后根据自己的具体需要来选购合适的计算机配件。一般需要主板、CPU、硬盘、内存条、光驱、机箱、电源、显示器、键盘、鼠标等，配置较高的还有独立显卡、独立声卡，根据自己的情况而定。再了解相应硬件的市场价位，最好是在装机商给出报价单之后货比三家。组装计算机所需的工具比较简单，一般只需螺丝刀和防静电腕带即可。

2. 装机环境的准备

应释放身上的静电，可以佩戴防静电腕带，或通过洗手、触摸水管等与地面直接接触的金属器件进行放电。将计算机配件规则地放在计算机组装台或桌子上，并在主板下垫上一块干燥的软海绵，以防止主板底部的焊接点刮坏桌面，同时也起到绝缘的作用。

1.9.3 组装一台微型计算机

在正式组装计算机之前，最好使用“最小系统”法验证一下各个配件的品质以及兼容性。所谓最小系统就是指用 CPU（包含风扇）、主板、内存条、显卡、显示器、电源这几项构成的系统。先在机箱外面将主板、CPU、内存条装好，并接通电源看一下是否能显示，如果此时“最小系统”能够顺利点亮，再按如下步骤组装：

（1）拆机箱，装主板挡板，拧好螺丝铜柱，装电源和光驱。

（2）把机箱前面板的跳线先插好，再将主板固定到机箱内。

（3）装硬盘，接好光驱和硬盘数据线，接好电源线。

（4）开机后设置 BIOS。

（5）装系统，装驱动，装软件。

（6）关机，把机箱内部的线用扎带绑好，并盖好机箱面板。

（7）装拷机软件进行长时间拷机。

组装计算机的注意事项：

（1）对配件应轻拿轻放，不要发生碰撞。

（2）在未组装完毕前，不要连接电源。

（3）插拔各种板卡时要注意方向，不能盲目用力，以免损坏板卡。

（4）在拧螺丝时，不能拧得太紧，在拧紧后应反方向拧半圈。

（5）在连接机箱内部连线时一定要参照主板说明书进行，以免接错线造成意外。

本章小结

通过本章的学习，初步了解了计算机的发展史、计算机的主要特点及应用，掌握了计算机中的数制转换、信息编码和工作原理。同时，对整个计算机系统的构成（硬件与软件）及常用的微型计算机的组成部件和主要性能指标也有了一定的了解，为后面知识的学习打下基础。

思考题

1. 简述计算机发展的不同阶段的划分依据。
2. 试举出几种与你生活密切相关的计算机应用方面的例子。
3. 简述计算机系统的组成及各组成部分的功能。
4. 什么是 RAM？什么是 ROM？它们有什么区别？
5. 微型计算机所遵循的工作原理是什么？
6. 微型计算机系统主要包括什么？
7. 何为指令、指令系统？指令的基本类型有哪些？指令格式的基本结构是什么？
8. 什么是总线？微型计算机的外部总线分为哪三类？
9. 微型计算机的存储器可以分为哪几类？主存储器和辅助存储器的特点及使用场合是什么？
10. 打印设备可以分为哪几类？各类打印机的主要特点是什么？
11. U 盘有什么特点？
12. 光盘可分为哪三种类型？
13. 在计算机系统中，接口是什么？接口的作用是什么？

第 2 章　Windows 10 操作系统

计算机系统由硬件（hardware）和软件（software）两大部分组成，操作系统（Operating System，OS）是配置在计算机硬件上的第一层软件，是对硬件系统的首次扩充。操作系统在计算机系统中占据了特别重要的地位，而其他的诸如汇编程序、编译程序和数据库管理系统等系统软件，以及大量的应用软件，都将依赖于操作系统的支持。操作系统已成为现代计算机系统（大、中、小及微型机）中必须配置的软件。

本章主要内容包括：操作系统的发展史、Windows 10 的启动和退出、Windows 10 的基本概念、Windows 10 的基本操作、Windows 10 的文件管理、Windows 10 的系统设置及管理和 Windows 10 自带的常用工具。

2.1　操作系统的发展史

Microsoft Windows 是一个为个人计算机和服务器用户设计的操作系统，有时也被称为“视窗操作系统”，它的第一个版本由微软公司（Microsoft）于 1985 年发布，并最终获得了世界个人计算机操作系统软件的垄断地位。本节将介绍几种主要的操作系统，并简要介绍操作系统的发展历程。

2.1.1　MS-DOS

MS-DOS 是 Microsoft Disk Operating System 的简称，意即由微软公司提供的磁盘操作系统。MS-DOS 是 Microsoft 公司在 Windows 之前制造的操作系统，在 Windows 95 以前，DOS 是 PC 最基本的配备，而 MS-DOS 则是最普遍使用的 PC 兼容 DOS。MS-DOS 一般使用命令行接口来接受用户的指令，不过在后期的 MS-DOS 版本中，DOS 程序也可以通过调用相应的 DOS 中断来进入图形模式，即 DOS 下的图形接口程序。

2.1.2　Windows

1．Windows x.0

Windows 1.0 于 1985 年开始发行，是微软第一次对个人计算机操作平台进行用户图形接口的尝试。1987 年 10 月份，Windows 将版本号升级到了 2.0。Windows x.0 是基于 MS-DOS 操作系统。

2．Windows 3.x

Windows 3.x 家族发行于 1990 至 1994 年，Windows 3.x 也是基于 MS-DOS 操作系统，包含了对用户接口的重要改善及 80286 和 80386 对内存管理技术的改进。3.1 版添加了对声音输入/输出的基本多媒体的支持和一个 CD 音频播放器，以及 TrueType 字体。

3．Windows 95

1995 年，微软公司推出了 Windows 95，在此之前的 Windows 都是由 DOS 引导的，也就是说它们还不是一个完全独立的系统，而 Windows 95 是一个完全独立的系统，并在很多方面有进一步的改进，还集成了网络功能和即插即用（Plug and Play）功能，是一个全新的 32 位操作系统。

4．Windows NT

1996 年 4 月发布的 Windows NT 4.0 是 NT 系列的一个里程碑，该系统面向工作站、网络服务器和大型计算机，它与通信服务紧密集成，提供文件和打印服务，能运行客户机/服务器应用程序，内置了 Internet/Intranet 功能。

5．Windows 98

1998 年，微软公司推出了 Windows 95 的改进版 Windows 98，Windows 98 的一个最大特点就是把微软的 Internet 浏览器技术整合到了 Windows 95 里面，使得访问 Internet 资源就像访问本地硬盘一样方便，从而更好地满足了人们越来越多访问 Internet 资源的需要。Windows 98 SE（第二版）发行于 1999 年 6 月。

6．Windows 2000

Windows 2000（起初称为 Windows NT 5.0）发行于 2000 年，中文版于 2000 年 3 月上市，它是 Windows NT 系列的 32 位窗口操作系统。Windows 2000 有 4 个版本：Professional、Server、Advanced Server 和 Datacenter Server。

7．Windows ME

Windows ME（Windows Millennium Edition）发行于 2000 年 9 月，是一个被公认为微软最为失败的操作系统，相比其他 Windows 系统，短暂的 Windows ME 只延续了 1 年，即被 Windows XP 取代。

8．Windows XP

Windows XP 是一款窗口操作系统，于 2001 年 8 月正式发布，零售版于 2001 年 10 月 25 日上市。微软公司最初发行了两个版本：Professional 和 Home Edition，后来又发行了 Media Center Edition 和 Tablet PC Editon 等。Windows XP 是把所有用户要求合成一个操作系统的尝试，它是一个 Windows NT 系列操作系统。

9．Windows Server 2003

2003 年 4 月，微软公司正式发布服务器操作系统 Windows Server 2003，它增加了新的安全和配置功能。Windows Server 2003 有多种版本，包括 Web 版、标准版、企业版及数据中心版。Windows Server 2003 R2 于 2005 年 12 月发布。

10．Windows Vista

Windows Vista 是微软公司的一款窗口操作系统，微软公司最初在 2005 年 7 月正式公布了这一名字，之前操作系统开发代号为 Longhorn。在 2006 年 11 月，Windows Vista 开发完成并正式进入批量生产，此后的两个月仅向 MSDN 用户、计算机软硬件制造商和企业客户提供。在 2007 年 1 月，Windows Vista 正式对普通用户出售，同时也可以从微软的网站下载，此后便爆出该系统兼容性存在很大的问题，时任微软 CEO 史蒂芬·鲍尔默也公开承认，Vista 是一款失败的操作系统产品。而即将到来的Windows 7，预示着Vista的寿命将被缩短。

11．Windows Server 2008

2008 年 2 月，微软公司发布新一代服务器操作系统 Windows Server 2008。Windows Server 2008 是迄今为止最灵活、最稳定的 Windows Server 操作系统，它加入了包括 Server Core、

PowerShell 和 Windows Deployment Services 等新功能，并加强了网络和群集技术。Windows Server 2008 R2 版也于 2009 年 1 月份进入 Beta 测试阶段。

12. Windows 7

微软公司于 2009 年 10 月推出的操作系统 Windows 7。7 代表 Windows 的第 7 个版本。根据微软的计算法则，从 Windows NT 4.0 算起，将 XP 和 2000 视为 Windows 的第 5 个版本，将 Vista 视为第 6 个版本。这样一来，新版 Windows 自然就是“Windows 7”。Windows 7 包含 6 个版本，分别为 Windows 7 Starter（初级版）、Windows 7 Home Basic（家庭普通版）、Windows 7 Home Premium（家庭高级版）、Windows 7 Professional（专业版）、Windows 7 Enterprise（企业版）以及 Windows 7 Ultimate（旗舰版）。

13. Windows 8

Windows 8 是微软公司于 2012 年 10 月推出的 Windows 操作系统。Windows 8 支持个人计算机（X86 构架）及平板计算机（X86 构架或 ARM 构架）。Windows 8 大幅改变了以往的操作逻辑，提供更佳的屏幕触控支持。新系统画面与操作方式变化极大，采用全新的 Metro（新 Windows UI）风格用户界面，各种应用程序、快捷方式等能以动态方块的样式呈现在屏幕上，用户可自行将常用的浏览器、社交网络、游戏和操作界面融入。

14. Windows 10

Windows 10 是微软公司于 2015 年发布的操作系统，版本有家庭版、专业版、企业版和教育版。它除了具有图形用户界面操作系统的多任务、即插即用、多用户账户等特点外，与以往版本的操作系统不同，它是一款跨平台的操作系统，它能够同时运行在台式机、平板电脑和智能手机等平台，为用户带来统一的操作体验。 Windows 10 系统功能和性能不断提高，在用户的个性化设置、与用户的互动、用户的操作界面、计算机的安全性、视听娱乐的优化等方面都有很大改进，并通过 Microsoft 账号将各种云服务以及跨平台概念带到用户身边。

2.1.3 UNIX

UNIX 是在操作系统发展历史上具有重要地位的一种多用户多任务操作系统。它是 20 世纪 70 年代初期由美国贝尔实验室用 C 语言开发的，首先在许多美国大学中得到推广，而后在教育科研领域中得到了广泛应用。20 世纪 80 年代以后，UNIX 作为一个成熟的多任务分时操作系统，以及非常丰富的工具软件平台，被许多计算机厂家如 Sun、SGI、Digital、IBM、HP 等采用。这些公司推出的中档以上计算机都配备了基于 UNIX 但是换了一种名称的操作系统，如 Sun 公司的 SOLARIES，IBM 公司的 AIX 操作系统等。

2.1.4 Linux

Linux 是一个与 UNIX 完全兼容的开源操作系统，但它的内核全部重新编写，并公布所有源代码。Linux 由芬兰人 Linux Torvalds 首创，由于具有结构清晰、功能简捷等特点，许多编程高手和业余计算机爱好者不断地为它增加新的功能，已经成为一个稳定可靠、功能完善、性能卓越的操作系统。目前，Linux 已获得了许多公司，如 IBM、HP 和 Oracle 等的支持。许多公司也相继推出 Linux 操作系统的应用软件。

2.2　Windows 10 的启动与退出

2.2.1　Windows 10 的启动

（1）依次打开外设电源开关和主机电源开关，计算机进行开机自检。

（2）通过自检后，进入如图 2-1 所示的 Windows 10 登录界面（若用户设置了多个用户账户，则有多个用户选择）。

（3）选择需要登录的用户名，然后在用户名下方的文本框中会提示输入登录密码。输入登录密码，然后按 Enter 键或者单击文本框右侧的按钮，即可开始加载个人设置，进入如图 2-2 所示的 Windows 10 系统桌面。

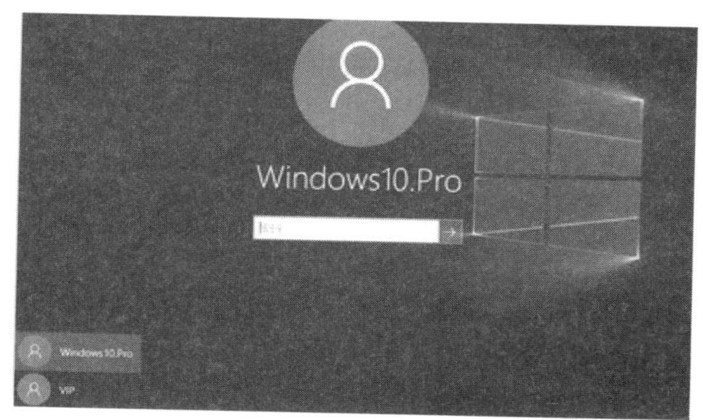

图 2-1　Windows 10 登录界面

图 2-2　Windows 10 系统桌面

2.2.2　Windows 10 的退出

计算机系统的退出和家用电器不同，为了延长计算机的寿命，用户要学会正确退出系统的方法。常见的关机方法有两种，使用系统关机和手动关机。前面介绍了正确启动 Windows 10 的具体操作步骤，下面再来讲解正确退出 Windows 10 的具体操作步骤。

1. 用系统退出

使用完计算机后，需要退出 Windows 10 操作系统并关闭计算机，正确的关机步骤如下。

（1）关机前先关闭当前正在运行的程序，然后单击屏幕左下角“开始”按钮，弹出如图 2-3 所示的“开始”菜单。

（2）单击“电源”选项，在弹出的“电源”菜单中单击“关机”选项后,系统开始自动保存相关信息，如果用户忘记关闭软件，则会弹出相关警告信息。

（3）系统正常退出后，主机的电源也会自动关闭，指示灯熄灭代表已经成功关机，然后关闭显示器即可。除此之外，退出系统还包括睡眠、重启、注销、锁定操作。单击图 2-3 中“电源”或“用户”按钮后，弹出如图 2-4（a）所示的“电源”菜单和如图 2-4（b）所示的“用户”菜单，选择相应的选项，也可完成不同程度上的系统退出。

1）睡眠。选择“睡眠”选项后，计算机能够以最小的能耗处于锁定状态，当需要恢复到计算机的原始状态时，只需按键盘上的任意键即可。

图 2-3 “开始”菜单

（a）“电源”菜单

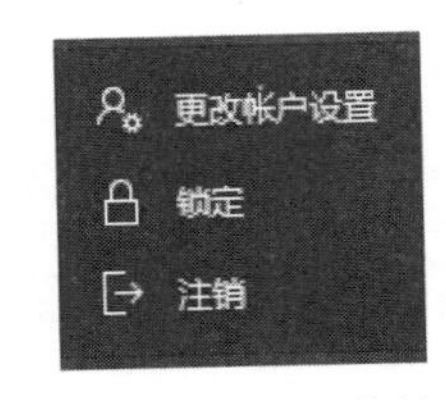

（b）“用户”菜单

图 2-4 “电源”和“用户”菜单

2）重启。选择“重启”选项后，系统将自动保存相关信息，然后将计算机重新启动并进入“用户登录界面”，再次登录即可。

3）注销。所谓注销计算机，是将当前正在使用的所有程序关闭，但不会关闭计算机。因为 Windows 10 操作系统支持多用户共同使用一台计算机上的操作系统。当用户需要退出操作系统或切换账户时，可以通过“注销”命令快速切换到用户登录界面。在进行该操作时，用户需要关闭当前运行的程序，保存打开的文件，否则会导致数据的丢失。

4）锁定。当用户需暂时离开计算机，但是还在进行某些操作又不方便停止，也不希望其他人查看自己机器里的信息时，这时就可以选择“锁定”选项使计算机锁定，返回到用户登录界面。再次使用时要通过重新输入用户密码才能开启计算机进行操作。

2. 手动退出

当用户在使用计算机的过程中，可能会出现非正常情况，包括蓝屏、花屏和死机等现象。这时用户不能通过“开始”菜单退出系统了，需要按主机机箱上的电源按钮几秒钟，这样主机就会关闭，然后关闭显示器的电源开关即可完成手动关机操作。

2.3 Windows 10 的基本概念

2.3.1 桌面图标、“开始”按钮、回收站与任务栏

进入 Windows 10 后，首先映入眼帘的是系统桌面。桌面是打开计算机并登录到 Windows 10 之后看到的主屏幕区域，就像实际的桌面一样，它是工作的平面，也可以理解为窗口、图标或对话框等工作项所在的屏幕背景。

1. 桌面图标

桌面图标由一个形象的小图片和说明文字组成，初始化的 Windows 10 桌面给人清新明亮、

简洁的感觉，系统安装成功之后，桌面上呈现的有“此电脑”“回收站”等图标。在使用过程中，可以根据需要将常用的应用程序的快捷方式、经常要访问的文件或文件夹的快捷方式放置到桌面上，通过对其快捷方式的访问，达到快速访问应用程序、文件或文件夹本身的目的，因此不同计算机的桌面也呈现出不同的图标。

2. “开始”按钮

“开始”按钮是用来运行 Windows 10 应用程序的入口，是执行程序最常用的方式。“开始”按钮位于桌面的左下角。单击“开始”按钮或按键盘上的 Windows 键就可以打开如图 2-5 所示的“开始”菜单。Windows 10 的“开始”菜单很人性化地照顾到了平板电脑的用户，可以在“开始”屏幕中选择相应的项目，轻松快捷地访问计算机上的所有应用。

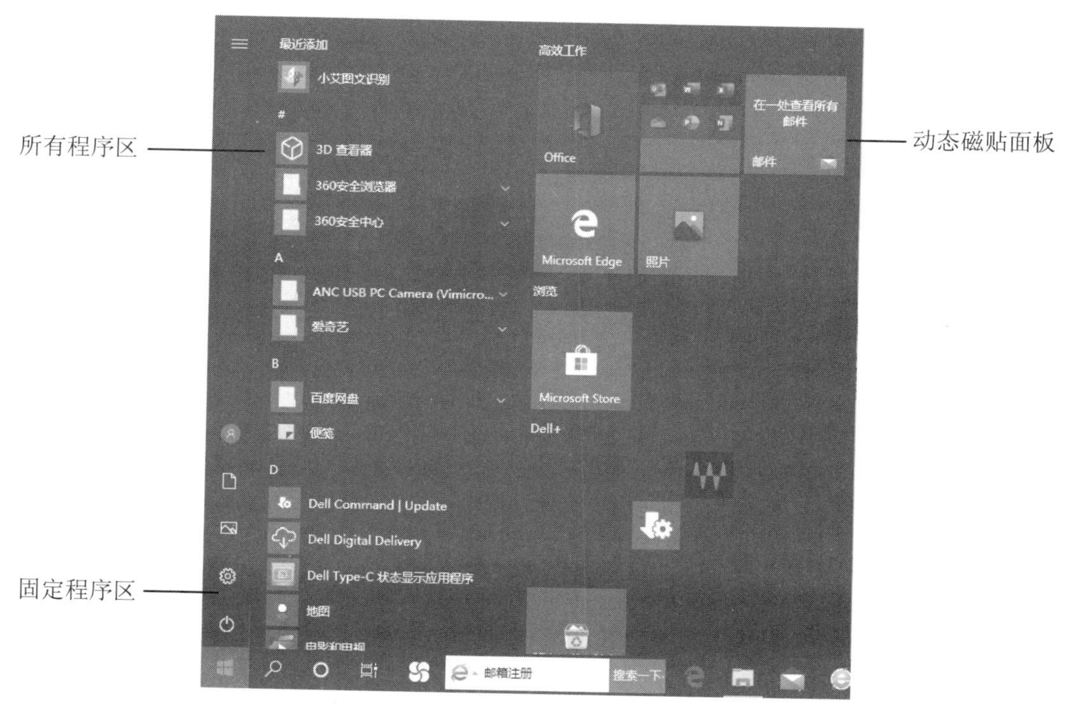

图 2-5 “开始”菜单

Windows 10“开始”菜单由所有程序区、固定程序区和右边的动态磁贴面板组成。

（1）所有程序区：可显示系统中安装的所有程序，并以程序名首字母进行分类排序，用户还可以设置将“最近添加”和“最常用”的程序自动显示在此列表中。

（2）固定程序区：这部分有“用户”“文档”“图片”“设置”和“电源”按钮，用户也可以设置将其他常用项目显示在此。利用“用户”可进行更改账户设置、锁定当前账户和注销当前账户的操作。利用“设置”可进行 Windows 的系统、账户、设备、时间等设置。

（3）动态磁贴面板：里面是各种应用程序对应的磁贴，每个磁贴既有图片又有文字，还是动态的，当应用程序有更新的时候，可以通过这些磁贴直接反映出来，而无需运行它们。

Windows 10 中几乎所有的操作都可以通过“开始”菜单来实现。用户还可以设置“开始”菜单的样式，使其符合自己的使用习惯。

3. 回收站

回收站是硬盘上的一块存储空间，被删除的对象往往先放入回收站，但并没有真正删除，“回收站”窗口如图 2-6 所示。将所选文件删除到回收站中，是一个不完全的删除，如果需要恢复该删除文件时，可以单击“回收站”窗口的“回收站工具”→“还原选定的项目”命令按钮，将其恢复成正常的文件，并存放回原来的位置；而确定不再需要该删除文件时，可以使用“回收站”窗口的“主页”→“删除”→“永久删除”命令将其真正从回收站中删除（不可再恢复）；还可以使用“回收站工具”→“清空回收站”命令将回收站中的全部文件和文件夹删除。

回收站的空间可以调整。在回收站上右击，在弹出的快捷菜单中选择“属性”，或单击“回收站”窗口的“回收站工具”→“回收站属性”，弹出如图 2-7 所示的“回收站属性”对话框，可以调整回收站的空间大小。

图 2-6 “回收站”窗口

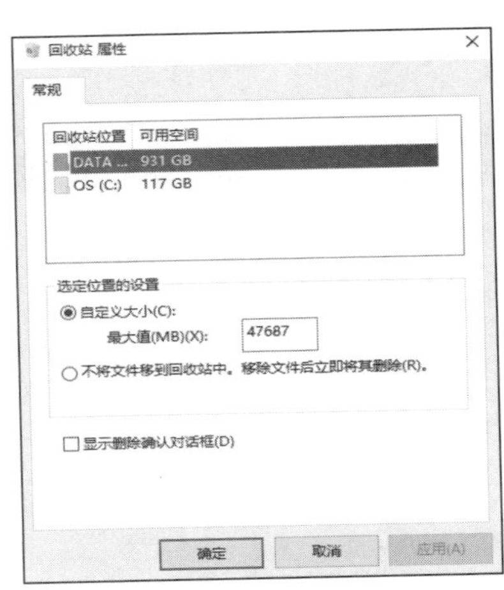

图 2-7 “回收站属性”对话框

4. 任务栏

（1）任务栏的组成。系统默认状态下任务栏位于屏幕的底部，如图 2-8 所示，当然用户可以根据自己的习惯使用鼠标将任务栏拖动到屏幕的其他位置。任务栏最左边是“开始”按钮，往右依次是“程序按钮区”“系统通知区”和“显示桌面”按钮等。单击任务栏中的任何一个程序按钮，可以激活相应的程序或切换到不同的任务。

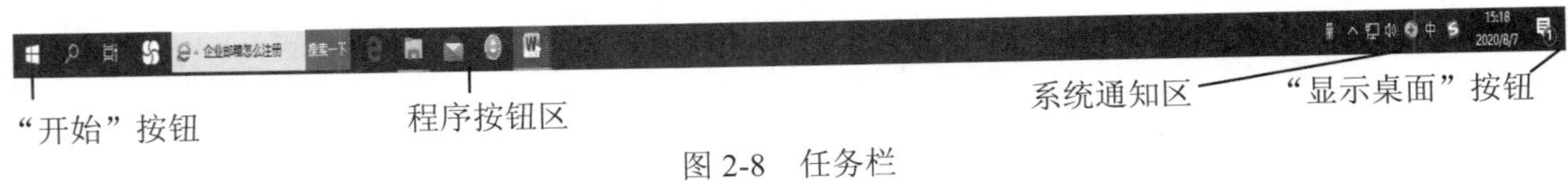

图 2-8 任务栏

1）“开始”按钮。位于任务栏的最左边，单击该按钮可以打开“开始”菜单，从中启动应用程序或选择所需的菜单命令。

2）程序按钮区。可以将自己经常要访问的程序的快捷方式放入到这个区中（如将桌面上的“腾迅 QQ”快捷方式拖动到这个区）。如果用户想要删除该区中的选项时，可右击对应的图标，在出现的快捷菜单中选择“从任务栏取消固定”命令即可。

另外，该区显示着当前所有运行中的应用程序和所有打开的文件夹窗口所对应的图标。为了使任务栏能够节省更多的空间，相同应用程序打开的所有文件只对应一个图标。为了方便用户快速地定位已经打开的目标文件或文件夹，Windows 10 提供了两个强大的功能：实时预览功能和跳跃菜单功能。

实时预览功能：使用该功能可以快速地定位已经打开的目标文件或文件夹。移动鼠标指向任务栏中打开程序所对应的图标，可以预览打开的多个界面，如图 2-9 所示，单击预览的界面，即可切换到该文件或文件夹。

图 2-9　实时预览

跳跃菜单功能：右击“程序按钮区”中的图标，出现如图 2-10 所示的“跳跃”快捷菜单。使用“跳跃”菜单可以访问最近被指定程序打开的若干个文件。需要注意的是，不同图标所对应的“跳跃”菜单会略有不同。

3）系统通知区。用于显示语言栏、时钟、音量及一些告知特定程序和计算机设置状态的图标，单击系统通知区中的^图标，会出现常驻内存的项目。

4）“显示桌面”按钮。可以在当前打开窗口与桌面之间进行切换，当单击该按钮时则可显示桌面。

（2）任务栏的设置。

1）调整任务栏大小和位置。调整任务栏的大小：将鼠标移到任务栏的边线，当鼠标指针变成⇕形状时，按住鼠标左键不放，拖动鼠标到合适大小即可。

调整任务栏位置：在任务栏空白处右击，在弹出的快捷菜单中选择“任务栏设置”，弹出如图 2-11 所示的设置任务栏的窗口，在“任务栏在屏幕上的位置”下拉列表中选择所需选项；也可直接使用鼠标进行拖拽，即将移动到任务栏的空白位置，按下鼠标左键拖动任务栏到屏幕的上方、左侧或右侧，即可将其移动到相应位置。

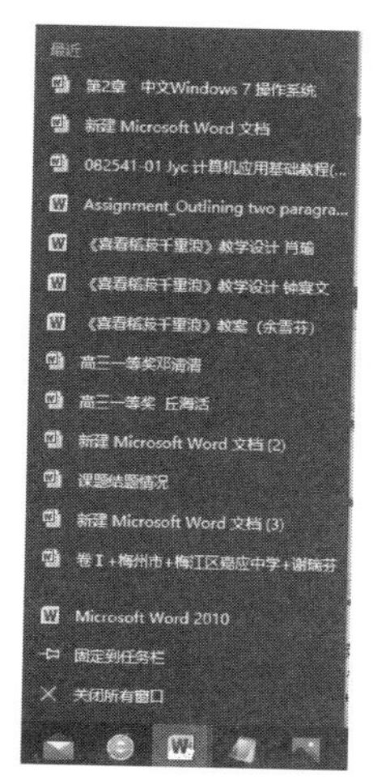

图 2-10　跳跃菜单

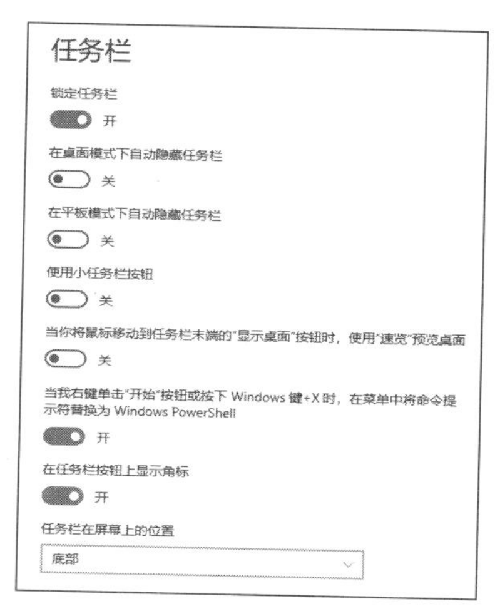

图 2-11　设置任务栏

2）设置任务栏外观。在如图 2-11 所示的窗口中可以设置是否锁定任务栏、是否自动隐藏任务栏、是否使用小图标以及任务栏按钮显示方式等。

3）设置任务栏通知区。任务栏的“系统通知区”用于显示应用程序的图标。这些图标提供有关电子邮件更新、网络连接等事项的状态和通知。初始时“系统通知区”已经有一些图标，安装新程序时有时会自动将此程序的图标添加到通知区域，用户可以根据需要决定哪些图标可见、哪些图标隐藏等。

操作方法：在“任务栏设置”窗口的“通知区域”单击“选择哪些图标显示在任务栏上”选项，打开如图 2-12 所示的“设置”窗口，在窗口可以设置图标的显示及隐藏方式。在“任务栏设置”窗口的“通知区域”单击“打开或关闭系统图标”选项，可以打开另一“设置”窗口，在此窗口中可以设置“时钟”“音量”和“网络”等系统图标是打开还是关闭，如图 2-13 所示。也可以使用鼠标拖拽的方法显示或隐藏图标，方法是将要隐藏的图标拖动到如图 2-14 所示的溢出区；也可以将任意多个隐藏图标从溢出区拖动到通知区。

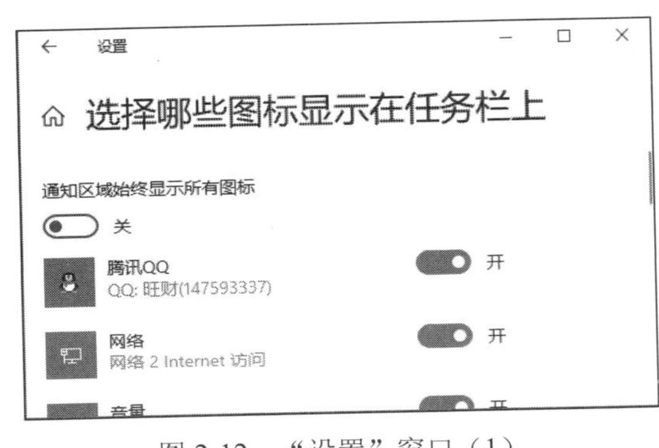

图 2-12 “设置”窗口（1）

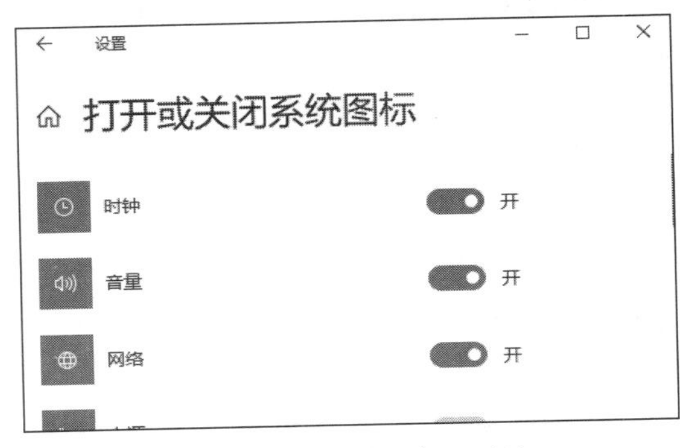

图 2-13 “设置”窗口（2）

4）添加显示工具栏。任务栏中还可以添加显示其他的工具栏。右击任务栏的空白区，弹出如图 2-15 所示的快捷菜单，从工具栏的下一级菜单中选择，可决定任务栏中是否显示地址工具栏、链接工具栏、桌面等。

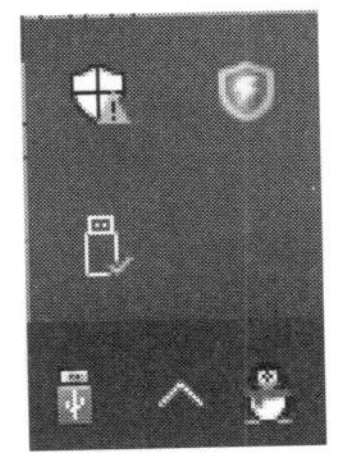

图 2-14 溢出区

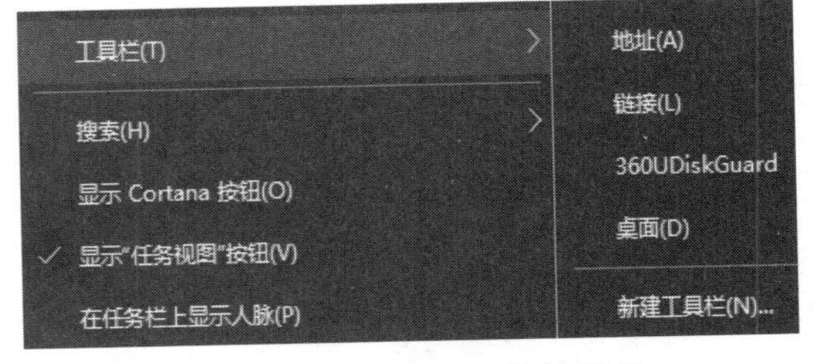

图 2-15 “任务栏”快捷菜单

提示：当选择了“锁定任务栏”时，则无法改变任务栏的大小和位置。

2.3.2 窗口与对话框

Windows 采用了多窗口技术，所以在使用 Windows 操作系统时可以看到各种窗口，对这些窗口的理解和操作也是使用 Windows 最基本的要求。窗口是在运行程序时屏幕上显示信息的一块矩形区域。Windows 10 中的每个程序都具有一个或多个窗口用于显示信息，用户可以在窗口中进行查看文件夹、文件或图标等操作。图 2-16 为窗口的组成。

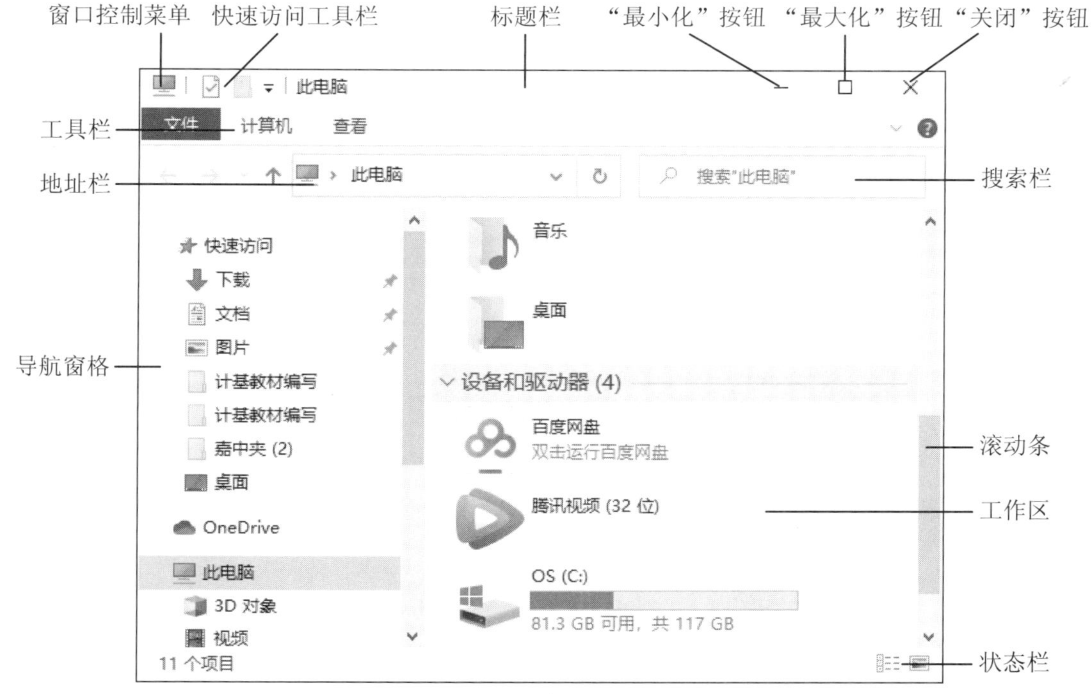

图 2-16 窗口组成

1. 窗口组成

（1）标题栏。标题栏位于窗口顶部，用于显示窗口标题，拖动标题栏可以改变窗口位置。

在标题栏的右侧有三个按钮，即“最小化”按钮、“最大化”（或“还原”）按钮和“关闭”按钮。最大化状态可以使一个窗口占据整个屏幕，窗口处于这种状态时不显示窗口边框；最小化状态以 Windows 图标按钮的形式显示在任务栏上；用“关闭”按钮可以关闭整个窗口。在最大化的情况下，中间的按钮为“还原”按钮，还原状态下（既不是最大化也不是最小化的状态，该状态下中间的按钮为“最大化”按钮）使用鼠标可以调节窗口的大小。

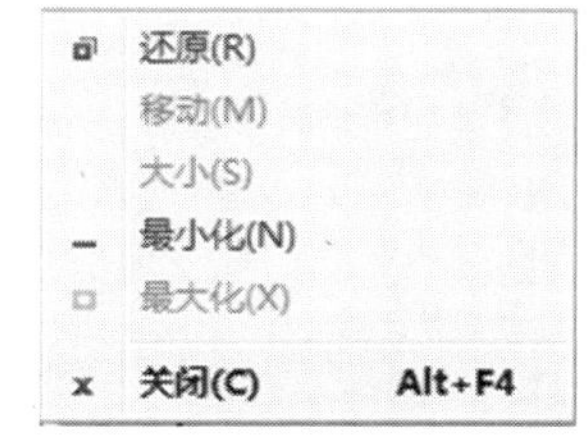

图 2-17 窗口控制菜单

单击窗口左上角的按钮或按 Alt+空格键，将显示如图 2-17 所示的窗口控制菜单。在窗口控制菜单中通过选择相应的选项，可以使窗口处于还原、最大化、最小化或关闭状态。另外，选择“移动”选项，可以使用键盘的方向键在屏幕上移动窗口，窗口移动到适当的位置后按 Enter 键完成操作；选择“大小”选项，可以使用键盘的方向键来调节窗口的大小。

（2）地址栏。显示当前窗口文件在系统中的位置。其左侧包括“返回”“前进”“最近浏览”和“向上一级”按钮，用于打开最近浏览过的窗口。

（3）搜索栏。用于快速搜索计算机中的文件。

（4）工具栏。该栏会根据窗口中显示或选择的对象同步进行变化，以便用户进行快速操作。例如单击“查看”按钮，弹出如图 2-18 所示的工具面板，可以选择各种需要的管理操作。

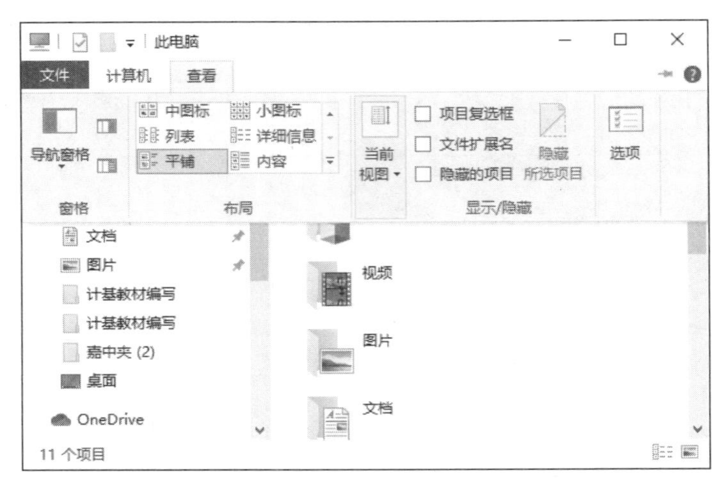

图 2-18　“查看”工具栏

（5）导航窗格。导航窗格位于工作区的左边区域，Windows 10 操作系统的导航窗格包括“快速访问”“OneDrive”“此电脑”和“网络”4 个部分。单击其前面的 > 快速访问 按钮可以打开相应的列表，如图 2-19 所示。

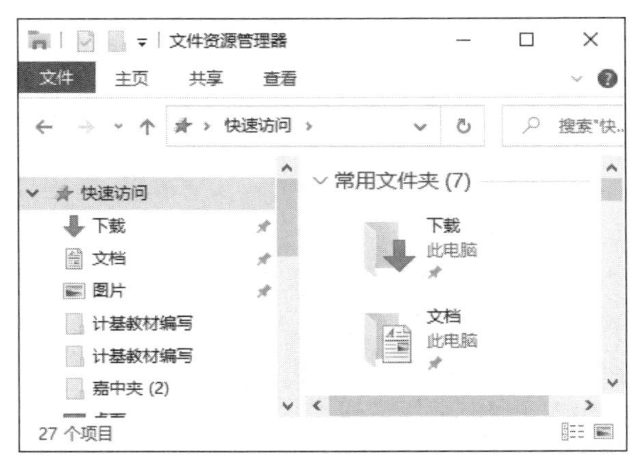

图 2-19　导航窗格

（6）滚动条。Windows 10 窗口中一般提供了垂直滚动条和水平滚动条两种。使用鼠标拖动水平方向上的滚动滑块，可以在水平方向上移动窗口，以便显示窗口水平方向上容纳不下的部分；使用鼠标拖动竖直方向上的滚动滑块，可以在竖直方向上移动窗口，以便显示窗口竖直方向上容纳不下的部分。

（7）工作区。用于显示当前窗口中存放的文件和文件夹内容。

（8）状态栏。用于显示计算机的配置信息或当前窗口中选择对象的信息。

2. 对话框

在执行 Windows 10 的许多命令时，会打开一个用于对该命令或操作对象进行下一步设置的对话框，用户可以通过选择选项或输入参数来进行设置。选择不同的命令，打开的对话框内容也不同，但其中包含的设置参数类型是类似的。图 2-20 和图 2-21 都是 Windows 10 的对话框。

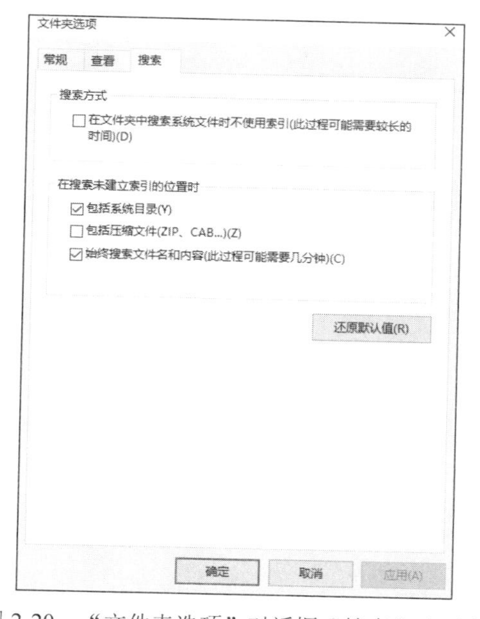

图 2-20　“文件夹选项”对话框“搜索”选项卡

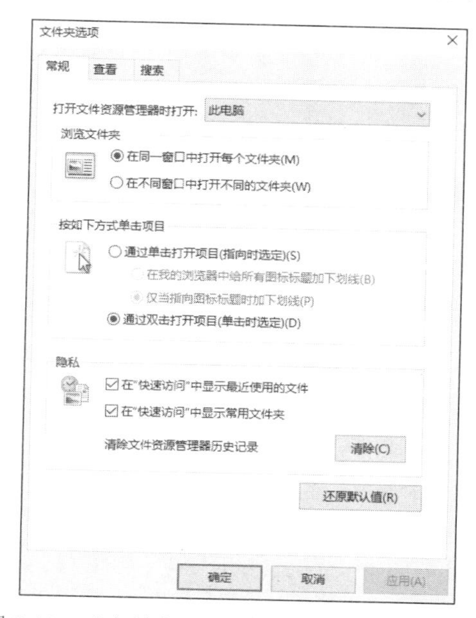

图 2-21　“文件夹选项”对话框“常规”选项卡

对话框中的基本构成元素有：

（1）复选框。复选框一般是使用一个空心的方框表示给出单一选项或一组相关选项。它有两种状态，处于非选中状态时为□，处于选中状态时为☑。复选框可以一次选择一项、多项、或一组全部选中，也可不选。如图 2-20 中所示。

（2）单选按钮。单选按钮是用一个圆圈表示的，它同样有两种状态，处于选中状态时为◉，处于非选中状态时为○。在单选按钮组中只能选择其中的一个选项，也就是说当有个单选项处于选中状态时，其他同组单选项都处于非选中状态。如图 2-21 中的单选按钮。

（3）微调按钮。微调按钮是用户设置某些项目参数的地方，可以直接输入参数，也可以通过微调按钮改变参数大小。

（4）列表框。在一个区域中显示多个选项，可以根据需要选择其中的一项。

（5）下拉列表。下拉列表是由一个列表框和一个向下箭头按钮组成。单击向下箭头按钮，将打开显示多个选项的列表框。

（6）命令按钮。单击命令按钮，可以直接执行命令按钮上显示的命令，如图 2-21 中的“确定”和“取消”按钮。

（7）选项卡。有些更为复杂的对话框，在有限的空间内不能显示出所有的内容，这时就做成了多个选项卡，每个选项卡代表一个主题，不同的主题设置可以在不同的选项卡中来完成。如图 2-20 中的“常规”“查看”和“搜索”选项卡。

（8）文本框。文本框是对话框给用户输入信息所提供的位置。如在任务栏上右击，在弹出的快捷菜单中选择“工具栏”→“新建工具栏”，弹出图 2-22 所示的“新工具栏-选择文件夹”对话框，其中的“文件夹”部分即为文本框。

对话框是一种特殊的窗口，它与普通的 Windows 窗口有相似之处，但是它比一般的窗口更加简洁直观。对话框的大小不可以改变，但同一般窗口一样可以通过拖动标题栏来改变对话框的位置。

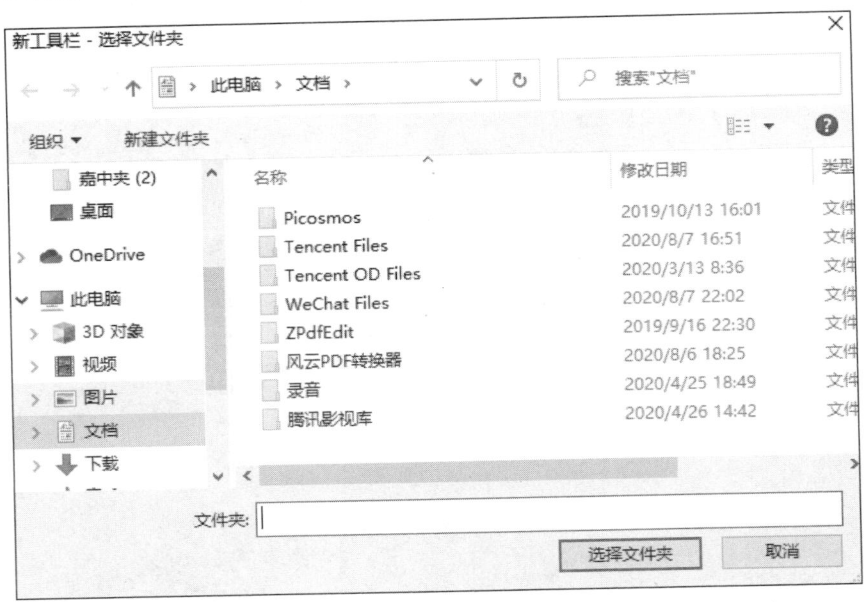

图 2-22 “新工具栏-选择文件夹”对话框

2.3.3 磁盘

双击桌面上的“此电脑”图标，打开如图 2-23 所示“此电脑”窗口（在“文件资源管理器”窗口的左窗格中选择“此电脑”也可打开此窗口）。

1. 驱动器

驱动器就是用于存取数据和寻找磁盘信息的硬件。在 Windows 系统中，每一个驱动器都使用一个特定的字母加冒号标识出来，称为盘符（如 C:、D:）。一般情况下驱动器 A:、B:为软驱（已淘汰）；驱动器 C:通常是计算机中的硬盘，如果计算机中外挂了多个硬盘或一个硬盘划分出多个分区，那么系统会自动将把它们标识为 D:、E:、F:等；如果计算机有光驱，一般最后一个驱动器标识就是光驱。

2. 查看磁盘信息

使用“此电脑”窗口和使用“文件资源管理器”，可以以图标的形式查看计算机中所有的文件、文件夹和驱动器等。

（1）通过“此电脑”窗口打开文件。双击桌面上的“此电脑”图标，打开“此电脑”窗口，双击文件所在的驱动器或硬盘，如果所要浏览的文件存储在驱动器或硬盘的根目录下，双击文件图标即可；如果所要浏览的文件存储在驱动器或硬盘的根目录下的一个文件夹中，则先双击文件夹将文件夹打开，然后双击文件图标打开所要使用的文件。

（2）设置“此电脑”窗口中图标的显示方式和排列顺序。在“此电脑”窗口中，通过“查看”工具可以根据实际的需要来选择项目图标的显示和排列方式。

3. 查看磁盘属性

在图 2-23 中的 C:盘上右击，在弹出的快捷菜单中选择“属性”命令，打开“OS(C:)属性”对话框，如图 2-24 所示。在“属性”对话框的各个选项卡中，可以查看磁盘类型、文件系统、已用空间、可用空间和总容量，修改磁盘卷标，查错、碎片整理，设置共享和磁盘配额等。

图 2-23　“此电脑”窗口

图 2-24　“OS(C:)属性”对话框

2.3.4　剪贴板

剪贴板是 Windows 10 中一个非常有用的编辑工具，它是一个在 Windows 10 程序和文件之间传递信息的临时存储区。剪贴板不但可以存储正文，还可存储图像、声音等其他信息。通过剪贴板可以将文件的正文、图像和声音粘贴在一起形成一个图文声并茂、有声有色的文档。剪贴板的使用步骤是先将信息复制到剪贴板这个临时存储区，然后在目标应用程序中将插入点定位在需要放置信息的位置，再在应用程序中执行“编辑”→“粘贴”命令将剪贴板中的信息传送到目标应用程序中。

操作步骤如下：

1. 将信息复制到剪贴板

把信息复制到剪贴板，根据复制对象的不同，操作方法略有不同。

（1）将选定信息复制到剪贴板。选定要复制的信息，使之突出显示。选定的信息既可以是文本，也可以是文件或文件夹等其他对象。选定文本的方法是先移动插入点到第一个字符处，然后用鼠标拖拽到最后一个字符，或按住 Shift 键用方向键移动光标到最后一个字符，选定的信息将突出显示。选定文件或文件夹等其他对象的方法将在后面章节中介绍。

执行“编辑”→“剪切”或“编辑”→“复制”菜单命令。“剪切”命令是将选定的信息复制到剪贴板中，同时在原文件中删除被选定的内容；“复制”命令是将选定的信息复制到剪贴板中，而原文件中的内容不变。

（2）复制整个屏幕或窗口到剪贴板。在 Windows 10 中，可以把整个屏幕或某个活动窗口复制到剪贴板。其具体方法如下：

1）复制整个屏幕：按 PrintScreen 键，整个屏幕将被复制到剪贴板上。

2）复制窗口：选择活动窗口，然后按 Alt+PrintScreen 组合键即可。

2. 从剪贴板中粘贴信息

将信息复制到剪贴板后，就可以将剪贴板中的信息粘贴到目标程序中去。

操作步骤如下：

（1）首先确认剪贴板上已有要粘贴的信息。

（2）切换到要粘贴信息的应用程序。

（3）将光标定位到要放置信息的位置上。

（4）在应用程序中执行“编辑”→“粘贴”菜单命令即可。

将信息粘贴到目标应用程序中后，剪贴板中的内容依旧保持不变，因此可以对此进行多次粘贴操作。既可在同一文件中多处粘贴，也可在不同文件中粘贴。

“复制”“剪切”和“粘贴”命令对应的组合键分别为 Ctrl＋C、Ctrl＋X 和 Ctrl＋V。

剪贴板是 Windows 10 的重要工具，是实现对象的复制、移动等操作的基础。

2.3.5 Windows 10 的帮助系统

如果用户在操作 Windows 10 的过程中遇到一些无法处理的问题，可以使用帮助系统。Windows 10 打开帮助和支持的操作方法如下。

方法一：F1 功能键。

F1 键一直是调用 Windows 内置帮助文件的功能键。但是 Windows 10 只将这种传统继承了一半，如果在打开的应用程序中按 F1 键，而该应用提供了自己的帮助功能的话，则会将其打开。反之，Windows 10 会调用用户当前的默认浏览器打开 Bing 搜索页面，以获取 Windows 10 中的帮助信息。

方法二：询问 Cortana。Cortana 是 Windows 10 中自带的虚拟助理，它除了可以帮助用户安排会议、搜索文件，回答用户问题也是其功能之一，因此有问题找 Cortana 也是一个不错的选择。当需要获取一些帮助信息时，最快捷的办法就是去询问 Cortana，看它是否可以给出一些回答，如图 2-25 所示。

图 2-25　与 Cortana 交流的窗口

方法三：使用入门应用。Windows 10 内置了一个入门应用，可以帮助用户在 Windows 10 中获取帮助。该应用就有点像之前版本按 F1 键弹出的帮助文档，但在 Windows 10 中是以一个 APP 应用来提供，通过它也可以获取到新系统各方面的帮助和配置信息。

2.4　Windows 10 的基本操作

2.4.1　键盘及鼠标的使用

Windows 系统以及各种程序呈现给用户的基本界面都是窗口，几乎所有操作都是在各种各样的窗口中完成的。如果操作时需要询问用户某些信息，还会显示出某种对话框来与用户交互传递信息。操作可以用键盘，也可以用鼠标来完成。

在 Windows 操作中，键盘不但可以输入文字，还可以进行窗口、菜单等各项操作。但使用鼠标能够更简易、快速地对窗口、菜单等进行操作，从而充分利用 Windows 的特点。

1. 组合键

Windows 系统常用到组合键，主要有：

（1）键名 1+键名 2。表示按住“键名 1”不放，再按一下“键名 2”。如：Ctrl+Space，按住 Ctrl 键不放，再按一下 Space 键。

（2）键名 1+键名 2+键名 3。表示同时按住“键名 1”和“键名 2”不放，再按一下“键名 3”。如：Ctrl+Alt+Del，同时按住 Ctrl 键和 Alt 键不放，再按一下 Del 键。

2. 鼠标操作

在 Windows 系统中，鼠标的操作主要有以下几种方法。

（1）单击：将鼠标箭头（光标）移到一个对象上，单击鼠标左键，然后释放。这种操作用得最多。以后如不特别指明，单击即指单击鼠标左键。

（2）双击：将鼠标箭头移到一个对象上，快速连续地两次单击鼠标左键，然后释放。以后如不特别指明，双击也指双击鼠标左键。

（3）右击：将鼠标箭头移到一个对象上，单击鼠标右键，然后释放。右击一般是调用该对象的快捷菜单，提供操作该对象的常用命令。

（4）拖放（拖动后放开）：将鼠标箭头移到一个对象上，按住鼠标左键，然后移动鼠标箭头直到适当的位置再释放，该对象就从原来位置移到了当前位置。

（5）右拖放（与右键配合拖放）：将鼠标箭头移到一个对象上，按住鼠标右键，然后移动鼠标箭头直到适当的位置再释放，在弹出的快捷菜单中可以选择相应的操作选项。

3. 鼠标指针

鼠标指针指示鼠标的位置，移动鼠标，指针随之移动。在使用鼠标时，指针能够变换形状而指示不同的含义。常见指针形状参见“控制面板”中“鼠标属性”窗口的“指针”选项卡，其意义如下。

（1）普通选定指针：可以选定对象，进行单击、双击或拖动操作。

（2）帮助选定指针：可以单击对象，获得帮助信息。

（3）后台工作指针：表示前台应用程序可以进行选定操作，而后台应用程序处于忙的状态。

（4）忙状态指针：此时不能进行选定操作。

（5）精确选定指针＋：通常用于绘画操作的精确定位，如在“画图”程序中画图。

（6）文本编辑指针 I ：用于文本编辑，称为插入点。

（7）垂直改变大小指针 ↕：用于改变窗口的垂直方向距离。

（8）水平改变大小指针 ⇔：用于改变窗口的水平方向距离。

（9）改变对角线大小指针 ⤡ 或 ⤢：用于改变窗口的对角线大小。

（10）移动指针 ✥：用于移动窗口或对话框的位置。

（11）禁止指针 ⊘：表示禁止用户的操作。

2.4.2 菜单及其使用

菜单主要用于存放各种操作命令，要执行菜单上的命令，只需单击菜单项，然后在弹出的菜单中单击某个命令即可执行。在 Windows 10 中，常用的菜单类型主要有如图 2-26（a）所示的下拉菜单和子菜单及图 2-26（b）所示的快捷菜单。其中“快捷菜单”是右击一个项目或一个区域时弹出的菜单列表。使用鼠标选择快捷菜单中的相应选项，即可对所选对象实现“打开”“删除”“复制”“发送到”“创建快捷方式”等操作。

（a）

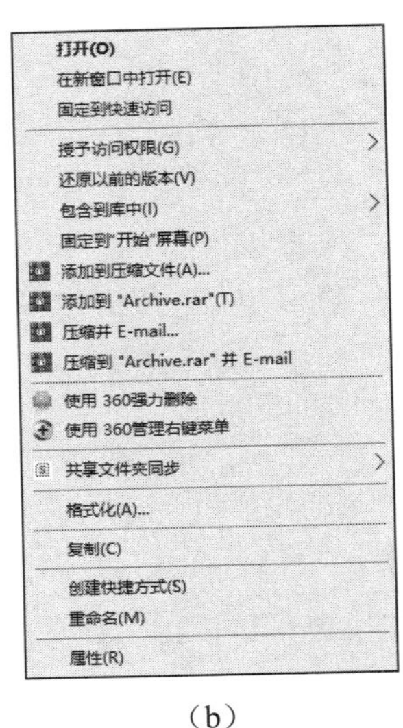

（b）

图 2-26 Windows 10 中的菜单

1. 菜单中常见的符号标记

在菜单中有一些常见的符号标记，它们分别代表的含义如下。

（1）字母标记：表示该菜单命令的快捷键。

（2）✓标记：当选择的某个菜单命令前出现该标记，表示已将该菜单命令选中并应用了效果。

（3）•标记：当选择某个菜单命令后，其名称左侧出现该标记，表示已将该菜单命令选中。选择该命令后，其他相关的命令将不再起作用。

（4）▸标记：如果菜单命令后有该标记，表示选择该菜单命令将弹出相应的子菜单。在弹出的子菜单中即可选择所需的菜单命令。

（5）…标记：表示执行该菜单命令后，将打开一个对话框，在其中可进行相关的设置。

2. “开始”菜单的定制

在 Windows 10 操作系统中，用户可以按照自己的意图来定制开始菜单。Windows 10 提供了大量有关“开始”菜单的设置选项开关，可以选择将哪些对象显示在“开始”菜单上。

（1）自定义文件夹显示在“开始”菜单的固定程序区域。

1）首先，右击任务栏空白处，在打开的快捷菜单中选择“任务栏设置”命令，打开“设置”窗口。

2）单击“设置”窗口中左侧的“开始”，就可以对“开始”菜单进行个性化定制。

（2）磁贴的设置。

1）选择“开始”→“Windows 附件”→“画图”选项，然后右击，从弹出的快捷菜单中选择“固定到‘开始’屏幕”选项，可以看到“画图”已经添加到动态磁贴面板中，如图 2-27 所示。当不再使用动态磁贴面板中的程序时，可以将其删除。如删除刚刚添加的“画图”程序：在“动态磁贴面板”中右击“画图”选项，在弹出的快捷菜单中选择“从‘开始’屏幕取消固定”命令即可。

2）在动态磁贴面板中，可以用鼠标拖动来调整磁贴的位置，右击磁贴，快捷菜单的“调整大小”选项用于调整磁贴大小，如图 2-28 所示。

图 2-27　磁贴设置

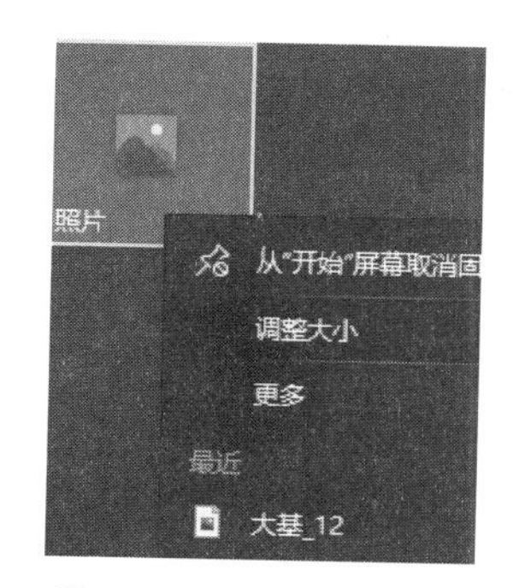

图 2-28　调整磁贴大小

2.4.3　启动、切换和退出程序

管理程序的启动、运行和退出是操作系统的主要功能之一。程序通常是以文件的形式存储在外存储器上。

1. *启动程序*

Windows 10 提供了多种运行程序的方法，最常用的有：双击桌面上的程序图标；从“开始”菜单中选择程序命令选项启动程序；在文件资源管理器中双击要运行的程序的文件名启动程序等。

（1）从桌面运行程序。从桌面运行程序时，所要运行的程序的图标必须显示在桌面上。双击所要运行的程序图标即可运行该程序。

（2）从“开始”菜单运行程序。单击“开始”按钮，在弹出的“开始”菜单中选择运行程序所在的选项即可。如：在“开始”菜单中启动“记事本”程序：单击“开始”按钮，选择“Windows 附件”→“记事本”命令，即可打开“记事本”程序。

（3）从“此电脑”运行程序。双击桌面上的“此电脑”图标，此时显示“此电脑”窗口，在打开的窗口中找到待运行程序的文件名，双击即可运行该程序。

（4）从文件资源管理器中运行程序。在“开始”按钮上右击，在弹出的快捷菜单中选择

“文件资源管理器”选项，在打开的窗口中找到待运行程序的文件名，双击即可运行该程序。

（5）在 DOS 环境下运行程序。执行“开始”→“所有应用”→“Windows 系统”→“命令提示符”命令，显示如图 2-29 所示的 MS-DOS 方式命令提示符窗口。在 DOS 的提示符下面输入需要运行的程序名，按 Enter 键即可运行所选程序。DOS 窗口使用完毕后，单击窗口右上角的“关闭”按钮，或在 DOS 提示符下面输入 EXIT（“退出”命令）都可以退出 MS-DOS。

Windows 10 还提供了适用于 IT 专业人员、程序员和高级用户的一种命令行外壳程序和脚本环境 Windows PowerShell，执行“开始”→“所有应用”→Windows PowerShell→Windows PowerShell 命令，即可打开该窗口。Windows PowerShell 引入了许多非常有用的新概念，从而进一步扩展了在 Windows 命令提示符中获得的知识和创建的脚本，并使命令行用户和脚本编写者可以利用.NET 的强大功能。也可以理解为 Windows PowerShell 是 Windows 命令提示符的扩展。

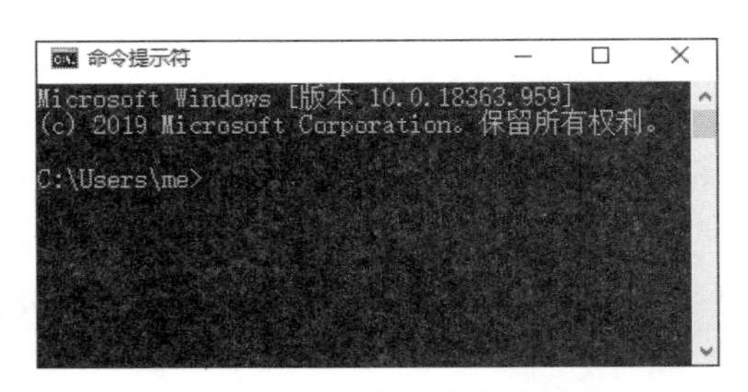

图 2-29　MS-DOS 方式命令提示符窗口

2. 切换程序

在 Windows 10 下可以同时运行多个程序，每一个程序都有自己单独的窗口，但只有一个窗口是活动窗口，可以接受用户的各种操作。用户可以在多个程序间进行切换，选择另一个窗口为活动窗口。

（1）任务栏切换：所有打开的窗口都会以按钮的形式显示在任务栏上，单击任务栏上所需切换到的程序窗口按钮，可以从当前程序切换到所选程序。

（2）键盘切换：

1）Alt+Tab 组合键：按住 Alt 键不放，再按 Tab 键即可实现各窗口间的切换。

2）Alt+Esc 组合键：按住 Alt 键不放，再按 Esc 键也可实现各窗口间的切换。

（3）鼠标切换：单击后面窗口露出来的一部分也可以实现窗口切换。

3. 退出程序

Windows 10 提供了以下多种退出程序的方法。

（1）单击程序窗口右上角的“关闭”按钮。

（2）选择“文件”菜单下的“退出”命令。

（3）选择“控制菜单”下的“关闭”命令。

（4）双击“控制菜单”按钮。

（5）右击任务栏上的程序按钮，然后选择快捷菜单中的“关闭窗口”命令。

（6）按组合键 Alt+F4。

（7）通过结束程序任务退出程序：在如图 2-30 所示的“任务管理器”窗口中选择待退出的程序，单击“结束任务”按钮，即可退出所选程序。

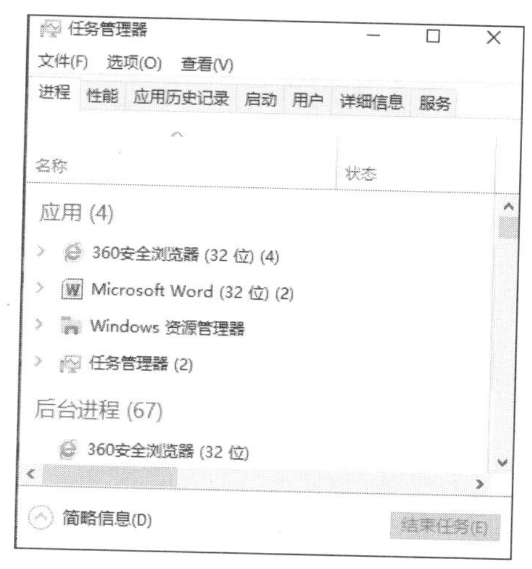

图 2-30　“任务管理器”窗口

2.4.4　窗口的操作方法

1. 打开窗口

在 Windows 10 中，用户启动一个程序、打开一个文件或文件夹时都将打开一个窗口。打开对象窗口的具体方法有如下几种：

（1）双击一个对象，将打开对象窗口。

（2）选中对象后按 Enter 键即可打开该对象窗口。

（3）在对象图标上右击，在弹出的快捷菜单中选择“打开”命令。

2. 移动窗口

移动窗口的方法是在窗口标题栏上按住鼠标左键不放，直到拖动到适当位置再释放鼠标即可。其中，将窗口向屏幕最上方拖动到顶部时，窗口会最大化显示；向屏幕最左侧拖动时，窗口会半屏显示在桌面左侧；向屏幕最右侧拖动时，窗口会半屏显示在桌面右侧。

3. 改变窗口大小

除了可以通过“最大化”“最小化”和“还原”按钮来改变窗口大小外，还可以随意改变窗口大小。当窗口没有处于最大化状态时，改变窗口大小的方法是：将鼠标光标移至窗口的外边框或四个角上，当光标变为 ↕ 、⇔、 ⤡ 或 ⤢ 形状时，按住鼠标不放拖动到窗口变为需要的大小时释放鼠标即可。

4. 排列窗口

当打开多个窗口后，为了使桌面更加整洁，可以将打开的窗口进行层叠、横向和纵向等排列操作。排列窗口的方法是在任务栏空白处右击，弹出如图 2-31 所示的快捷菜单，其中用于排列窗口的命令有“层叠窗口”“堆叠显示窗口”和“并排显示窗口”。

（1）层叠窗口：可以以层叠的方式排列窗口，单击某一个窗口的标题栏即可将该窗口切换为当前窗口。

（2）堆叠显示窗口：可以以横向的方式同时在屏幕上显示几个窗口。

（3）并排显示窗口：可以以垂直的方式同时在屏幕上显示几个窗口。

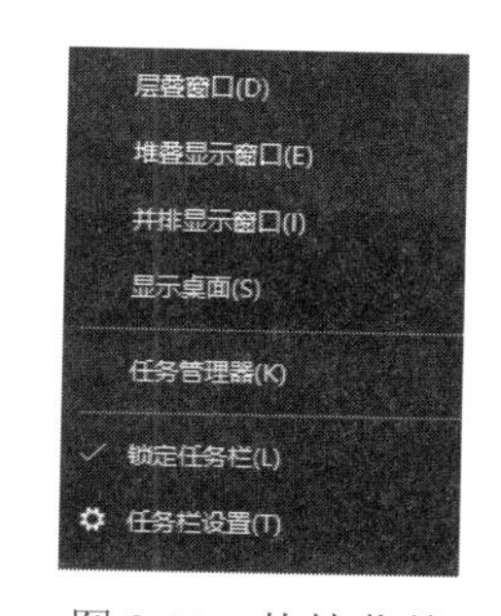

图 2-31　快捷菜单

2.5 Windows 10 的文件管理

2.5.1 文件与文件目录

一个文件的内容可以是一个可运行的应用程序、一篇文章、几个图形、一段数字化的声音信号或者任何相关的一批数据等。文件的大小用该文件所包含信息的字节数来计算。

外存中总是保存着大量文件，其中很多文件是计算机系统工作时必须使用的，包括各种系统程序、应用程序及程序工作时需要用到的各种数据等。每个文件都有一个名字。用户在使用时，要指定文件的名字，文件系统正是通过这个名字确定要使用的文件保存在何处。

1. 文件名

一个文件的文件名是它的唯一标志，文件名可以分为两部分：主文件名和扩展名。一般来说，主文件名应该是有意义的字符组合，在命名时尽量做到“见名知意”；扩展名经常用来表示文件的类型，一般由系统自动给出，大多由 3 个字符组成，可“见名知类”。

Windows 系统中支持长文件名（最多 255 个字符），文件命名时有如下约定：

（1）文件名中不能出现 9 个字符：\、/、:、*、?、"、<、>、|。

（2）文件名中的英文字母不区分大小写。

（3）在查找和显示时可以使用通配符?和*，其中?代表任意一个字符，*代表任意多个字符。如*.*代表任意文件，?b*.exe 代表文件名的第 2 个字符是字母 b 且扩展名是.exe 的一类文件。

文件的扩展名表示文件的类型，不同类型文件的处理是不同的，常见的文件扩展名及其含义见表 2-1。

表 2-1 常用文件扩展名及其含义

文件类型	扩展名	说明
可执行程序	.exe、.com	可执行程序文件
源程序文件	.c、.cpp、.bas、.asm	程序设计语言的源程序文件
目标文件	.obj	源程序文件经编译后产生的目标文件
批处理文件	.bat	将一批系统操作命令存储在一起，可供用户连续执行
MS Office 文件	.docx、.xlsx、.pptx	MS Office 中 Word、Excel、PowerPoint 文档
文本文件	.txt	记事本文件
图像文件	.bmp、.jpg、.gif	图像文件，不同的扩展名表示不同格式的图像文件
流媒体文件	.wmv、.rm、.qt	能通过 Internet 播放的流式媒体文件，不需下载整个文件就可播放
压缩文件	.zip、.rar	压缩文件
音频文件	.wav、.mp3、.mid	声音文件，不同的扩展名表示不同格式的音频文件
动画文件	.swf	Flash 动画发布文件
网页文件	.html、.asp	一般来说，前者是静态的，后者是动态的

2. 文件目录结构

操作系统的文件系统采用了树型（分层）目录结构，每个磁盘分区可建立一个树型文件目录。磁盘依次命名为 A:、B:、C:、D:和 E:等，其中 A:和 B:指定为软盘驱动器。C:及排在它后面的盘符用于指定硬盘，或用于指定其他性质的逻辑盘，如微机的光盘、连接在网络上或网络服务器上的文件系统或其中某些部分等。

在树型目录结构中，每个磁盘分区上有一个唯一的最基础的目录，称为根目录，其中可以存放一般的文件，也可以存放另一个目录（称为当前目录的子目录）。子目录中存放文件，还可以包含下一级的子目录。根目录以外的所有子目录都有各自的名字，以便在进行与目录和文件有关的操作时使用。而各个外存储器的根目录可以通过盘的名字（盘符）直接指明。

树型目录结构中的文件可以按照相互之间的关联程度存放在同一子目录里，或者存放到不同的子目录里。一般原则是，与某个软件系统或者某个应用工作有关的一批文件存放在同一个子目录里。不同的软件存放于不同的子目录。如果一个软件系统（或一项工作）的有关文件很多，还可能在它的子目录中建立进一步的子目录。用户也可以根据需要为自己的各种文件分门别类建立子目录。图 2-32 给出了一个目录结构的示例。

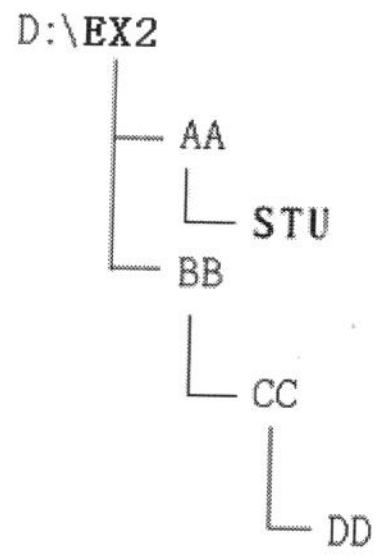

```
D:\EX2
 ├─ AA
 │   └─ STU
 └─ BB
     └─ CC
         └─ DD
```

图 2-32　树型目录结构

3. 树型目录结构中的文件访问

采用树型目录结构，计算机中信息的安全性可以得到进一步的保障，由于名字冲突而引起问题的可能性也因此大大降低。例如，两个不同的子目录里可以存放名字相同而内容完全不同的两个文件。

用户要调用某个文件时，除了给出文件的名字外，还要指明该文件的路径名。文件的路径名从根目录开始，描述了用于确定一个文件要经过的一系列中间目录，形成了一条找到该文件的路径。

文件路径在形式上由一串目录名拼接而成，各目录名之间用反斜杠（\）符号分隔。文件路径分为两种。

（1）绝对路径：从根目录开始，依次到该文件之前的名称。

（2）相对路径：从当前目录开始到某个文件之前的名称。

例如：在图 2-32 中，文件 MYFILE.TXT 存放于 D:\EX2\AA\STU 文件夹中，文件 MYFILE.TXT 的绝对路径是 D:\EX2\AA\STU\MYFILE.TXT。若当前目录为 BB，则文件 MYFILE.TXT 的相对路径为..\AA\STU\MYFILE.TXT（..表示上一级目录）。

2.5.2　Windows 文件资源管理器的启动和窗口组成

文件资源管理器是 Windows 提供的用于管理文件和文件夹的系统工具，使用它可以帮助用户管理和组织系统中各种软硬件资源，查看各类资源的使用情况。

1. 打开文件资源管理器

方法一：打开“开始”菜单，单击固定程序区域中的“文件资源管理器”图标。

方法二：右击“开始”按钮，在弹出的快捷菜单中选择“文件资源管理器”命令。

方法三：选择“开始”菜单中所有应用列表里的“Windows 系统”→“文件资源管理器”命令。

2. 文件资源管理器窗口的组成

打开文件资源管理器，选择 C:盘，窗口如图 2-33 所示。

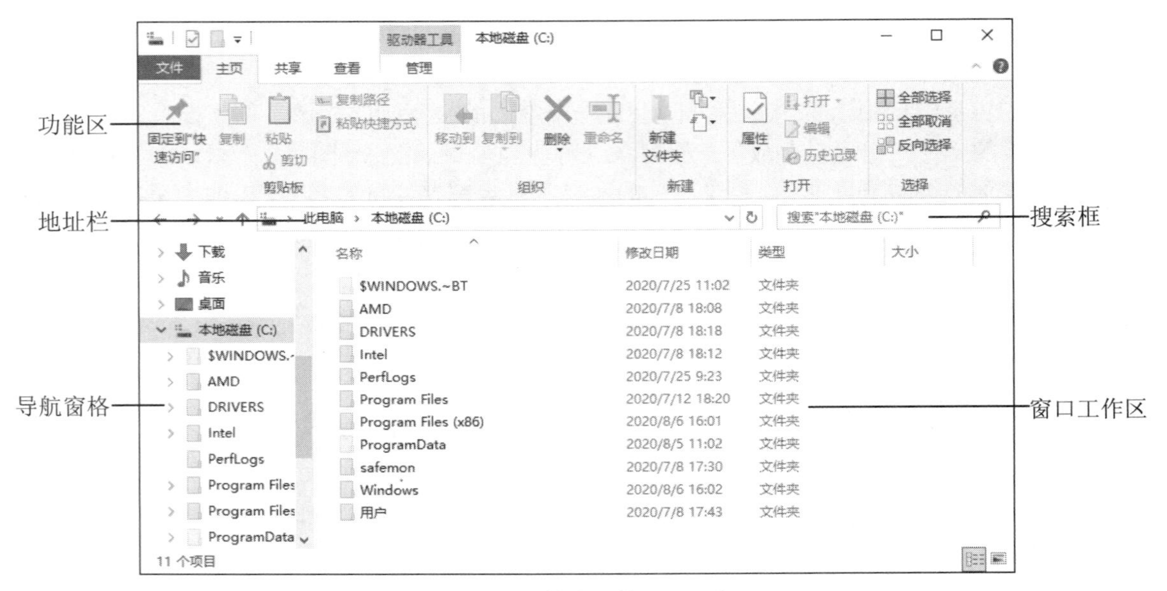

图 2-33　“文件资源管理器”窗口

（1）地址栏：地址栏中显示当前打开的文件夹路径。每一个路径都由不同的按钮连接而成，单击这些按钮，就可以在相应的文件夹之间切换。

（2）搜索框：在搜索框中输入文件名，可以帮助用户在计算机中快速搜索文件或文件夹。

（3）功能区：Windows 10 的“文件资源管理器”窗口与以往版本相比有较大改变，采用了 Office 的功能区概念，将同类操作放在一个选项卡中，按照功能又划分不同功能区。

（4）窗口工作区：用于显示当前窗口的内容或执行某项操作后显示的内容，内容较多时，会出现垂直或水平滚动条。

（5）窗格：“文件资源管理器”窗口中有多种类型的窗格，例如导航窗格、预览窗格和详细信息窗格。要打开或关闭不同类型的窗格，可选择“查看”选项卡下“窗格”功能区中的对应命令。

导航窗格中显示了以树型目录结构展示的“文件夹”栏，它涵盖了当前计算机的所有资源。打开每个文件夹都可以在下面显示它的所有下一级子文件夹。窗口工作区显示的是左侧选中的文件夹中的内容。子文件夹是一个相对的概念，在导航窗格资源列表的树状结构中，从属于上层文件夹的低层文件夹称为上层文件夹的子文件夹。子文件夹自身也可以有自己的更低层的子文件夹。

将鼠标置于窗格的分隔条之上，当鼠标变成双箭头标记时，按住鼠标左键，可以左右拖动分隔条，改变窗格的大小。

用户打开“文件资源管理器”窗口默认显示的是“快速访问”界面，如图 2-34 所示，在窗口工作区中上边显示的是“常用文件夹”列表，下边显示的是“最近使用的文件”列表。方便用户快速打开经常操作的文件或文件夹，而不需通过电脑磁盘查找。

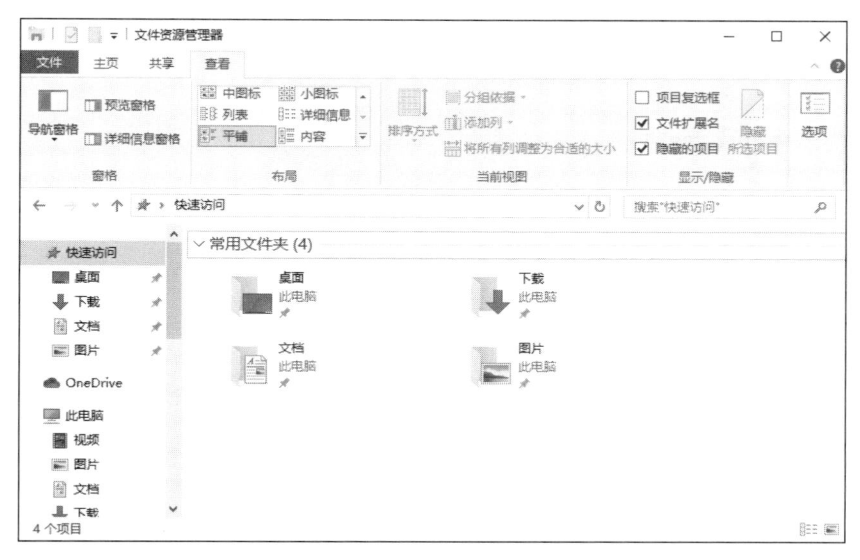

图 2-34　“快速访问”界面

2.5.3　创建新文件夹和新的空文件

在磁盘中创建文件夹尽量按类别实现“分类存放”。创建和保存文件夹的两要素：文件夹名和存放位置。

方法一：通过文件资源管理器进入需要创建文件及文件夹的磁盘位置窗口，选择“主页”→“新建文件夹”命令可新建文件夹，在“新建项目”菜单中选择要创建的某个文件类型，如图 2-35 所示。

图 2-35　新建文件或文件夹

方法二：在文件夹内容区的空白处右击，在快捷菜单中选择“新建”→“文件夹”命令或某种类型的文件。

方法三：按 Ctrl+Shift+N 组合键可在当前磁盘位置创建文件夹。

注意：新建立的文件是一个空文件。如果要编辑则要双击该文件，系统会调用相应的应用程序将文件打开。

2.5.4 选定文件或文件夹

Windows 中一般都是先选定需操作的对象，再对选定的对象进行处理。选定文件及文件夹的基本操作有以下几种。

1. 选择单个文件及文件夹

单击所需的文件及文件夹。

2. 选择连续的多个文件及文件夹

用鼠标指针拖选；或选择第一个，然后按住 Shift 键不放，再单击最后一个。

3. 选择不连续的多个文件及文件夹

先选择一个，然后按住 Ctrl 键不放，再依次单击需选择的其他文件及文件夹，如图 2-36 所示。

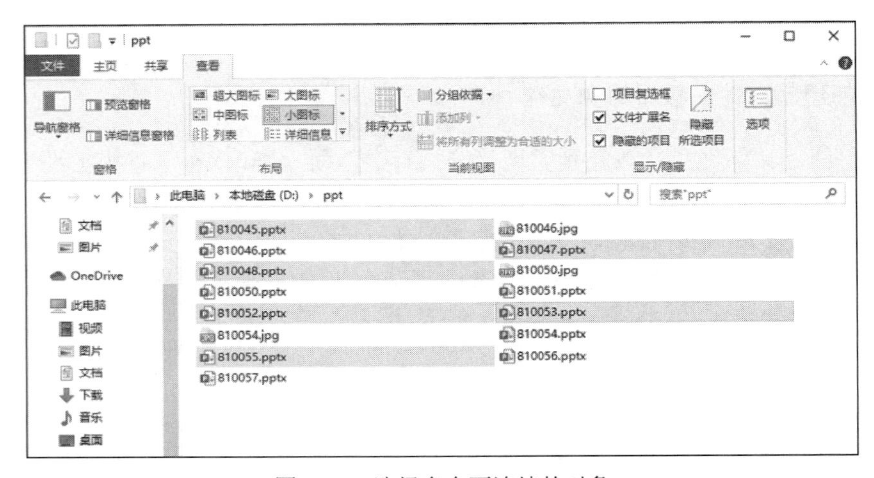

图 2-36　选择多个不连续的对象

4. 选择全部文件及文件夹

从文件资源管理器当前文件夹窗口中，打开“主页”选项卡，在“选择”功能区中选择“全部选择”命令，即可全部选定，或按 Ctrl+A 组合键。

5. 反向选择文件及文件夹

在选择某些文件后，要选择未被选择的所有文件，可在“主页”选项卡“选择”功能区中选择“反向选择”命令，其他文件即可全部选定。此项操作用于不需选择的文件较需要选的少得多的情况，其操作较快。

6. 撤消选定

如在已选定的文件中，要取消一些项目，则按住 Ctrl 键，单击要取消的项目。如要全部取消，只需单击窗口上的空白处即可。

2.5.5 重命名文件或文件夹

给文件夹或文件取名时，应该取“见名知义”的名字。

方法一：打开“此电脑”或“文件资源管理器”窗口，选择要改名的文件或文件夹图标，在窗口“主页”选项卡中选择“重命名”命令，则选中对象的名称将变成一个文本输入框。在文本输入框中输入新文件名，按 Enter 键。

方法二：单击两次文件或文件夹图标名称，就可出现文本输入框。

方法三：右击文件或文件夹图标，选择“重命名”命令，如图 2-37 所示，就可出现文本输入框。

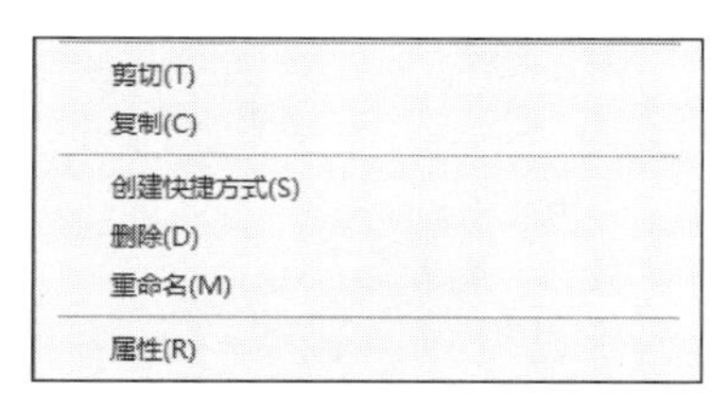

图 2-37　重命名

也可同时选择多个文件进行统一的命名，则第一个文件名是输入的新文件名，其余的文件名后会有（2）（3）……以此类推。

提示：文件重命名一般修改主文件名，扩展名不需要改变，但如果需要改变，则会有确认提示。当前文件系统若不显示常用扩展名，则需先修改文件选项。操作方法：选中 “查看”选项卡的“文件扩展名”复选框。如图 2-38 所示。

图 2-38　查看文件扩展名

2.5.6　复制和移动文件或文件夹

1. 复制文件或文件夹

有时为了避免重要文件丢失，需将一个文件从一个磁盘（或文件夹）复制到另一个磁盘（或文件夹）中，以作为备份。复制文件或文件夹的方法相同，都有很多种，以下是几种常用的复制方法。

（1）在“文件资源管理器”窗口中，选定需复制的文件或文件夹，同一磁盘中按住 Ctrl 键的同时用鼠标拖动到目标位置，不同磁盘之间直接用鼠标拖动到目标位置。注意，在拖动过程中鼠标光标上会多出一个“+”号。

（2）选定需复制的文件或文件夹，选择“主页”选项卡中的“复制到”命令，如图 2-39 所示。

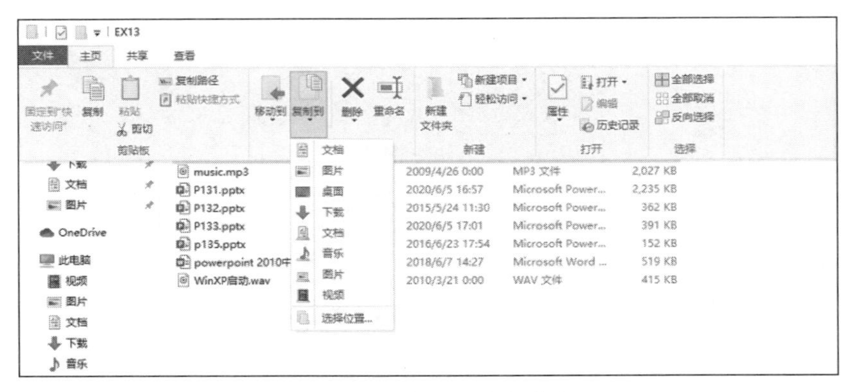

图 2-39　复制文件或文件夹

（3）使用对象右键菜单的“复制”命令或 Ctrl+C 组合键，到达目的路径窗口后使用右键菜单的“粘贴”命令或 Ctrl+V 组合键实现复制操作。

2. 移动文件或文件夹

移动操作是将选定的对象从原来的位置移动到新的位置，不可以移动到同一位置。移动完成后源文件或源文件夹将消失，常用的方法如下。

（1）选定需移动的文件或文件夹对象，同一磁盘中用鼠标直接拖动到目标位置，不同磁盘之间按住 Shift 键的同时拖动鼠标。

（2）选定需移动的文件及文件夹，选择“主页”选项卡中的“移动到”命令，进入目标位置。

（3）使用对象右键菜单的“剪切”命令或 Ctrl+X 组合键，到达目的路径窗口后使用右键菜单的“粘贴”命令或 Ctrl+V 组合键实现移动操作，如图 2-40 所示。

（a）　　　　（b）

图 2-40　移动文件或文件夹

2.5.7　删除和恢复被删除的文件或文件夹

1. 删除文件或文件夹

无用的一些文件或文件夹应该及时删除，以腾出足够的磁盘空间供其他工作使用。删除文件或文件夹的方法相同，都有很多种。

（1）将需删除的文件或文件夹用鼠标指针拖到回收站中。

（2）选中目标，按 Delete 键，把文件删除。

（3）在需删除图标上右击，在快捷菜单中选择“删除”命令，如图 2-40（a）所示。

（4）选择“主页”选项卡中“组织”功能区的“删除”命令，如图 2-41 所示。

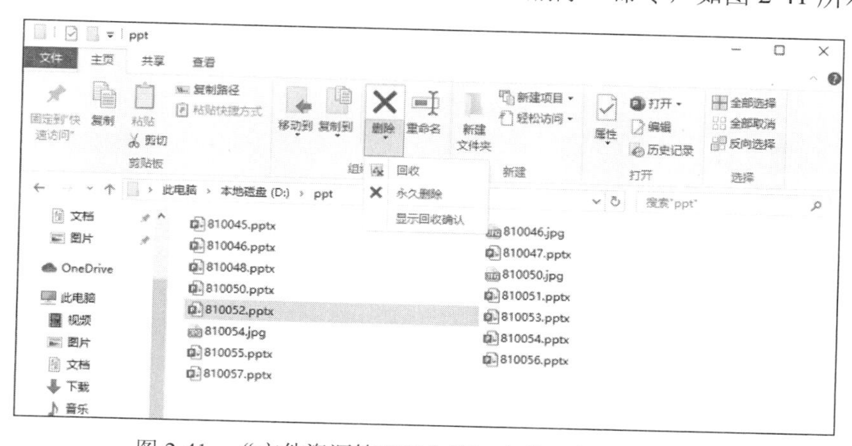

图 2-41　“文件资源管理器”窗口中的“主页”选项卡

2. 恢复被删除的文件或文件夹

回收站用来收集硬盘中被删除的对象，以保护误删的文件。除将文件及文件夹直接拖入回收站外，其他方法都会要求确认是否删除。如果误删文件，可以从右键菜单中选择“撤消 删除”命令或按 Ctrl+Z 组合键，但这种方法只对本次开机工作误删的对象才有效。对于所删除的文件及文件夹，并没有真正将其从磁盘中删除，而是存入回收站。可以从回收站将其恢复，利用对象的右键快捷菜单中的“还原”或“删除”命令还原或彻底删除对象。

Windows 10 的文件资源管理器“主页”选项卡中“组织”功能区的“删除”命令增加了永久删除选项，可以用来永久删除文件或文件夹，如图 2-41 所示。

提示：删除操作是项破坏性操作，执行时需慎重；另外，若在用删除操作的同时按住 Shift 键，或选择对象后按 Shift+Delete 组合键可以不经回收站彻底删除文件。另外，在 U 盘中用删除命令会不经回收站直接删除文件，若想恢复文件需要专用的工具。

为提高计算机的运行速度和增加磁盘可用空间，需要及时对回收站进行清理。也可通过更改回收站属性，自定义回收站的大小。

2.5.8　搜索文件或文件夹

如果计算机中文件和文件夹过多，可使用 Windows 10 的搜索功能快速找到所要使用的文件或文件夹。

在“文件资源管理器”窗口中可以用搜索功能在当前文件夹中快速查找文件夹或文件。具体方法如下：

（1）搜索前先选定要搜索的范围，例如要在 C:盘的“工作”文件夹中搜索，就先在导航窗格中单击“工作”文件夹名，当前文件夹的路径就会显示在地址栏中，同时搜索框中显示出搜索范围，如图 2-42 所示。

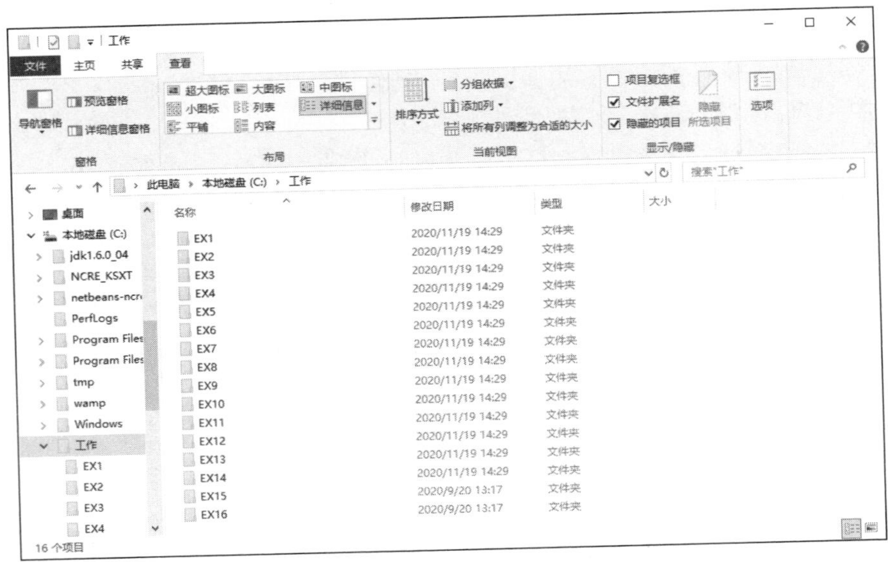

图 2-42　文件资源管理器搜索框

（2）在搜索框中输入要搜索的关键字后，系统就会自动搜索。并在窗口工作区中显示出其中包含此关键字的所有文件或文件夹。

在搜索过程中，文件夹或文件名中的字符可以用*或?来代替。*表示任意长度的一串字符串，?表示任意一个字符。如要查找扩展名为.exe 的文件，就可以在搜索框中输入*.exe。

如果要按修改日期、类型或名称等条件搜索对象，可以在"搜索工具"选项卡中"优化"功能区里选择按照修改日期、类型或名称等条件进行搜索，如图 2-43 所示。

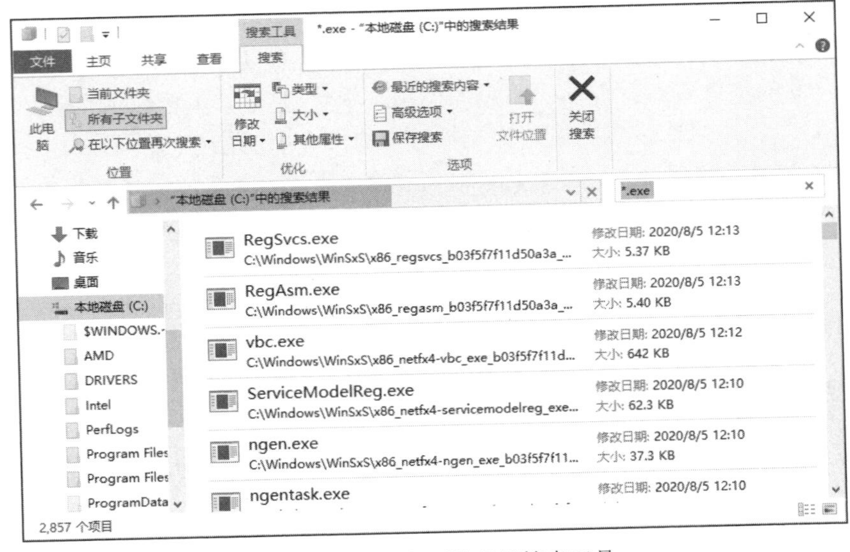

图 2-43　文件资源管理器搜索工具

2.5.9 更改文件或文件夹的属性

文件或文件夹有三种属性：只读、隐藏和存档。可根据需要进行设置或取消某属性。

（1）“只读”属性：被设置为只读类型的文件只能允许读操作，即只能运行，不能被修改和删除。将文件设置为“只读”属性后，可以保护文件不被修改和破坏。

（2）“隐藏”属性：设置为隐藏属性的文件的文件名不能在窗口中显示。对隐藏属性的文件，如果不知道文件名，就不能删除该文件，也无法调用该文件。如果希望能够在“文件资源管理器”窗口中看到隐藏文件，操作方法：选择窗口下的“查看”选项卡的“隐藏的项目”命令。

（3）“存档”属性：一些程序用此选项控制要备份的文件。

操作方法：选定文件或文件夹，打开“主页”选项卡下的“属性”命令或使用对象右键快捷菜单中的“属性”命令可进行设置或取消相关属性，如图 2-44 所示。

图 2-44　属性设置

使用“属性”对话框还可以设置未知类型文件的打开方式。在选择的文件上右击，在弹出的快捷菜单中选择“属性”命令，单击“更改”按钮，然后再选择打开此文件的应用程序。

2.5.10　创建文件的快捷方式

快捷方式提供了一种对常用程序和文档的访问捷径。快捷方式实际上是外存中源文件或外部设备的一个映像文件，通过访问快捷方式可以访问到它所对应的源文件或外部设备。可以根据需要给常用的应用程序、文档文件或文件夹建立快捷方式。

方法一：右击需创建快捷方式的对象，在快捷菜单中选择“创建快捷方式”命令，如图 2-45 所示。

方法二：在需创建快捷方式的空白处右击，选择“新建”命令，再选择“快捷方式”，然后进入“创建快捷方式”向导，如图 2-46 所示。输入目标程序文件的位置，单击“下一步”按钮，再输入快捷方式的名称即可创建指定对象（包括文件、文件夹、盘符或网址）的快捷方式图标。

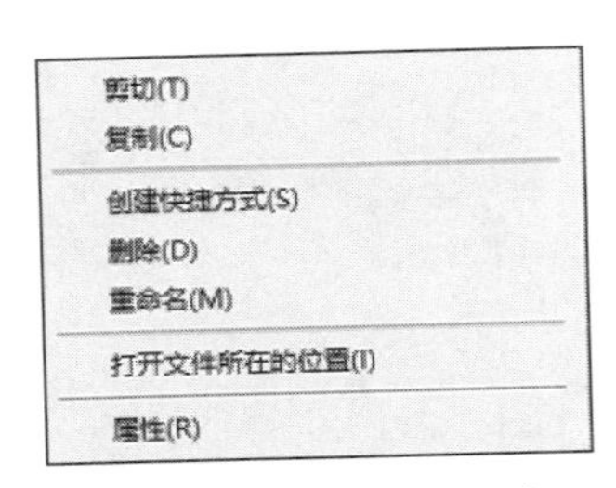

图 2-45　创建快捷方式

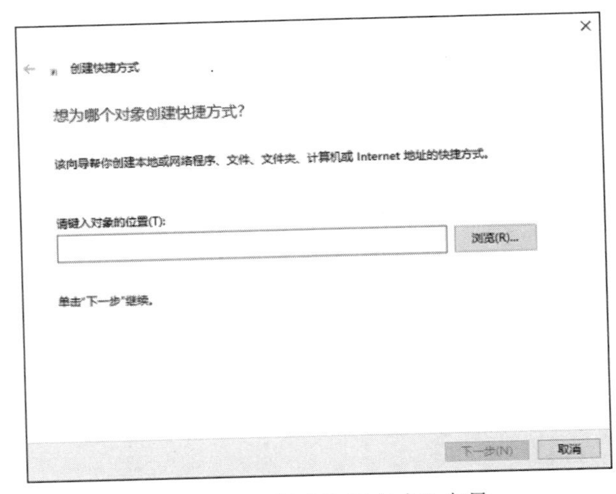

图 2-46　“创建快捷方式”向导

当创建好快捷方式后，再利用“复制”“粘贴”命令或拖动的方式把快捷方式放置在指定的位置。

提示：快捷方式代表了其目标对象，对快捷方式的“打开”“打印”“查看”等操作实际上是对其目标对象进行操作。而对快捷方式的“移动”“复制”“删除”“重命名”及“发送”等操作则是对快捷方式本身的操作，与其指向的目标对象无关。

2.5.11　压缩、解压缩文件或文件夹

文件的无损压缩也叫打包，压缩后的文件占据较少的存储空间。压缩包中的文件不能直接打开，要解压缩后才可以使用。专业的压缩和解压缩程序有 WinRAR、WinZip 等，需先下载并安装到计算机中。常见的压缩文件格式是.rar、.zip。

压缩方法：选择需压缩的文件或文件夹，右击，选择快捷菜单中的“添加到某某文件”命令。

解压缩方法：在压缩文件上右击，选择快捷菜单中的“解压文件”命令。或双击压缩文件，在压缩软件窗口中选择“解压到”命令，选择解压位置并确认。

2.6　Windows 10 的系统设置及管理

2.6.1　Windows 10 控制面板

控制面板是用来进行系统设置和设备管理的工具集。使用控制面板，用户可以根据自己的喜好对系统的外观、语言和时间等进行设置和管理，还可以进行添加或删除程序、查看硬件设备等操作。

要打开控制面板，可以先打开“开始”菜单，在“所有应用”列表中找到“Windows 系统”下的“控制面板”，单击即可打开如图 2-47 所示的“控制面板”窗口。也可以打开“文件资源管理器”窗口，在左边导航窗格下方双击打开“控制面板”窗口。在图 2-47 中通过设置“查看方式”为“小图标”，就可看到如图 2-48 所示的“所有控制面板项”窗口。用户对计算机的环境设置都可以从此窗口中选择对应的命令进行。

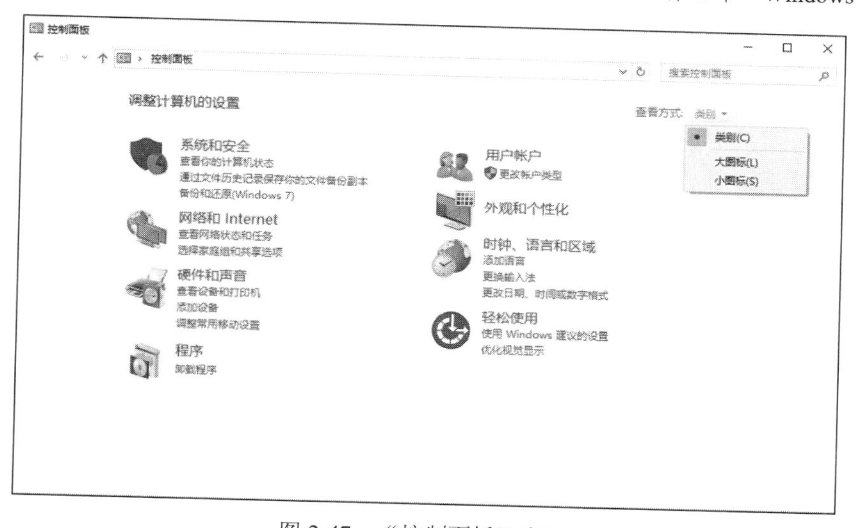

图 2-47　“控制面板”窗口

图 2-48　“所有控制面板项”窗口

2.6.2　个性化设置

右击桌面空白处，在弹出的快捷菜单中选择“个性化”命令，如图 2-49 所示。打开如图 2-50 所示的“设置”窗口，在此窗口中可以对显示的环境进行各种设置。

1. 自定义桌面背景

桌面背景是指 Windows 桌面上的墙纸。第一次启动时，在桌面上看到的图案背景是系统的默认设置。为了使桌面的外观更具有个性，可以在系统提供的多种方案中选择自己满意的背景，也可以使用自己的图片文件取代 Windows 的预定方案。更改桌面背景的方法如下：

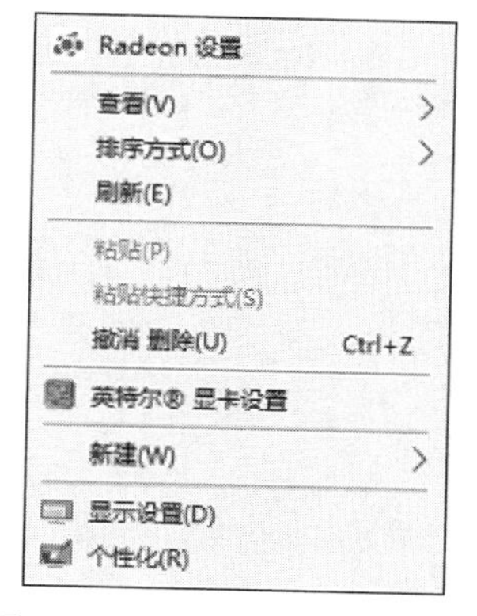

图 2-49　“个性化”快捷菜单

在图 2-50 所示的“设置”窗口左侧选择“背景”选项，然后在右侧的“背景”下拉列表中选择“图片”选项，在下方的预置图片中选择一张或单击“浏览”按钮，查找硬盘上的图片文件。还可以通过“选择契合度”下拉列表调整背景图片显示位置。同时可以将多张图片以幻灯片放映的形式设置为桌面背景，如图 2-51 所示。

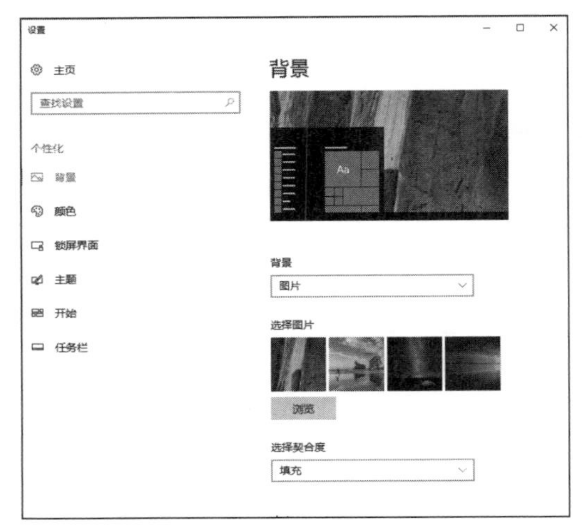

图 2-50 “设置”窗口

图 2-51 以幻灯片放映形式设置背景

2. 设置屏幕保护程序

屏幕保护程序可在用户暂时不使用计算机时屏蔽屏幕，这不但有利于保护计算机的屏幕和节约用电，而且还可以防止用户屏幕上的数据被他人看到。要设置屏幕保护程序，可参照下面的步骤：

（1）在如图 2-50 所示的“设置”窗口左侧选择“锁屏界面”选项，可进行锁屏界面和屏幕超时设置，如图 2-52 所示，在右侧单击“屏幕保护程序设置”链接，弹出如图 2-53 所示的对话框。

图 2-52 “锁屏界面”设置窗口

图 2-53 “屏幕保护程序设置”对话框

（2）在“屏幕保护程序”选项区域的下拉列表中选择自己喜欢的一种屏幕保护程序。

（3）如果要预览屏幕保护程序的效果可单击“预览”按钮。

（4）如果要对选定的屏幕保护程序进行参数设置，单击“设置”按钮，打开“屏幕保护程序设置”对话框进行设置。注意，在单击“设置”按钮对选定的屏幕保护程序进行参数设置时，随着屏幕保护程序的不同可设定的参数选项也不相同。

（5）调整“等待”微调器的值可设定在系统空闲多长时间后运行屏幕保护程序。

（6）如果要在屏幕保护时防止别人使用计算机，启用“在恢复时显示登录屏幕”复选框。这样，在运行屏幕保护程序后，如想恢复工作状态，系统将进入登录界面，要求用户输入密码。

（7）设置完成之后，单击“确定”按钮即可。

3. 调整屏幕分辨率

屏幕分辨率是指屏幕所支持的像素的多少，如 800×600 像素或 1024×768 像素。现在的显示器大多支持多种分辨率，使用户的选择更加方便。在屏幕大小不变的情况下，分辨率的大小将决定屏幕显示内容的多少，分辨率越大，则屏幕显示的内容越多。

要调整显示器的分辨率，可以在桌面上任何空白区域右击，从弹出的快捷菜单中选择“显示设置”命令，在打开的如图 2-54 所示的窗口中，选择“显示”命令设置显示器分辨率。

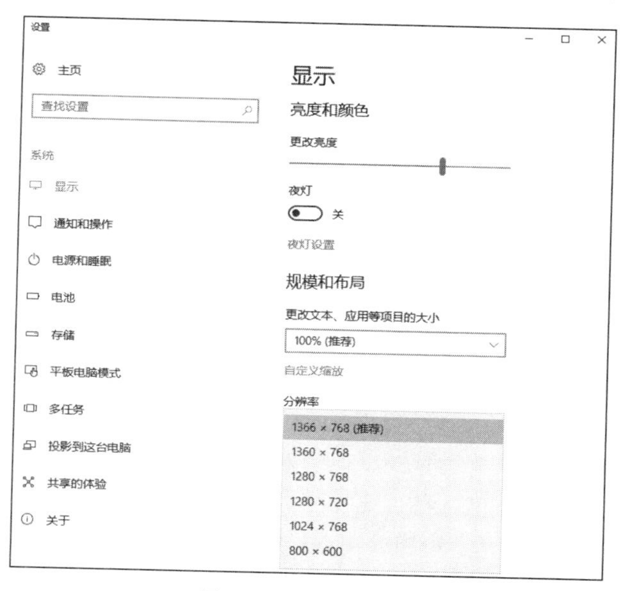

图 2-54　分辨率设置

4. 设置图标排列和显示方式

当窗口内包含多个图标后，可以对图标进行排列，并按一定的显示方式来显示图标。

操作方法：

（1）右击窗口内空白处，在快捷菜单中选择“排序方式”的 4 个选项之一：名称、大小、项目类型和修改日期。

（2）系统桌面图标显示方式可通过右击桌面空白处，在弹出菜单“查看”命令下选择“大图标”“中等图标”和“小图标”之一来调整桌面图标的尺寸大小。“自动排列”和“将图标与网格对齐”用于指定图标的排列方式，如果取消“自动排列图标”，用户可随意排放桌面图标。

“显示桌面图标”可使用户有一个干净桌面。

（3）如果是在文件夹中的空白处右击，在弹出的快捷菜单“查看”下可选择一种控制图标显示方式：超大图标、大图标、中等图标、小图标、列表、详细信息等。

2.6.3 时钟、语言和区域设置

在“控制面板”中单击“时钟、语言和区域”图标，弹出如图 2-55 所示的“时钟、语言和区域”窗口，单击“日期和时间”，可以打开“日期和时间”对话框，如图 2-56 所示。单击“更改日期和时间”按钮，在弹出的对话框中可以调整系统的日期和时间；单击“更改时区”按钮，便会打开“时区设置”对话框，可以设置选择某一地区的时区。

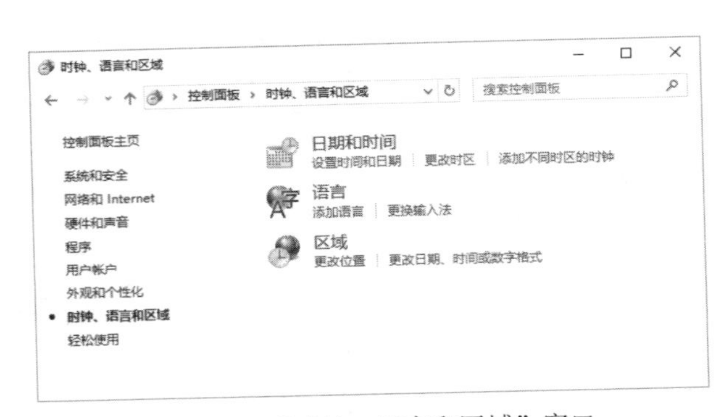

图 2-55 “时钟、语言和区域”窗口

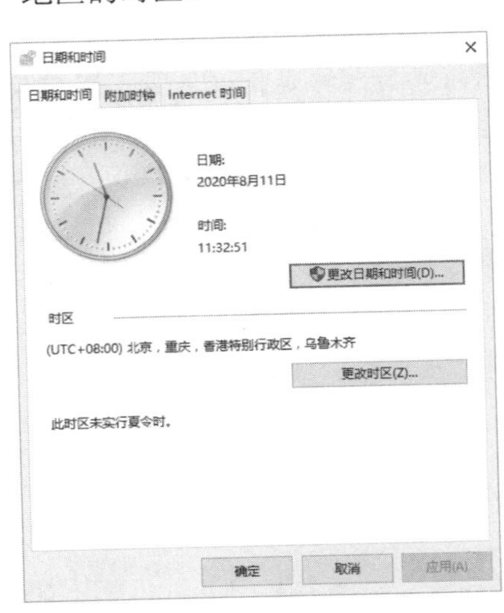

图 2-56 “日期和时间”对话框

2.6.4 输入法的设置

要进入输入法设置窗口，可有以下几种方法：

（1）在“控制面板”中单击“时钟、语言和区域”，在弹出的对话框中选择“语言”选项，弹出如图 2-57 所示的“语言”窗口，在此可以添加语言，单击左侧的“高级设置”选项，打开如图 2-58 所示的“高级设置”窗口，可在此窗口中设置默认输入语言等。

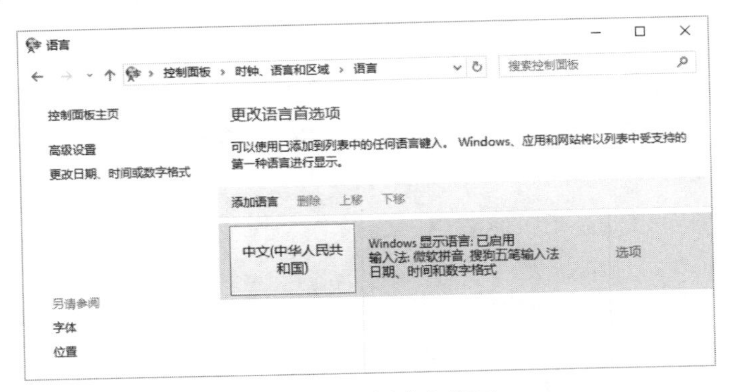

图 2-57 “语言”窗口

图 2-58　“高级设置”窗口

（2）在任务栏中右击输入法标志，选择“设置”命令，直接打开如图 2-57 所示的“语言”窗口。

为了方便平板电脑用户的使用，Windows 10 在“开始”菜单中增加了“设置”按钮，单击“开始”菜单左下角固定程序区域中“设置”按钮，打开如图 2-59 所示的“设置”窗口，常用的计算机环境设置都可以在此窗口中完成。例如，要设置默认输入法，可以单击“时间和语言”图标，打开“区域和语言”窗口进行相应设置。

图 2-59　“设置”窗口

2.6.5　程序的卸载或更改

在“控制面板”窗口中单击“程序”图标，就会出现如图 2-60 所示的窗口。在此窗口中可以选择“程序和功能”下的“卸载程序”“查看已安装的更新”等功能，例如，如果单击“卸载程序”，会弹出如图 2-61 所示的“程序和功能”下的“卸载或更改程序”窗口，在此窗口中选择某个程序，单击“卸载/更改”按钮，就可进行程序的卸载或更改。

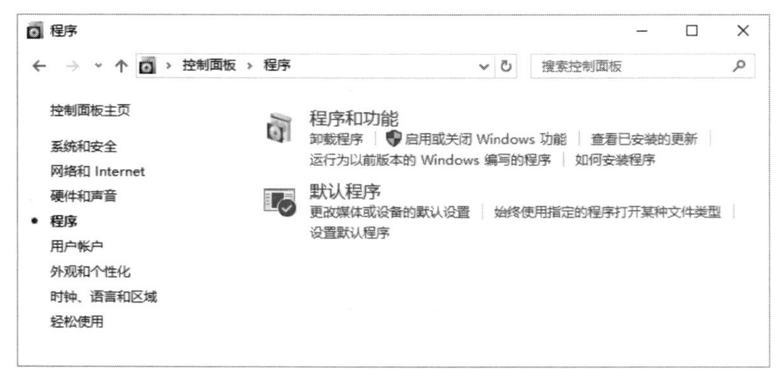

图 2-60　“程序”窗口

图 2-61　“卸载或更改程序”窗口

2.6.6　磁盘管理

在使用计算机的过程中，用户是通过计算机的软件来帮助完成各类任务的。在系统软件中有一类实用程序软件，如控制面板、磁盘清理程序、磁盘碎片整理程序等可用于提高计算机的性能，帮助用户监视计算机系统设备、管理计算机系统资源和配置计算机系统。对计算机的相关设置可以通过这类专门的软件来完成。

磁盘管理是使用计算机时的一项常规任务，以一组磁盘管理应用程序的形式提供给用户，包括查错程序、磁盘碎片整理程序及磁盘清理程序。

1. 磁盘碎片整理

磁盘碎片整理，即通过系统软件或者专业的磁盘碎片整理软件对计算机磁盘在长期使用过程中产生的碎片和凌乱文件重新整理，释放出更多的磁盘空间，可提高计算机的整体性能和运行速度。

操作方法：单击“开始”按钮，在弹出的“开始”菜单中选择“所有应用”命令，然后在“所有应用”列表中选择“Windows 管理工具”→“碎片整理和优化驱动器”命令。

2. 磁盘查错与清理

（1）磁盘查错主要是扫描硬盘驱动器上的文件系统错误和坏簇，以保证系统的安全，而碎片整理可以让系统和软件都更加高效率地运行。

操作方法：运行磁盘查错前需先关闭运行的程序。在“此电脑”窗口中右击磁盘分区，选择“属性”命令，在“属性”对话框中的“工具”选项卡下的查错栏中单击“检查”按钮。

（2）磁盘清理可删除计算机上所有不需要的文件，如临时文件、回收站文件等，目的是释放更多磁盘空间。

操作方法：打开“控制面板”窗口，将“查看方式”设置为“大图标”或“小图标”，然后单击“管理工具”链接，在进入的界面双击“磁盘清理”命令，打开如图 2-62 所示的“磁盘清理”对话框。

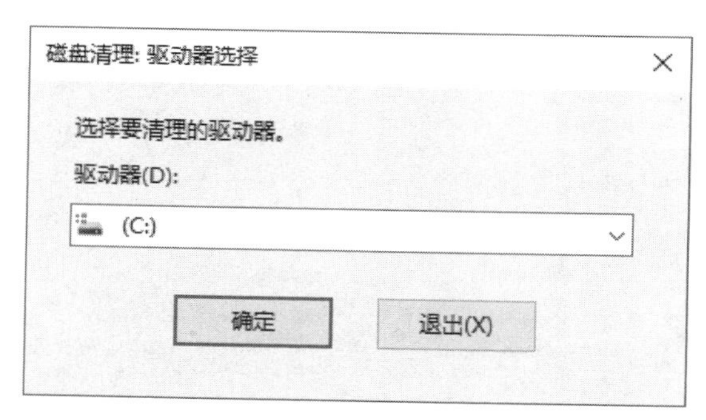

图 2-62 “磁盘清理”对话框

3. 磁盘分区与格式化

系统主要的存储设备就是硬盘。新买的硬盘不能直接使用，必须先对硬盘进行分区，再格式化，然后安装系统，存放文件。

操作方法：在“此电脑”窗口中右击某磁盘分区，在右键快捷菜单中选择“格式化”命令。

磁盘分区也可以借助一些第三方的软件来实现分区与格式化。例如 Acronis Disk Director Suite、PQMagic、DM、FDisk 等。

注意：分区与格式化操作对现有已安装系统而言具有较高的危险性，操作不当可能会造成重大损失，需慎重操作。

4. 使用 U 盘

U 盘与移动硬盘是两种常用移动存储设备，U 盘接口有 3 种标准，USB 2.0 和 USB 3.0 是广泛使用的两个标准，表示它的传输带宽。在读写数据时断开 U 盘与计算机的连接不会损坏硬件，但会破坏正在处理的数据。因此，拔下 U 盘前需先进行弹出 U 盘操作。

2.6.7 查看系统信息

系统信息显示有关计算机硬件配置、计算机组件和软件（包括驱动程序）的详细信息。通过查看系统的运行情况，可以对系统当前运行情况进行判断，以决定应该采取何种操作。

执行“开始”→“所有应用”→“Windows 管理工具”→“系统信息”命令，打开如图2-63 所示的“系统信息”窗口。在该窗口中可以了解系统的各个组成部分的详细运行情况。想了解哪个部分，单击该窗口的左窗格中列出的类别项前边的“+”，右侧窗格便会列出有关该类别的详细信息。

图 2-63 “系统信息”窗口

系统摘要：显示有关计算机和操作系统的常规信息，如计算机名、制造商、计算机使用的基本输入/输出系统（BIOS）的类型以及安装的内存的数量。

硬件资源：显示有关计算机硬件的高级详细信息。

组件：显示有关计算机上安装的磁盘驱动器、声音设备、调制解调器和其他组件的信息。

软件环境：显示有关驱动程序、网络连接以及其他与程序有关的详细信息。

若希望在系统信息中查找特定的详细信息，可在“系统信息”窗口底部的“查找什么”文本框中输入要查找的信息。例如，若要查找计算机的磁盘信息，可在“查找什么”文本框中输入“磁盘”，然后单击“查找”按钮即可。

2.6.8 系统安全

通过 Windows Update 为系统进行安全更新，并使用防火墙防范网络攻击，也可使用 Windows Defender 监控恶意软件。

单击“开始”菜单中“设置”命令，选择“更新和安全”，打开如图 2-64 所示的窗口，其中可以设置有关“Windows 更新”的操作，也可以打开 Windows Defender 功能。

图 2-64 “更新和安全”设置窗口

在“所有控制面板项”窗口下选择“Windows 防火墙”，左侧选择“启用或关闭 Windows 防火墙”可自定义各类网络进行开启或关闭防火墙的设置，如图 2-65 所示。

图 2-65 “Windows 防火墙”设置窗口

2.7 Windows 10 自带的常用工具

Windows 10 系统中自带了非常实用的工具软件，如记事本、写字板、画图、计算器和截图工具等，如图 2-66 所示。即便计算机中没有安装专用的应用程序，通过系统自带的工具软件，也能够满足日常的文本编辑、绘图和计算等需求。

图 2-66 “Windows 附件”列表

2.7.1 记事本

记事本是 Windows 10 中常用的一种简单的文本编辑器，用户经常用它来编辑一些格式要求不高的文本文件，用记事本编辑的文件是一个纯文本文件（.txt），即只有文字及标点符号，没有格式。

（1）“记事本”程序的打开。选择“开始”→“所有应用”→“Windows 附件”→“记事本”命令，就会打开“记事本”程序，并新建一个名为“无标题”的文档，如图 2-67 所示。

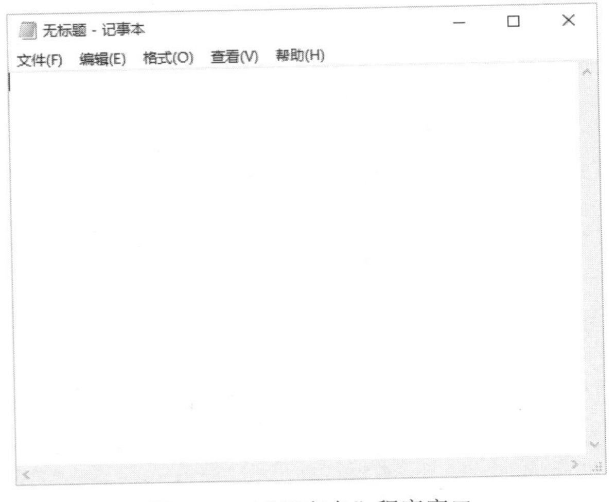

图 2-67 “记事本”程序窗口

（2）记事本的简单文档操作。

1）新建文档：选择“文件”→“新建”命令。

2）打开文档：选择“文件”→“打开”命令，会出现“打开”对话框，选择要打开文档的路径（即文件保存在计算机里的位置），找到并选中此文档，单击“打开”按钮。

3）保存文档：选择“文件”→“保存”命令即可。如果是第一次保存，会出现“另存为”对话框，选择保存文档的路径，在“文件名”一栏中输入文档的名称，单击“保存”按钮。

4）另存为：选择“文件”→“另存为”命令，跟第一次保存操作相同，另存为操作是把原文档更换文档名称或文档路径后重新存储。

可以用“编辑”菜单下的命令编辑记事本文件，可以用“格式”菜单下的命令设置字体格式。

2.7.2　写字板

写字板是 Windows 10 中功能比记事本更强的字处理程序，它不但可以对文字进行编辑处理，还可以设置文字的一些格式，如字体、段落和样式等，如图 2-68 所示。

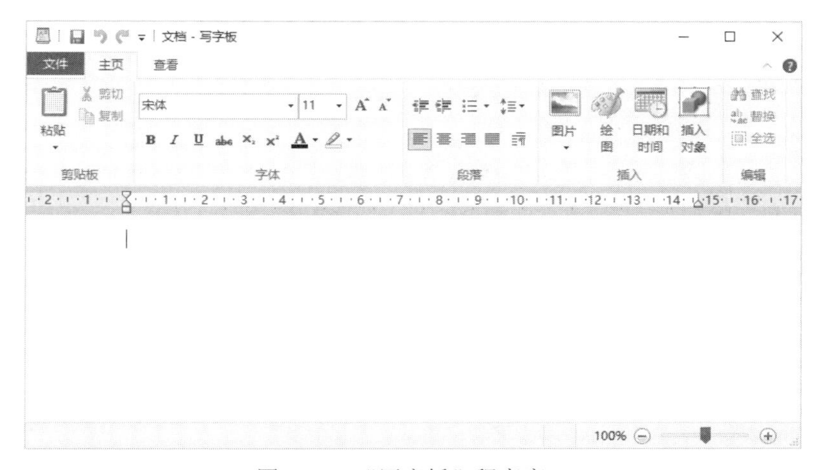

图 2-68　“写字板”程序窗口

写字板与记事本相比，最大的不同是它的文档是有格式的，文件的默认类型为.rtf 格式。选择“开始”→“所有应用”→“Windows 附件”→“写字板”命令就可以打开“写字板”程序。

2.7.3　画图

画图是一种图片文件编辑工具，用户可以使用它绘制黑白或彩色的图形，并可将这些图形保存为位图文件（.bmp、.jpg 或.png 等文件格式）。

打开方法：在任务栏的搜索框输入“画图”。也可以通过选择“开始”→“所有应用”→“Windows 附件”→“画图”命令，打开如图 2-69 所示的“画图”程序窗口。该窗口主要组成部分如下：

（1）标题栏：位于窗口的最上方，显示标题名称，在标题栏上右击，可以打开“窗口控制”菜单。

（2）快速访问工具栏：提供了常用命令，如保存、撤消和重做等，还可以通过该工具栏右侧的“向下”按钮来自定义快速访问工具栏。

（3）功能选项卡和功能区：功能选项卡位于标题栏下方，将一类功能组织在一起，其中包含“主页”和“查看”两个选项卡，图 2-69 中显示的是“主页”选项卡中的功能。

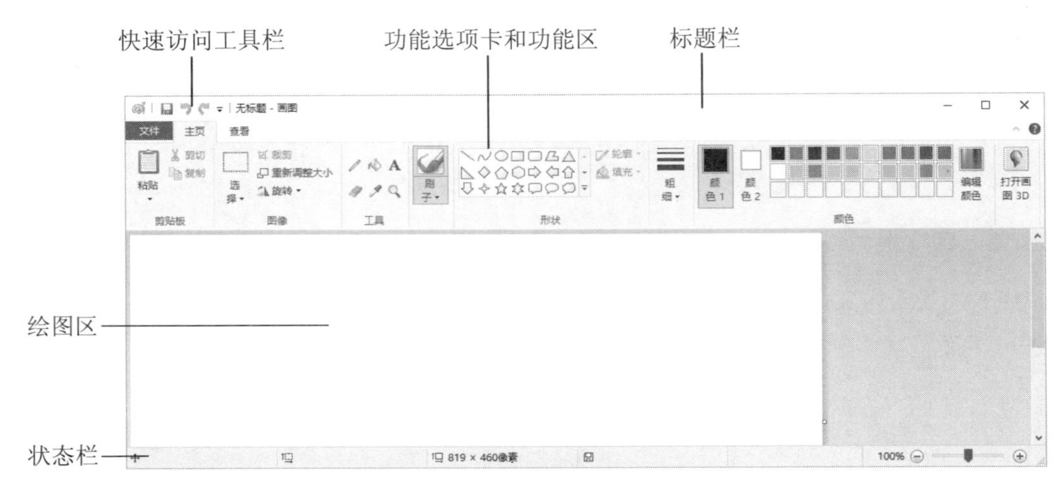

图 2-69 “画图”程序窗口

（4）绘图区：该区域是“画图”程序中最大的区域，用于显示和编辑当前图像。

（5）状态栏：状态栏显示当前操作图像的相关信息，其左下角显示鼠标的当前坐标，中间部分显示当前图像的像素尺寸，右侧显示图像的显示比例，并可调整。

“画图”程序中所有绘制工具及编辑命令都集成在“主页”选项卡中，其按钮根据同类功能组织在一起形成组。各组主要功能如下：

（1）“剪贴板”组：提供“剪切”“复制”和“粘贴”命令，方便编辑。

（2）“图像”组：根据选择物体的不同，提供矩形或自由选择等方式。还可以对图像进行剪裁、重新调整大小和旋转等操作。

（3）“工具”组：提供各种常用的绘图工具，如铅笔、颜色填充、插入文字、橡皮擦、颜色选取器和放大镜等，单击相应按钮即可使用相应的工具绘图。

（4）“刷子”组：单击“刷子”选项下的下拉按钮，在弹出的下拉列表中有 9 种格式的刷子供选择。单击其中任意的“刷子”按钮，即可使用刷子工具绘图。

（5）“形状”组：单击“形状”选项下的下拉按钮，在弹出的下拉列表中，有 23 种基本图形样式可供选择。单击其中任意的“形状”按钮，即可在画布中绘制该图形。

（6）“粗细”组：单击“粗细”选项下的下拉按钮，在弹出的下拉列表中选择任意选项，可设置所有绘图工具的粗细程度。

（7）“颜色”组：“颜色 1”为前景色，用于绘制线条颜色；“颜色 2”为背景色，用于绘制图像填充色。单击“颜色 1”或“颜色 2”选项后，可在颜色块中选择任意颜色。

2.7.4 截图工具

Windows 10 自带的截图工具能实现更便捷、简单、清晰、多种形状的截图，可全屏也能局部截图。

打开方法：在任务栏的搜索框中输入“截图”。也可以通过选择“开始”→“所有应用”→“Windows 附件”→“截图工具”命令，打开如图 2-70 所示的“截图工具”程序窗口。

图 2-70　“截图工具”程序窗口

单击“模式”按钮右侧的下拉按钮，弹出如图 2-71 所示的“截图模式”菜单，截图工具提供了“任意格式截图”“矩形截图”“窗口截图”和“全屏幕截图”4 种截图模式，可以截取屏幕上的任何对象，如图片、网页等。

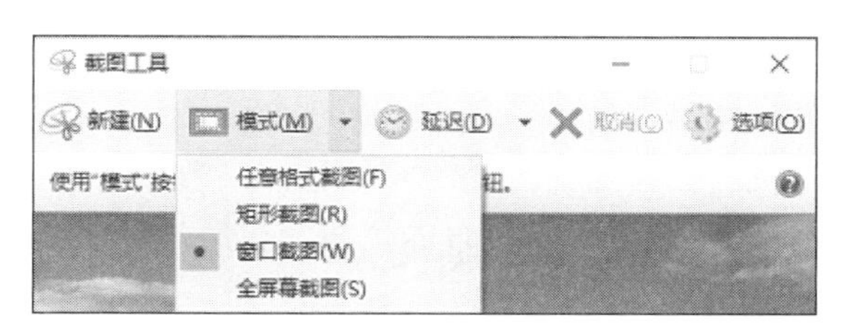

图 2-71　“截图模式”菜单

（1）任意格式截图：截取的图像为任意形状。在图 2-71 中选择“任意格式截图”选项，此时，除了“截图工具”窗口外，屏幕处于一种白色半透明状态，光标则变成剪刀形状，按住鼠标左键不放，拖动鼠标，选中的区域可以是任意形状，同样选中框成红色实线显示，被选中的区域变得清晰。释放鼠标左键，被选中的区域截取到“截图工具”编辑窗口中。编辑和保存操作与下面的矩形截图方法一样。

（2）矩形截图：矩形截图截取的图形为矩形。

1）在图 2-71 中选择“矩形截图”选项，此时，除了“截图工具”窗口外，屏幕处于一种白色半透明状态。

2）当光标变成“+”形状时，将光标移到所需截图的位置，按住鼠标左键不放，拖动鼠标，选中框成红色实线显示，被选中的区域变得清晰。释放鼠标左键，打开如图 2-72 所示的“截图工具”编辑窗口（此处以截取桌面为例），被选中的区域截取到该窗口中。

图 2-72　“截图工具”编辑窗口

3）在图 2-72 中可以通过菜单栏和工具栏使用“笔”“荧光笔”和“橡皮擦”等对图片勾画重点或添加备注，或将它通过电子邮件发送出去。

4）在图 2-72 中的菜单栏执行“文件”→“另存为”命令，可在打开的“另存为”对话框中对图片进行保存，可将截图另存为 PNG、GIF、JPG 或 MHT 文件。

（3）窗口截图：可以自动截取一个窗口，如对话框。

1）在图 2-71 中选择“窗口截图”选项，此时，除了“截图工具”窗口外，屏幕处于一种白色半透明状态。

2）当光标变成小手的形状，将光标移到所需截图的窗口，此时该窗口周围将出现红色边框，单击，打开“截图工具”编辑窗口，被截取的窗口出现在该编辑窗口中。

3）编辑和保存操作与矩形截图方法一样。

（4）全屏幕截图：自动将当前桌面上的所有信息都作为截图内容截取到“截图工具”编辑窗口，然后按照与矩形截图一样的方法进行编辑和保存操作。

2.7.5 计算器

“计算器”程序在“开始”菜单的“所有应用”列表中，打开后显示如图 2-73 所示的窗口。计算器有多种基本操作模式：标准型（按输入顺序单步计算）、科学型（按运算顺序复合计算，有多种算术计算函数可用）、程序员（对不同进制数据进行计算）等，单击左上角的模式切换按钮可以进行多种模式的切换，如图 2-74 所示是程序员模式窗口。

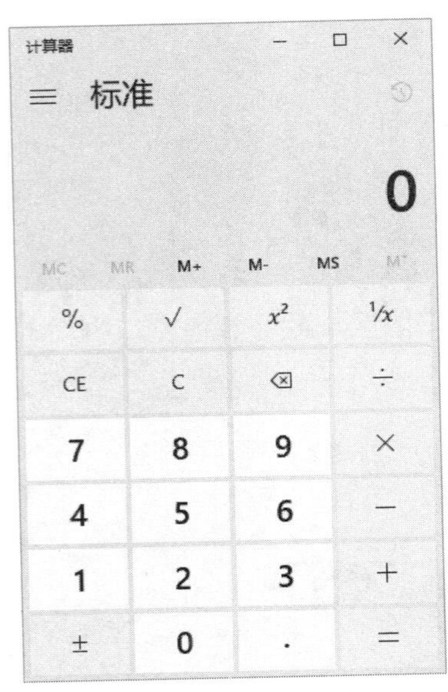

图 2-73 “计算器”程序窗口

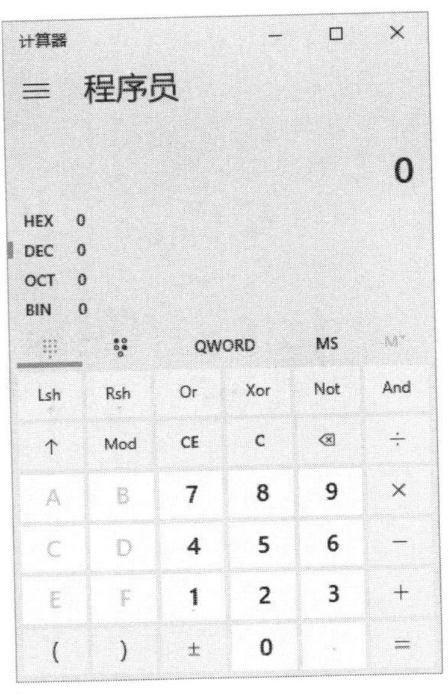

图 2-74 “计算器”程序员模式

本章小结

本章针对 Windows 10 操作系统进行了较为系统的介绍。其中，对 Windows 10 的基本概念、基本操作、文件管理操作、系统设置及管理等做了比较详细的介绍；对 Windows 10 中自带的一些实用工具，如记事本、写字板、画图、截图工具、计算器等仅做了简单介绍。若要深入学习 Windows 10 操作系统，还需要参考联机帮助或查阅相关专题的书籍。

思考题

1. 什么是操作系统？操作系统通过哪几方面来对计算机进行管理？
2. Windows 10 有哪些特色？
3. 文件资源管理器的主要功能是什么？
4. 绝对路径与相对路径有什么区别？
5. 如何选择多个连续和不连续的文件？
6. 如何自动隐藏和锁定任务栏？如何控制任务栏可见？
7. 在 Windows 10 中如何搜索指定的文件？
8. 窗口与对话框有什么区别？
9. 屏幕保护程序有什么功能？
10. 在 Windows 10 中，如何查看隐藏文件和文件夹？
11. 程序快捷方式和程序文件有什么区别？
12. 鼠标有哪些基本操作？鼠标指针有哪些形状？各代表系统的什么状态？
13. 如何通过控制面板删除不常用的软件？

第 3 章　Word 2016 文字处理

Word 是一种常用的中文文字处理软件，是 Microsoft 公司的 Microsoft Office 办公套装软件中使用频率最高、功能最强、应用最为广泛的一种。Microsoft Office 2016 包括 Word 2016、Excel 2016、PowerPoint 2016、Access 2016、Outlook 2016、OneNote 2016 和 Publisher 2016 等，涉及办公应用的方方面面，可以进行文字编辑、表格处理、演示文稿制作以及数据库管理等。它们都是基于图形界面的应用程序，运行于图形界面的操作系统之下。Word 2016 在保留旧版本功能的基础上新增加和改进了许多功能，如取消了传统的菜单模式，取而代之的是各种功能区，使其更易于学习，更易于使用。

目前流行的文字处理软件除了 Word 外，还有 WPS Office 金山办公组合软件中的 WPS 文字软件以及方正排版系统等。

本章将以 Word 2016 为例，介绍文字处理软件的基本功能和使用方法。通过本章的学习，学生应能独立完成文档的创建和编辑；熟练掌握文本格式化操作；熟练掌握表格的创建、格式化方法和进行简单的数据计算；熟练掌握 Word 2016 的页面设置和页面排版的基本操作，掌握插入图片、图片编辑、目录编辑和邮件合并，及文档的查阅与审查方法，快速了解与掌握 Word 2016 的基础知识与基本操作。

3.1　Word 2016 的基本知识

3.1.1　Word 2016 的功能概述

文字处理软件是利用计算机进行文字处理工作而设计的应用软件，它将文字的输入、编辑、排版、存储和打印融为一体，彻底改变了用纸和笔进行文字处理的传统方式，为用户提供了很多便利。例如，文字处理软件能够很容易地改进文档的拼写、语法和写作风格，进行文档校对时也很容易修正错误，打印出来的文档总是干净整齐的。很多早期的文字处理软件以文字为主，现代的文字处理软件则可以将表格、图形和声音等任意穿插于字里行间，使得文章的表达层次更加清晰、界面更加美观。

文字处理软件一般具有以下功能：

（1）文档创建、编辑、保存和保护：包括创建文档；以多种途径（语音、各种汉字输入法以及手写输入）输入文档内容；文档编辑，即拼写和语法检查、自动更正错误、大小写转换、中文简/繁体转换等；以多种格式保存以及自动保存文档、文档加密和意外情况恢复等。

（2）文档排版：包括字符、段落、页面多种美观的排版方式，使用样式可以提高排版效率，使制作日常文档变成一种轻松愉快的工作。

（3）制作表格：包括表格的建立、编辑和格式化，对表格数据进行统计、排序等，以完成各种复杂表格的制作。

（4）插入对象：包括各种对象的插入，如图片、图形、文本框、艺术字、公式、图表，及其编辑、格式化等，以使文档丰富多彩，更具表现力。

（5）高级功能：包括建立目录、邮件合并等，以提高对文档自动处理的功能。

（6）文档打印：包括打印预览和打印设置等，以方便文档的纸质输出。

3.1.2　Word 2016 的启动与退出

1. *启动 Word 2016*

通常按以下几种方法启动 Word 2016：

（1）常规启动。单击“开始”→Word 命令。

（2）快捷启动。单击任务栏快速启动区或双击桌面上的 Word 快捷方式图标。

（3）通过打开已有文档进入 Word 2016。在“此电脑”窗口中双击需要打开的 Word 文档，就会在启动 Word 2016 的同时打开该文档。

不论使用哪种方式启动 Word 2016，关键是一定要知道文件或快捷方式所在的位置。

2. *退出 Word 2016*

要退出 Word 2016，可采用以下几种方法：

（1）单击 Word 窗口右上角的“关闭”按钮✕。

（2）单击“文件”选项卡，在打开的下拉菜单中选择“关闭”命令。

（3）按组合键 Alt+F4。

在退出 Word 2016 时，如果修改的文档没有保存，Word 2016 将出现提示框，询问用户是否保存对文档的修改。

3.1.3　Word 2016 的工作环境

利用 Word 2016 可以快速、规范地形成公文、信函或报告，完成内容丰富、制作精美的各类文档。要做到这一点，首先需要熟悉 Word 2016 的工作环境，它是一个窗口工作环境。启动 Word 2016 后就可以进入 Word 2016 的工作窗口。

Word 2016 的工作窗口如图 3-1 所示。它主要由标题栏、快速访问工具栏、功能区、状态栏和文档编辑区等部分组成。

1. *标题栏*

标题栏显示了当前正在编辑的文档名和应用程序名，首次进入 Word 2016 时，默认打开的文档名为“文档 1”，其后依次是“文档 2”“文档 3”……，文档的扩展名是.docx。

标题栏右侧是窗口控制按钮，包括“功能区显示选项”“最小化”“最大化/还原”和“关闭”4 个按钮，用于显示/隐藏功能区选项卡和命令，以及对文档窗口的大小和关闭进行相应控制。

2. *快速访问工具栏*

默认情况下，快速访问工具栏位于 Word 2016 窗口的顶部左侧，用于放置一些常用工具，包括“保存”“撤消”“重复”和“新建”4 个工具按钮。用户可以根据需要改变快速访问工具栏的位置，还可在该工具栏中添加命令按钮。其中“撤消”按钮一旦使用后，“重复”按钮会转换为“恢复”按钮。

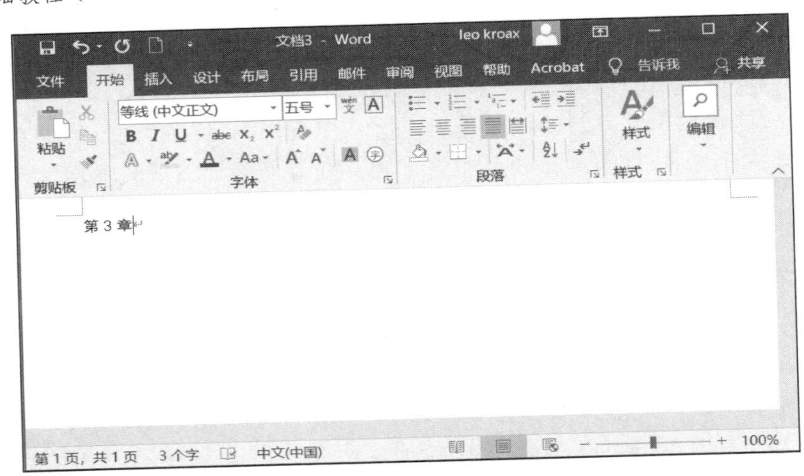

图 3-1　Word 2016 的工作窗口

3．功能区

Word 2016 取消了传统的菜单操作方式，取而代之的是各种功能区。在 Word 2016 窗口上方看起来像菜单的名称其实是功能区的选项卡名称，当单击这些功能选项卡时并不会打开菜单，而是切换到与之相对应的功能区面板。

每个选项卡根据功能的不同又分为若干个组，下面介绍每个选项卡所拥有的功能。

（1）“文件”选项卡。“文件”选项卡包含“开始”“新建”“打开”“信息”“保存”“另存为”“历史记录”“打印”“共享”“导出”“关闭”等一些基本的命令，在默认打开的“开始”命令面板中，可以新建或查看最近编辑过的文档等。

（2）“开始”选项卡。“开始”选项卡中包括剪贴板、字体、段落、样式和编辑 5 个组，对应 Word 2003 的“编辑”和“格式”菜单部分命令。该选项卡主要用于帮助用户对 Word 2016 文档进行文字编辑和格式设置，是用户常用的选项卡。“开始”选项卡如图 3-2 所示。

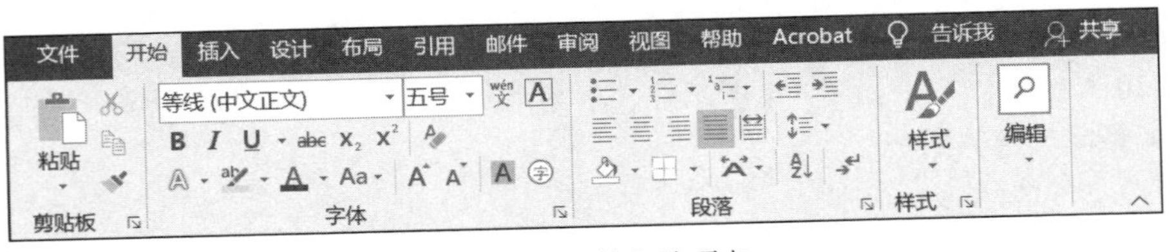

图 3-2　“开始”选项卡

（3）“插入”选项卡。“插入”选项卡包括页面、表格、插图、加载项、媒体、链接、批注、页眉和页脚、文本、符号等组，对应 Word 2003 中“插入”菜单的部分命令，主要用于在 Word 2016 文档中插入各种元素。

（4）“设计”选项卡。“设计”选项卡包括文档格式（如主题等）、页面背景等组。

（5）“布局”选项卡。“布局”选项卡包括页面设置、稿纸、段落、排列这几组，对应 Word 2003 中的“页面设置”菜单命令和“格式”菜单中的部分命令，用于帮助用户设置 Word 2016 文档的页面样式。

（6）“引用”选项卡。“引用”选项卡包括目录、脚注、信息检索、引文与书目、题注、索引和引文目录这几组，用于实现在 Word 2016 文档中插入目录等。

（7）“邮件”选项卡。“邮件”选项卡包括创建、开始邮件合并、编写和插入域、预览结果、完成、Acrobat 等几组，该选项卡的作用比较专一，主要用于在 Word 2016 文档中进行邮件合并的操作。

（8）“审阅”选项卡。“审阅”选项卡包括校对、辅助功能、语言、中文简繁转换、批注、修订、更改、比较、保护、墨迹等组，主要用于对 Word 2016 文档进行校对和修订等操作，适用于多人协作处理 Word 2016 长文档。

（9）“视图”选项卡。“视图”选项卡包括视图、页面移动、显示、缩放、窗口、宏、SharePoint 属性等几组，主要用于帮助用户设置 Word 2016 操作窗口的视图类型。

（10）Acrobat 选项卡。Acrobat 选项卡包括创建 Adobe PDF、创建并通过电子邮件发送、审阅和注释等组。

4. 文档编辑区

文档编辑区即工作区，所有文档内容的输入、显示和编辑都在这里完成。

5. 视图按钮

视图模式是 Word 2016 显示当前文档的方式，用不同的视图模式显示文档会有不同的效果，但对于文档的打印输出结果并无影响。

在状态栏和缩放滑块之间，有 3 个视图按钮，用来切换文档的查看方式，分别是“阅读视图”“页面视图”“Web 版式视图”。需要时，可以在各个视图间进行切换，页面视图是最常用的工作视图，也是启动 Word 2016 后默认的视图模式。

下面分别介绍各种视图模式的主要特点与用途。

（1）页面视图（▤）：是 Word 默认的视图模式，也是制作文档时最常使用的一种视图模式。在这种模式下，实现“所见即所得”的效果，不但可以显示各种格式化的文本，页眉、页脚、图片和分栏等格式化操作的结果也都将出现在合适的位置上，文档在屏幕上的显示效果与文档打印效果完全相同。

（2）阅读视图（📖）：用于阅读和审阅文档。该视图以书页的形式显示文档，页面被设计为正好填满屏幕，可以在阅读文档的同时标注建议和注释。

（3）Web 版式视图（▣）：用于显示文档在 Web 浏览器中的外观。在这种视图下可以方便地浏览和制作 Web 网页。

6. 滚动条

Word 2016 有两个滚动条，即水平方向和垂直方向的滚动条。通过上下或左右移动滚动条，可用于更改正在编辑的文档的显示位置，查看文档中未显示的文本内容。

7. 缩放滑块

缩放滑块在视图按钮的右侧，用于对编辑区的显示比例和缩放尺寸进行调整，拖动缩放滑块后会显示出缩放的具体数值，更方便用户编辑。

8. 状态栏

状态栏是位于 Word 2016 窗口底部，提供当前文档在操作过程中的一些信息，包括当前文档的页码、总页数、字数、使用语言、输入状态等。

用户根据自己的需要，可以自定义 Word 2016 状态栏，操作步骤如下：在状态栏中右击，弹出“自定义状态栏”快捷菜单。单击快捷菜单上的某个命令，即可在状态栏上添加或移除该命令。如图 3-3 所示，其中前面有“√”标记的表示功能已显示，否则未显示。

图 3-3　自定义状态栏

9. 标尺

Word 2016 有两种标尺，即水平标尺和垂直标尺，用来查看正文、表格、图片的高度和宽度，可方便地设置页边距、制表位、段落缩进等。单击“视图”选项卡中“显示”组的“标尺”复选框可以显示或隐藏标尺。其中垂直标尺只有在使用页面视图或打印预览视图中才会出现。标尺上的刻度单位可以根据需要设置。

操作步骤如下：

（1）在 Word 2016 文档窗口，依次单击“文件”选项卡→“选项”按钮。

（2）打开“Word 选项”对话框，单击“高级”标签，在对话框右侧“显示”栏的“度量单位”下拉列表中可选择英寸、厘米、毫米、磅（1 英寸为 72 磅）等。默认设置为厘米。

10. 浮动工具栏

浮动工具栏是 Word 2016 中一项极具人性化的功能。当 Word 2016 文档中的文字处于选中状态时，如果将鼠标指针移到被选中文字的右侧位置，会出现一个半透明状态的浮动工具栏，该工具栏中包含了常用的设置文字格式的命令，如设置字体、字号、颜色、居中对齐等。将鼠标指针移动到浮动工具栏上将使这些命令完全显示，进而可以方便地设置文字格式。

如果不需要在 Word 2016 文档窗口中显示浮动工具栏，可以在“Word 选项”对话框中将其关闭，操作步骤如下：

（1）打开 Word 2016 文档窗口，依次单击“文件”选项卡→“选项”按钮。

（2）在打开的“Word 选项”对话框中，取消“常规”标签中的“选择时显示浮动工具栏”复选框，并单击“确定”按钮即可。

11. 自定义设置

如果 Word 2016 工作界面设置与用户的个人习惯冲突或经常使用的工具未显示在明显的区域中，可以对 Word 2016 的工作界面进行自定义设置，从而提高使用效率。

（1）自定义快速访问工具栏。默认状态下，快速访问工具栏只有少数几个按钮，如“保存”“撤消”和“重复”按钮。用户可在其中添加一些其他常用的命令按钮。

有两种方法可在快速访问工具栏上添加命令按钮。

1）通过“Word 选项”对话框向快速访问工具栏中添加命令按钮。

操作步骤如下：

①单击快速访问工具栏上的“自定义快速访问工具栏”按钮，在弹出的下拉菜单中选择“其他命令”，弹出“Word 选项”对话框，或单击“文件”选项卡→“选项”→“快速访问工具栏”标签，如图 3-4 所示。

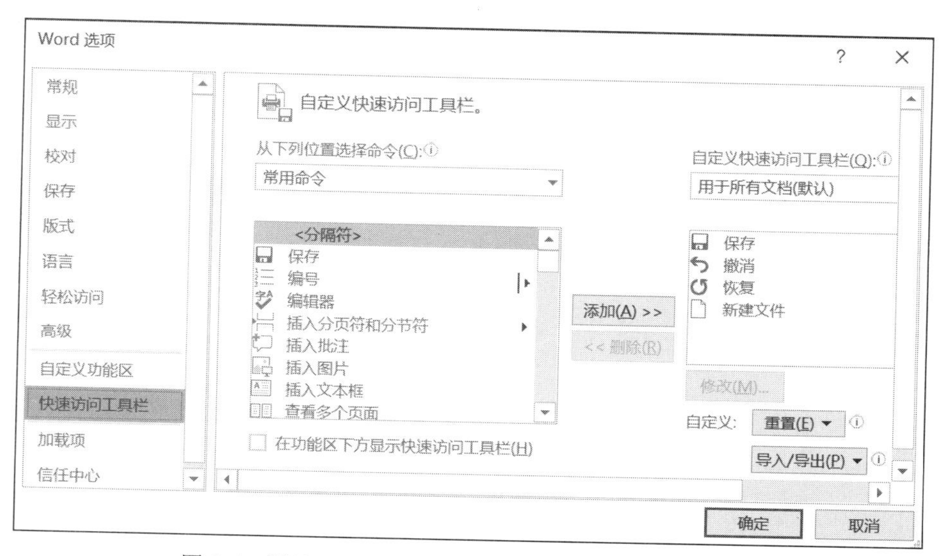

图 3-4　通过“Word 选项”对话框设置快速访问工具栏

②在“从下列位置选择命令”下拉列表中选择命令类别，该类别的相应命令会出现在所选类别列表框中。

③在所选类别的命令列表框中选择某个命令，然后单击“添加”按钮，所选的命令会出现在右侧的“自定义快速访问工具栏”列表框中。单击“对话框”右侧的“上移”按钮或“下移”按钮可调整命令按钮在快速访问工具栏中的位置。

④单击“确定”按钮添加成功。

2）直接从选项卡向快速访问工具栏添加命令按钮。

操作步骤如下：

①单击要添加命令的所在选项卡，选择相应的命令按钮。

②在目标命令按钮上右击，在弹出的快捷菜单中选择“添加到快速访问工具栏”即可。

（2）自定义功能区。功能区用于放置编辑文档时所使用的全部功能按钮，包括“开始”“插入”“页面布局”等几个主要选项卡，在编辑图片、图形、形状等内容时还会显示出相应的工具选项卡，使用时，用户可根据自身习惯，对功能按钮进行添加或删除、位置更改、选项卡新建或删除等操作。

打开如图 3-4 所示的“Word 选项”对话框，切换到“自定义功能区”标签，在“自定义功能区”列表中，选择“主选项卡”，即可在“自定义功能区”显示主选项。要创建新的功能区，则应单击“新建选项卡”按钮，在“主选项卡”列表中将鼠标指针移动到“新建选项卡（自定义）”上，右击，在弹出的快捷菜单中选择“重命名”。在“显示名称”文本框中输入名称，单击“确定”按钮，为新建的选项卡命名。单击“新建组”按钮，在选项卡下创建组，右击“新建组”，在弹出的快捷菜单中选择“重命名”，弹出“重命名”对话框，选择一个图标，输入组的名称，单击“确定”按钮。

以在“插入”选项卡中添加“文本框”组及其按钮为例，操作步骤如下：

1）单击“文件”选项卡，在弹出的面板中执行“选项”命令，打开“Word 选项”对话框。单击“自定义功能区”，确保“自定义功能区”第一个下拉列表中为“主选项卡”，在第二个列表框中单击“插入”前的“+”号，单击“插图”，如图 3-5 所示。这样选项组添加的具体位置在“插入”选项卡“插图”组之后。

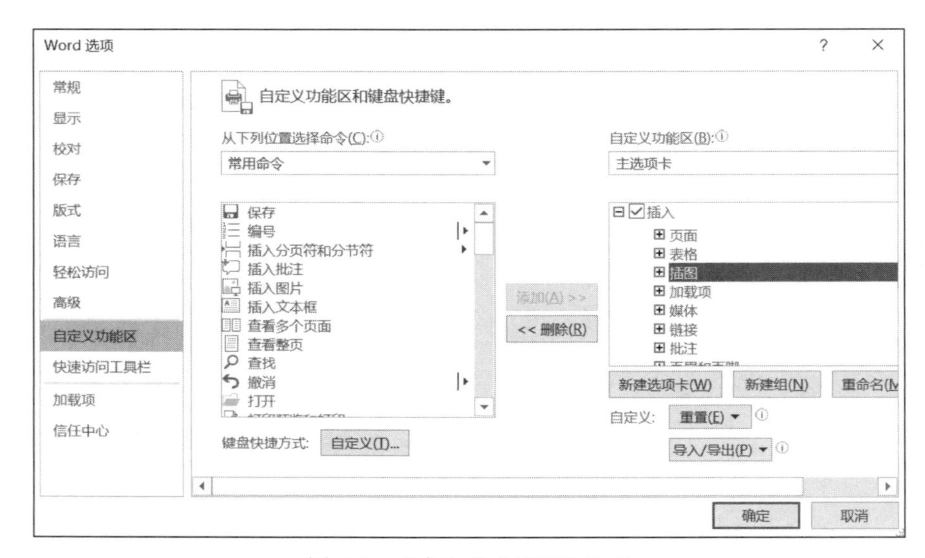

图 3-5 “自定义功能区”设置

2）单击列表框下方的“新建组”按钮，然后单击“重命名”按钮，在弹出的“重命名”对话框的“显示名称”文本框中输入组的名称“文本框”，然后单击“确定”按钮，此时在“插图”后出现“文本框（自定义）”。

3）在左边“从下列位置选择命令”的第二个列表中选择“绘制竖排文本框”（第一个下拉列表默认为“常用命令”），单击“添加”按钮，“绘制竖排文本框”命令便出现在刚才的“文本框（自定义）”下，用同样的方法添加“文本框”命令，然后单击“确定”按钮。

4）返回文档后，切换到“插入”选项卡，可以看到添加的自定义组及其按钮。

注意：需要删除选项卡中各组的功能时，只要在打开的“Word 选项”对话框“自定义功能区”的“主选项卡”列表框中选择需要删除的组，单击列表框左侧的“删除”按钮（也可利用右键快捷菜单中的“删除”命令），然后单击“确定”按钮即可。

3.1.4 Word 2016 命令的使用

利用 Word 2016 进行文字处理，所有的工作都是在工作窗口中进行的，主要包括以下环节：新建或打开一个文档文件，输入文档的文字内容并进行编辑；及时保存文档文件；利用 Word 2016 的排版功能对文档的字符、段落和页面进行排版；在文档中制作表格和插入对象；将文件预览后打印输出。这些环节的实现都是依靠 Word 功能命令来完成的。

在 Word 2016 中，命令是告诉 Word 2016 完成某项任务的指令。Word 2016 命令的使用包括选择命令、撤消命令、恢复命令和重复命令。

1. 选择命令

选择命令有 3 种方法：

（1）从功能区中选择相应命令按钮、功能组对话框：其中功能组对话框是单击功能组名称右下角的箭头图标（即对话框启动器）打开的。简单的操作可以通过单击命令按钮完成，复杂的操作使用对话框更为方便。

（2）使用右键快捷菜单。

（3）使用组合键（如 Ctrl+C 表示复制操作）。

其中右键快捷菜单是一种常用的选择命令方式。在 Word 2016 中用鼠标选定某些内容时，右击，将弹出一个快捷菜单，快捷菜单中列出的命令与选定的内容有关。

2. 撤消命令

Word 2016 具有记录近期刚完成的一系列操作步骤的功能。若用户操作失误，可以通过快速访问工具栏的“撤消”按钮（组合键 Ctrl+Z）取消对文档所做的修改，使操作退回一步。Word 2016 还具有多级撤消功能，如果需要取消再前一次的操作，可继续单击“撤消”按钮。也可以单击“撤消”按钮右边的下拉按钮，打开一个下拉列表，该列表按“从后向前”的顺序列出了可以撤消的所有操作，用户只要在该列表中用鼠标选定需要撤消的操作步数，就可以一次撤消多步操作，如图 3-6 所示。

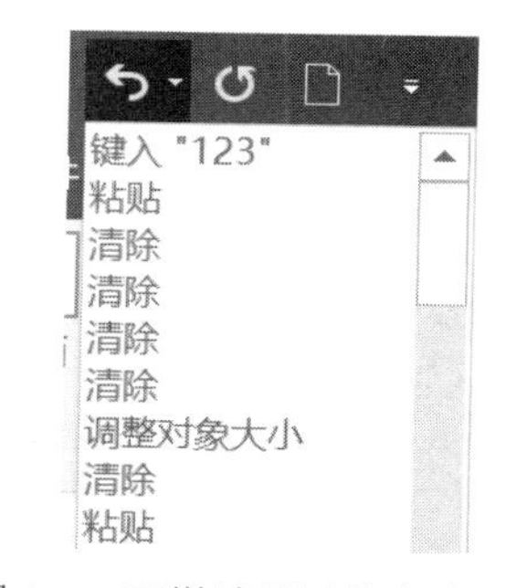

图 3-6　可撤消最近的多个操作

3. 恢复命令

快速访问工具栏上有一个“恢复”按钮，其功能与“撤消”按钮正好相反，它可以恢复被撤消的一步或任意步操作。

4. 重复命令

如果需要多次进行某种同样的操作时，可以单击快速访问工具栏上的“重复”按钮（组合键 Ctrl+Y）重复前一次的操作。

3.2　Word 2016 的基本操作

本节主要介绍创建 Word 2016 文档所需要掌握的基本技能与操作。使用 Word 2016 可以创建多种不同类型的文档，但其基本操作都是相似的，如创建新文档、输入正文、文档编辑、文档的保存和保护，以及打开文档等。

3.2.1　创建新文档

要对文字进行处理，首先需要输入文字，在哪里输入呢？这就需要新建一个文档，与要写字应先准备好纸是一样的道理。

新建 Word 2016 文档有 3 种方法：

（1）在快速访问工具栏中添加“新建”命令按钮后，单击该按钮。

（2）按组合键 Ctrl+N。

（3）单击“文件”选项卡，在下拉菜单中选择“新建”，在可用模板中选择“空白文档”，然后在右边预览窗口下单击“创建”按钮。

其中，前两种方法是建立空白文档最快捷的方法，而后一种方法命令功能要强一些，它可以根据文档模板来建立新文档，包括博客文章、书法字帖、样本模板、Office.com 上的模板等。所谓模板，就是一种特殊文档，它具有预先设置好的外观框架，用户不必考虑格式，只要在相应位置输入文字，就可以快速建立具有标准格式的文档，它为某类形式相同、具体内容有所不同的文档的建立提供了便利。其中 Office.com 模板是当计算机内置模板不能满足用户的实际需要时，在 Word 2016 文档中连接到 Office.com 网站，下载的适合用户使用的模板。

利用模板可以方便快速地完成某一类特定的文字处理工作，但是新建空白文档的应用更普遍、更广泛。

提示：在 Word 2016 中有 3 种类型的 Word 模板，分别为.dot 模板（兼容 Word 97－2003 文档）、.dotx（未启用宏的模板）和.dotm（启用宏的模板）。在“新建文档”对话框中创建的空白文档使用的是 Word 2016 的默认模板 Normal.dotm。

3.2.2 输入正文

空白文档创建好后，接下来的工作就是输入文字。在文档中输入文字的途径有多种，如键盘输入、语音输入、联机手写体输入和扫描仪输入等。

输入正文一般步骤为：

1. 光标定位

在当前活动的文档窗口里，一个闪烁的竖形光标被称为插入点，它标识着文字输入的位置。光标的定位即确定插入点的位置，文字录入和文本选定等操作都是从插入点开始的。在 Word 2016 中，只要在指定位置单击即可改变光标的定位（但前提是该位置必须已存在字符，包括空格）。在空行中双击也可定位光标。

此外，也可通过键盘来定位插入点，表 3-1 是一些常用的控制光标定位的按键。

表 3-1　常用的光标定位按键

按键	功能
Enter	结束当前段的编辑，并增加一个空的段落
←	左移一个字符或汉字
→	右移一个字符或汉字
↑	上移一行
↓	下移一行
Home	移至行首
End	移至行尾
PgUp	上移一页
PgDn	下移一页
Ctrl+Home	移至文档开头
Ctrl+End	移至文档结尾

2. 选择输入法

选择输入法有如下 3 种方法：

（1）单击任务栏右侧的输入法指示器，在打开的菜单中选择需要的输入法。

（2）按组合键 Ctrl+Shift（有的计算机设置为 Alt+Shift 组合键）在英文和各种中文输入法之间进行切换。

（3）按组合键 Ctrl+Space（空格键）在英文和系统首选中文输入法之间进行切换。

选择好中文输入法之后（如智能 ABC 输入法），就会有一个如图 3-7 所示的输入法状态栏出现在文档窗口下方，状态栏各按钮名称从左至右依次为中英文输入方式、中文输入方式、半角/全角状态、中/英文标点符号状态、软键盘，可单击各按钮实现切换，帮助输入。

标准 ——软键盘

图 3-7　“智能 ABC 输入法”状态栏

其中的“半角（）/全角（）状态”按钮用来控制字母和数字的输入效果。半角使输入的字母和数字仅占半个汉字的宽度；全角则使输入的字母和数字占一个汉字的宽度。半角和全角切换的组合键是 Shift+Space。

3. 输入文字

输入文字时有如下 5 个方面应掌握：

（1）随着字符的输入，插入点光标从左向右移动，到达文档的右边界时自动换行。只有在开始一个新的自然段或需要产生一个空行时才按 Enter 键，按 Enter 键后会产生一个段落标记符（↵），用于区分段落。在 Word 2016 中，还存在一些有特殊意义的符号，称为非打印字符（在最终的打印结果中这些字符并不出现），除了段落标记符外，还有人工手动换行符（↓）、分页符、制表符和空格符等。

（2）有时也会遇到这种情况，即录入没有到达文档的右边界就需要另起一行，而又不想开始一个新的段落（比如唐诗、宋词等的输入），可以按 Shift+Enter 组合键产生一个手动换行符（↓），实现既不产生新的段落又可换行的操作。

由于 Word 2016 具有自动换行的功能，所以在文档输入过程中无需观察行是否结束。如果在到达一行结束处时一个完整的字或英文单词放不下，Word 2016 会自动地将正在输入的字或单词完整地放到下一行去。Word 2016 还可随时调整文字位置以保证标点符号不出现在行首。

（3）当输入的内容超过一页时，系统会自动换页。如果要强行将后面的内容另起一页，可以按 Ctrl+Enter 组合键输入分页符来达到目的。

（4）在输入过程中，如果遇到只能输入大写英文字母，不能输入中文的情况，这是因为大小写锁定键已打开，按 CapsLock 键使之关闭。

（5）如果在录入过程中产生输入错误，可使用 Backspace 键删除光标前面的一个字符或使用 Delete 键来删除光标后面的一个字符。当需要在已录入完成的文本中插入某些内容时，可将鼠标指向插入位置并单击，定位新的插入点，新输入的文字会出现在新插入点的位置处，而插入点右边的已有文字向右移动。当需要用新输入的文本把原有内容覆盖掉时，可单击状态栏中的“插入”按钮或按 Insert 键，使其由“插入”状态变为“改写”状态，这时再输入的内容就会替换掉原有字符。输入文字时一般在“插入”状态下进行。

4. 输入符号

文档中除了普通文字外，还经常需要输入一些特殊符号。可以使用如下输入方法：

（1）常用的标点符号。在中文标点符号状态下，直接按键盘的标点符号。例如，输入英文句号“.”，会显示为小圆圈“。”；输入“\”会显示为顿号“、”；输入小于/大于符号“<”和“>”，会显示为书名号“《”和“》”等。可以通过按Ctrl+空格键实现中英文标点符号的切换。

（2）特殊的标点符号、数学符号、单位符号、希腊字母等。可以利用输入法状态栏的软键盘。方法是：右击软键盘⌨，在快捷菜单中选择字符类别，再选中需要的字符。

（3）特殊的图形符号，如✂、🕮等。可以单击“插入”选项卡“符号”组中的“符号”按钮，选择其中的“其他符号”，在打开的“符号”对话框中进行操作。

5. 插入日期和时间

如果需要快速在文档中加入日期和时间，可以选择“插入”选项卡“文本”组中的“日期和时间”按钮，打开“日期和时间”对话框，选择需要的日期时间格式即可。如果希望每次打开文档时，时间自动更新为打开文档的时间，需要选择“自动更新”复选框。

6. 插入文件

有时需要将另一个文件的全部内容插入到当前文档的光标处，可以单击“插入”选项卡“文本”组中的“对象”按钮的下拉按钮，在下拉列表中选择“文件中的文字”，打开“插入文件”对话框，在其中选择需要的文件，单击“插入”按钮即可。

7. 从网络获取文字素材

Internet上的信息包罗万象，有时在文档中需要引用从Internet上找到的信息，这时，可以将网络文字素材复制到文档中。第7章将介绍如何使用“搜索引擎”从Internet上获取所需的信息。这里重点关注如何使用“选择性粘贴”命令将找到的文字复制到编辑的文档中。

首先在浏览器窗口中，选择所需文字后右击，在快捷菜单中选择“复制”命令，将所选文字放入“剪贴板”，然后打开Word 2016文档，定位光标，单击“开始”选项卡“剪贴板”组中“粘贴”按钮的下拉按钮，在下拉列表中选择“选择性粘贴”命令，在打开的“选择性粘贴”对话框中选择“无格式文本”，单击“确定”按钮，如图3-8所示，将不带任何格式的文字插入到文档中，这一点很重要。

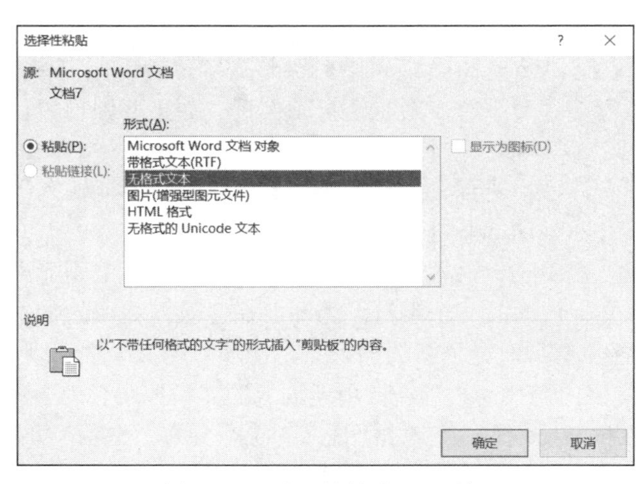

图3-8 “选择性粘贴”对话框

注意：不要直接单击“粘贴”按钮，它会把网页文字中的格式一同带到文档中（如表格边框等），这些格式信息将给文档后续的排版操作带来困难，增加许多工作量。

【例 3.1】创建一个新文档，写一封信，要求其中的日期和时间有自动更新功能。信中内容如下：

春花：

你好！

听说你最近对历史很着迷，特寄给你两本我国古代著名的史书《春秋·左传》和《史记》，希望你能喜欢！

有空常联系。☎：99999999；🖃：123456@163.com

纸短情长，再祈珍重！

秋实

2020 年 12 月 17 日星期四🕘10:16:59 AM

操作步骤如下：

单击快速访问工具栏右侧的下拉按钮，在展开的“自定义快速访问工具栏”下拉列表中，选择要添加的工具“新建”选项，在快速访问工具栏添加“新建文档”按钮，然后单击该按钮新建一个空白文档，输入文档内容。其中日期和一些特殊符号使用下面的方法输入。

（1）日期输入：单击“插入”选项卡“文本”组中的“日期和时间”按钮，打开“日期和时间”对话框，在“语言（国家/地区）”下拉列表中选择“中文（中国）”，在“可用格式”列表框中选择需要的格式，并勾选“自动更新”复选框，如图 3-9 所示，单击“确定”按钮。

（2）符号·的输入：右击输入法状态栏上的软键盘按钮，弹出菜单，如图 3-10 所示，选择“标点符号”命令，找到相应的符号单击完成输入，最后选择还原“PC 键盘”命令后，单击软键盘按钮使之关闭。

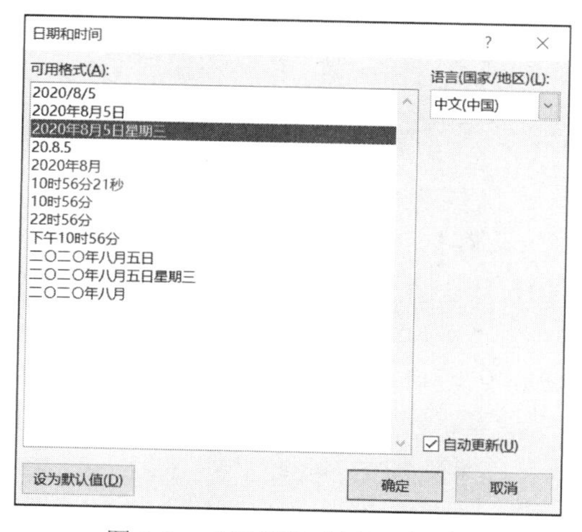

图 3-9　“日期和时间”对话框

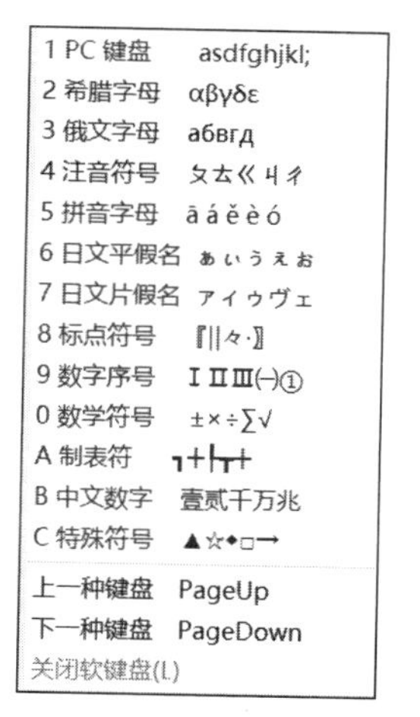

图 3-10　右击软键盘弹出的菜单

（3）符号☎、🖃、🕘的输入：单击“插入”选项卡“符号”组中“符号”按钮，选择“其他符号”，弹出“符号”对话框，在“符号”选项卡的“字体”下拉列表中选择 Wingdings（倒数第 3 个），如图 3-11 所示，然后从相应的符号集中选定需要的字符，单击“插入”按钮或直接双击字符完成输入。

图 3-11　“符号”对话框

3.2.3　保存和保护文档

用户输入和编辑的文档是存放在内存中并显示在屏幕上的，如果不执行存盘操作的话，一旦死机或断电，所做的工作就可能因为得不到保存而丢失。只有外存（如磁盘）上的文件才可以长期保存，所以当完成文档的编辑工作后，应及时把工作成果保存到磁盘上。

1．保存文档

保存文档的常用方法有 3 种：

（1）单击快速访问工具栏的“保存”按钮，这是使用频率最高的一种方法。

（2）按组合键 Ctrl+S。

（3）单击“文件”选项卡，在下拉菜单中选择“保存”或“另存为”命令。

“保存”和“另存为”命令的区别在于：“保存”是“以新替旧”，用新编辑的文档取代原文档，原文档不再保留；而“另存为”则相当于文件复制，它建立了当前文件的一个副本，原文档依然存在。

新文档第一次执行“保存”命令时会出现“另存为”对话框，此时，需要指定文件的三要素：保存位置、文件名、文件类型。Word 2016 默认的文件类型是“Word 文档（*.docx）”，也可以选择保存为纯文本文件（*.txt）、网页文件（*.html）或其他文档。如果希望保存的文档能被低版本的 Word 打开，保存类型应选择“Word 97-2003 文档”；如果希望保存为 PDF 文档，则保存类型应选择 PDF。

保存文档时，如果文件名与已有文件重名，系统会弹出对话框，提示用户更改文件名。保存文档后，可以继续编辑文档，直到关闭文档，以后再次执行保存命令时将直接保存文档，不会再出现“另存为”对话框。对于已经保存过的文档，选择“文件”菜单中的“另存为”命令，将会打开“另存为”对话框，供用户将文档保存在其他位置，或者另取一个文件名，或者保存为其他文档类型。

2．保护文档

保护文档包括自动保存文档和为文档设置密码。为了使文档及时保存，避免因突然断电、死机等类似问题造成文件丢失，Word 2016 设置了自动保存功能。在默认的情况下，Word 是每 10 分钟自动保存一次，如果用户所编辑的文件十分重要，可缩短文件的保存时间。单击“文件”选项卡，在下拉菜单中选择“选项”命令，打开“Word 选项”对话框，再在对话框左侧选择“保存”标签，单击“保存自动恢复信息时间间隔（A）”数值框右侧的微调按钮，设置好需要的数值，如图 3-12 所示。需要注意的是它通常在输入文档内容之前设置，而且只对 Word 文档类型有效。

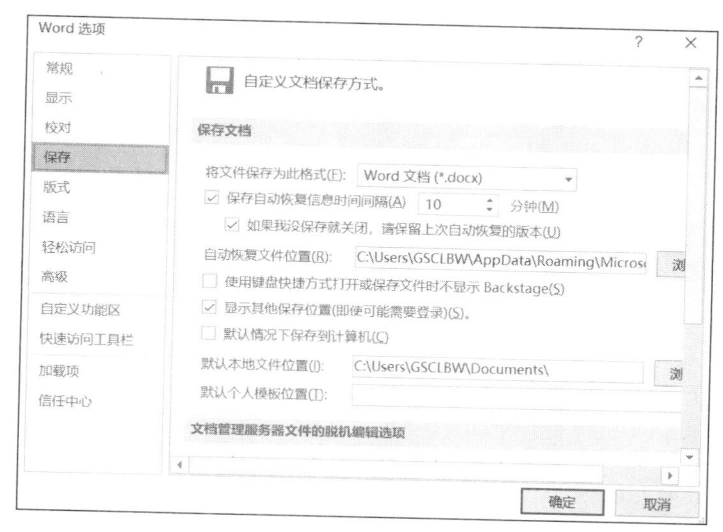

图 3-12　设置文件自动保存时间间隔

如果有重要文件需设置打开密码和修改密码，操作方法如下：

单击“文件”选项卡，在弹出的下拉菜单中默认显示“信息”界面，单击该页面中的“保护文档”按钮，在展开的下拉列表中单击“用密码进行加密”命令，如图 3-13 所示，在弹出的“加密文档”与“确认密码”对话框中分别输入所设置的密码，两者必须一致，然后确定即可。

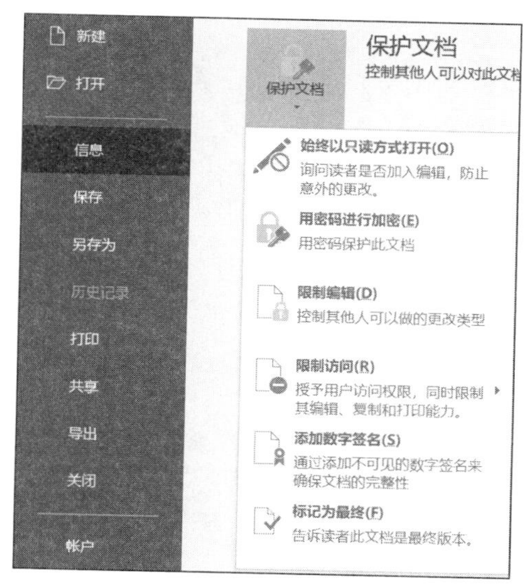

图 3-13　设置文件打开密码和修改密码

如果要取消文档密码保护，操作与设置密码一样，不同的是在弹出“加密文档”对话框后，将“密码”文本框中所设置的密码删除。

3.2.4 打开文档

在进行文字处理时，往往难以一次完成全部工作，而是需要对已输入的文档进行补充或修改，这就要将存储在磁盘上的文档调入 Word 2016 工作窗口，也就是打开文档。

打开 Word 文档有如下几种方法：

（1）单击“文件”选项卡，在下拉菜单中选择“打开”命令。

（2）在快速访问工具栏添加“打开”按钮后，单击“打开”按钮即可。

（3）按组合键 Ctrl+O 或 Ctrl+F12。

不论用以上哪一种方式操作后都将弹出“打开”对话框，在该对话框选择文档所在的文件夹，再双击需要打开的文件即可。

在 Word 2016 中，如果是打开最近使用过的文档，还可以使用快捷打开方法，在 Word 2016 中默认会显示 20 个最近打开或编辑过的 Word 文档。用户可单击“文件”选项卡，在下拉菜单中选择“最近所用文件”查看并打开。

Word 2016 允许同时打开多个文档，实现多文档之间的数据交换。每打开一个文档，系统便会在 Windows 桌面的任务栏上 Word 对应图标中显示一个按钮，方便用户在各文档间切换，若要对某个文档操作，直接将鼠标指向任务栏上的图标，单击文档按钮即可。对于不用的文档，可以单击文档窗口右上角的“关闭”按钮关闭。

3.3 文本的编辑

在文字处理过程中，经常要对文本内容进行调整和修改。本节介绍与此有关的编辑操作，如修改、移动、复制、查找与替换等。

3.3.1 选定文本

“先选定，后操作”是 Word 2016 重要的工作方式。当需要对某部分文本进行操作时，首先应选定该部分，然后才能对这部分内容进行复制、移动和删除等操作。被选定的文本一般以高亮显示，与未被选定的文本区分开来，这种操作称为选定文本。

选定文本有两种方法：基本的选定方法和利用选定区的方法。

（1）基本的选定方法。

1）鼠标选定。将光标移到欲选取的段落或文本的开头，按住鼠标左键拖拽经过需要选定的内容后释放鼠标。

2）键盘选定。将光标移到欲选取的段落或文本的开头，同时按住 Shift 键和光标移动键选择所需内容。

（2）利用选定区。在文本区的左边有一垂直的长条形空白区域，称为选定区，当鼠标移动到该区域时，鼠标指针变为右向箭头。在选定区内单击，可选中鼠标箭头所指的一整行文字；双击，可选中鼠标所在的段落；三击，整个文档全部选定。另外，在选定区中拖动鼠标可选中连续的若干行。

选定文本的常用技巧见表 3-2。

表 3-2　选定文本的常用技巧

选取范围	鼠标操作
字/词	双击要选定的字/词
句子	按住 Ctrl 键，单击该句子
行	单击该行的选定区
段落	双击该行的选定区，或者在该段落的任何地方三击
垂直的一块文本	按住 Alt 键同时拖动鼠标
一大块文字	单击所选内容的开始处，然后按住 Shift 键，单击所选内容的结尾处
全部内容	三击选定区，或者按 Ctrl+A 组合键

其中，选定"垂直的一块文本"效果如图 3-14 所示。

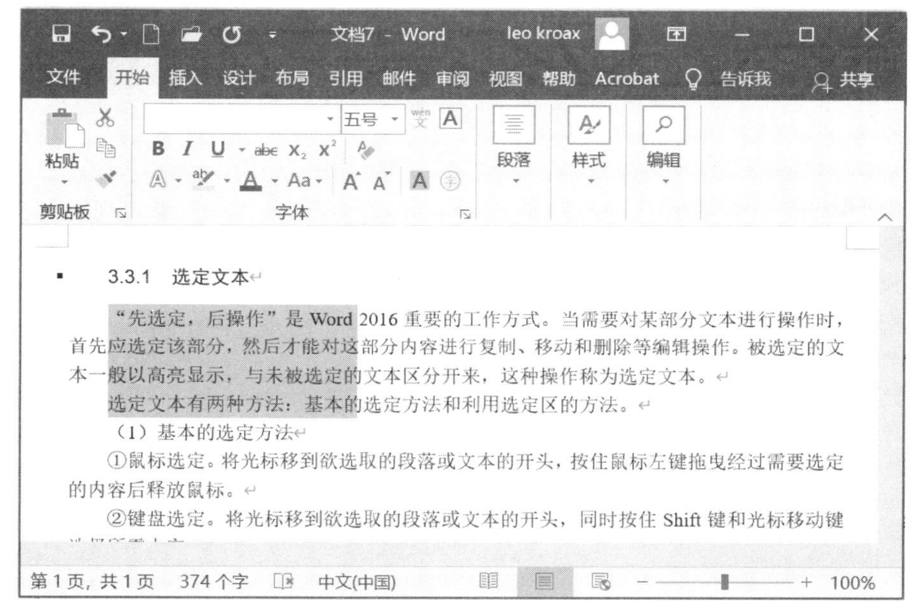

图 3-14　选中"垂直的一块文本"

Word 2016 还提供了可以同时选定多块区域的功能，可通过按住 Ctrl 键再加选定操作来实现。

若要取消选定，在文本窗口的任意处单击或按光标移动键即可。

3.3.2　编辑选定的文本块

在 Word 2016 中经常要对一段文本进行删除、移动或复制等操作，这几种操作有相似之处，都需要先选择操作对象，移动和复制还涉及一个非常重要的工具——剪贴板。

Word 2016 可以存放多次移动（剪切）或复制的内容。通过单击"开始"选项卡"剪贴板"组中右下角的对话框启动器，打开"剪贴板"窗格，可显示剪贴板上的内容。只要不破坏剪贴板上的内容，连续执行“粘贴”操作，可以实现一段文本的多处移动或复制。剪贴板成为用户在文档中和文档之间交换多种信息的中转站。

涉及剪贴板的操作有三个：

- 剪切（cut）：将文档中所选中的对象移到剪贴板上，文档中该对象被清除。
- 复制（copy）：将文档中所选中的对象复制到剪贴板上，文档中该对象仍保留。
- 粘贴（paste）：将剪贴板中的内容复制到当前文档中插入点位置。

执行这三个操作，可以单击“开始”选项卡“剪贴板”组中的“剪切”、“复制”、“粘贴”按钮，或按组合键 Ctrl+X（剪切）、Ctrl+C（复制）、Ctrl+V（粘贴）。

1. *移动或复制文本块*

在编辑文档时，可能需要把一段文字移动到另外一个位置，这时可以根据移动距离的远近选择不同的操作方法。

（1）短距离移动。可以采用鼠标拖拽的简捷方法：选定文本，移动鼠标到选定内容上，当鼠标指针形状变成左向箭头时，按住鼠标左键拖拽，此时箭头右下方出现一个虚线小方框，随着箭头的移动又会出现一条竖虚线，此虚线表明移动的位置，当虚线移到指定位置时释放鼠标左键，完成文本的移动。

（2）长距离移动（如从一页到另一页，或在不同文档间移动）。可以利用剪贴板进行操作：选定文本，单击“开始”选项卡“剪贴板”组中的“剪切”按钮或按组合键 Ctrl+X，然后将光标定位到要插入文本的位置，单击“粘贴”按钮或按组合键 Ctrl+V。

复制文本和移动文本的区别在于：移动文本，选定的文本在原处消失；而复制文本，选定的文本仍在原处。它们的操作相似，不同的是：复制文本在使用鼠标拖拽的方法时，要同时按 Ctrl 键；在利用剪贴板进行操作时，应单击“复制”按钮或按组合键 Ctrl+C。然后在目标位置处右击，在弹出的快捷菜单中可选择有关的“粘贴选项”命令进行粘贴，如图 3-15 所示。

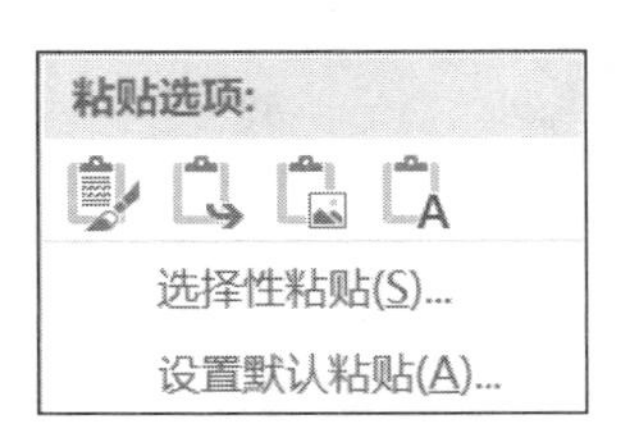

图 3-15　粘贴选项

有关粘贴选项的含义如下：

- 保留源格式：使用此选项可以保留复制文本的原字符样式和格式。格式包括诸如字号、倾斜或其他未包含在段落样式中的格式之类的特征。
- 合并格式：使用此选项可以放弃复制文本的大多数原格式，但会将只应用于部分选择内容的格式（如加粗和倾斜）视为强调格式而予以保留。复制的文本承袭粘贴到的段落的样式特征。文本还承袭粘贴文本时紧靠光标前面的文本的直接格式或字符样式属性。
- 只保留文本：使用此选项会放弃复制文本的所有原格式和非文本元素，如图片或表格。文本承袭目标位置处的段落样式特征，还会承袭目标位置处紧靠光标前面的文本的直接格式或字符样式属性。使用此选项会放弃图形元素，将表格转换为一系列段落。

【例 3.2】将例 3.1 中一封信的内容复制到一个新文档中。

操作步骤如下：

- 选定信的所有内容。单击“开始”选项卡“剪贴板”组中的“复制”按钮或按组合键 Ctrl+C。
- 新建一个文档，把光标移动到需要插入文本的位置，单击“粘贴”按钮或按快组合 Ctrl+V。

注意：Word 的移动或复制功能不仅仅局限于一个 Word 文档或两个 Word 文档之间，用户还可以从其他程序，如 IE 浏览器、某些图形软件中直接移动或复制文本或图形到 Word 文档中，应灵活使用。

2. 删除文本块

当要删除一段文本时，首先选定要删除的内容，然后采用下面任何一种方法：

（1）按 Backspace 键或 Delete 键。

（2）单击“开始”选项卡“剪贴板”组中的“剪切”按钮。

（3）在选定文字上右击，从弹出的快捷菜单中选择“剪切”命令。

删除段落标记可以实现合并段落的功能。要将两个段落合并，可以将光标定位在第一个段落标记前，然后按 Delete 键，这样两个段落就合并成了一个段落。

3.3.3 文本的查找与替换

如果想在一篇长文档中查找某些文字，或者想用新输入的一些文字代替文档中已有的且多处出现的特定文字，可以使用 Word 2016 提供的“查找”与“替换”功能，它是效率很高的编辑功能。

文档的查找和替换功能既可以将文本的内容与格式完全分开，单独对文本的内容或格式进行查找或替换处理，也可以把文本的内容和格式看成一个整体统一处理。可以对整个文档进行查找和替换操作，也可只对选定的文本进行查找和替换。除此之外，该功能还可作用于特殊字符和通配符。

1. 查找

查找功能可以帮助用户快速搜索指定的内容，Word 2016 中有两种方法可以实现。

方法一：单击“开始”选项卡“编辑”组中的“查找”按钮，在窗口左侧弹出“导航”窗格，如图 3-16 所示。在文本框中输入要查找的内容，然后按下放大镜按钮进行搜索。

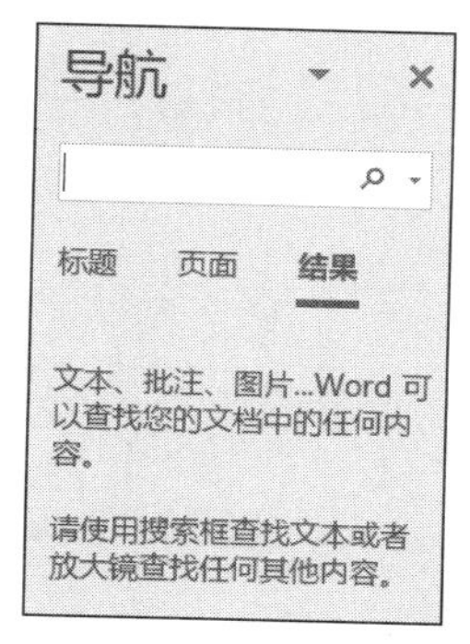

图 3-16　“导航”窗格

方法二：单击“开始”选项卡“编辑”组中的“查找”按钮右侧的下拉按钮，选择“高级查找”选项，弹出“查找和替换”对话框，如图 3-17 所示，操作步骤如下：

（1）在“查找内容”文本框内输入需查找的内容。

（2）单击“查找下一处”按钮将从光标插入点开始查找。继续单击“查找下一处”按钮可查找出文档中其余符合条件的内容。当搜索至文档结尾时，单击“查找下一处”按钮会继续从文档的起始处开始搜索。

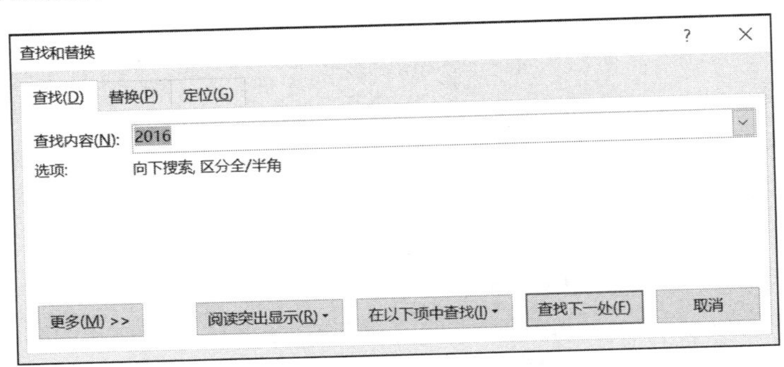

图 3-17　“查找和替换”对话框中查找 2016

2. 替换

当需要对文档中的多处内容进行替换时，使用替换功能可帮助用户快速替换文本。

单击“开始”选项卡“编辑”组“替换”按钮，或按 Ctrl+H 组合键，打开“查找和替换”对话框，如图 3-18 所示。

图 3-18　“查找和替换”对话框中替换 2016

“查找内容”文本框：在该文本框内输入需替换掉的内容。

“替换为”文本框：在该文本框内输入替换后的内容。

“替换”按钮：把“查找内容”文本框中的文本替换为“替换为”文本框中的内容，单击一次只替换一处。

“全部替换”按钮：将“查找内容”文本框中的文本替换为“替换为”文本框中的内容，单击一次即可对全文或所选择文本中符合条件的文本进行替换。

“查找下一处”按钮：单击此按钮只查找“查找内容”文本框中的内容，并不进行替换。

“更多”按钮：单击此按钮会打开“搜索选项”栏。在“搜索选项”栏中，可设置搜索的方向、查找和替换文本的格式等。使用“格式”列表中的命令可对查找和替换的内容进行格式设置。

“取消”按钮：单击此按钮退出对话框，并不执行查找和替换操作。

从网上获取文字素材时，由于网页制作软件排版功能的局限性，文档中经常会出现一些非打印排版字符，这时可以通过“查找”和“替换”功能进行重新编辑。例如，当文档中空格比较多的时候，可以在“查找内容”文本框中输入空格符号，在“替换为”文本框中不进行任何字符的输入（表示“空”），单击“全部替换”按钮将多余的空格删除；当要把文档中不恰当的人工手动换行符替换为真正的段落结束符的时候，可以在“查找内容”框中通过“特殊格式”列表选择输入“手动换行符（^l）”，在“替换为”框中通过“特殊格式”列表选择输入“段落标记（^p）”，再单击“全部替换”按钮。“替换”按钮只是将根据默认方向查找到的第一处文字替换成目标文字。

利用替换功能还可以简化输入。例如，在一篇文章中，如果多次出现 Microsoft Office Word 2016 字符串，在输入时可先用一个不常用的字符（如#）替代表示，然后利用替换功能用字符串 Microsoft Office Word 2016 代替字符#即可。

【例 3.3】把例 3.1 文档中所有的“你”替换为带着重号的蓝色字“您”。

操作步骤如下：

- 单击“开始”选项卡“编辑”组中“替换”按钮，或按 Ctrl+H 组合键，打开“查找和替换”对话框，
- 在“查找内容”框中输入文字“你”。
- 在“替换为”框中输入目标文字“您”，单击“更多”按钮（此时按钮标题变为“更少”），然后单击“格式”按钮，选择“字体”，在“字体”对话框中设置“着重号”为“.”，“字体颜色”为“蓝色”，单击“确定”按钮，返回“查找和替换”对话框，最后的设置结果如图 3-19 所示。
- 单击“全部替换”按钮，则文档中所有的文字“你”均被替换成目标文字“您”。

图 3-19　“查找和替换”对话框设置结果

注意：在单击“格式”按钮进行设置前，光标应定位在“替换为”文本框中，如果不小心把“查找内容”文本框中的文字进行了格式设置，可以单击“不限定格式”按钮来取消该格式，再重新设置。

3.3.4 批注和修订操作

批注是作者或审阅者为文档添加的注释，如作者或审阅者在阅读时把读书的感想、心得或疑难问题，随手书写在书中的空白处，以帮助理解或深入思考。Word 2016 将批注显示在文档的页边距或审阅窗格的显示框中。

修订是显示作者或审阅者在文档中所做的诸如删除、插入或其他编辑更改处的标记。为了保留文档的版式，Word 2016 在文档的文本中显示一些标记元素，而其他元素则显示在页边距上的批注框中。使用这些批注框可以方便地查看审阅者的修订和批注，并对其做出反应。

1. 批注操作

（1）插入批注。

1）选择要设置批注的文本或内容，或单击文本的尾部。

2）在“审阅”选项卡中单击“批注”组中的“新建批注”按钮。或在“插入”选项卡中单击“批注”组的“新建批注”按钮。

3）在批注框中输入批注文字。

（2）修改批注。如果在屏幕上看不到批注，批注框被隐藏，可在“审阅”选项卡中单击“修订”组的“显示标记”按钮，勾选“批注”，让批注显示出来进行修改，也可在“审阅窗格”中修改批注。

1）在批注框中单击需要编辑的批注。

2）适当修改文本。

（3）删除批注。

1）要快速删除单个批注，可右击批注，然后单击“删除批注”。

2）删除文档中所有批注：在“审阅”选项卡中，单击“批注”组中的“删除”按钮右侧的下拉按钮，在下拉列表中选择“删除文档中的所有批注”。

【例 3.4】在文档中选定标题段落并插入批注，批注内容为文本中不计空格的字符数（如文本字符数为 500，批注内只需填 500，文本字符总数不含批注及文本框）。

操作步骤如下：

- 打开文档，在“审阅”选项卡中单击“校对”组中的“字数统计”，查看“字符数（不计空格）”的值，如图 3-20 所示。
- 选定标题段落后，在“审阅”选项卡中单击“批注”组中的“新建批注”按钮，在批注框中输入“字符数（不计空格）”的值（如此文本字符数为 1027，批注内只需填 1027），如图 3-21 所示。

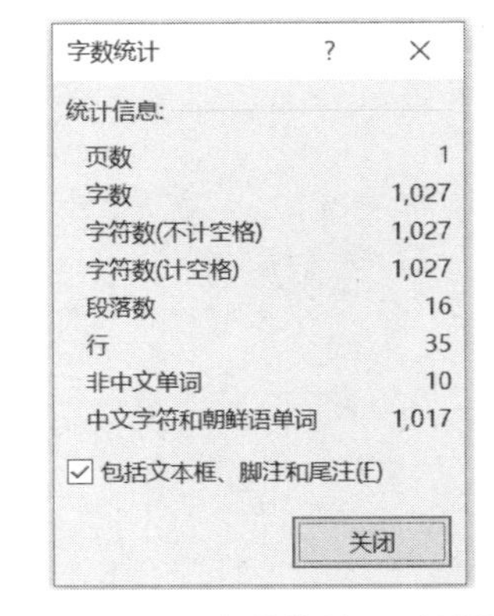

图 3-20 “字数统计”对话框

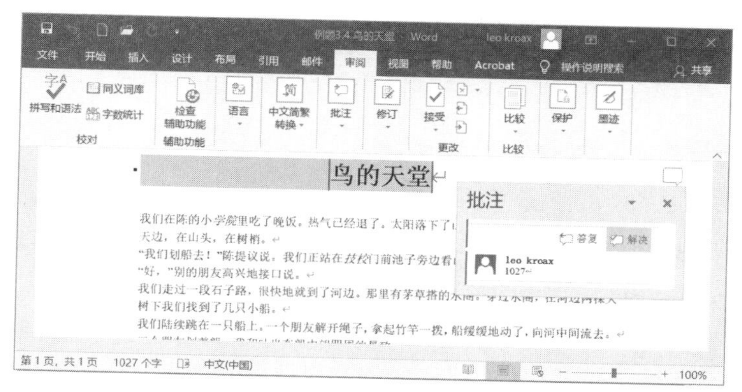

图 3-21　在批注框中输入内容

2. 修订操作

（1）插入修订。

1）选择要修订的文本或内容。

2）在“审阅”选项卡中单击“修订”组“修订”按钮右侧的下拉按钮，在下拉列表中选择“修订”，即启用修订功能。审阅者的每一次插入、删除或是格式更改都会被标记出来。

3）在选定的文本或内容中进行修订操作。

（2）查看修订，可以接受或拒绝每处更改。

1）接受修订：在“审阅”选项卡中单击“更改”组“接受”按钮右侧的下拉按钮，在下拉列表中选择“接受并移到下一条”或“接受对文档的所有修订”。

2）拒绝修订：在“审阅”选项卡中单击“更改”组“拒绝”按钮右侧的下拉按钮，在下拉列表中选择“拒绝并移到下一条”或“拒绝对文档的所有修订”。

【例 3.5】在文档“实施 MRP”中打开修订功能，将第三段文字“从而生动地运用适当的管理方法”中的“生动”两字改为“有效”，然后关闭修订功能。

操作步骤如下：

- 打开“实施 MRP”文档，在“审阅”选项卡中单击“修订”组的“修订”按钮右侧的下拉按钮，在下拉列表中选择“修订”，即启用修订功能。将“简单标记”转换为“所有标记”，显示修订成果以供审阅。
- 将光标移动到第三段文字，选定“生动”输入“有效”，则产生如图 3-22 所示的效果。

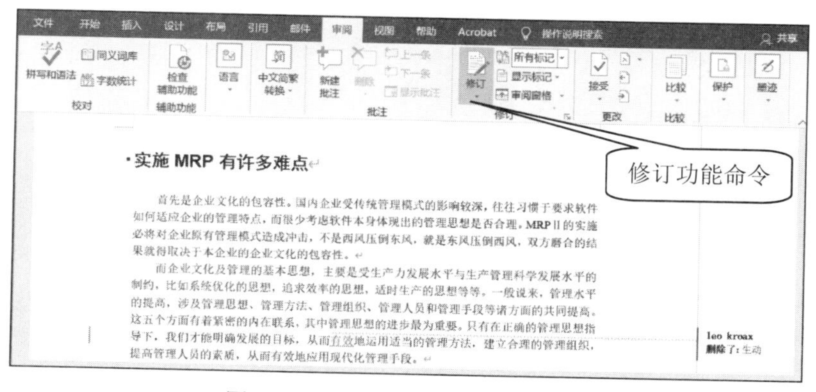

图 3-22　启用修订功能后编辑效果

- 再次在“审阅”选项卡中单击“修订”组“修订”按钮右侧的下拉按钮，在下拉列表中单击“修订”按钮，便将修订功能关闭。

3.3.5 检查拼写和语法

用户输入的文本难免会出现拼写和语法上的错误，如果自己检查，会花费大量时间。Word 2016 提供了自动拼写和语法检查功能，这是由其拼写检查器和语法检查器来实现的。

先选定要检查拼写和语法错误的文档内容，然后单击“审阅”选项卡中“校对”组的“拼写和语法”按钮，拼写检查器就会使用“拼写词典”检查文档中的每一个词，如果该词在词典中，拼写检查器就认为它是正确的，否则就会加绿色波浪线来报告错误信息，并根据词典中能够找到的词给出修改建议。语法检查器还会根据当前语言的语法结构，指出文章中潜在的语法错误，并给出解决方案参考，帮助用户校正句子的结构或词语的使用。如果 Word 2016 指出的错误不是拼写或语法错误（如人名、公司或专业名称的缩写等），可以单击“忽略”或“全部忽略”按钮忽略此错误提示，继续文档其余内容的检查工作，也可以把它们添加到词典中，避免以后再出现同样的问题。

目前，Word 对英文的拼写和语法检查的正确率较高，对中文校对作用不大。

3.4 文档排版

在完成文本录入和基本编辑之后，可以按要求对文本外观进行修饰，使其变得美观易读，丰富多彩，这就是文档排版。

文档排版一般在页面视图下进行（可以“所见即所得”），它与文档编辑一样，同样需要遵守“先选定，后操作”的原则。

3.4.1 字符排版

字符是指文档中输入的汉字、字母、数字、标点符号和各种符号，字符排版有两种：字符格式化和中文版式。字符格式化包括字符的字体和字号、字形（加粗和倾斜）、字符颜色、下划线、着重号、上下标、删除线、文本效果、字符缩放、字符的间距、字符和基准线的上下位置等。中文版式是针对中文字符提供的版式。各种字符排版效果如图 3-23 所示。

五号宋体	倾斜	阴影	字符底纹灰色 20%
四号黑体	字符加粗	空心字	字符加边框
三号隶书	红色字符	上标 x^2	动态效果礼花绽放
12 磅华文行楷	加下划线	字 符 间 距 加 宽 2 磅	动态效果赤水情深
14 磅华文彩云	着重号	降低 8 磅字符标准位置	字 jiāpīnyīn 加拼音

图 3-23 字符排版效果

1. 字符格式化

对字符进行格式化需要先选定文本，否则格式设置将只对光标处新输入的字符有效。在“开始”选项卡“字体”组中可单击右下角的对话框启动器或按 Ctrl+D 组合键，打开“字体”对话框，如图 3-24 所示，其中有“字体”和“高级”两个选项卡。

图 3-24 “字体”对话框

（1）“字体”选项卡。“字体”选项卡用于设置字体、字号、字形、字体颜色、下划线线型、着重号和效果等。

1）字体：是指文字在屏幕或纸张上呈现的书写形式，包括中文字体（如宋体、黑体等）和英文字体（如 Times New Roman、Arial 等），英文字体只对英文字符起作用，而中文字体则对汉字、英文字符都起作用。字体数量的多少取决于计算机中安装的字体数量。

2）字号：是指文字的大小，是以字符在一行中垂直方向上所占用的点（即磅值）来表示的，它以磅为单位，1 磅约为 0.353 毫米。字号有汉字表示和阿拉伯数字表示两种，其中汉字代表的数值越小，字体越大，而阿拉伯数字越小，字体越小。Word 2016 中用数字表示的字号要多于用中文表示的字号。当用户选择字号时，可以选择这两种中的任何一种，但如果要使用大于“初号”的大字号时，则只能使用阿拉伯数字（磅）方式进行设置，可根据需要直接在字号框内输入。默认（标准）状态下，字体为宋体，字号为五号。

3）字形：指字体的形状，有常规、倾斜、加粗、加粗倾斜等形式。

4）字体颜色：指字体的颜色，有标准颜色和自定义颜色等。

5）下划线线型、着重号和效果：指根据需要对字符设置的特殊效果，如在书籍中经常看到 X^2、A_3 等，这种效果只要通过对文字进行上、下标设置就可以轻松实现。

（2）“高级”选项卡。“高级”选项卡用于设置字符缩放、字符间距、字符位置等内容。

1）字符缩放：指对字符的横向尺寸进行缩放，以改变字符横向和纵向的比例。

2）字符间距：指两个字符之间的间隔距离，标准的字符间距为 0，当规定了一行的字符数后，可通过加宽或紧缩字符间距来调整，保证一行能够容纳规定的字符数。

3）字符位置：指字符在垂直方向上的位置，包括字符提升和降低。

注意：选中文本后，右上角会出现“字体”浮动工具栏，字符格式化也可以通过单击其中相应按钮快捷完成。

2. 中文版式

对于中文字符，Word 2016 提供了具有中国特色的特殊版式，如简体和繁体的转换、加拼音、加圈、纵横混排、合并字符、双行合一等，其效果如图 3-25 所示。

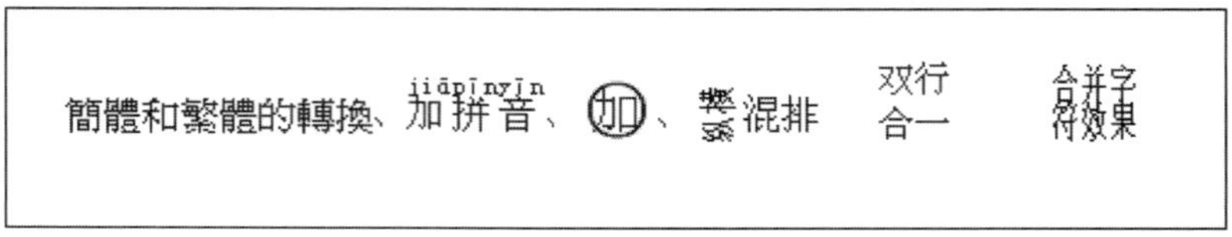

簡體和繁體的轉換、加拼音、加、縱横混排 双行合一 合并字符效果

图 3-25　中文版式效果

其中简体和繁体的转换可通过单击“审阅”选项卡“中文简繁转换”组中的相应按钮实现，加拼音、加圈可通过“开始”选项卡“字体”组中对应按钮和来实现。其他功能则通过单击“开始”选项卡“段落”组中的“中文版式”按钮，选择相应命令来完成。

注意：若要清除文档中的所有样式、文本效果和字体格式，单击“开始”选项卡“字体”组中的“清除格式”按钮即可。

【例 3.6】有一篇文档“你从鸟声中醒来.docx”，对它进行字符排版：

（1）将标题“你从鸟声中醒来”设为楷体、四号、加粗、蓝色。字符缩放 150%，间距加宽 2 磅。

（2）在“来”字后面加上标“①”。

（3）正文中的“听说”加着重号。

（4）正文第 2 段变为斜体。

（5）正文第 3 段加波浪线。

（6）文章末尾的“散文欣赏”行设置“散”“赏”位置降低 5 磅，“文”“欣”位置提升 5 磅。

（7）给标题中的“鸟”字加三角形变为鸟。

（8）为文中的五言绝句加拼音，字号为 9 磅。

效果如图 3-26 所示。

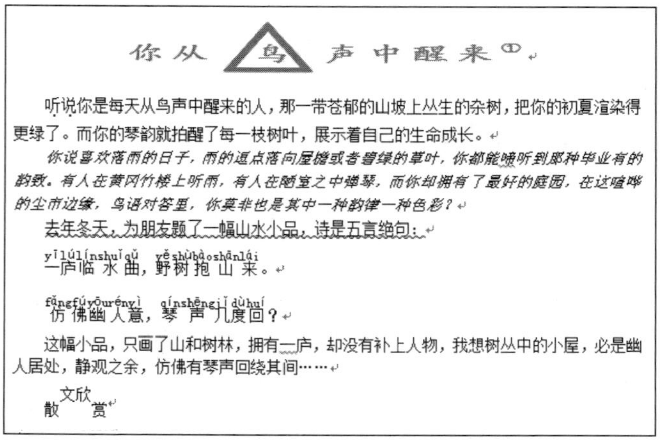

你从鸟声中醒来①

听说你是每天从鸟声中醒来的人，那一带苍郁的山坡上丛生的杂树，把你的初夏渲染得更绿了。而你的琴韵就拍醒了每一枝树叶，展示着自己的生命成长。

你说喜欢落雨的日子，雨的逗点落向屋檐或者碧绿的草叶，你都能够听到那种毕业有的韵致。有人在黄冈竹楼上听雨，有人在陋室之中弹琴，而你却拥有了最好的庭园，在这喧哗的尘市边缘，鸟语对答里，你莫非也是其中一种韵律一种色彩？

去年冬天，为朋友题了一幅山水小品，诗是五言绝句：

一声临水曲，野树抱山来。

仿佛幽人意，琴声几度回？

这幅小品，只画了山和树林，拥有一声，却没有补上人物，我想树丛中的小屋，必是幽人居处，静观之余，仿佛有琴声回绕其间……

散文欣赏

图 3-26　文档“你从鸟声中醒来”字符排版效果

操作步骤如下：

- 选中“你从鸟声中醒来”标题行，在“开始”选项卡“字体”组中单击右下角的对话框启动器或按 Ctrl+D 组合键，打开“字体”对话框，在“字体”选项卡中选择“中文字体”为“楷体”，“字形”为“加粗”，“字号”为“四号”，“字体颜色”为“蓝色”；单击“高级”选项卡，在“缩放”下拉列表框选择 150%，“间距”下拉列表框中选择“加宽”，同时在右边的“磅值”数值框中选择或输入“2 磅”，单击“确定”按钮。
- 将光标定位在“来”字后面，在“插入”选项卡“符号”组中单击“编号”按钮，在“编号”文本框中输入“1”，在“编号类型”列表框中选择“①，②，③...”，单击“确定”按钮；选中①，在“开始”选项卡“字体”组中单击“上标”按钮。
- 选中“听说”二字，在“开始”选项卡“字体”组中单击右下角的对话框启动器或按 Ctrl+D 组合键，打开“字体”对话框，在“字体”选项卡的“着重号”下拉列表中选择“.”，单击“确定”按钮。
- 选中正文第 2 段，在“开始”选项卡“字体”组中单击“倾斜”按钮 *I* 。
- 选中正文第 3 段，在“开始”选项卡“字体”组中单击右下角的对话框启动器或按 Ctrl+D 组合键，打开“字体”对话框，在“字体”选项卡“下划线线型”下拉列表中选择波浪线，单击“确定”按钮。
- 在“散文欣赏”行选中“散”“赏”二字，打开“字体”对话框，在“高级”选项卡的“位置”下拉列表中选择“降低”，同时在右边的“磅值”数值框中选择或输入“5 磅”，单击“确定”按钮；选中“文”“欣”二字，打开“字体”对话框，在“高级”选项卡“位置”下拉列表中选择“提升”，同时在右边的“磅值”数值框中选择或输入“5 磅”，单击“确定”按钮。
- 选中标题中的“鸟”字，在“开始”选项卡“字体”组中单击“带圈字符”按钮，打开“带圈字符”对话框，选择样式为“增大圈号”，“圈号”为“△”，如图 3-27 所示，单击“确定”按钮。
- 选中五言绝句，在“开始”选项卡“字体”组中单击“拼音指南”按钮，在“拼音指南”对话框中选择字号为 9 磅，其他采用默认设置，单击“确定”按钮，如图 3-28 所示。

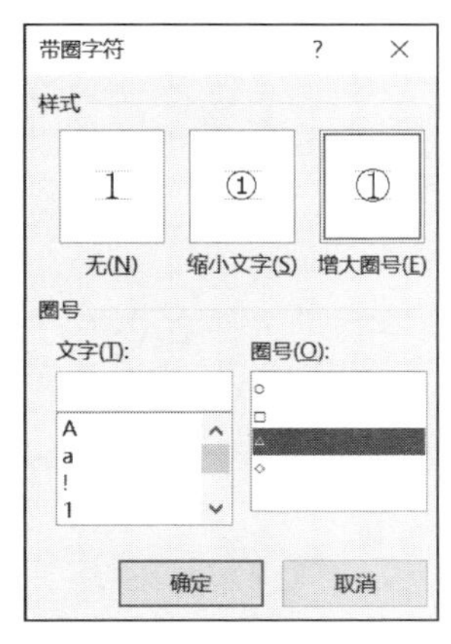

图 3-27　“带圈字符”对话框

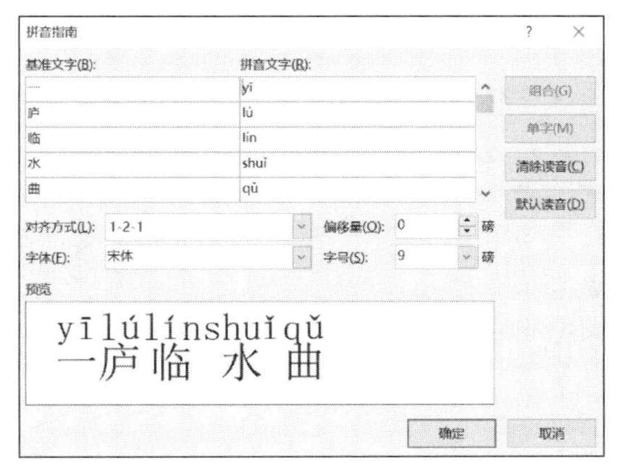

图 3-28　“拼音指南”对话框

3.4.2 段落排版

段落是文档的基本单位。输入文本时，每当按回车键就形成了一个段落。每一个段落的最后都有一个段落标记↵。一个含有段落标记的空行也是一个段落。

段落标记不仅标识段落结束，而且存储了这个段落的排版格式。段落排版格式不仅包括段落对齐、段落缩进、段前段后距离（段落间距）和段落中的行距设置，还包括给段落添加项目符号和编号、为段落设置边框和底纹、通过制表位对齐段落，以及使用格式刷快速复制段落格式等。

1. 段落格式化

选定段落，单击“开始”选项卡“段落”组相应按钮，或单击“段落”组右下角的对话框启动器打开“段落”对话框进行设置。

（1）段落对齐。在文档中对齐文本可以使文本清晰易读，对齐方式有 5 种：左对齐、居中、右对齐、两端对齐和分散对齐。其中两端对齐以词为单位，能自动调整词与词之间的距离，使正文沿页面的左右边界对齐，从而防止英文文本中一个单词跨两行的情况，但对于中文，其效果等同于左对齐；分散对齐是使字符均匀地分布在一行上。段落的对齐效果如图 3-29 所示。

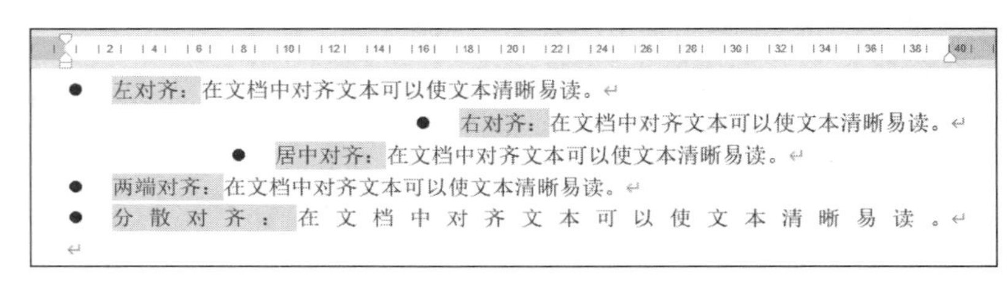

图 3-29　段落的对齐效果

（2）段落缩进。段落缩进是指段落各行相对于页面边界的距离。一般情况下，段落都规定首行缩进两个字符。为了强调某些段落，可以适当进行缩进。Word 2016 提供了 4 种段落缩进方式：

1）首行缩进。段落第一行的左边界向右缩进一段距离，其余行的左边界不变。

2）悬挂缩进。段落第一行的左边界不变，其余行的左边界向右缩进一段距离。

3）左缩进。整个段落的左边界向右缩进一段距离。

4）右缩进。整个段落的右边界向左缩进一段距离。

在“段落”对话框的“缩进和间距”选项卡中，“缩进”栏的“左侧”和“右侧”数值框用于设置段落的左、右缩进；而“特殊格式”下拉列表用于设置“首行缩进”或“悬挂缩进”，并在“磅值”中设置缩进距离。

除了利用“段落”对话框外，还可以使用水平标尺上的段落缩进符号。具体方法是：将插入点放在要缩进的段落中，然后将标尺上的缩进符号拖动到合适的位置，此时，被选定的段落随缩进符号位置的变化而变化。

段落的缩进效果如图 3-30 所示。

注意：最好不要用空格键或 Tab 键来控制段落首行和其他行的缩进，这样做可能会使文章对不齐；也不要利用 Enter 键来控制一行右边的结束位置（按 Enter 键就意味着一个段落的结束），这样做会妨碍文字处理软件对于段落格式的自动调整。

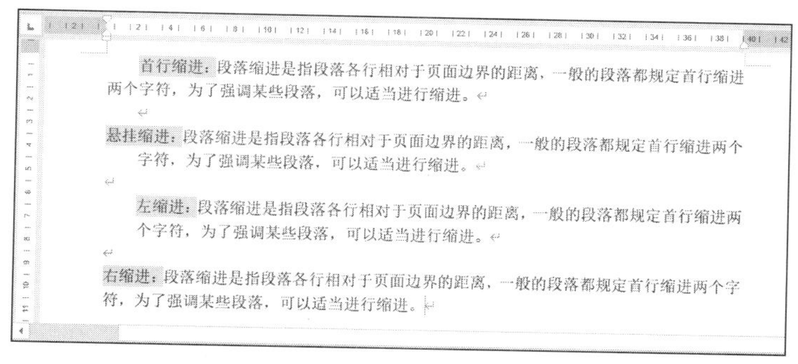

图 3-30　段落的缩进效果

（3）段落间距和行距。段落间距指当前段落与相邻两个段落之间的距离，即段前间距和段后间距，加大段落之间的间距可使文档显示清晰。行距指段落中行与行之间的距离，有单倍行距、1.5 倍行距、2 倍行距、最小值、固定值、多倍行距等多种选择。如果选择其中的最小值、固定值和多倍行距，可同时在右侧的“设置值”数值框中选择或输入磅数或倍数，固定值行距必须大于 0.7 磅，多倍行距的最小倍数必须大于 0.06。用得最多的是最小值，当文本高度超出该值时，Word 会自动调整高度以容纳较大字体。当行距选择固定值时，如果文本高度大于设置的固定值，则该行的文本不能完全显示出来。

注意：在设置段落缩进和间距时，度量单位有“磅”“厘米”“字符”“英寸（1 英寸为 72 磅）”等，这可以通过单击“文件”选项卡，在下拉菜单中选择“选项”命令，打开“选项”对话框，然后单击“高级”标签，在“显示”栏中进行度量单位的设置。一般情况下，如果度量单位选择为“厘米”，而“以字符宽度为度量单位”复选框也被选中的话，默认的缩进单位为“字符”，对应的段落间距和行距单位为“磅”；如果取消勾选“以字符宽度为度量单位”，则缩进单位为“厘米”，对应的段落间距和行距单位为“行”。

【例 3.7】对文档“你从鸟声中醒来.docx”继续进行段落排版。

（1）正文第 1 段：左对齐，左右缩进各 1 厘米，首行缩进 0.8 厘米，段前间距 12 磅，段后间距 6 磅，行距为最小值 12 磅。

（2）正文第 2 段：两端对齐，悬挂缩进 2 个字符，段后间距 2 行，1.5 倍行距。

（3）文中的五言绝句：右对齐。

（4）“散文欣赏”：分散对齐。

效果如图 3-31 所示。

操作步骤如下：

- 打开文档，单击“文件”选项卡，在下拉菜单中选择“选项”命令，打开“Word 选项”对话框，然后单击“高级”标签，在“显示”栏中将“度量单位”设置为“厘米”，如图 3-32 所示，取消选中“以字符宽度为度量单位”复选框，单击“确定”按钮；选中正文第 1 段，单击“开始”选项卡“段落”组右下角的对话框启动器，打开“段落”对话框，进行相应设置，单击“确定”按钮。
- 单击“文件”选项卡，在下拉菜单中选择“选项”命令，打开“Word 选项”对话框，然后单击“高级”标签，在“显示”栏选中“以字符宽度为度量单位”复选框，单击“确定”按钮；选中正文第 2 段，单击“开始”选项卡“段落”组右下角的对话框启动器，打开“段落”对话框，进行相应设置，单击“确定”按钮。

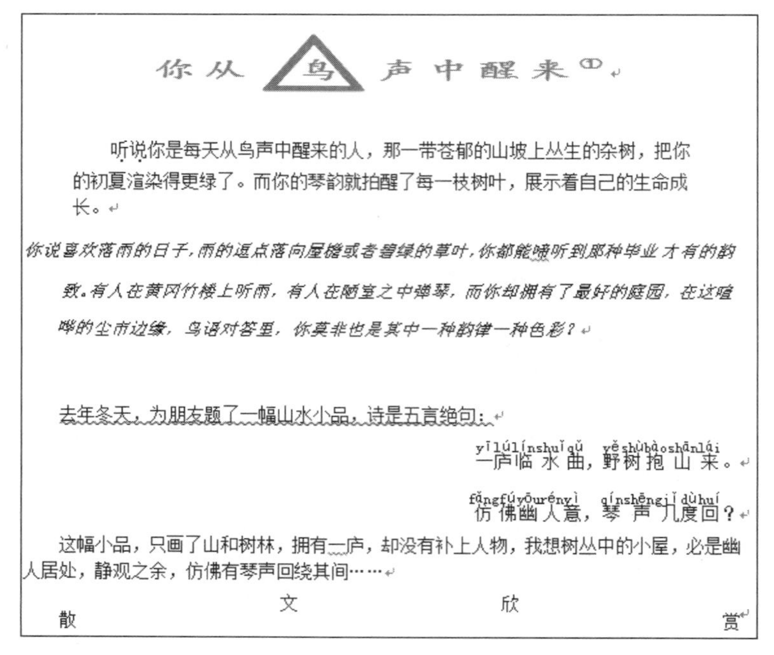

你从鸟声中醒来①

听说你是每天从鸟声中醒来的人，那一带苍郁的山坡上丛生的杂树，把你的初夏渲染得更绿了。而你的琴韵就拍醒了每一枝树叶，展示着自己的生命成长。

你说喜欢落雨的日子，雨的逗点落向屋檐或者碧绿的草叶，你都能够听到那种毕业才有的韵致。有人在黄冈竹楼上听雨，有人在陋室之中弹琴，而你却拥有了最好的庭园，在这喧哗的尘市边缘，鸟语对答里，你莫非也是其中一种韵律一种色彩？

去年冬天，为朋友题了一幅山水小品，诗是五言绝句：

一庐临水曲，野树抱山来。

仿佛幽人意，琴声几度回？

这幅小品，只画了山和树林，拥有一庐，却没有补上人物，我想树丛中的小屋，必是幽人居处，静观之余，仿佛有琴声回绕其间……

散　文　欣　赏

图 3-31　文档“你从鸟声中醒来”段落排版效果

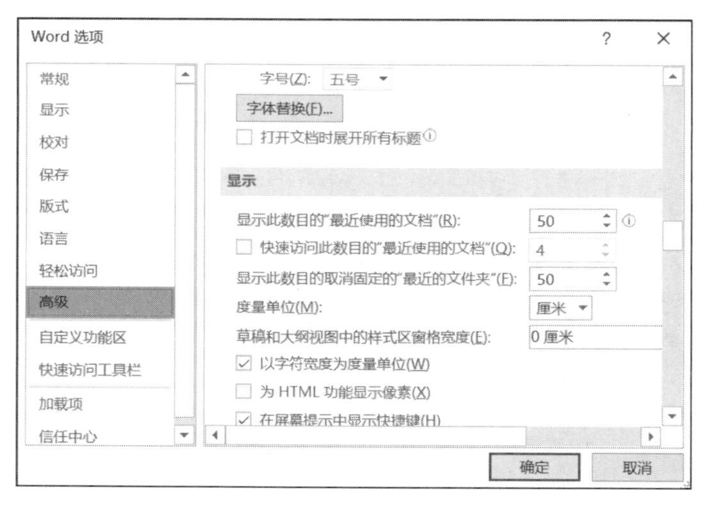

图 3-32　在“Word 选项”对话框进行度量单位设置

- 选中文中的五言绝句（正文第 4、5 段），单击“开始”选项卡“段落”组中“文本右对齐”按钮。
- 选中“散文欣赏”，单击“开始”选项卡“段落”组中“分散对齐”按钮。

2. 设置项目符号和编号、边框和底纹、制表位和格式刷

（1）项目符号和编号。在文档处理中，经常需要在段落前面加上项目符号和编号来准确清楚地表达某些内容之间的并列关系和顺序关系，以方便文档阅读。项目符号可以是字符，也可以是图片；编号是连续的数字或字母，编号的起始值和格式可以自行设置，当增加或删除段落时，系统会自动重新编号。

创建项目符号和编号的方法有如下几种：

1）选择需要添加项目符号或编号的若干段落，在“开始”选项卡“段落”组中单击“项目符号”按钮或“编号”按钮，即可为段落添加系统默认的项目符号或编号。这种方法只能使用一种固定的项目符号或编号样式。

2）选择需要添加项目符号或编号的若干段落，在“开始”选项卡“段落”组中单击“项目符号”或“编号”按钮右侧的下拉按钮，在弹出的“项目符号库”或“编号库”中选择所需的项目符号或编号格式。

3）选择需要添加项目符号或编号的若干段落，在“开始”选项卡“段落”组中单击“项目符号”按钮右侧的下拉按钮，选择“定义新项目符号”，打开“定义新项目符号”对话框，如图 3-33 所示，在该对话框中可选择其他符号或图片作为项目符号，单击“符号”或“图片”按钮来选择符号的样式。如果是字符，还可以把它当作字体，通过单击“字体”按钮来进行格式化设置，如改变字符大小和颜色、加下划线等。要为段落定义编号则单击“编号”按钮右侧的下拉按钮选择“定义新编号格式”，打开“定义新编号格式”对话框，在该对话框中设置其他的编号格式，如图 3-34 所示，可以设置编号的字体、样式、起始值、对齐方式等。

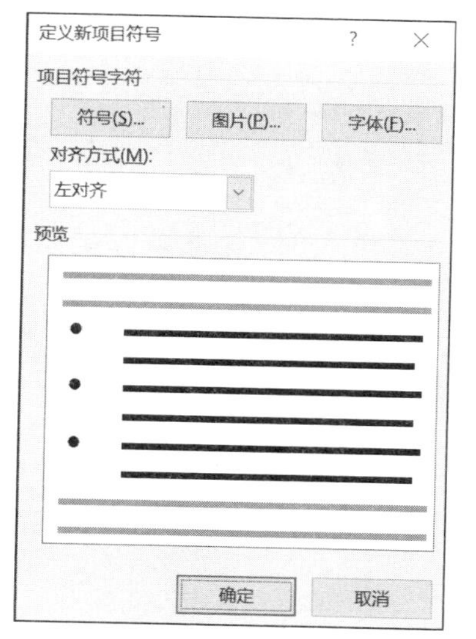

图 3-33　“定义新项目符号”对话框

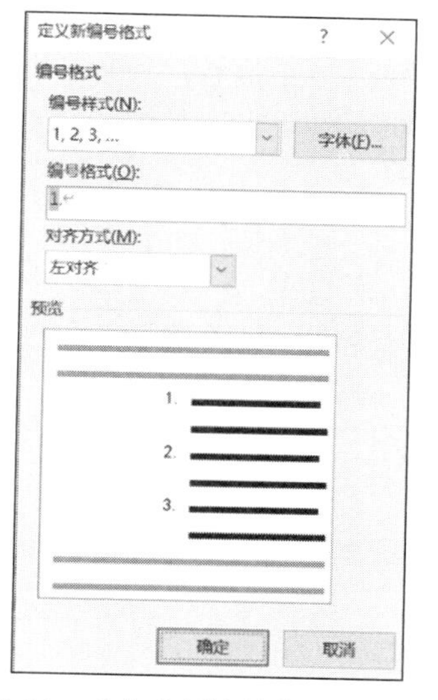

图 3-34　“定义新编号格式”对话框

4）多级列表。多级列表用多级符号创建而成，清晰地表明各层次的关系。创建多级列表时，需先确定多级格式，然后输入内容，再通过“段落”组中“减少缩进量”按钮和“增加缩进量”按钮来确定层次关系。图 3-35 显示了编号、项目符号和多级符号的设置效果。

编号	**项目符号**	**多级符号**
A. 字符排版	🗀 字符排版	1 字符排版
B. 段落排版	🗀 段落排版	1.1 段落排版
C. 页面排版	🗀 页面排版	1.1.1 页面排版

图 3-35　编号、项目符号和多级符号的设置效果

要取消编号、项目符号和多级符号，只需要再次单击相应的“编号”“项目符号”或“多级列表”按钮，在相应的“编号库”“项目符号库”和“列表库”中单击“无”即可。

（2）边框和底纹。通常，为了美化文本或强调重点，可对所选择的文本、段落或页面添加边框和底纹效果。

单击“开始”选项卡“段落”组中按钮右侧的下拉按钮，在弹出的下拉列表中选择“边框和底纹”选项，打开“边框和底纹”对话框。该对话框包括 3 个选项卡：“边框”选项卡、“页面边框”选项卡和“底纹”选项卡，如图 3-36 至图 3-38 所示。

1）“边框”选项卡。该选项卡是针对所选择的文本或段落来设置边框，如图 3-36 所示。

“设置”选项组：该选项组包含了边框的几个种类（方框、阴影等），“无”表示不对文本应用任何边框效果。

“样式”列表框：该列表框提供多种边框的线型样式。

“颜色”下拉列表：可在该下拉列表中设置边框的颜色。

“宽度”下拉列表：可在该下拉列表中设置边框的宽度。

“应用于”下拉列表：在该下拉列表中选择边框应用的对象（“文字”还是“段落”）。“文字”选项只对所选的文本设置边框，“段落”选项则对所选文字所在的段落设置边框。

2）“页面边框”选项卡。“页面边框”选项卡的设置与“边框”选项卡类似，如图 3-37 所示。不同之处在于：“边框”选项卡是针对文字和段落而设置的边框，“页面边框”是针对节或页面而设置的边框，且增加了“艺术型”下拉列表。

图 3-36 “边框”选项卡

图 3-37 “页面边框”选项卡

“应用于”下拉列表：在该下拉列表中选择边应用的对象。“本节”选项对光标所在节的页面设置边框；“整篇文档”选项则是对所有页面设置边框。

3）“底纹”选项卡。该选项卡是针对所选择的文本或段落设置底纹，如图 3-38 所示。

“填充”下拉列表：在该下拉列表中可设置底纹的背景颜色。

“样式”下拉列表：设置所选文字或段落的底纹图案样式（如浅色上斜线）。

“颜色”下拉列表：设置底纹图案中点或线的颜色。

“应用于”下拉列表框：在该下拉列表中选择底纹应用的对象（“文字”还是“段落”）。“文字”选项只给所选文字添加底纹；“段落”选项则给所选文字所在的段落添加底纹。

事实上，要给所选文本添加底纹有更快捷的方式：单击“开始”选项卡“段落”组中“底纹”按钮右侧的下拉按钮，在弹出的面板（如图 3-39 所示）中选择底纹的颜色即可。

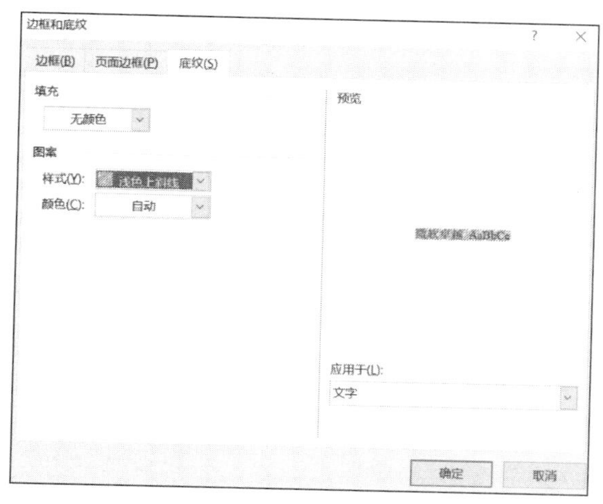

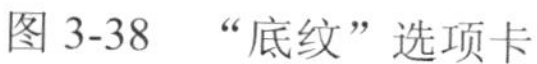
图 3-38　“底纹”选项卡

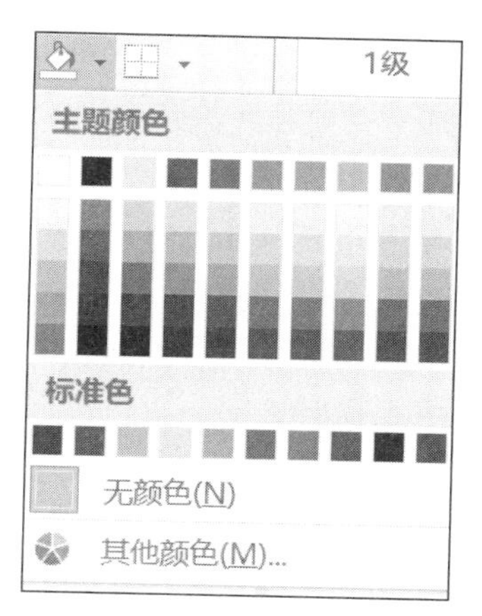

图 3-39　底纹颜色

注意：在设置段落的边框和底纹时，要在“应用于”下拉列表中选择“段落”；设置文字的边框和底纹时，要在“应用于”下拉列表中选择“文字”。

【例 3.8】对文档“你从鸟声中醒来.docx”进一步进行段落排版。

（1）为正文第 1、2 段添加项目符号◆。

（2）为正文第 3 段落添加外粗内细的边框。

（3）为正文五言绝句的文字添加浅色上斜线底纹。

（4）为整个页面添加“飞鸟”页面边框。

效果如图 3-40 所示。

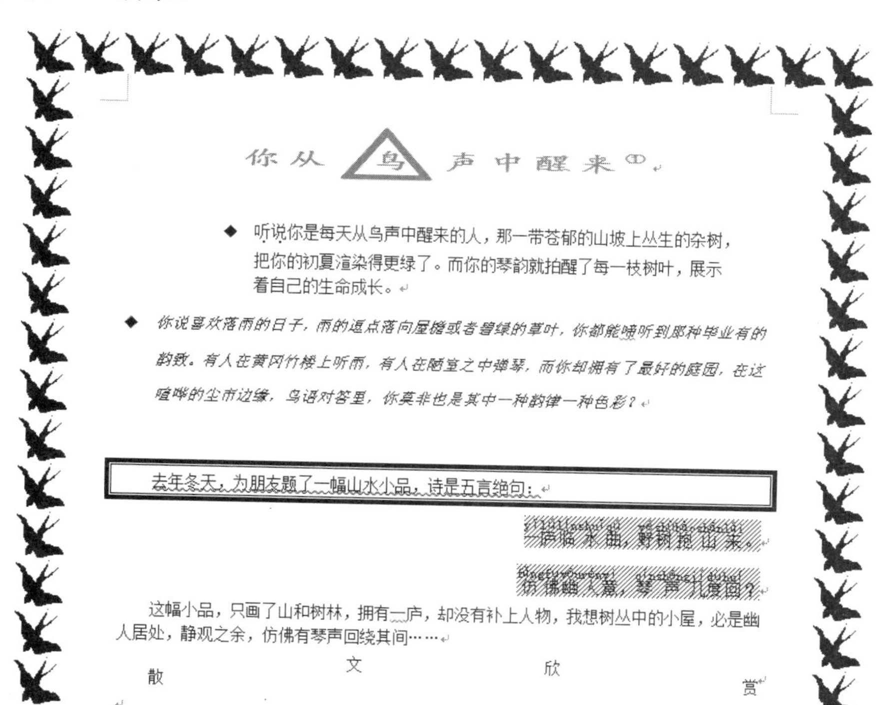

图 3-40　最终效果图

操作步骤如下：

- 选中正文第 1、2 段，在“开始”选项卡“段落”组中单击“项目符号”按钮右侧的下拉按钮，在“项目符号库”中单击相应的符号◆。
- 选中正文第 3 段，在“开始”选项卡“段落”组中单击按钮右侧的下拉按钮，在弹出的下拉列表中选择“边框和底纹”选项，打开“边框和底纹”对话框。在“边框”选项卡的“设置”栏中单击“方框”，在“样式”列表框中选择外粗内细的线型，在“应用于”下拉列表中选择“段落”，单击“确定”按钮。如果要取消边框，可以单击该对话框左边“设置”栏中的“无”按钮。
- 选中正文五言绝句（正文第 4、5 段），打开“边框和底纹”对话框，单击“底纹”选项卡，在“样式”下拉列表中选择“浅色上斜线”，如图 3-38 所示，在“应用于”下拉列表中选择“文字”，单击“确定”按钮。如果要取消底纹，当底纹是图案时，可以选择“样式”中的“清除”；当底纹是背景色时，可以单击“填充”下拉列表中的“无颜色”。
- 将光标置于文档中任意位置，打开“边框和底纹”对话框，单击“页面边框”选项卡，在“艺术型”下拉列表中选择“飞鸟”边框类型，单击“确定”按钮。

（3）制表位。在输入文档时，经常遇到需要将文本纵向对齐的情况，如果使用空格，由于字体字号的不同，同样的空格可能占据不同的空间，使文本纵向对齐产生偏差。最好的方法是采用制表位。

默认状态下，水平标尺上每隔 2 个字符就有一个隐藏的左对齐制表位。输入内容时，每按一次 Tab 键，光标会跳到下一个制表位，一行内容输入完毕需要另起一行时要按 Enter 键。

制表位可用标尺设置。单击水平标尺最左端的“制表位”按钮，选定文本在制表位处的对齐方式，包括左对齐、居中、右对齐、小数点对齐和竖线对齐。选定对齐方式后在标尺上的合适位置处单击，标尺上就出现了相应类型的制表位标记，如图 3-41 所示。如果要调整制表位位置，可以用鼠标水平拖动标记；如果要删除制表位，只要把制表位标记拖出标尺外即可。

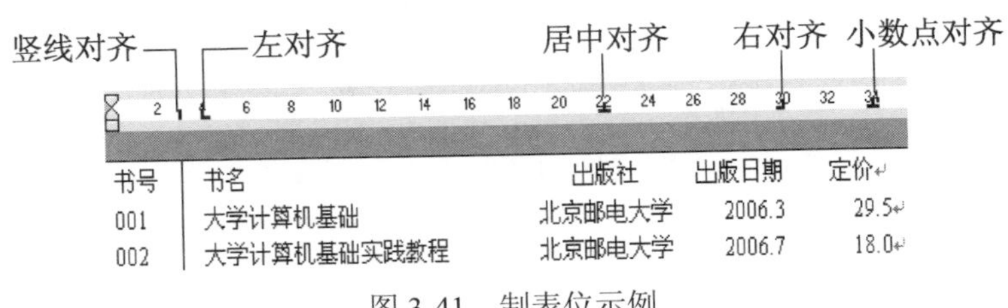

图 3-41 制表位示例

（4）格式刷。当设置好某一文本块或段落的格式后，可以利用“开始”选项卡“剪贴板”组中的“格式刷”按钮，将设置好的格式快速地复制到其他一些文本块或段落中，以提高排版效率。

1）复制字符格式。复制字符格式的操作步骤如下：

①选定已经设置格式的文本。

②单击“开始”选项卡“剪贴板”组中的“格式刷”按钮，此时鼠标指针变成“刷子”形状。

③把鼠标指针移到要排版的文本之前。

④按住鼠标左键，在要排版的文本区域拖动（即选定文本）。

⑤松开左键，可见被拖过的文本已具有新的格式。

2）复制段落格式。由于段落格式保存在段落标记中，可以只复制段落标记来复制该段落的格式，操作步骤如下：

①选定含有复制格式的段落（或选定段落标记）。

②单击“开始”选项卡“剪贴板”组中的“格式刷”按钮，此时鼠标指针变成“刷子”形状。

③把鼠标指针拖过要排版的段落标记，可将段落格式复制到该段落中。

如果同一格式要多次复制，可在第②步操作时，双击“格式刷”按钮。若需要退出多次复制操作，可再次单击“格式刷”按钮或按 Esc 键取消。

3. 分栏、首字下沉、文档竖排等特殊格式设置

特殊格式包括分栏、首字下沉、文档竖排等，它能使文档的外观呈现出需要的特殊效果。

（1）分栏。为了使版面更加美观，常常需要对段落进行分栏设置，使得页面更生动、更具可读性，这种排版方式在报纸、杂志中经常用到。

分栏排版的操作步骤如下：

1）选择需分栏的文本，在“布局”选项卡“页面设置”组中单击“栏”按钮。

2）在打开的下拉列表中选择需分栏的栏数（一栏、两栏、三栏、偏左、偏右等），或单击“更多栏”命令，在弹出的“栏”对话框中设置分栏，如图 3-42 所示。

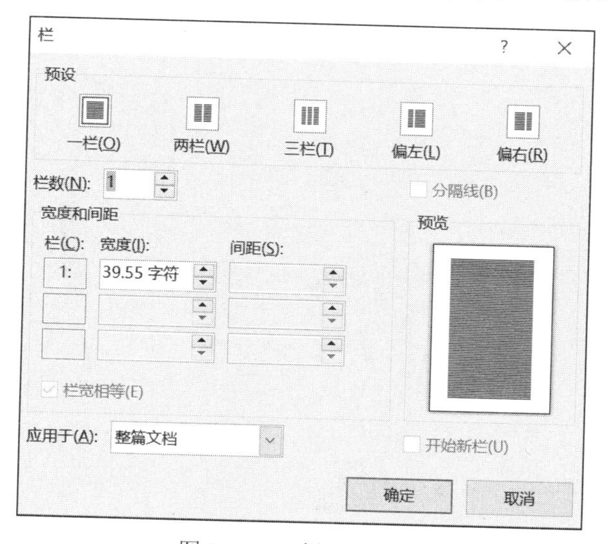

图 3-42　“栏”对话框

“栏”对话框的“预设”区域用于设置分栏方式，可以等宽地将版面分成两栏、三栏；如果栏宽不等的话，则只能分成两栏；也可以选择分栏时各栏之间是否带“分隔线”。此外，用户还可以自定义分栏形式，按需要设置“栏”“宽度”和“间距”。

注意：分栏操作只有在页面视图状态下才能看到效果。当分栏的段落是文档的最后一段时，为使分栏有效，必须在分栏前，在文档的最后添加一个空段落（按 Enter 键产生）。

如果要对文档进行多种分栏，只要分别选择需要分栏的段落，执行分栏操作即可。多种分栏并存时系统会自动在栏与栏之间增加双虚线的“分节符”（::::分节符(连续)::::）。

分栏排版不满一页时，会出现分栏长度不一致的情况，采用等栏长排版可使栏长一致，操作如下：首先将光标移到分栏文本的结尾处，然后单击“布局”选项卡“页面设置”组中的“分隔符”按钮，打开“分隔符”下拉列表，在其中的“分节符”区选中“连续”，如图 3-43 所示。

若要取消分栏，只要将已分栏的段落改为一栏即可。

（2）首字下沉。首字下沉是将选定段落的第一个字放大数倍，以引导阅读，它也是报刊杂志中常用的排版方式。

建立首字下沉的方法是：选中段落或将光标定位于需要首字下沉的段落中，单击“插入”选项卡“文本”组中的“首字下沉”按钮，选择需要的方式。选择其中的“首字下沉选项”命令，将打开“首字下沉”对话框，如图 3-44 所示，不仅可以选择“下沉”或“悬挂”位置，还可以设置字体、下沉行数及首字与正文的距离。

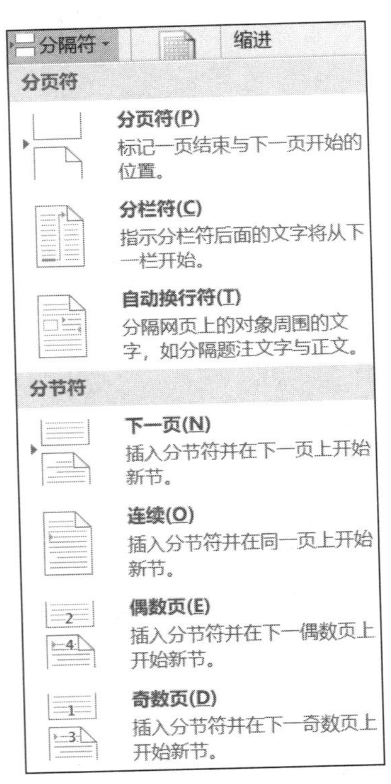

图 3-43 “分隔符”下拉列表

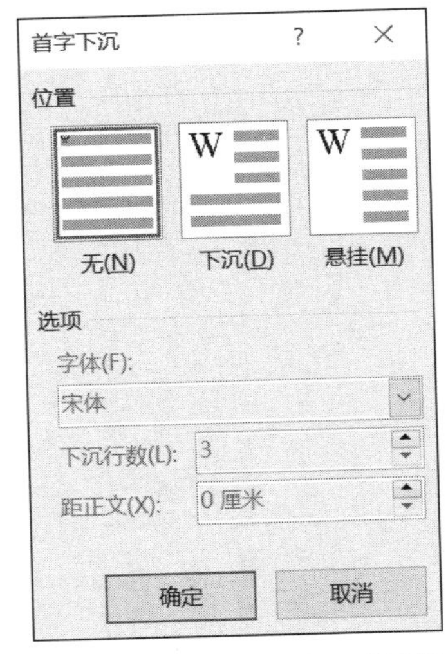

图 3-44 “首字下沉”对话框

若要取消首字下沉，只要选定已首字下沉的段落，在“首字下沉”对话框的“位置”栏中单击“无”即可。

【例 3.9】对文档“你从鸟声中醒来.docx”进行特殊格式设置。

（1）将正文第 6 段（这幅小品……）设置为等宽两栏，栏宽为 6.5 厘米，栏间加分隔线。

（2）将正文第 6 段首字“这”下沉 2 行，字体为隶书，距正文 0.3 厘米。

效果如图 3-45 所示。

图 3-45　正文第 6 段分栏、首字下沉设置效果

操作步骤如下：

- 选定第 6 段，单击“文件”选项卡，在下拉菜单中选择“选项”命令，打开“Word 选项”对话框，然后单击“高级”标签，在“显示”栏中将“度量单位”设置为“厘米”，取消选中“以字符宽度为度量单位”复选框，单击“确定”按钮。在“布局”选项卡“页面设置”组中，单击“栏”按钮，选择“更多栏”命令，在弹出的“栏”对话框中设置分栏，单击“两栏”图标，在“宽度”数值框中选择或输入“6.5 厘米”，选择“分隔线”和“栏宽相等”复选框，单击“确定”按钮。
- 在第 6 段选中首字“这”，单击“插入”选项卡“文本”组中的“首字下沉”按钮，选择“首字下沉选项”命令，打开“首字下沉”对话框，单击“下沉”图标，在“字体”下拉列表中选择“隶书”，在“下沉行数”数值框中选择或输入 2，在“距正文”数值框中选择或输入“0.3 厘米”，单击“确定”按钮。

（3）文档竖排。通常情况下，文档都是从左至右横排的，但是有时为了特殊效果需要进行文档竖排（如古文、古诗的排版）。这时，可以单击“布局”选项卡“页面设置”组中的“文字方向”按钮，在打开的“文字方向”下拉列表中选择“文字方向选项”，根据需要在“文字方向”对话框中选择其中的一种竖排样式，如图 3-46 所示。文档竖排效果如图 3-47 所示。

注意：如果把一篇文档中的部分文字进行文档竖排，竖排文字会单独占一页进行显示。如果想在一页上既出现横排文字，又出现竖排文字，则需要利用到后面介绍的竖排文本框来解决问题。

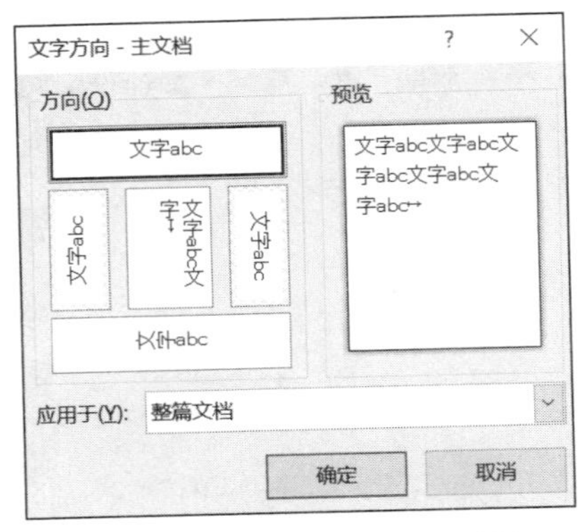

图 3-46 “文字方向”对话框

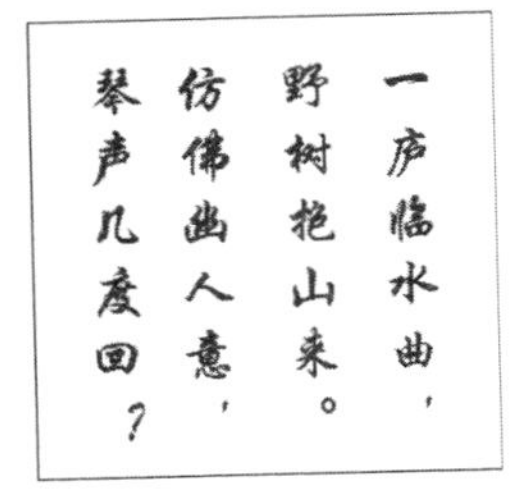

图 3-47 文档竖排效果

3.4.3 页面排版

在完成了文档中字符和段落格式化之后，有时还要对页面格式进行专门设置。页面是比段落级别更大的操作对象，页面排版反映了文档的整体外观和输出效果，页面排版主要包括页面设置、页眉和页脚、脚注和尾注等。

1. 页面设置

页面设置包括设置页边距、纸张大小、页眉和页脚、页面底纹边框、每页容纳的行数和每行容纳的字数，以及页面背景、填充颜色、水印等。

新建一个文档时，Word 2016 使用预定义的模板，其页面设置适用于大部分文档。因此在一般使用场合下，用户无需进行页面设置。页面设置的步骤如下（不分前后）：

（1）单击并打开“布局”选项卡，如图 3-48 所示。

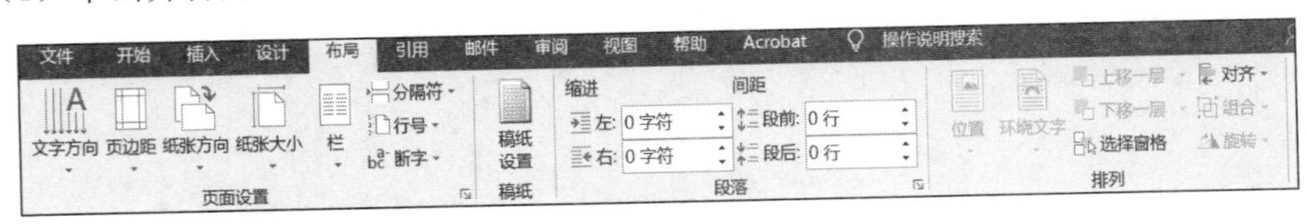

图 3-48 “布局”选项卡

（2）单击“页面设置”组中“文字方向”按钮，在打开的下拉列表中选择合适的文字排列方向。

（3）单击“页面设置”组中“页边距”按钮，在打开的下拉列表中选择合适的页边距，或选择该列表中的“自定义页边距”，在弹出的“页面设置”对话框中设置页边距。

（4）单击“页面设置”组中“纸张方向”按钮，设置纸张的方向（横向或纵向）。

（5）单击“页面设置”组中“纸张大小”按钮，在打开的下拉列表中选择合适的纸张大小，或选择该列表中的“其他纸张大小”命令，在弹出的“页面设置”对话框中设置纸张大小。

（6）单击并打开“设计”选项卡。单击“页面背景”组中“水印”按钮可以为文档添加文字或图片水印，单击该组中“页面颜色”按钮可以设置文档的颜色或图案填充效果，还可以单击该组中“页面边框”按钮为页面添加边框等，使页面更加美观。

“页面设置”对话框还可通过单击“布局”选项卡“页面设置”组中右下角的对话框启动

器 打开，该对话框包括“页边距”“纸张”“布局”“文档网格”4 个选项卡，如图 3-49 所示。

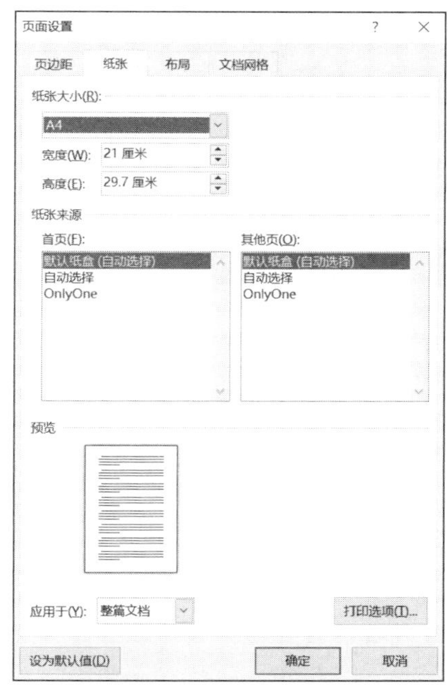

图 3-49　“页面设置”对话框

（1）页边距：用于设置文档内容与纸张四边的距离，决定在文本的边缘应留多少空白区域，从而确定文档版心的大小。通常正文显示在页边距以内，包括脚注和尾注，而页眉和页脚显示在页边距之外。页边距包括上边距、下边距、左边距、右边距。在设置页边距的同时，还可以设置装订线的位置或选择打印方向（如打印信封时应该横向输出）等。

（2）纸张：用于选择打印纸的大小，一般默认值为 A4 纸，常用的还有 16 开纸和 B5 纸。如果当前使用的纸张为特殊规格（如请柬），可在“纸张大小”下拉列表中选择“自定义大小”选项，在“高度”和“宽度”数值框中选择或输入纸张的具体大小。

（3）布局：用于设置页眉和页脚的特殊选项，如奇偶页不同、首页不同、距页边界的距离、垂直对齐方式等。

（4）文档网格：用于设置每页容纳的行数和每行容纳的字符网格数、文字排列方向、是否在屏幕上显示网格线（单击“绘图网格”按钮，在“绘图网格”对话框中设置）等。

通常，页面设置作用于整个文档，如果对部分文档进行页面设置，则应在“应用于”下拉列表中选择范围（如“插入点之后”）。

【例 3.10】对文档“你从鸟声中醒来.docx”进行页面设置。

（1）上边距：2.5 厘米。下边距：3 厘米。左边距：3 厘米。右边距：2 厘米。页面左边预留 2 厘米的装订线，纵向打印。

（2）纸张大小为 16 开。

（3）设置页眉与页脚奇偶页不同，页脚距边界 1.5 厘米。

（4）文档中每页 35 行，每行 30 个字。

其效果如图 3-50 所示。

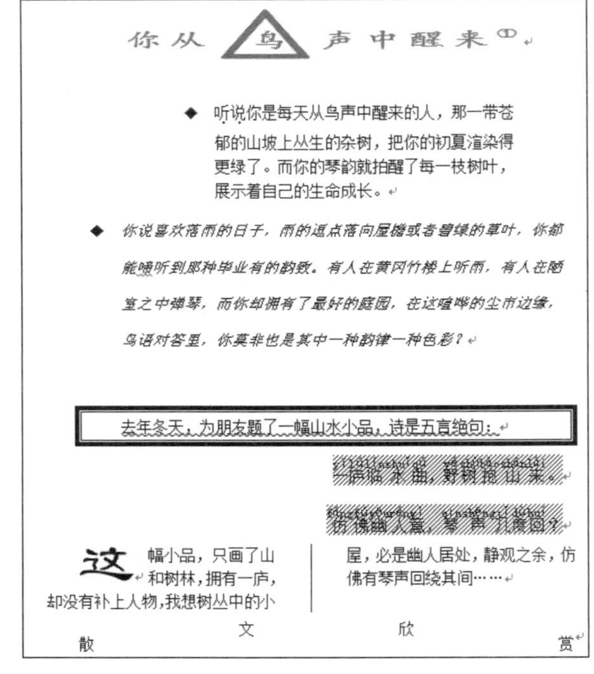

图 3-50 页面设置效果

操作步骤如下：

- 打开文档，为使页面简洁，首先取消“飞鸟”页面边框。方法是：在“开始”选项卡“段落”组中单击 按钮右侧的下拉按钮，在弹出的列表中选择“边框和底纹”选项，打开“边框和底纹”对话框。在“页面边框”选项卡的“艺术型”下拉列表中选择“无”，同时，在左边“设置”栏中单击“无”按钮，单击“确定”按钮。
- 在“布局”选项卡“页面设置”组中单击“页边距”按钮的下拉按钮，在弹出的下拉列表中选择“自定义页边距”选项，打开“页面设置”对话框。在“页边距”选项卡中单击上、下、左、右页边距的数值微调按钮，按题目要求调整数字（或直接输入相应数字）；在“装订线”数值框中选择或输入“2 厘米”，选择“装订线位置”为“左”；在“纸张方向”栏中单击选中“纵向”。
- 在“页面设置”对话框中单击“纸张”选项卡，在“纸张大小”下拉列表中选择“16 开”。
- 在“页面设置”对话框中单击“布局”选项卡，在“页眉和页脚”栏中选中“奇偶页不同”复选框，在“页脚”数值框中选择或输入“1.5 厘米”，如图 3-51 所示。
- 在“页面设置”对话框中单击“文档网格”选项卡，在“网格”栏中选中“指定行和字符网格”单选按钮，每行设为 30，每页设为 35，单击“确定”按钮。

2. *页眉和页脚*

页眉和页脚是出现在页面顶端或底部的一些信息。这些信息可以是文字、图形、图片、日期或时间、页码等，还可以是用来生成各种文本的“域代码”（如自动生成日期、页码等）。“域代码”与普通文本有所不同，它在显示和打印时将被当前的最新内容所代替。例如，日期域代码是根据显示或打印时系统的时钟生成当前的日期，页码域代码是根据文档的实际页数生成当前的页码。

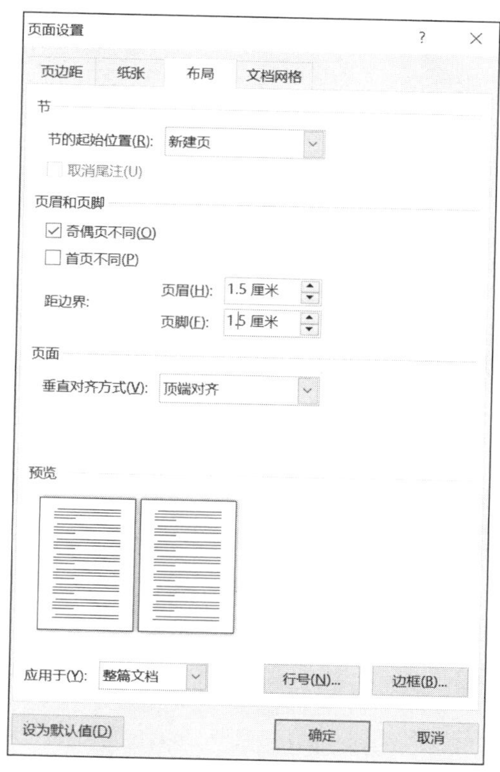

图 3-51　设置页眉页脚奇偶页不同及页脚距边界距离

Word 2016 中内置了 20 余种页眉和页脚样式，可以将其直接应用于文档中。这是通过单击“插入”选项卡“页眉和页脚”组中的相应按钮来完成的。选择样式并输入内容后，可以双击正文返回文档。

以插入页眉为例，插入页脚操作方法类似。插入页眉的操作步骤如下：

（1）单击“插入”选项卡“页眉和页脚”组中的“页眉”按钮，在打开的“内置”列表中选择一种内置的页眉样式。文档进入页眉的编辑状态，并在功能区中显示“页眉和页脚工具－设计”选项卡，如图 3-52 所示。此时，正文呈浅灰色，表示不可编辑。

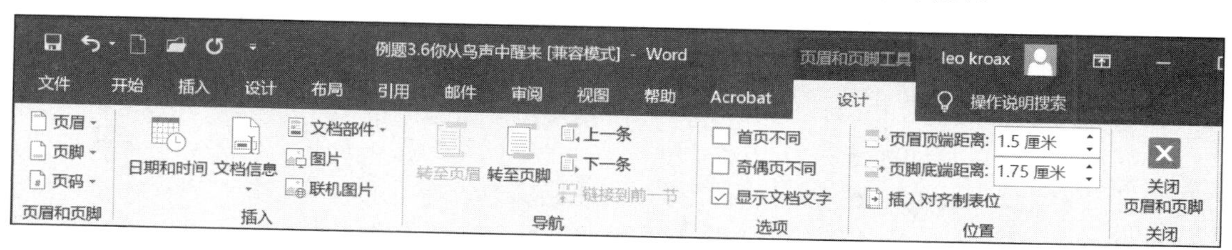

图 3-52　“页眉和页脚工具－设计”选项卡

（2）可在光标插入点输入文本，或根据需要通过功能区中的“页码”“日期和时间”“图片”等按钮，在页眉创建页码、日期/时间或图片等内容。

（3）单击功能区中的“关闭页眉和页脚”按钮，或按 Esc 键退出页眉的编辑。

在页眉和页脚设置过程中，可以对页眉和页脚的字号、字体、位置进行调整，调整方法与普通文档一样；如果要关闭页眉和页脚编辑状态，回到正文，单击“关闭页眉和页脚”按钮；

如果要删除页眉或页脚，先双击页眉或页脚，选定要删除的内容，然后按 Delete 键。

在文档中可自始至终使用同一个页眉和页脚，也可在文档的不同部分使用不同的页眉和页脚。例如，可以在首页上使用不同的页眉和页脚或者不使用页眉和页脚，还可以在奇数页和偶数页上使用不同的页眉和页脚，这可以通过选中“页眉和页脚工具－设计”选项卡中的“首页不同”或“奇偶页不同”复选框分别设置；如果文档被分为多个节，也可以设置节与节之间的页眉和页脚互不相同，这可以通过单击“上一节”按钮和“下一节”按钮切换到不同的节进行设置。

插入页码的操作步骤如下：

（1）单击“插入”选项卡“页眉和页脚”组中的“页码”按钮，打开的下拉列表如图 3-53 所示。

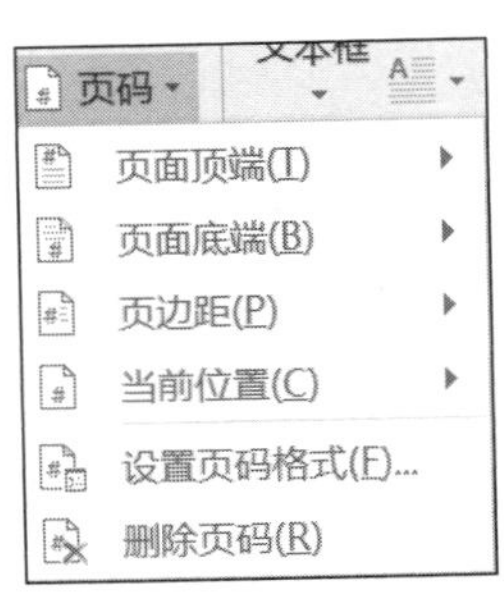

图 3-53 “页码”下拉列表

（2）单击“页面顶端”命令，在打开的子菜单中选择一种页码样式，将会在页眉处插入页码。同样，“页面底端”表示会在页脚处插入页码。

（3）单击功能区中的“关闭页眉和页脚”按钮，或按 Esc 键退出页码的编辑。

注意：一页的页眉和页脚的设置通常适用于整节，页码也是自动排号的，并不需要每页都重新设计。

3. 脚注和尾注

脚注和尾注都是一种注释方式，用于对文档解释、说明或提供参考资料。脚注通常出现在文档中每一页的底端，作为文档某处内容的说明，常用于教科书、古文或科技文章中。而尾注一般位于整个文档的结尾，常用于作者介绍、论文或科技文章中说明引用的文献。在同一个文档中可以同时包括脚注和尾注，但只有在“页面视图”方式下才可见。

脚注或尾注由两个互相链接的部分组成：注释引用标记和与其对应的注释文本。

Word 2016 可以自动为注释引用标记编号，还可以创建自定义标记。添加、删除或移动自动编号的注释后，Word 2016 将对注释引用标记重新编号。

注释文本的长度是任意的，可以像处理其他文本一样设置文本格式，还可以自定义注释分隔符（即用来分隔文档正文和注释文本的线条）。

设置脚注和尾注可以通过单击“引用”选项卡“脚注”组中的相应按钮（如“插入脚注”和“插入尾注”按钮）实现，或单击“脚注”组右下角的对话框启动器，在打开的“脚注和尾注”对话框中进行，如图 3-54 所示。

要删除脚注和尾注，只要定位在脚注和尾注引用标记前按 Delete 键，则引用标记和注释文本同时被删除。

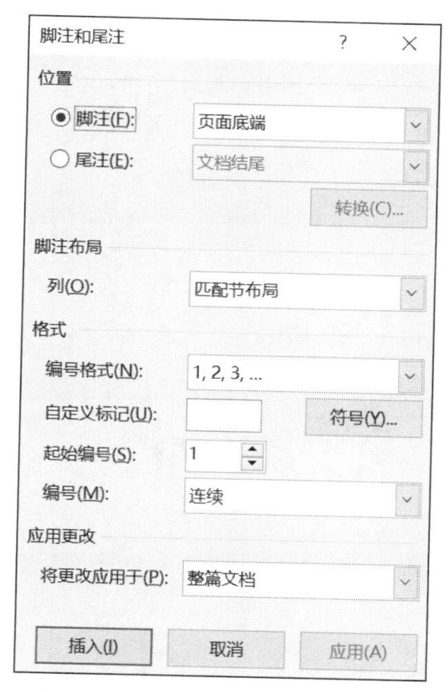

图 3-54 “脚注和尾注”对话框

【例 3.11】对文档“你从鸟声中醒来.docx”继续进行页面排版。

（1）为文档设置页眉和页脚，奇数页页眉为“你从鸟声中醒来”，居中对齐，页脚为“X/Y”页码，右对齐；偶数页页眉为“散文”，居中对齐，页脚同样为“X/Y”，左对齐。

（2）在“渲染”后面插入“脚注”，脚注引用标记是①，脚注内容为“用水墨或淡的色彩涂抹画面”；在标题最后插入尾注，尾注引用标记是*，尾注内容为“散文欣赏”。

操作步骤如下：

（1）打开文档，单击“插入”选项卡“页眉和页脚”组中的“页眉”按钮，在打开的“内置”列表中选择一种内置的页眉样式。文档进入页眉的编辑状态，并在功能区显示“页眉和页脚工具－设计”选项卡。在奇数页页眉编辑区中输入“你从鸟声中醒来”，再单击“开始”选项卡“段落”组中的“居中”按钮。单击“页眉和页脚工具－设计”选项卡“导航”组中“转至页脚”按钮，进入页脚编辑区，在“页眉和页脚工具－设计”选项卡“页眉和页脚”组中，单击“页码”右侧下拉按钮，选择“当前位置”中一种页码格式，再单击“开始”选项卡“段落”组中的“右对齐”按钮。

（2）设置偶数页的方法与设置奇数页相同（前提是必须有偶数页）。在“页眉和页脚工具－设计”选项卡“导航”组中，选择“下一节”按钮可移动鼠标到下一页。在偶数页页眉编辑区中输入“散文”，再单击“开始”选项卡“段落”组中的“居中”按钮；单击“页眉和页脚工具－设计”选项卡“导航”组中“转至页脚”按钮，进入偶数页页脚编辑区，用前面叙述的方法添加页码，最后单击“关闭页眉和页脚”按钮，关闭页眉和页脚的编辑状态。

（3）将光标定位在“渲染”后面，单击“引用”选项卡“脚注”组中的相应按钮（如“插入脚注”和“插入尾注”按钮）；或单击“脚注”组右下角的对话框启动器，在打开的“脚注和尾注”对话框中进行设置。选中“脚注”单选按钮，在“编号格式”下拉列表框中选择“①，②，③…”，单击“插入”按钮，进入脚注区，输入脚注注释文本“用水墨或淡的色彩涂抹画面”。

（4）将光标定位在标题行最后，打开“脚注和尾注”对话框，选中“尾注”单选按钮，单击“自定义标记”旁边的“符号”按钮，在出现的“符号”对话框中选择*，单击“确定”按钮，再单击“插入”按钮，进入尾注区，输入尾注注释文本“散文欣赏”，在尾注区外单击结束输入。

3.4.4 样式

样式是存储在 Word 中的段落或字符的一组格式化命令，是系统或用户定义并保存的一系列排版格式，包括字体、段落的对齐方式、制表位和边距等。例如，一篇文档有各级标题、正文、页眉和页脚等，它们分别有各自的字符格式和段落格式，并各以其样式名存储以便使用。

样式还是模板的一个重要组成部分。将定义的样式保存在模板上，创建文档时使用模板就不必重新定义所需的样式，这样既可以提高工作效率，又可以统一文档风格。

使用样式有两个好处：

（1）可以轻松快捷地编排具有统一格式的段落，使文档格式严格保持一致。而且，样式便于修改，如果文档中多个段落使用了同一样式，只要修改样式，就可以修改文档中带有此样式的所有段落。

（2）样式有助于为长文档构造大纲和创建目录。

Word 2016 不仅预定义了很多标准样式，还允许用户根据需要修改标准样式或新建样式。

1．使用已有样式

在 Word 2016 的“样式”窗格中可以显示出全部的“样式”列表，并可以对样式进行比较全面的操作。选择已有样式的操作步骤如下：

（1）选定需要使用样式的段落或文本块，在“开始”选项卡“样式”组中单击右下角的对话框启动器，打开“样式”窗格，如图 3-55 所示。要查看和使用更丰富的样式，单击“选项”链接，打开“样式窗格选项”对话框，如图 3-56 所示，在“选择要显示的样式”下拉列表中选择“所有样式”选项，并单击“确定”按钮。

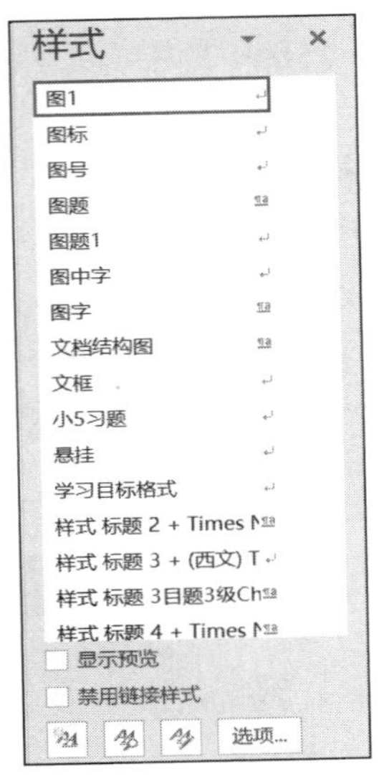

图 3-55 “样式”窗格

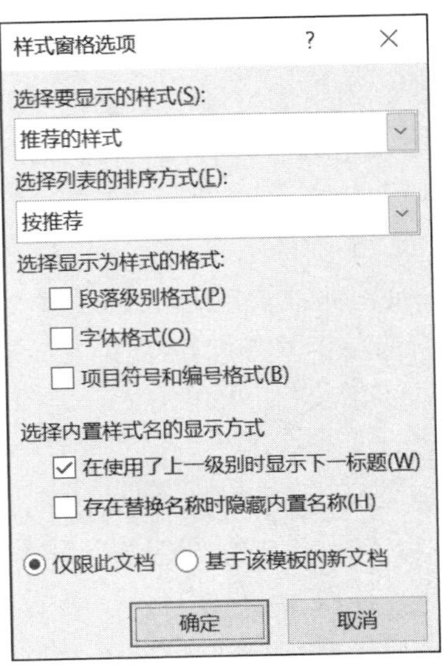

图 3-56 “样式窗格选项”对话框

（2）返回“样式”窗格，可以看到已经显示出 Word 2016 提供的所有样式。选中“显示预览”复选框可以显示所有样式的预览。

（3）在所有“样式”列表中，根据需要选择相应的样式，即可将该样式应用到被选中的文本块或段落中。

2. 新建样式

当 Word 提供的样式不能满足用户需要时，可以自己创建新样式。操作步骤如下：

（1）打开 Word 文档窗口，在“开始”选项卡“样式”组中单击右下角的对话框启动器，打开“样式”窗格（如图 3-55 所示），单击右下角的“新建样式”按钮，打开“根据格式化创建新样式”对话框。

在“根据格式化创建新样式”对话框的“名称”编辑框中输入新样式名称。单击“样式类型”下拉按钮，在下拉列表中包含 5 种类型，其中：“段落”指新建的样式将应用于段落级别；“字符”指新建的样式将仅应用于字符级别；“链接段落和字符”指新建的样式将应用于段落和字符两种级别；“表格”指新建的样式主要用于表格；“列表”指新建的样式主要用于项目符号和编号列表。

（2）选择一种样式类型，单击“样式基准”下拉按钮，在下拉列表中选择 Word 2016 中的某一种内置样式作为新样式的基准样式，单击“后续段落样式”下拉按钮，在下拉列表中选择新样式的后续样式。

（3）设置新样式的格式。在“根据格式化创建新样式”对话框中设置样式格式时，可以通过“格式”栏中相应按钮快速简单设置，也可以单击“格式”按钮在其弹出菜单中选择相应的命令详细设置。

（4）如果希望新样式应用于所有文档，则需要选中“基于该模板的新文档”单选按钮，再选择“添加到样式库”复选框，设置完毕单击“确定”按钮即可。新样式建立后，就可以像已有样式一样直接使用了。

注意：如果用户在选择样式类型时选择了“表格”选项，则样式基准中仅列出与表格相关的样式供选择，且无法设置段落间距等段落格式；若选择“列表”选项，则不再显示“样式基准”，且格式设置仅限于与项目符号和编号列表相关的格式选项。

3. 修改和删除样式

无论是 Word 2016 的内置样式，还是 Word 2016 的自定义样式，用户随时可以对其进行修改。更改样式后，所有应用了该样式的文本都会随之改变。

修改样式的方法如下：在“开始”选项卡“样式”组中单击右下角的对话框启动器，打开样式窗格，在打开的样式窗格中右击准备修改的样式或单击该样式右边的下拉按钮，在打开的快捷菜单中选择“修改”命令，打开“修改样式”对话框，用户可以在该对话框中重新设置样式定义。

删除样式的方法与修改类似，在打开的快捷菜单中选择“全部删除”命令，或应选择“删除样式名”命令。删除该样式后，带有此样式的所有段落自动应用“正文”样式。

4. 显示和隐藏样式

用户可以通过在 Word 2016 中设置特定样式的显示和隐藏属性，以确定该样式是否出现在样式列表中。操作如下：

在“开始”选项卡“样式”组中单击右下角的对话框启动器，打开“样式”窗格，在打开的“样式”窗格中单击“管理样式”按钮，打开对话框，切换到“推荐”选项卡，如图3-57所示。在“样式”列表中选择一种样式，然后单击“显示”“使用前隐藏”或“隐藏”按钮设置样式的属性。其中设置为“使用前隐藏”的样式会一直出现在应用了该样式的Word 2016文档“样式”列表中。完成设置后单击“确定”按钮。返回“样式”窗格，单击“选项”链接，在打开的“样式窗格选项”对话框中（图3-56），单击“选择要显示的样式”下拉按钮，然后在打开的列表中选择“推荐的样式”，并单击“确定”按钮。

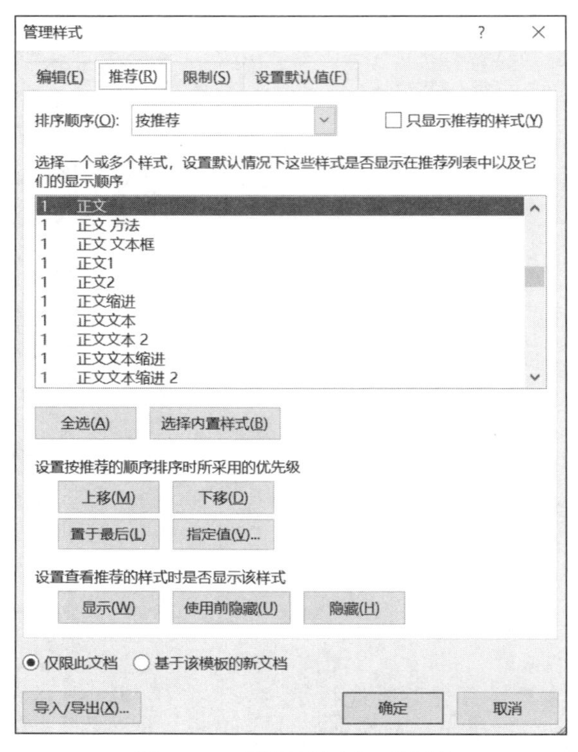

图3-57 “管理样式”对话框

通过上述设置，即可在Word 2016文档窗口的“样式”列表中只显示设置为“显示”属性的样式。

3.5 制作表格

制作表格是进行文字处理的一项重要内容。Word 2016提供了丰富的制表功能，它不仅可以建立各种表格，而且允许对表格进行调整、设置格式和对表格中的数据进行计算等。

利用Word 2016提供的表格处理功能可以方便处理各种表格，尤其适用于简单表格（如课程表、作息时间安排表、成绩表等）。如果要制作较大型的、复杂的表格（如年度销售报表），或是要对表格中的数据进行大量复杂的计算和分析，Excel 2016是更好的选择。

Word中的表格有3种类型：规则表格、不规则表格、文本转换成的表格，如图3-58所示。表格由若干行和若干列组成，行列的交叉处称为单元格。单元格内可以输入字符、图形，或插入另一个表格。

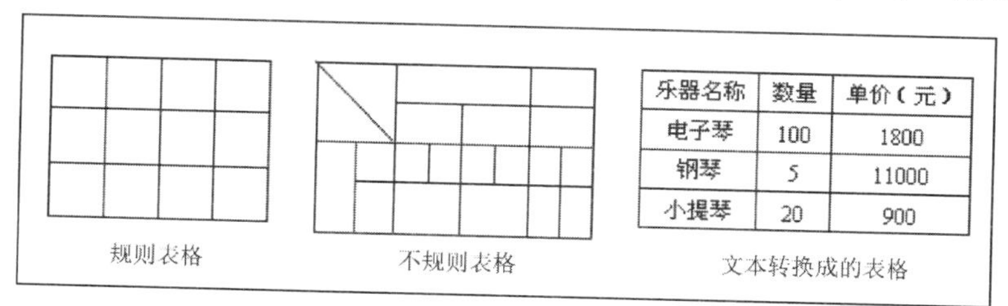

乐器名称	数量	单价（元）
电子琴	100	1800
钢琴	5	11000
小提琴	20	900

图 3-58　表格的 3 种类型

对表格的操作可以通过“插入”选项卡“表格”组中的“表格”按钮来实现。

3.5.1　创建表格

1. 建立规则表格

建立规则表格有两种方法：

（1）单击“插入”选项卡“表格”组中的“表格”按钮，在下拉列表中的虚拟表格里移动光标，经过需要插入的表格的行列数，如图 3-59 所示，然后单击，即可创建一个规则表格。

（2）单击“插入”选项卡“表格”组中的“表格”按钮，在下拉列表中选择“插入表格”命令，弹出如图 3-60 所示的“插入表格”对话框，选择或直接输入所需的行数和列数，单击“确定”按钮。

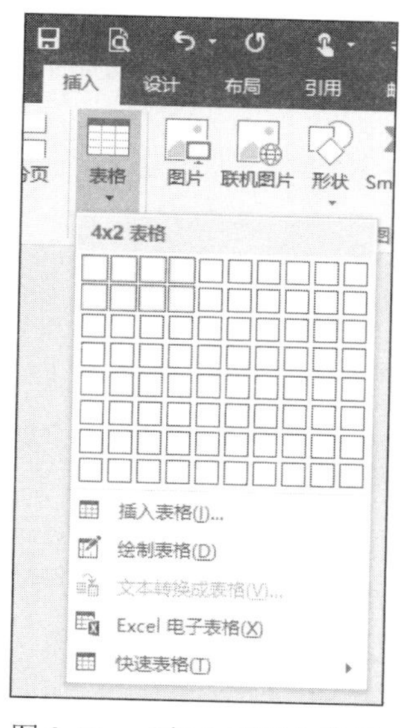

图 3-59　“插入表格”按钮

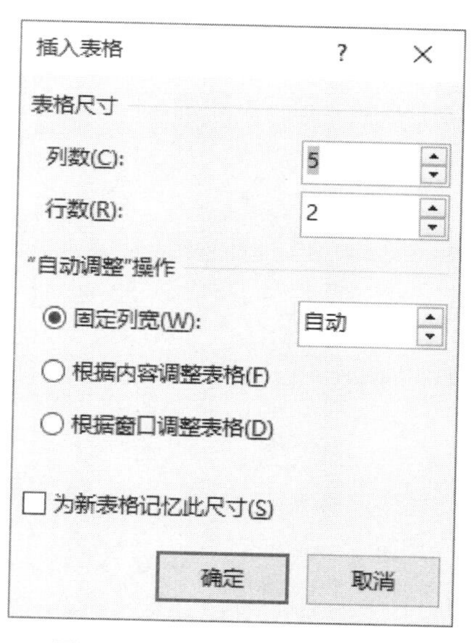

图 3-60　“插入表格”对话框

2. 建立不规则表格

单击“插入”选项卡“表格”组中的“表格”按钮，在下拉列表中选择“绘制表格”命令。此时，光标呈铅笔状，可直接绘制表格外框、行列线和斜线（在线段的起点按住鼠标左键不放拖拽至终点释放），表格绘制完成后再按 Esc 键，或者在“表格工具－布局”选项卡中，单击“绘图”组中的“绘制表格”按钮结束表格绘制状态。在绘制过程中，可以根据需要选择表格线的线型、宽度和颜色等。

提示：如果在绘制或设置表格的过程中需要删除某行或某列，可以在“表格工具—设计”选项卡中单击“绘图”组中的“橡皮擦”按钮。鼠标指针呈现橡皮擦形状，在特定的行或列线条上拖动鼠标左键即可删除该行或该列。按 Esc 键取消擦除状态。

3. 将文本转换成表格

按规律分隔的文本可以转换成表格，文本的分隔符可以是空格、制表符、逗号或其他符号等。要将文本转换成表格，先选定文本，执行“插入”选项卡“表格”组“表格”下拉列表中的“文本转换成表格”命令。

注意：文本分隔符不能是中文或全角状态的符号，否则转换不成功。

【例 3.12】将下面的文本转换成表格：

星期一，星期二，星期三，星期四，星期五

语文，数学，美术，体育，语文

数学，语文，说话，写字，美术

语文，品德，音乐，体育，数学

操作步骤如下：

- 打开文档，注意到文本的分隔符是中文标点符号的逗号，单击“开始”选项卡“编辑”组中“替换”命令将中文逗号替换为英文逗号。
- 选定文本，在“插入”选项卡的“表格”组中单击“表格”按钮，在下拉列表中选择“文本转换成表格”命令，出现如图 3-61 所示的对话框，单击“确定”按钮。如果系统自动提供的选择不正确，可以在对话框内进行必要的更改。

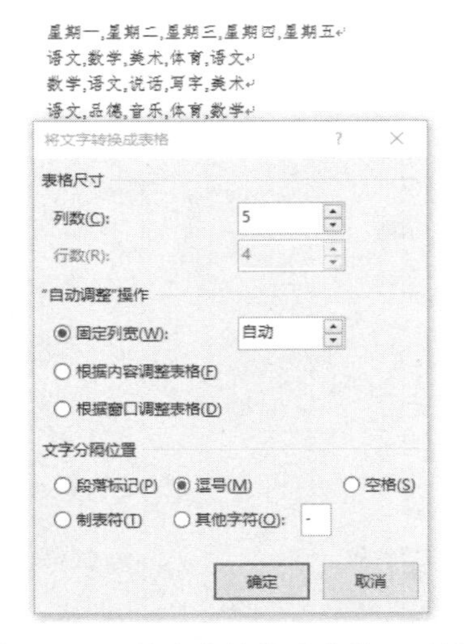

图 3-61 “将文字转换成表格”对话框

插入表格后，除了添加文字内容外，为了使表格更加美观，还需要对表格的边框、底纹等格式进行设置。如果需要插入的表格中已设置好以上内容，还可以通过“插入”选项卡“表格”组中的“快速表格”按钮设置需要的样式。

创建表格时，有时需要绘制斜线表头，即将表格中第 1 行第 1 个单元格用斜线分成几部分，每一部分对应于表格中行列的内容。对于表格中的斜线表头，可以使用“插入”选项卡“插图”组“形状”按钮中“线条”区的直线和“基本形状”区的“文本框”共同完成。

3.5.2 输入表格内容

表格建好后，可以在表格的任一单元格中定位光标并输入文字，也可以插入图片、图形、图表等内容。

在单元格中输入和编辑文字的操作与文档的文本段落一样，单元格的边界作为文档的边界，当输入内容达到单元格的右边界时，文本自动换行，行高也将自动调整。输入时，按 Tab 键使光标往下一个单元格移动，按 Shift+Tab 组合键使光标往前一个单元格移动，也可以直接单击所需的单元格。

要设置表格单元格中文字的对齐方式，可先选定文字，单击“表格工具－布局”选项卡“对齐方式”组中相应的对齐方式，如图 3-62 所示。也可以分别设置文字在单元格中的水平对齐方式和垂直对齐方式。其中水平对齐方式可以利用“开始”选项卡“段落”组中的对齐按钮；垂直对齐方式则需要通过单击“表格工具－布局”选项卡“表”组中“属性”按钮，在打开的“表格属性”对话框的“单元格”选项卡中进行操作，如图 3-63 所示。表格中的其他设置如字体、缩进等与前面介绍的文档排版操作相同。

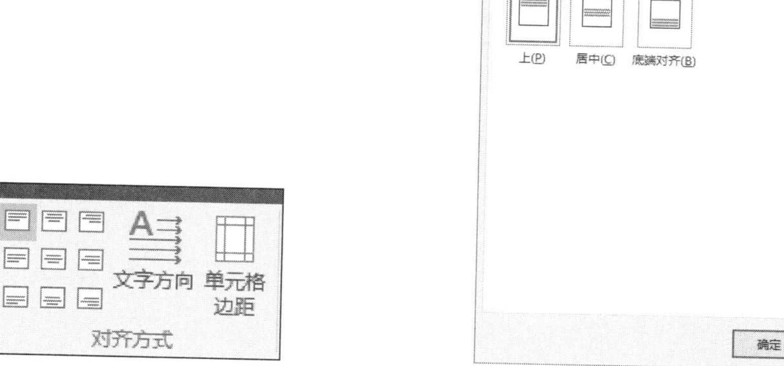

图 3-62 设置单元格中文字的对齐方式

图 3-63 “表格属性”对话框

【例 3.13】创建一个带斜线表头的表格，如图 3-64 所示。表格中文字对齐方式为中部居中对齐，即水平和垂直方向上都是居中对齐方式。

科目 / 姓名	数学	英语	计算机
张三	89	71	92
李四	97	87	88
王五	84	73	95

图 3-64 带斜线表头的表格

操作步骤如下：

- 新建一个文档，单击“插入”选项卡“表格”组中的“表格”按钮，在下拉列表中选择“插入表格”命令，将“插入表格”对话框中的“行数”和“列数”均设置为 4，然后单击“确定”按钮，生成一个 4 行 4 列的规则表格。
- 单击第一个单元格，单击“插入”选项卡“插图”组“形状”按钮，在“线条”区单击“直线”图标，在第一个单元格左上角顶点按住鼠标左键拖动至右下角，绘制出斜线表头；然后单击“基本形状”区的“横排文本框”图标，在单元格的适当位置绘制一个文本框，输入“科”字，然后选中文本框，右击，在快捷菜单中选择“设置形状格式”命令，打开“设置形状格式”对话框，设置“形状选项”的“填充”为“无填充”，“线条”为“无线条”，如图 3-65 所示。利用同样的方法制作出斜线表头中的“目”“姓”“名”等字。
- 在表格其他单元格中输入相应内容，然后选定整个表格中的文字，单击“表格工具—布局”选项卡“对齐方式”组的“中部居中”对齐方式。

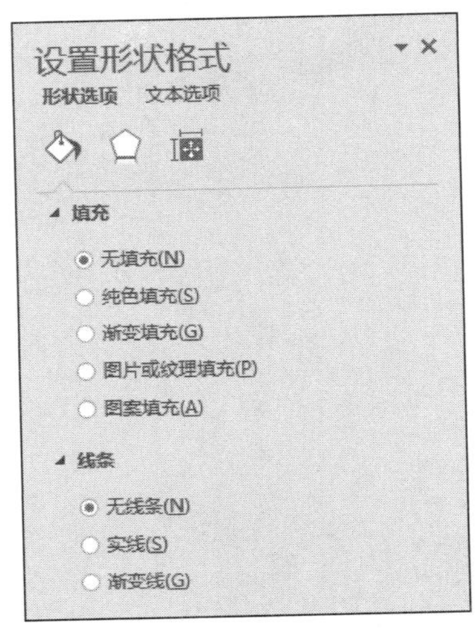

图 3-65 “设置形状格式”对话框

3.5.3 编辑表格

表格的编辑操作同样遵守“先选定，后操作”的原则，选定表格的操作见表 3-3。

表 3-3 选定表格

选取范围	功能区操作（“表格工具—布局”选项卡“选择”中的命令）	鼠标操作
一个单元格	选择单元格	指向单元格内左下角处，光标呈右上角方向黑色实心箭头，单击
一行	选择行	指向该行左端边沿处（即选定区），单击
一列	选择列	指向该列顶端边沿处，光标呈向下黑色实心箭头，单击
整个表格	选择表格	单击表格左上角的符号⊞

表格的编辑包括：缩放表格，调整行高和列宽，增加或删除行、列和单元格，表格计算和排序，拆分和合并表格、单元格，表格复制和删除，表格跨页操作等。这主要通过“表格工具－布局”选项卡中的相应按钮（如图 3-66 所示）或右击弹出的快捷菜单中的相应命令来完成。

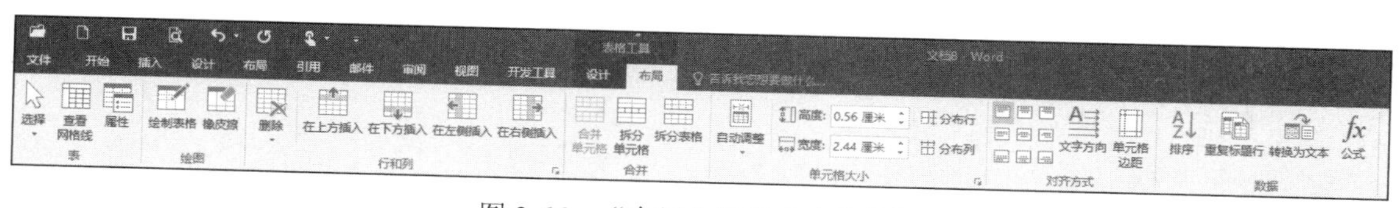

图 3-66　“布局”选项卡中的按钮

1. 缩放表格

当鼠标位于表格中时，在表格的右下角会出现符号 □，称为句柄。当鼠标位于句柄上，变成箭头↘时，拖动句柄可以缩放表格。

2. 调整行高和列宽

根据不同情况有 3 种调整方法：

（1）局部调整。可以采用拖动标尺或表格线的方法进行局部调整。

（2）精确调整。选定表格，在“布局”选项卡“单元格大小”组中的“高度”数值框和“宽度”数值框中设置具体的行高和列宽。也可以通过单击“表”组中的“属性”按钮或在右键快捷菜单中选择“表格属性”命令，打开“表格属性”对话框，在“行”或“列”选项卡中设置具体的行高和列宽，如图 3-67 所示。

（3）自动调整列宽和均匀分布。单击“布局”选项卡“单元格大小”组中的“自动调整”按钮，选择相应的调整方式，如图 3-68 所示，或在右键快捷菜单中选择“自动调整”中的相应命令。

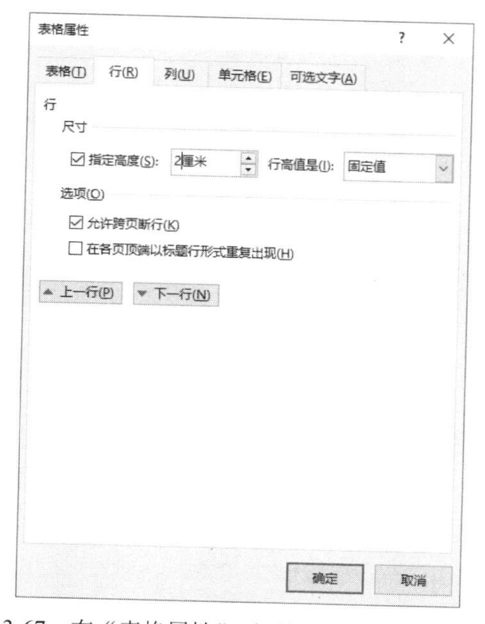

图 3-67　在“表格属性”对话框中设置行高或列宽

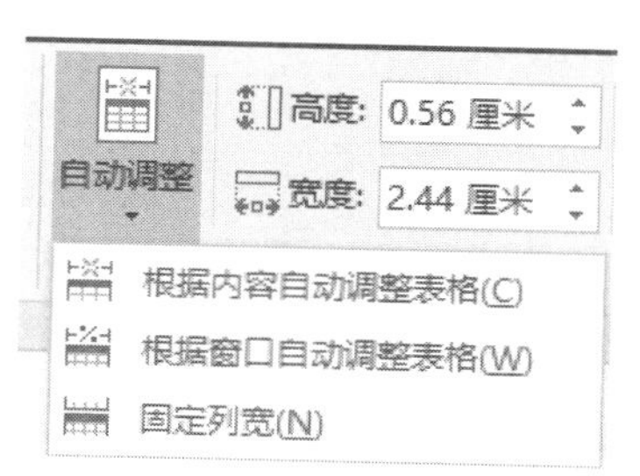

图 3-68　“自动调整”下拉列表中的相应命令

3. 增加或删除行、列和单元格

增加或删除行、列和单元格可利用“布局”选项卡“行和列”组中的相应按钮或在右键快捷菜单中的相应命令来完成。

如果选定的是多行或多列，那么增加或删除的也是多行或多列。

【例 3.14】将例 3.13 中表格的行高设置为 2 厘米，列宽为 3 厘米；在表格的底部添加一行并输入“平均分”，在表格的最右边添加一列并输入“总分”。

操作步骤如下：

- 选定整个表格。
- 单击“布局”选项卡“单元格大小”组中的“高度”数值框，调整至“2 厘米”或直接输入“2 厘米”，同样，在“宽度”数值框中设置“3 厘米”，按 Enter 键，然后适当调整斜线表头大小和位置。
- 选中最后一行，单击“布局”选项卡“行和列”组中的“在下方插入”按钮（或者将光标置于最后一个单元格按 Tab 键，或者将光标置于最后一行段落标记前按 Enter 键），然后在新插入行的第 1 个单元格中输入“平均分”。
- 选中最后一列，单击“布局”选项卡“行和列”组中的“在右侧插入”按钮，然后在新插入列的第 1 个单元格中输入“总分”。设置新增加的行和列单元格文字对齐方式为中部居中对齐。

4. 表格计算和排序

（1）表格计算。在 Word 2016 的表格中可以完成一些简单的计算，如求和、求平均值、统计等，这都能通过 Word 提供的函数快速实现。这些函数包括求和（SUM）、求平均值（AVERAGE）、求最大值（MAX）、求最小值（MIN）、条件统计（IF）等。但是，与 Excel 电子表格相比，Word 的表格计算自动化能力差，当不同单元格进行同种功能的统计时，必须重复编辑公式或调用函数，效率低；另外，当单元格的内容发生变化时，Word 2016 表格中的结果不能自动重新计算，必须选定结果，然后按功能键 F9，方可更新。

在 Word 2016 中，通过单击“布局”选项卡“数据”组中的“公式”按钮 *fx* 来使用函数或直接输入计算公式。在计算过程中，经常要用到表格的单元格地址，它用字母后面跟数字的方式来表示，其中字母表示单元格所在列号，每一列号依次用字母 A、B、C……表示，数字表示行号，每一行号依次用数字 1、2、3……表示，如 B3 表示第 2 列第 3 行的单元格。作为函数自变量的单元格的表示方法见表 3-4。

表 3-4 单元格表示方法

函数自变量	含义
LEFT	左边所有单元格
ABOVE	上边所有单元格
单元格 1:单元格 2	从单元格 1 到单元格 2 矩形区域内的所有单元格。例如，a1:b2 表示 a1、b1、a2、b2 共 4 个单元格中
单元格 1:单元格 2...	计算所有列出来的单元格 1、单元格 2……的数据

注意：其中的“:”和“,”必须是英文的标点符号，否则会导致计算错误。

（2）表格排序。除计算外，Word 2016 还可以根据数值、笔画、拼音、日期等方式对表格数据按升序或降序排列。表格排序的关键字最多有 3 个：主要关键字、次要关键字、第三关键字。如果按主要关键字排序时遇到相同的数据，则可以根据次要关键字排序，如果次要关键字又出现相同的数据，则可以根据第三关键字继续排序。

【例 3.15】计算例 3.14 的表格中每位学生的“总分”及每门课程的“平均分”（要求平均分保留 2 位小数），并对表格进行排序（不包括“平均分”行）：首先按总分降序排列，如果总分相同，再按计算机成绩降序排列。结果如图 3-69 所示。

科目 姓名	数学	英语	计算机	总分
李四	97	87	88	272
王五	84	73	95	252
张三	89	71	92	252
平均分	90.00	77.00	91.67	258.67

图 3-69　表格计算和排序结果

操作步骤如下：

- 计算总分。计算总分即求和，选择的函数是 SUM。单击用于存放第 1 位学生总分的单元格（注意不是用鼠标选中第 1 个学生的各门功课成绩），单击“布局”选项卡“数据”组中的“公式”按钮 *fx*，弹出“公式”对话框，如图 3-70 所示，此时，Word 自动给出的公式是正确的，直接单击“确定”按钮。继续单击用于存放第 2 位学生总分的单元格，单击“布局”选项卡“数据”组中的“公式”按钮 *fx*，弹出“公式”对话框，这时 Word 自动提供的公式=SUM(ABOVE)中参数是错误的，需要将 ABOVE 改成 LEFT，也可以将 ABOVE 改成 B3,C3,D3 或 B3:D3，或直接在“公式”文本框中输入=B3+C3+D3，公式中的符号必须是英文的，且不区分字母大小写。用同样的方法计算出第 3 位学生的总分（计算第 2、3 位同学总分也可直接按 F4 键，重复相同的计算公式）。

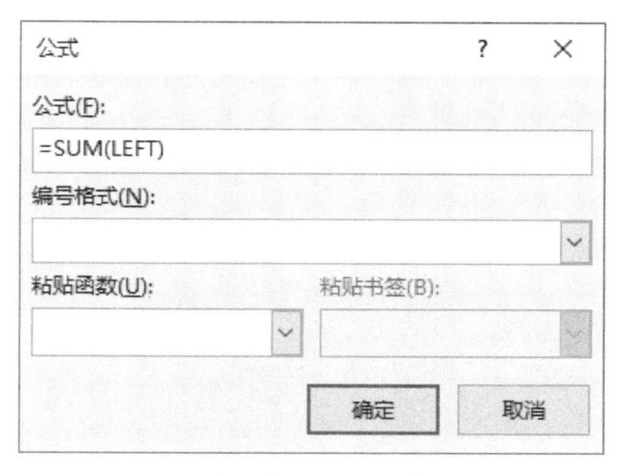

图 3-70　计算总分

- 计算平均分。计算平均分与总分类似，选择的函数是 AVERAGE。单击存放“数学”平均分的单元格，单击“布局”选项卡“数据”组中的“公式”按钮 f_x ，弹出“公式”对话框，在“公式”文本框中保留=，删除其他内容，然后单击“数字格式”下拉列表，在其中选择 0.00（小数点后有几个 0 就是保留几位小数），再单击“粘贴函数”下拉列表，在其中选择 AVERAGE，然后在“公式”文本框中的括号内单击，输入 ABOVE，如图 3-71 所示，也可以在括号内输入 B2,B3,B4 或 B2:B4，或者在公式框中输入=(B2+B3+B4)/3，最后单击“确定”按钮，第一个保留两位小数的平均分就算好了。用同样的方法计算出“英语”和“计算机”的平均分。
- 表格排序。选定表格前 4 行，单击“布局”选项卡“数据”组中的“排序”按钮，在“排序”对话框中选择“主要关键字”和“次要关键字”以及相应的排序方式，如图 3-72 所示，单击“确定”按钮。

图 3-71 计算平均分（结果保留两位小数）

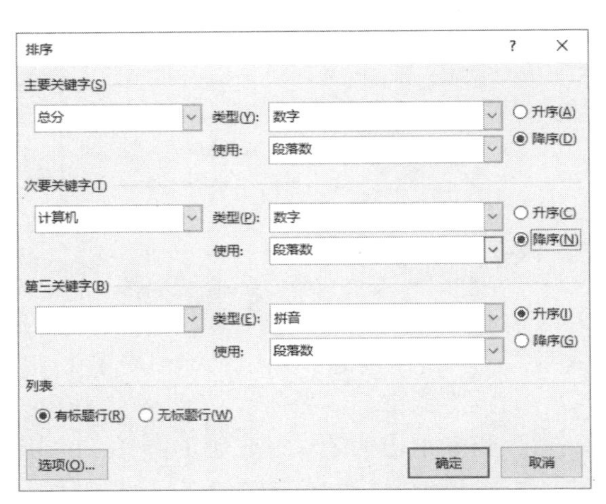

图 3-72 “排序”对话框设置

5. 拆分和合并表格、单元格

拆分表格是指将一个表格分为多个表格的情况。首先将光标移到表格将要拆分的位置，即拆分后第 2 个表格的第 1 行，然后单击“布局”选项卡“合并”组中的“拆分表格”按钮，此时在两个表格中产生一个空行。删除这个空行，两个表格又合并为一个表格。

拆分单元格是指将一个单元格分为多个单元格，合并单元格则恰恰相反。拆分和合并单元格可以利用“布局”选项卡“合并”组中的“拆分单元格”按钮和“合并单元格”按钮来进行。

【例 3.16】利用表格的“拆分与合并单元格”功能制作不规则表格，如图 3-73 所示。操作步骤如下：

- 首先建立一个规则表格。单击“插入”选项卡“表格”组中“表格”按钮，在下拉列表中选择“插入表格”命令，在弹出的“插入表格”对话框中设置“列数”为 3，“行数”为 3，然后单击“确定”按钮。缩放表格至合适大小。
- 单击第 1 行第 3 个单元格，单击“布局”选项卡“合并”组中的“拆分单元格”按钮，在“拆分单元格”对话框中设置“列数”为 1，“行数”为 2，如图 3-74 所示，单击“确定”按钮。

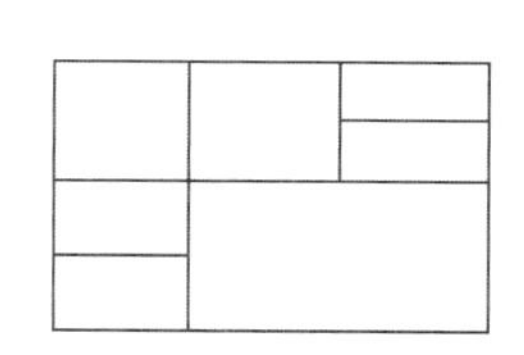

图 3-73　不规则表格

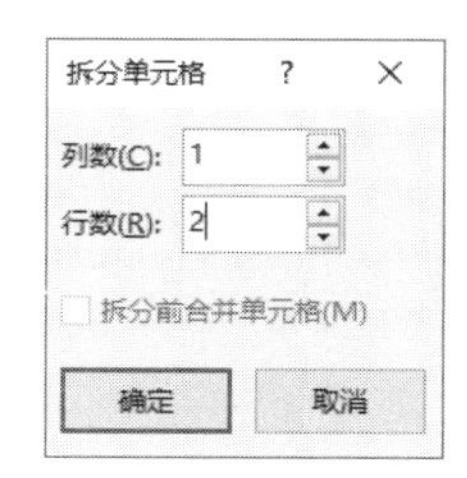

图 3-74　“拆分单元格”对话框

- 选定第 2 行、第 3 行的第 2 列和第 3 列单元格，单击“布局”选项卡“合并”组中的“合并单元格”按钮。

6. 表格复制和删除

表格复制可通过“开始”选项卡“复制”按钮（或按组合键 Ctrl+C），或选定表格后右击，利用快捷菜单中的“复制”命令完成。

表格删除可单击“布局”选项卡“行和列”组中“删除”按钮，在下拉列表中选择“删除表格”命令；或选定表格后右击，利用快捷菜单中的“删除表格”命令完成。

注意：选定表格按 Delete 键，只能删除表格中的数据，不能删除表格。

7. 表格跨页操作

若表格很长，或表格正好处于两页的分界处，表格会被分割成两部分，即出现跨页的情况。Word 提供了两种处理跨页表格的方法：

1）一种是跨页分断表格，使下页中的表格仍然保留上页表格中的标题（适于较大表格）。

2）另一种是禁止表格分页（适于较小表格），让表格处于同一页上。

表格跨页操作可以单击“布局”选项卡“表”组中“属性”按钮，打开“表格属性”对话框，在“行”选项卡中进行设置，如图 3-75 所示。其中，还可以单击“布局”选项卡“数据”组中的“重复标题行”按钮来实现跨页分断表格。

图 3-75　设置表格允许跨页断行

8. 表格转换成文本

在Word 2016文档中，可以将Word表格中指定单元格或整张表格转换为文本内容（前提是Word表格中含有文本内容），操作方法如下所述：

打开Word 2016文档窗口，选中需要转换为文本的单元格。如果需要将整张表格转换为文本，则只需单击表格任意单元格。单击“布局”选项卡，然后单击“数据”组中的“转换为文本”按钮，在打开的“表格转换成文本”对话框中选中“段落标记”“制表符”“逗号”或“其他字符”单选按钮。选择任何一种标记符号都可以转换成文本，只是转换生成的排版方式或添加的标记符号有所不同。最常用的是“段落标记”和“制表符”两个选项。选中“转换嵌套表格”可以将嵌套表格中的内容同时转换为文本。设置完毕单击“确定”按钮即可，如图3-76所示。

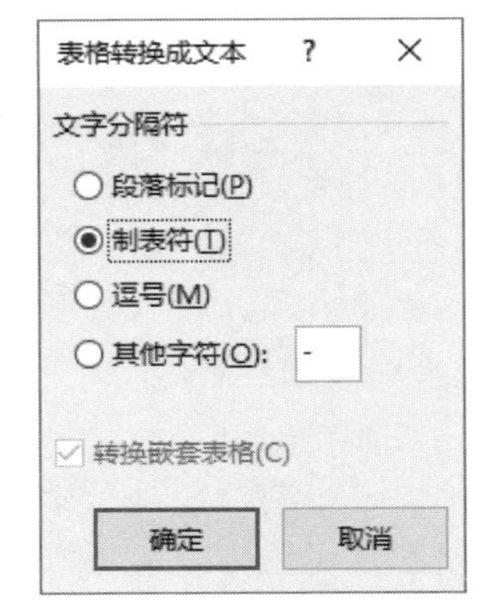

图3-76　“表格转换成文本”对话框

3.5.4　表格格式化

1. 自动套用表格格式

Word 2016为用户提供了100多种表格样式，这些样式包括表格边框、底纹、字体、颜色的设置等，使用它们可以快速格式化表格。这可通过单击“设计”选项卡“表格样式”组中的相应按钮来实现。

【例3.17】为例3.15中的表格自动套用表格样式“网格表6-彩色”，效果如图3-77所示。

科目 / 姓名	数学	英语	计算机	总分
李四	97	87	88	272
王五	84	73	95	252
张三	89	71	92	252
平均分	90.00	77.00	91.67	258.67

图3-77　表格格式“网格表6-彩色”的效果

操作步骤如下：

- 选定表格。
- 单击“设计”选项卡“表格样式”组中的“其他”下拉按钮，在弹出的表格样式列表中选择“网格表6-彩色”，如图3-78所示。

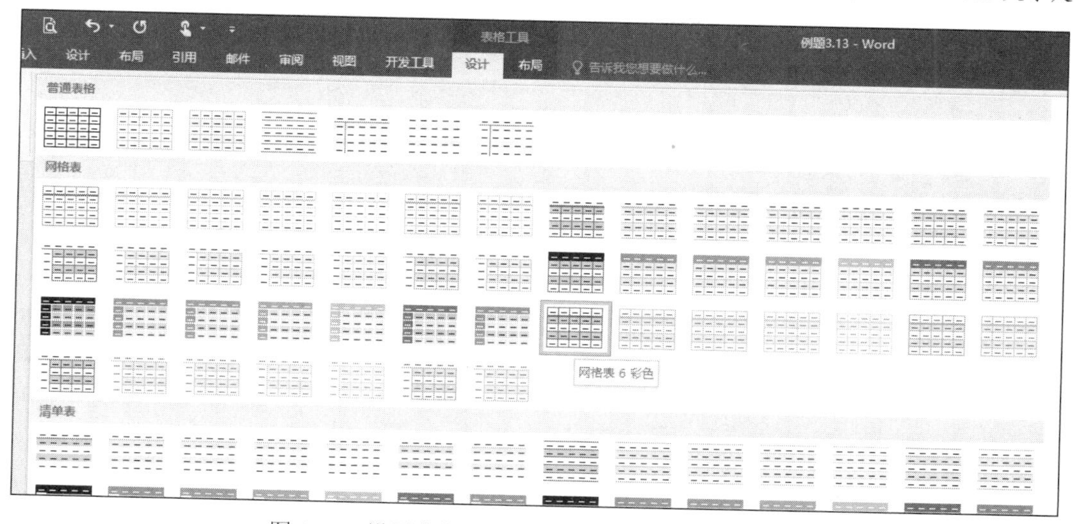

图 3-78　设置表格自动套用格式“网格表 6-彩色”

2. 边框与底纹

自定义表格外观，最常见的是为表格添加边框和底纹，使用边框和底纹可以使每个单元格或每行/每列呈现出不同的风格，使表格更加清晰明了。设置边框和底纹通过单击“设计”选项卡“边框”组右下角的对话框启动器，在弹出的“边框和底纹”对话框来进行操作，其设置方法与段落的边框和底纹设置类似，只是在“应用于”下拉列表中选择“表格”。

【例 3.18】为例 3.15 中的表格设置边框和底纹：表格内框为 1 磅实单线，外框为 1.5 磅实单线；为“平均分”这一行文字添加红色底纹。效果如图 3-79 所示。

科目 姓名	数学	英语	计算机	总分
李四	97	87	88	272
王五	84	73	95	252
张三	89	71	92	252
平均分	90.00	77.00	91.67	258.67

图 3-79　表格加边框和底纹的效果

操作步骤如下：

- 选定“平均分”这一行，单击“设计”选项卡“边框”组右下角的“边框和底纹”三角按钮，弹出“边框和底纹”对话框，单击“底纹”选项卡，在“填充”栏“标准色”区中选择“红色”，“应用于”下拉列表中选择“文字”，然后单击“确定”按钮。
- 选定表格，单击“设计”选项卡“边框”组右下角的对话框启动器，弹出“边框和底纹”对话框，单击“边框”选项卡，在“样式”列表框中选择单实线，“宽度”下拉列表中选择“1.5 磅”，在“预览”区中单击示意图的 4 条外边框；再在“宽度”中选择“1.0 磅”，在“预览”区中单击示意图的中心点，生成十字形的两个内框，如图 3-80 所示。设置边框时除单击示意图外，也可以使用其周边的按钮。

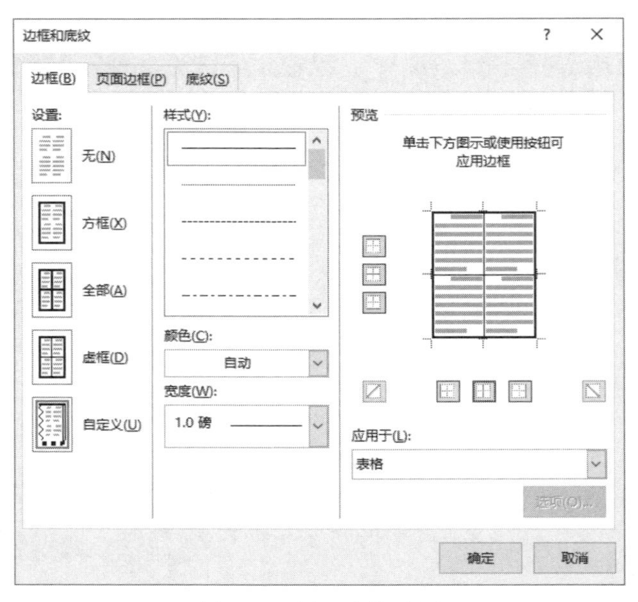

图 3-80 设置表格边框

3. 加大表格中单元格间距

要使表格产生立体效果，加大表格中单元格间距是一种有效的方法。例如，选择例 3.18 中的表格，单击“布局”选项卡“表”组中“属性”按钮，打开“表格属性”对话框，单击“表格”选项卡中的“选项”按钮，在打开的“表格选项”对话框（图 3-81）中选中“允许调整单元格间距”复选框，并在旁边的数值框中设置合适的数值，单击“确定”按钮，其效果如图 3-82 所示。

图 3-81 加大表格中单元格间距设置

科目 姓名	数学	英语	计算机	总分
李四	97	87	88	272
王五	84	73	95	252
张三	89	71	92	252
平均分	90.00	77.00	91.67	256.67

图 3-82 加大表格中单元格间距效果

4. 设置表格与文字的环绕

表格和文字的排版有“环绕”和“无”两种方式，可通过在“表格属性”对话框中“表格”选项卡的“文字环绕”栏中进行设置，如图 3-83 所示。

图 3-83　设置表格与文字的环绕

3.6　文档插入操作

现代字处理系统不仅仅局限于对文字进行处理，而且还能插入各种各样的媒体对象，这不仅节省了文字的描述量，而且文章的可读性、艺术性和感染力也大大增强。Word 2016 可以插入的对象包括：各种类型的图片、图形（如自选图形、SmartArt 图形、文本框、艺术字等）、公式和图表等，如图 3-84 所示。

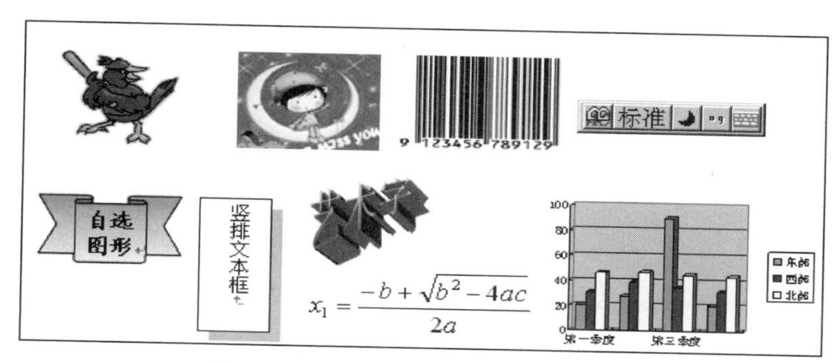

图 3-84　Word 2016 中可以插入的对象

要在文档中插入这些对象，通常单击“插入”选项卡相应组中的按钮来完成，如图 3-85 所示。

图 3-85 “插入”选项卡的部分按钮

如果要对插入的对象进行编辑和格式化操作，可以利用各自的右键快捷菜单及对应的选项卡来完成。图片对应的是“图片工具”选项卡；图形对象对应的分别是“绘图工具”“SmartArt 工具”“公式工具”“图表工具”等选项卡。选定对象后，所对应的选项卡就会出现。

3.6.1 图片的插入

通常情况下，文档中所插入的图片主要来源于 4 个方面：

（1）从图片剪辑库中插入剪贴画或图片。

（2）通过扫描仪获取出版物上的图像或一些个人照片。

（3）来自于数码相机。

（4）从网络上下载所需图片。上网搜索到所需图片后，右击图片，在打开的快捷菜单中选择“图片另存为”，将图片保存到计算机硬盘上。

图片文件具体分为三大类：

（1）剪贴画。文件后缀名为.wmf（Windows 图元文件）或.emf（增强型图元文件）。

（2）其他图片文件，如.bmp（Windows 位图）、.jpg（静止图像压缩标准格式）、.gif（图形交换格式）、.png（可移植网络图形）和.tiff（标志图像文件格式）等。

（3）截取的屏幕图像或界面图标等。

1. 插入图片

要在文档中插入图片，可以通过单击“插入”选项卡“插图”组中的相应按钮进行操作。

【例 3.19】 打开文档“你从鸟声中醒来.docx”，插入一幅联机图片、一张图片、Windows 桌面图像（截取的屏幕图像）以及“搜狗五笔”输入法状态栏图标（截取的界面图标）。

操作步骤如下：

（1）插入联机图片。

- 将光标移到文档中需要放置图片的位置，单击“插入”选项卡“插图”组中的“联机图片”按钮，弹出“插入图片”对话框，如图 3-86 所示。

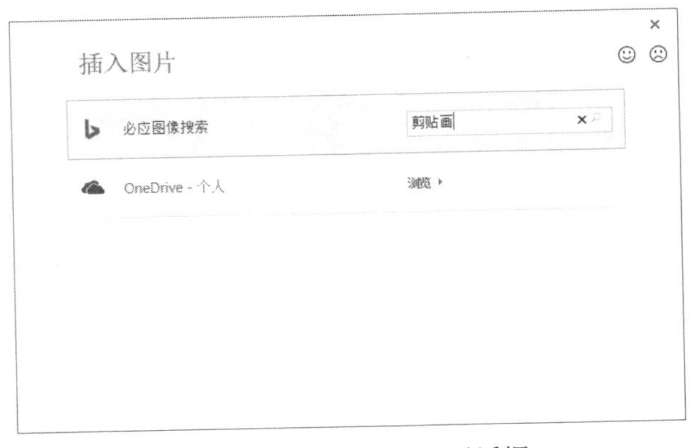

图 3-86 “插入图片”对话框

- 在“搜索”框中输入图片的关键字（如“剪贴画”），单击“搜索”按钮，任务窗格将列出搜索结果，如图 3-87 所示。

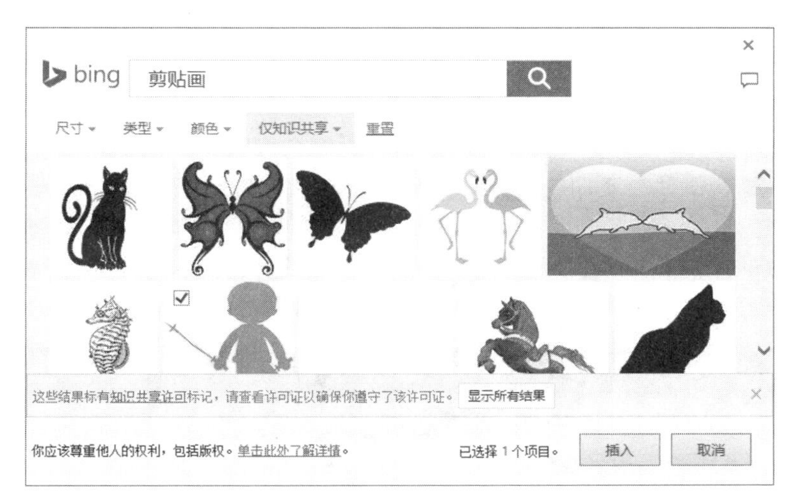

图 3-87　搜索图片结果

- 选择合适的图片，单击“插入”按钮，将剪贴画插入到指定位置。

（2）插入图片文件。

将光标移到文档中需要放置图片的位置，单击“插入”选项卡“插图”组中的“图片”按钮，打开“插入图片”对话框，选择图片所在的位置和图片名称，单击“插入”按钮，将图片文件插入到文档中。

（3）插入桌面图像（截取的屏幕图像）。

- 显示 Windows 桌面，按 PrintScreen 键，将图像复制到剪贴板中。
- 将光标放在文档的合适位置，右击，从弹出的快捷菜单中选择“粘贴”命令（或单击“开始”选项卡“剪贴板”组中的“粘贴”按钮，或按组合键 Ctrl+V）。

如果截取的图像是活动窗口，操作与此类似，不同的是需要按 Alt+Print Screen 组合键。也可以利用 Word 2016 的“屏幕截图”功能（单击“插入”选项卡“插图”组的“屏幕截图”按钮，在弹出的下拉列表中可以看到当前打开的程序窗口，单击需要截取画面的程序窗口即可）。

（4）插入图标。

- 显示“搜狗五笔”输入法状态栏，将其移到屏幕上空白区域（方便截取），然后按 Print Screen 键，将全屏图像复制到剪贴板中。
- 执行“开始”→“Windows 附件”→“画图”命令打开“画图”程序，单击“剪贴板”组中“粘贴”按钮，将全屏图像放入画图程序。
- 单击画图工具箱中的“选择”按钮⬚，画框选中“搜狗五笔”输入法状态栏，然后单击“剪贴板”组中“剪切”按钮，再将光标定位于文档中需要插入图标的地方，单击“粘贴”按钮，就可以将其插入到文档中。

2. 图片的编辑和格式化

插入文档中的图片，除复制、移动和删除等常规操作外，还可以进行以下操作：进行尺寸比例的调整、裁剪及旋转等编辑处理；调整图片的颜色，如增加/降低对比度、增加/降低亮度、颜色设置等；删除图片背景使文字内容和图片互相映衬；设置图片的艺术效果（包括标记、铅笔灰度、铅笔素描、线条图、粉笔素描、画图笔画、画图刷、发光散射、虚化、浅色屏幕、水彩海绵、胶片颗粒等 22 种效果）；设置图片样式（样式是多种格式的综合，包括为图片添加边框、效果等）；可以设置图片排列方式（即文字对图片的环绕），如“嵌入型”（将图片当作文字对象处理），其他非“嵌入型”如“四周型环绕”“紧密型环绕”等（将图片当作区别于文字的外部对象处理）；如果是多张图片，可以进行组合与取消组合的操作，多张图片叠放在一起时，还可以通过调整叠放次序得到最佳效果（注意此时图片的文字环绕方式不能是“嵌入型”）。

以上操作主要通过“图片工具－格式”选项卡和右键快捷菜单中的对应命令来实现。“图片工具－格式”选项卡如图 3-88 所示。

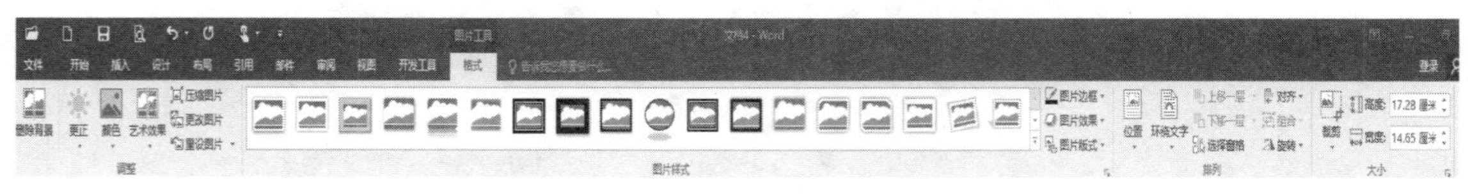

图 3-88　“图片工具－格式”选项卡

图片刚插入文档时往往很大，这就需要调整图片的尺寸大小，最常用的方法是：单击图片，此时图片四周出现 8 个空心小圆，称为尺寸句柄，拖拽它们可以进行图片缩放。如果需要准确地修改图片尺寸，可以右击图片，在快捷菜单中选择“大小和位置”命令，打开“布局”对话框，通过“大小”选项卡完成，如图 3-89 所示。

图 3-89　在“布局”对话框设置图片大小

文档中插入图片后，常常会把周围的正文“挤开”，形成文字对图片的环绕。文字对图片的环绕方式主要分为两类：一类是将图片视为文字对象，与文档中的文字一样占有实际位置，它在文档中与上、下、左、右文本的位置始终保持不变，如“嵌入型”，这是系统默认的文字环绕方式；另一类是将图片视为区别于文字的外部对象处理，如“四周型环绕”“紧密型环绕”

"衬于文字下方""浮于文字上方""上下型环绕"和"穿越型环绕"，其中前 4 种更为常用。四周型环绕是指文字沿图片四周呈矩形环绕；紧密型的文字环绕形状随图片形状不同而不同（如图片是圆形，则环绕形状是圆形）；衬于文字下方是指图形位于文字下方；浮于文字上方是指图形位于文字上方。这 4 种文字环绕的效果如图 3-90 所示。

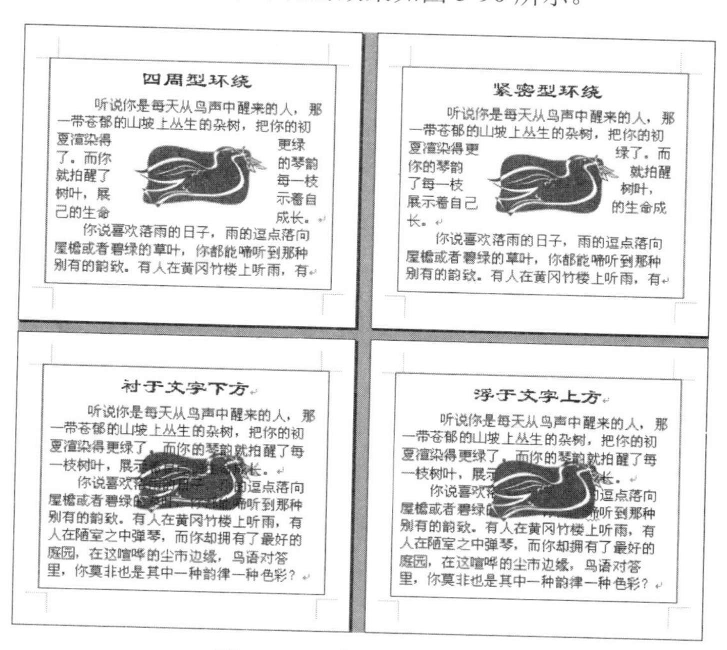

图 3-90　4 种文字环绕效果

设置文字环绕方式有两种方法：一种方法是单击"图片工具—格式"选项卡"排列"组中的"环绕文字"按钮，在下拉列表中选择需要的环绕方式，如图 3-91 所示；另一种方法是右击图片，在快捷菜单中选择"环绕文字"命令，在下一级的级联菜单中选择相应的环绕方式，如图 3-92 所示。

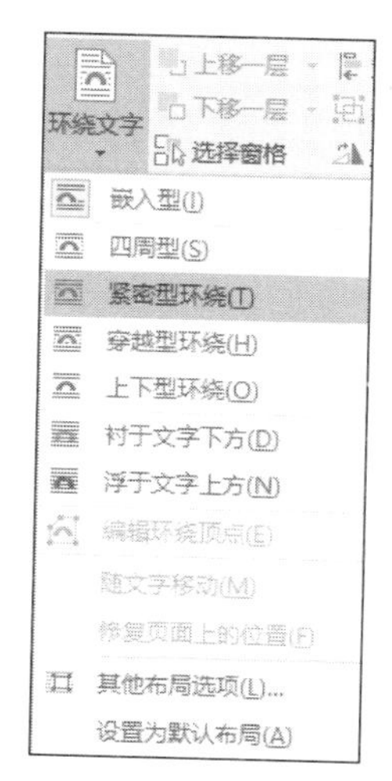

图 3-91　"环绕文字"下拉列表

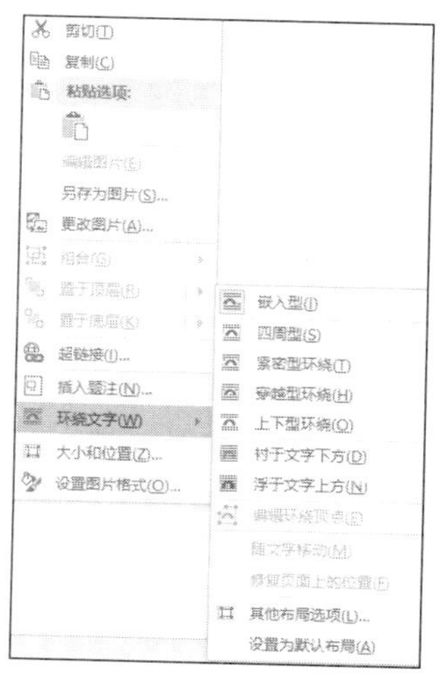

图 3-92　右键快捷菜单"环绕文字"命令

在“非嵌入型”文字环绕方式中，“衬于文字下方”比“浮于文字上方”更为常用，但图片衬于文字下方后，不方便选取，这时可以利用“绘图”工具栏中的“选择对象”按钮来解决问题。

同时，图片衬于文字下方后会使字迹不清晰，可以利用图片着色效果使图片颜色淡化，它是通过单击“图片工具－格式”选项卡“调整”组中“颜色”按钮，选择下拉列表“重新着色”区中的“冲蚀”效果来实现的，如图 3-93 所示。效果如图 3-94 所示。

颜色
艺术效果
压缩图片
更改图片
重设图片
颜色饱和度
色调
重新着色
其他变体(M)
设置透明色(S)
图片颜色选项(C)...

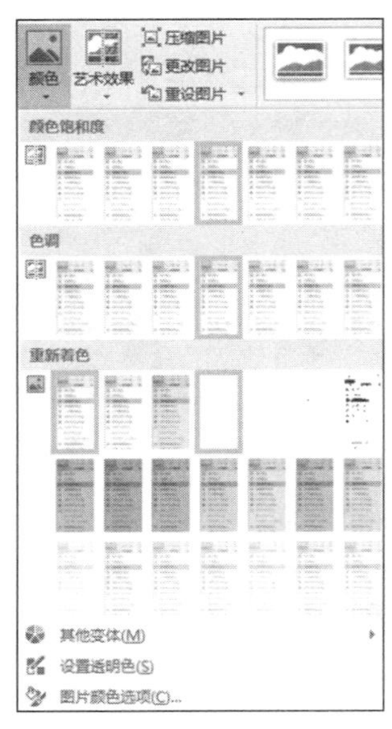

图 3-93　设置图片“冲蚀”效果

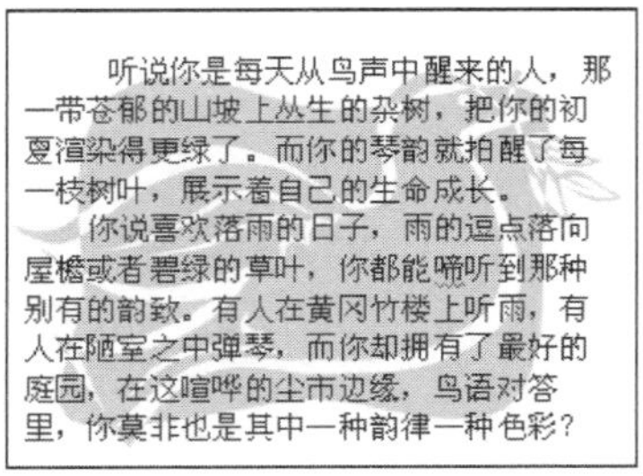

听说你是每天从鸟声中醒来的人，那
一带苍郁的山坡上丛生的杂树，把你的初
夏渲染得更绿了。而你的琴韵就拍醒了每
一枝树叶，展示着自己的生命成长。
你说喜欢落雨的日子，雨的逗点落向
屋檐或者碧绿的草叶，你都能谛听到那种
别有的韵致。有人在黄冈竹楼上听雨，有
人在陋室之中弹琴，而你却拥有了最好的
庭园，在这喧哗的尘市边缘，鸟语对答
里，你莫非也是其中一种韵律一种色彩？

图 3-94　图片“冲蚀”效果

有时，可能需要将图片和文字变成一个整体来处理（如书籍中的图片和图示说明），解决方法如下：首先按默认环绕方式“嵌入型”插入图片，然后选中图片和文字，将其插入到文本框中（单击“插入”选项卡“文本”组中的“文本框”按钮）即可。

【例 3.20】对例 3.19 中插入的联机图片适当调整大小和位置，设置文字环绕方式为“紧密型环绕”；将插入的图片设置为“冲蚀”效果，衬于文字下方。

操作步骤如下：

- 单击联机图片，图形四周出现尺寸句柄，将鼠标指针移动到这些尺寸句柄上，当鼠标指针变为双向箭头时拖动。将联机图片调整至合适大小后，再移动到适当位置。
- 单击“图片工具－格式”选项卡“排列”组中的“文字环绕”按钮，在下拉列表中选择环绕方式为“紧密型环绕”；或者右击图片，在快捷菜单中选择“文字环绕”命令，在下一级级联菜单中选择“紧密型环绕”。
- 选中插入的图片，单击“图片工具－格式”选项卡“排列”组中的“文字环绕”按钮，在下拉列表中选择环绕方式为“衬于文字下方”，再单击“图片工具－格式”选项卡“调整”组中“颜色”按钮，选择下拉列表“重新着色”区中的“冲蚀”效果，然后适当调整大小。

3.6.2　图形对象的插入

图形对象包括形状、SmartArt 图形、艺术字等。

1. 插入形状

Word 2016 中的形状包括线条、矩形、基本形状、箭头总汇、公式形状、流程图、星与旗帜和标注 8 种类型，每种类型又包含若干图形样式。插入的形状还可以添加文字，设置阴影、发光和三维旋转等特殊效果。

插入形状是通过单击“插入”选项卡“插图”组中的“形状”按钮来实现的。在形状库中单击需要的图标，然后将鼠标在文本区拖动从而形成所需要的图形。对图形进行编辑和格式化时，先选中图形，然后在“格式”选项卡（如图 3-95 所示）或右键快捷菜单中操作。

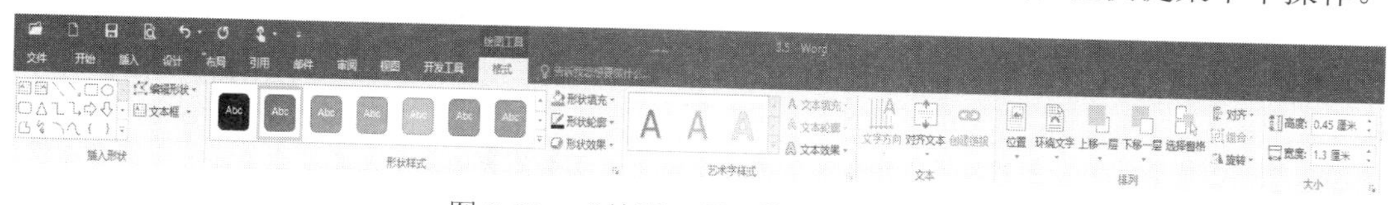

图 3-95　“绘图工具－格式”选项卡

绘制的图形最常用的编辑和格式化操作包括缩放和旋转、添加文字、组合与取消组合、设置叠放次序、设置图形格式等。

（1）缩放和旋转。单击图形，在图形四周会出现 8 个白色圆点和一个旋转箭头，拖动白色圆点可以进行图形缩放，拖动旋转箭头可以进行图形旋转。

（2）添加文字。在需要添加文字的图形上右击，在快捷菜单中选择“添加文字”命令，这时光标出现在选定的图形中，输入需要添加的文字内容即可。这些输入的文字会变成图形的一部分，当移动图形时，图形中的文字也跟随移动。

（3）组合与取消组合。画出的多个图形有时需要构成一个整体，以便同时编辑和移动，可以先按住 Shift 键再分别单击其他图形，然后移动鼠标至指针呈十字形箭头状（✥）时右击，选择快捷菜单中的“组合”→“组合”命令。若要取消组合，右击图形，在快捷菜单中选择“组合”→“取消组合”命令。

（4）设置叠放次序。当在文档中绘制多个重叠的图形时，每个重叠的图形有叠放的次序，这个次序与绘制的顺序相同，最先绘制的在最下面，可以利用右键快捷菜单中的“置于顶层”或“置于底层”命令改变图形的叠放次序。

（5）设置形状格式。右击图形，在快捷菜单中选择“设置形状格式”命令，打开“设置形状格式”对话框（如图 3-96 所示），在上方的类别中包含“填充与线条”“效果”“布局属性”等，在其中可以设置图形的填充颜色、线条类型和大小、形状效果等。

图 3-96　“设置形状格式”对话框

【例 3.21】绘制一个如图 3-97 中所示的图形，要求：流程图各个部分组合为一个整体；“太阳、月亮和星星”图中先绘制太阳，在太阳上面再画月亮，覆盖住太阳一部分，接着使用

“叠放次序”命令使太阳全部可见，并设置其填充颜色为“顶部聚光灯-个性色 3”，将月亮旋转 180 度，使之与太阳相对，最后在月亮旁边画 2 颗十字星点缀，月亮和星星填充颜色均为浅黄色。

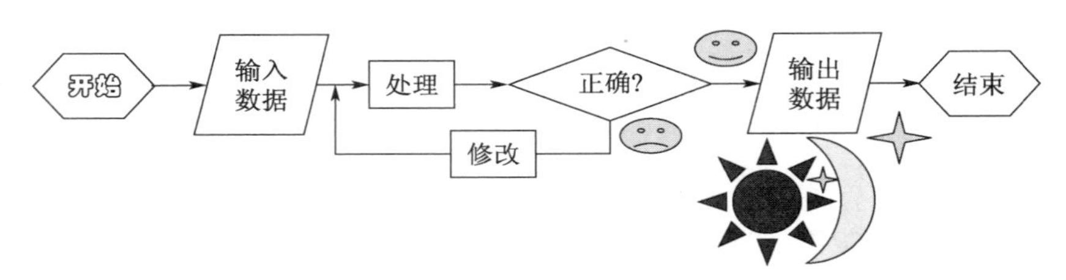

图 3-97　绘制图形

操作步骤如下：

（1）绘制流程图。

- 新建一个空白文档，单击“插入”选项卡“插图”组中的“形状”按钮，在下拉列表“流程图”区中选择相应的图形，如图 3-98 所示，在文档中合适位置单击拖动鼠标，绘制图形，并适当调整大小。右击图形，在快捷菜单中选择“添加文字”命令，在图形中输入文字“开始”，并设置字体为“华文彩云”。

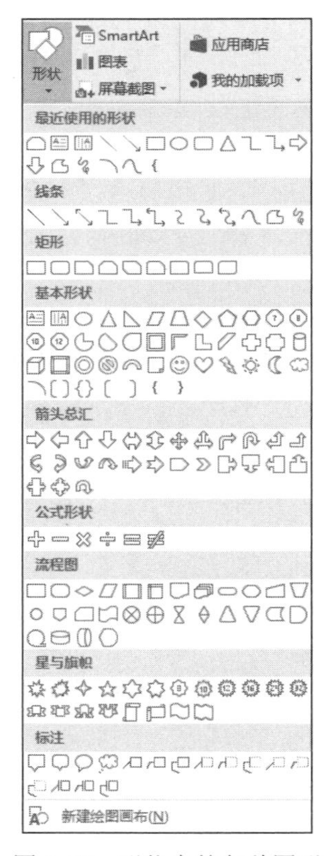

图 3-98　形状中的各种图形

- 单击“插入”选项卡“插图”组中的“形状”按钮，在下拉列表中“线条”区选择“箭头”，画出向右的箭头。

- 重复前两步，继续绘制其他图形直至完成。其中从“正确”菱形框到“修改”矩形框中间的两条直线是通过选择“直线”来绘制的；笑脸来自于“基本形状”区；而哭脸的绘制过程是先画好笑脸，然后单击它，此时，在其嘴部线条处会出现一个黄色小圆，用鼠标拖动该小圆调整形状，即改为哭脸。
- 按 Shift 键，依次单击所有图形，全部选中后，在图形中间右击，在弹出的菜单中选择“组合”→“组合”命令，将多个图形组合在一起。

（2）绘制基本形状。

- 单击“插入”选项卡“插图”组中的“形状”按钮，选择“基本形状”区中的太阳，画到文档中合适的地方；再单击“插入”选项卡“插图”组中的“形状”按钮，选择“基本形状”区中的月亮，重叠画在太阳上，覆盖住太阳的一部分。
- 右击“太阳”，在快捷菜单中选择“置于顶层”→“上移一层”命令，使太阳全部可见。
- 右击“太阳”，在快捷菜单中选择“设置形状格式”命令，在弹出的“设置形状格式”对话框中单击上方的“填充与线条”类别，然后单击下方的“填充”选择“渐变填充”，并在“预设渐变”下拉列表中选择“顶部聚光灯-个性色 3”，如图 3-99 所示，单击“关闭”按钮。（也可以单击“格式”选项卡“形状样式”组中的“形状填充”按钮，在下拉列表中选择“渐变”→“其他渐变”命令，如图 3-100 所示，在弹出的“设置形状格式”对话框中进行相应设置）。

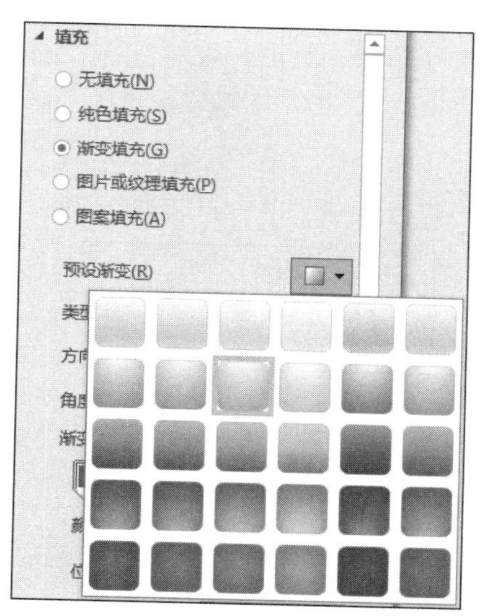

图 3-99　“设置形状格式”对话框

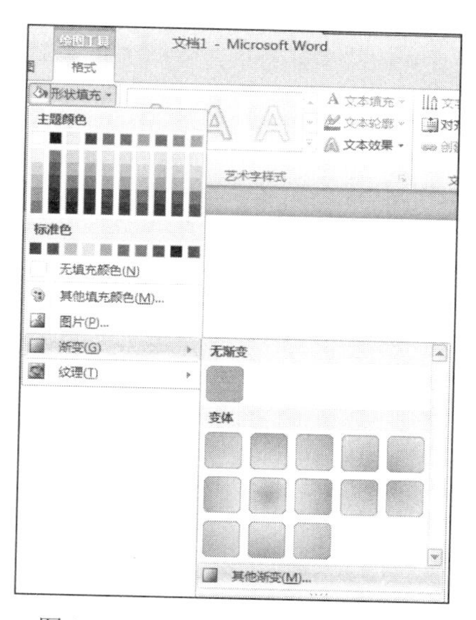

图 3-100　“形状填充”下拉列表

- 单击图形“月亮”，月亮周围会出现一个绿色的小圆点，移到鼠标指针到绿色圆点处，拖动它旋转 180 度，使之面向太阳。
- 在“形状”下拉列表中选择“星与旗帜”区中的“十字星”图形（✧），画到月亮周围，并复制一个，适当调整大小后移动到合适的地方。将月亮和两颗星同时选中，右击，在弹出的快捷菜单中选择“设置形状格式”，然后在右侧的对话框中选择“纯色填充”，并在“填充颜色”下拉列表中选择“浅黄”，单击“关闭”按钮，完成操作。

2. 插入 SmartArt 图形

SmartArt 图形是 Word 中预设的形状、文字以及样式的集合，包括列表、流程、循环、层次结构、关系、矩阵、棱锥图和图片 8 种类型，每种类型下有多个图形样式，用户可以根据文档的内容选择需要的样式，然后对图形的内容和效果进行编辑。

插入 SmartArt 图形是通过单击“插入”选项卡“插图”组中的 SmartArt 按钮来实现的。在弹出的“选择 SmartArt 图形”对话框（如图 3-101 所示）的左侧框单击相应的类别，然后在中间框中选择其中的类型，最后单击“确定”按钮即可形成所需要的图形。对图形进行编辑和格式化时，先选中图形，然后在“格式”选项卡或右键快捷菜单中操作。

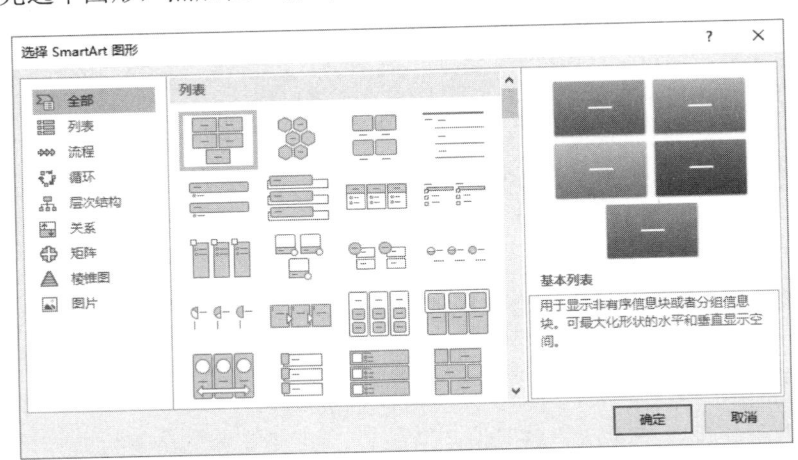

图 3-101　“选择 SmartArt 图形”对话框

【例 3.22】绘制一个如图 3-102 所示的组织结构图。

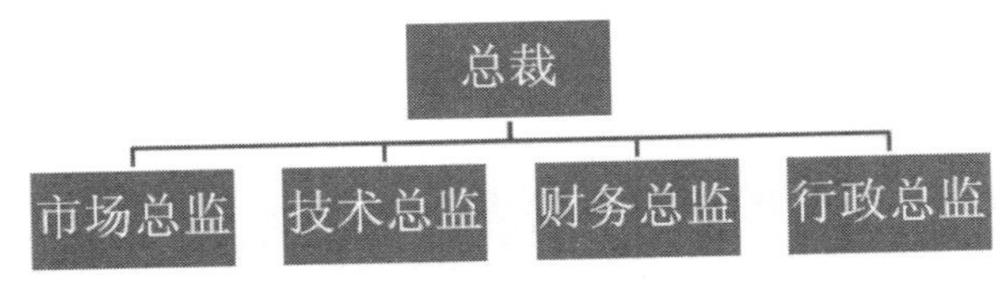

图 3-102　绘制组织结构图

操作步骤如下：

- 单击“插入”选项卡“插图”组中的 SmartArt 按钮，在弹出“选择 SmartArt 图形”对话框的左侧框单击“层次结构”类别，在中间的列表框中选择“组织结构图”，如图 3-103 所示，单击“确定”按钮。
- 单击最上层文本框，输入“总裁”；单击第 2 层的文本框，按 Delete 键删除；在最下层的 3 个框中依次输入“市场总监”“技术总监”和“财务总监”。单击“财务总监”文本框，再单击“设计”选项卡“创建图形”组中“添加形状”按钮右边的下拉按钮，在下拉列表中选择“在后面添加形状”，如图 3-104 所示，则在右边插入一个新文本框，输入“行政总监”。利用“添加形状”下拉列表还可以添加下属和助手图框，而“布局”下拉列表可以用来改变结构图的版式，包括标准、两者、左悬挂、右悬挂等。
- 单击文档中其他任意位置，组织结构图完成。

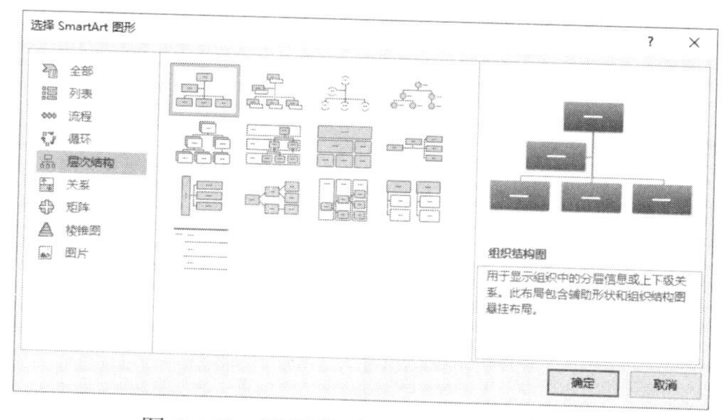

图 3-103　选择类型为“组织结构图”

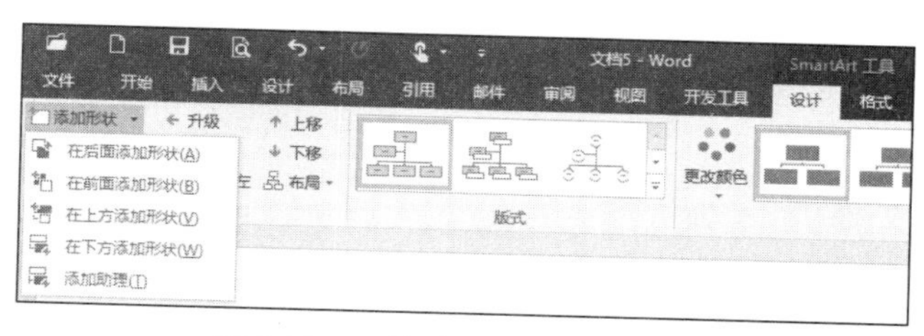

图 3-104　“添加形状”下拉列表

3. 插入文本框

文本框是一个方框形式的图形对象，框内可以放置文字、表格、图标及图形等对象，使用它可以方便地将文字放置到文档中的任意位置。

在文档中插入文本框可通过单击“插入”选项卡“文本”组中“文本框”按钮，在下拉列表中选择合适的文本框类型（如图 3-105 所示），返回文档窗口，所插入的文本框处于编辑状态，直接输入用户的文本内容即可。也可以通过选择下拉列表中的“绘制文本框”或“绘制竖排文本框”命令来实现。

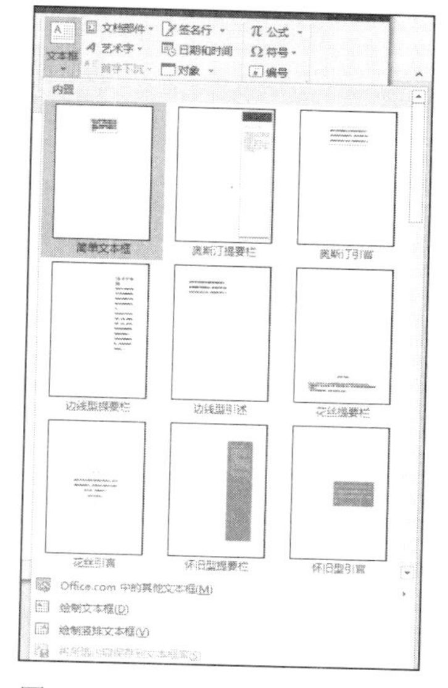

图 3-105　“文本框”下拉列表

在文本框中输入文字，若文本框中部分文字不可见时，应调整文本框的大小来解决。

文本框中的文字可以像正文中的文字一样排版；文本框的线型、填充色、环绕方式等格式可以通过右击文本框，在快捷菜单中选择“设置形状格式”和“其他布局选项”命令来操作。

【例 3.23】 制作几种不同风格的文本框，包括无边框文本框、加阴影的竖排文本框和立体文本框等，如图 3-106 所示。

操作步骤如下：

- 无边框文本框。单击“插入”选项卡“文本”组中“文本框”按钮，在下拉列表中选择“绘制文本框”，在文档中合适位置画上文本框，然后输入文字“无边框文本框”，必要时调整文本框大小；右击文本框，在快捷菜单中选择“设置形状格式”命令，打开“设置形状格式”对话框，单击“填充和线条”中的“线条”，选择“无线条”，如图 3-107 所示，单击“关闭”按钮。

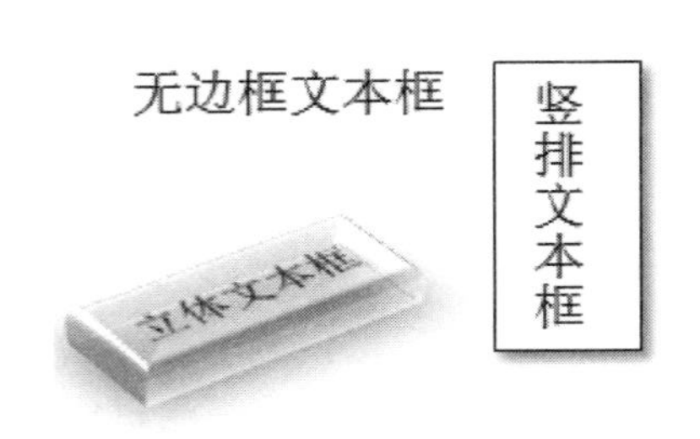

图 3-106 几种不同风格的文本框

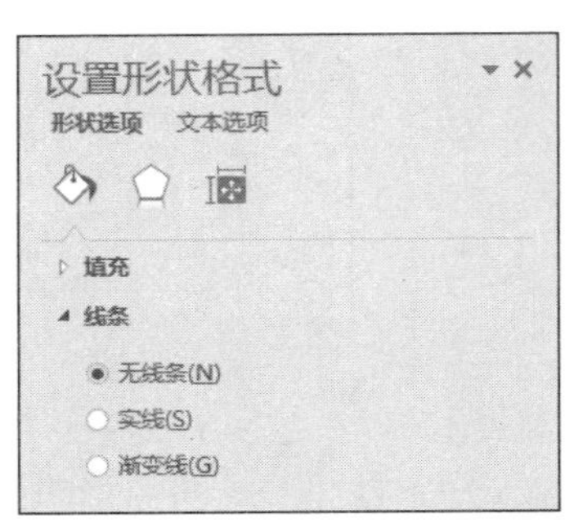

图 3-107 设置文本框边框无色

- 加阴影的竖排文本框。单击“插入”选项卡“文本”组中“文本框”按钮，在下拉列表中选择“绘制竖排文本框”，在文档中合适位置画上文本框，然后输入文字“竖排文本框”；单击“格式”选项卡“形状样式”组中的“形状效果”按钮，在弹出的下拉列表中选择“阴影”，在下一级菜单中选择“外部”区中第一个样式，如图 3-108 所示。

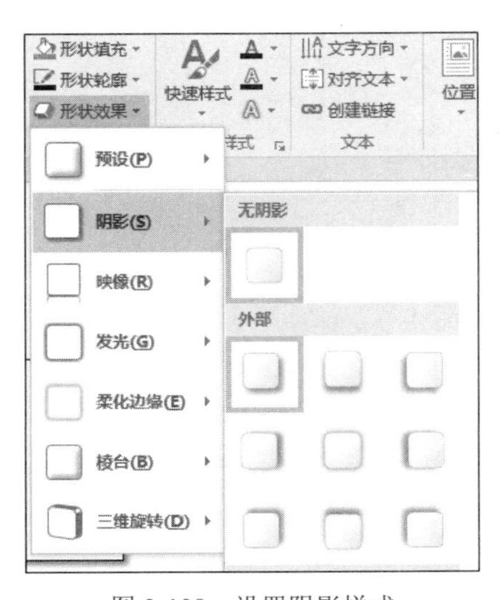

图 3-108 设置阴影样式

- 立体文本框。单击“插入”选项卡“文本”组中“文本框”按钮，在下拉列表中选择“绘制文本框”，在文档中合适位置画文本框，然后输入文字“立体文本框”；单击“格式”选项卡“形状样式”组中的“形状效果”按钮，在弹出的下拉列表中选择“预设”，在下一级菜单中选择“预设”区中“预设 10”样式（第 3 行第 2 列），如图 3-109 所示。

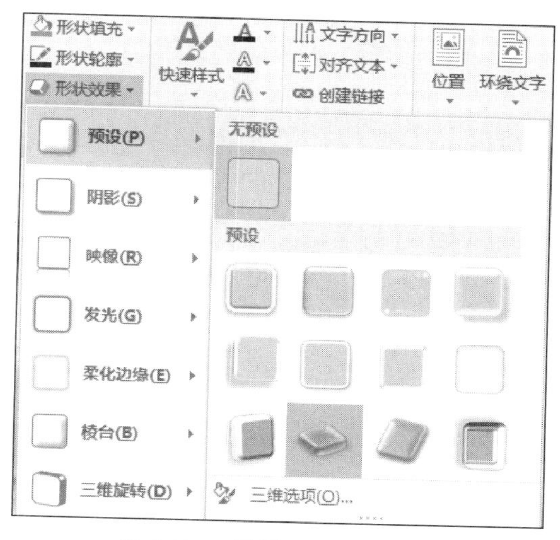

图 3-109　设置三维效果样式

4. 插入艺术字

艺术字是以普通文字为基础，通过添加阴影、改变文字的大小和颜色、把文字变成多种预定义的形状等来突出和美化文字，它的使用会使文档产生艺术美的效果，常用来创建旗帜鲜明的标志或标题。

在文档中插入艺术字的方法是：在“插入”选项卡中单击“文本”组中的“艺术字”按钮，并在打开的“艺术字预设样式”面板中选择合适的艺术字样式。生成艺术字后，会出现“格式”选项卡，利用其中的“艺术字样式”组（如图 3-110 所示），可以改变艺术字的效果，如改变艺术字样式，设置阴影、棱台、三维旋转等效果。

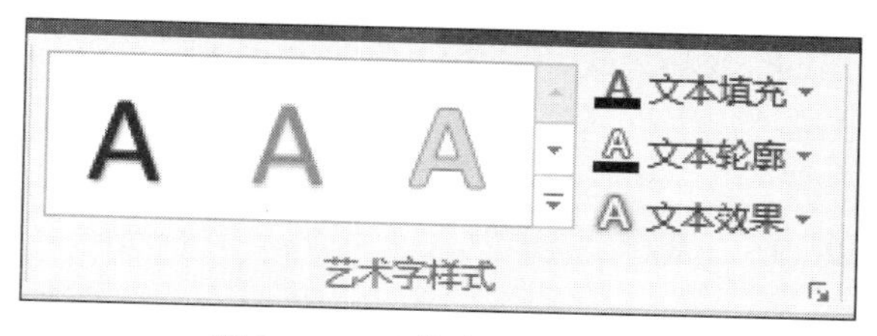

图 3-110　“艺术字样式”组

如果要删除艺术字，只要选中艺术字，按 Delete 键即可。

【例 3.24】制作效果如图 3-111 所示的艺术字“你从鸟声中醒来”，艺术字为“艺术字”预设样式面板中第 2 行第 3 列的样式，字体为“华文行楷”，字号为 44，文本效果：“阴影”为“透视”区中的“右上对角透视”（第 1 行第 2 个），“发光”为“橙色，11pt 发光，个性色 2”，设置文字环绕为“四周型环绕”。

图 3-111　艺术字效果

操作步骤如下：

- 在“插入”选项卡中单击“文本”组中的“艺术字”按钮，单击打开的“艺术字”预设样式面板中选择第 2 行第 3 列的艺术字样式，如图 3-112 所示，艺术字文本框就插入到当前光标所在位置，修改文字为“你从鸟声中醒来”，设置字体为“华文行楷”，字号为 44，文档中就插入了艺术字，同时 Word 自动显示出“绘图工具”功能区。

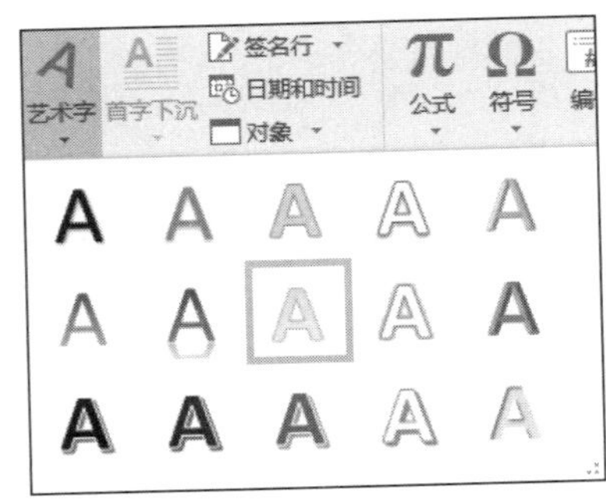

图 3-112　选择艺术字样式

- 在“格式”选项卡“艺术字样式”组中单击“文本效果”按钮，在弹出的下拉列表中选择“阴影”为“透视”区中的“右上对角透视”（第 1 行第 2 个），“发光”为“橙色，11pt 发光，个性色 2”。
- 在“格式”选项卡“排列”组中单击“环绕文字”按钮，在下拉列表中选择“四周型”。

注意：此时艺术字四周会出现 8 个白色小圆圈，一个旋转箭头。拖动白色小圆圈，可以缩放艺术字；拖动旋转箭头，可以旋转艺术字。

5. 插入公式

在编写论文或一些学术著作时，经常需要处理数学公式，利用 Word 2016 的公式编辑器可以方便地制作具有专业水准的数学公式，产生的数学公式可以像图形一样进行编辑操作。

创建数学公式，可通过单击“插入”选项卡“符号”组中“公式”按钮π的下拉按钮，在下拉列表中选择预定义好的公式，也可以通过“插入新公式”命令来自定义公式，此时，公式输入框和“公式工具”功能区（如图 3-113 所示）出现，帮助完成公式的输入和编辑。

图 3-113　“公式工具”功能区

注意：在公式输入时，插入点光标的位置很重要，它决定了当前输入内容在公式中所处的位置，可通过在所需的位置处单击来改变光标位置。

【例 3.25】输入公式：

$$s=\sqrt{\sum_{i=1}^{n}x_i^2-n\overline{x^2}+1}$$

操作步骤如下：

- 单击“插入”选项卡“符号”组中公式按钮 π 的下拉按钮，在下拉列表中选择“插入新公式”命令，屏幕上出现公式输入框和“公式工具”功能区。
- 在公式输入框中输入“s=”；单击“设计”选项卡“结构”组中的“根式”按钮，在“根式”区中选择 $\sqrt{\square}$；单击根号中的虚线框，再单击“结构”组中的“大型运算符”按钮，在“求和”区选择 $\sum_{\square}^{\square}$，然后单击每个虚线框，依次输入相应内容：i=1、n、x，接着选中 x，单击“结构”组中的“上下标”按钮，在其中选择 $\square_{\square}^{\square}$，单击上下标虚线框，分别输入 2 和 i；在 x_i^2 后单击，注意此时光标位置，输入“−”（应仍然位于根式中），继续输入 n，单击“上下标”按钮，选择其中的 x^2 输入，然后选中 x^2，再单击“导数符号”按钮，在“顶线和底线”区中选择“顶线” $\overline{\square}$，在整个表达式后单击，注意此时光标位置，输入+和 1。
- 用鼠标在公式输入框外单击，结束公式的输入。

3.7 其他相关功能

3.7.1 自动生成目录

书籍或长文档编写完后，需要为其制作目录，方便读者阅读和大概了解文档的层次结构及主要内容。除了手工输入目录外，Word 2016 提供了自动生成目录的功能。

1. 创建目录

要自动生成目录，前提是将文档中的各级标题用快速样式库中的“标题”样式统一格式化。一般情况下，目录分为 3 级，可以使用相应的 3 级标题“标题 1”“标题 2”“标题 3”样式，也可以使用其他几级标题样式或者自己创建的标题样式来格式化，然后单击“引用”选项卡“目录”组中的“目录”按钮，在下拉列表中选择“自动目录 1”或“自动目录 2”，如果没有需要的样式，可以选择“自定义目录”命令，打开“目录”对话框进行自定义操作。

【例 3.26】有下列标题文字，如图 3-114 所示，请为它们设置相应的标题样式并自动生成 4 级目录，效果如图 3-115 所示。

第 3 章 Word 2016 文字处理
3.1 文字处理软件的功能
3.2 Word 2016 工作环境
3.2.1 Word 2016 工作窗口
1.启动 Word 2016
2.退出 Word 2016
3.Word 2016 工作窗口

图 3-114 自动生成目录时使用的标题文字

第 3 章 Word 2016 文字处理 ········ 1
3.1 文字处理软件的功能 ········ 2
3.2 Word 2016 工作环境 ········ 3
3.2.1 Word 2016 工作窗口 ········ 3
1.启动 Word 2016 ········ 3
2.退出 Word 2016 ········ 4
3.Word 2016 工作窗口 ········ 5

图 3-115　自动生成目录的效果

操作步骤如下：

- 为各级标题设置标题样式。选定标题文字“第 3 章　Word 2016 文字处理”，在“开始”选项卡“样式”组中选择“标题 1”，用同样的方法依次设置“3.1　文字处理软件的功能”“3.2 Word 2016 工作环境”为“标题 2”，“3.2.1 Word 2016 工作窗口”为“标题 3”，剩下的标题文字为“标题 4”。
- 将光标定位到插入目录的位置，单击“引用”选项卡“目录”组中的“目录”按钮，在下拉列表中选择“自定义目录”命令，打开“目录”对话框（如图 3-116 所示）进行自定义操作。其中“格式”下拉列表用于选择目录格式，这种格式的效果可以在“打印预览”框中看到；“制表符前导符”下拉列表用于为目录指定前导符格式；Word 2016 默认的目录显示级别为 3 级，如果需要改变设置，在“显示级别”数值框中利用数值微调按钮调整或直接输入相应级别的数字，最后单击“确定”按钮即可生成目录。

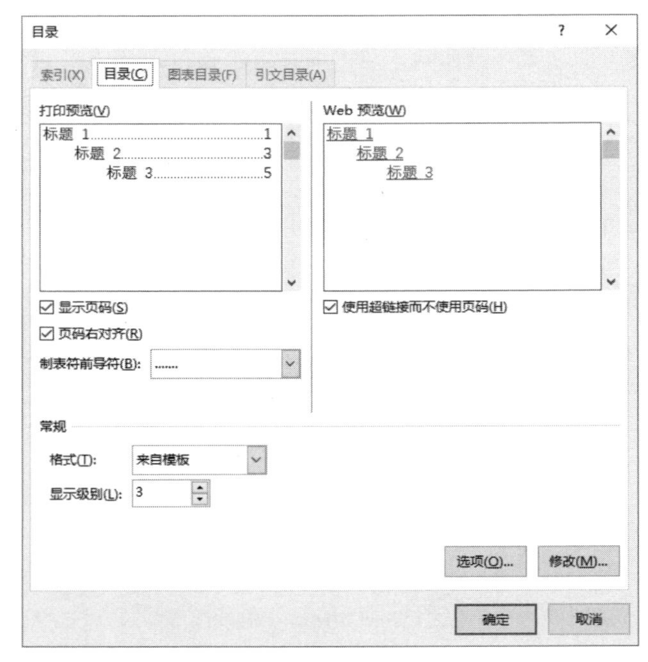

图 3-116　“目录”对话框

2. 更新目录

如果文字内容在编制目录后发生了变化，Word 2016 可以很方便地对目录进行更新，方法是：在目录上右击，从快捷菜单中选择“更新域”命令，打开“更新目录”对话框，再选择“更新整个目录”即可。也可以通过“引用”选项卡“目录”组中的“更新目录”按钮进行操作。

3.7.2　邮件合并

邮件合并是 Word 2016 为了提高工作效率而提供的一种功能，它可以把主文档和数据源中的信息合并在一起，生成主文档的多个不同的版本。

在实际工作中，经常要处理大量日常报表和信件，如打印标签、信封、考号、证件、工资条、成绩单、录取通知书等。这些报表和信件的主要内容基本相同，只是数据有变化，如图 3-117 所示的成绩通知单。为了减少重复工作，提高效率，可以充分使用 Word 2016 的邮件合并功能。

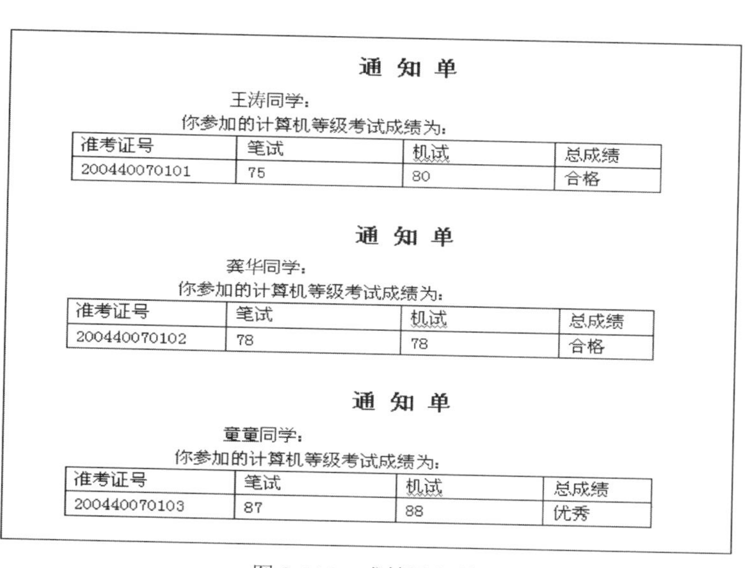

通　知　单

王涛同学：

你参加的计算机等级考试成绩为：

准考证号	笔试	机试	总成绩
200440070101	75	80	合格

通　知　单

龚华同学：

你参加的计算机等级考试成绩为：

准考证号	笔试	机试	总成绩
200440070102	78	78	合格

通　知　单

童童同学：

你参加的计算机等级考试成绩为：

准考证号	笔试	机试	总成绩
200440070103	87	88	优秀

图 3-117　成绩通知单

邮件合并是在两个电子文档之间进行的，一个是主文档，它包括报表或信件共有的文字和图形内容；一个是数据源文档，它包括需要变化的信息，多为通信资料，以表格形式存储，一行（又叫一条记录）为一个完整的信息，一列对应一个信息类别，即数据域（如姓名、地址等），第一行为域名记录。在数据源文档中只允许包含一个表格，可以在合并文档时仅使用表格的部分数据域，但不允许包含表格之外的其他任何文字和对象。

邮件合并通常包含 4 个步骤：

（1）创建主文档，输入内容不变的共有文本。

（2）创建或打开数据源，存放可变的数据。数据源是邮件合并所需使用的各类数据记录的总称，数据源文档可以是多种格式的文件，如 Word、Excel、Access 等。

（3）在主文档中所需要的位置插入合并域名字。

（4）执行邮件合并操作，将数据源中的可变数据和主文档的共有文本合并，生成一个合并文档。

准备好主文档和数据源后可以开始邮件合并，邮件合并一般都通过“邮件”选项卡（如图 3-118 所示）来完成，有两种方法：

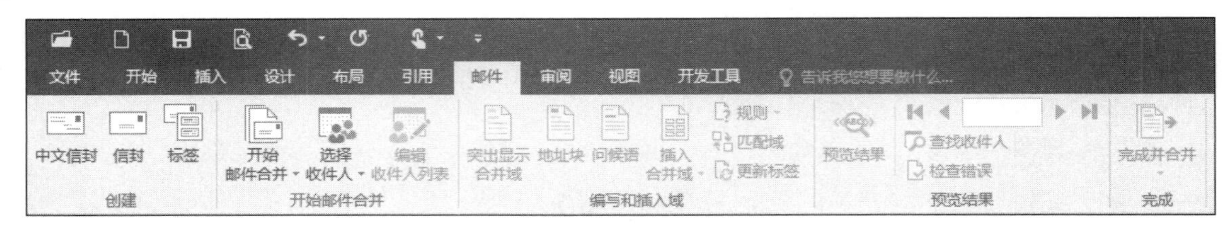

图 3-118　“邮件”选项卡

（1）初学者可以单击“邮件”选项卡“开始邮件合并”组中的“开始邮件合并”按钮，在弹出的下拉列表中选择“邮件合并分步向导”命令，通过向导完成操作。

（2）另一种简单方便的方法是：首先打开主文档，打开“邮件”选项卡，然后单击“开始邮件合并”组中的“选择收件人”按钮，在下拉列表中选择“使用现有列表”；接着在主文档中插入域（必须是数据源文档中的域），将光标定位，单击“编写和插入域”组中“插入合并域”按钮，在下拉列表中选择要插入的域（如姓名、准考证号、笔试、机试和总成绩），如图 3-119 所示；最后单击“完成”组的“完成并合并”按钮，在弹出的下拉列表中选择“编辑单个文档”菜单完成邮件合并，形成合并文档。在合并的文档中，合并域处会插入数据源文档中每条记录的相应信息，而且每条记录单独占一页显示。

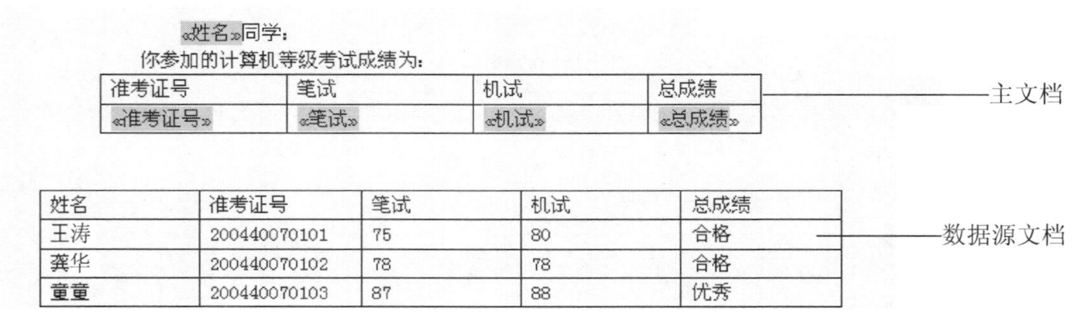

图 3-119　邮件合并

3.8　打印文档

完成文档的录入和排版后，就可以把它打印出来。在正式打印文档之前，可以先对文档进行预览，进行相应内容的设置，如页面布局、打印份数、纸张大小、打印方向等，满意后方可打印文档，避免纸张浪费。

3.8.1　打印预览

单击快速访问工具栏中的“打印预览和打印”按钮，或者执行“文件”选项卡中的“打印”命令，在打开的“打印”窗口右侧预览区域可以查看打印预览效果，用户所做的纸张方向、页面边距等设置都可以通过预览区域查看效果，并且用户还可以通过调整预览区下面的滑块改变预览视图的大小，如图 3-120 所示。

如果要退出打印预览，单击“打印”窗口左上角的“后退”按钮，返回文档编辑窗口。

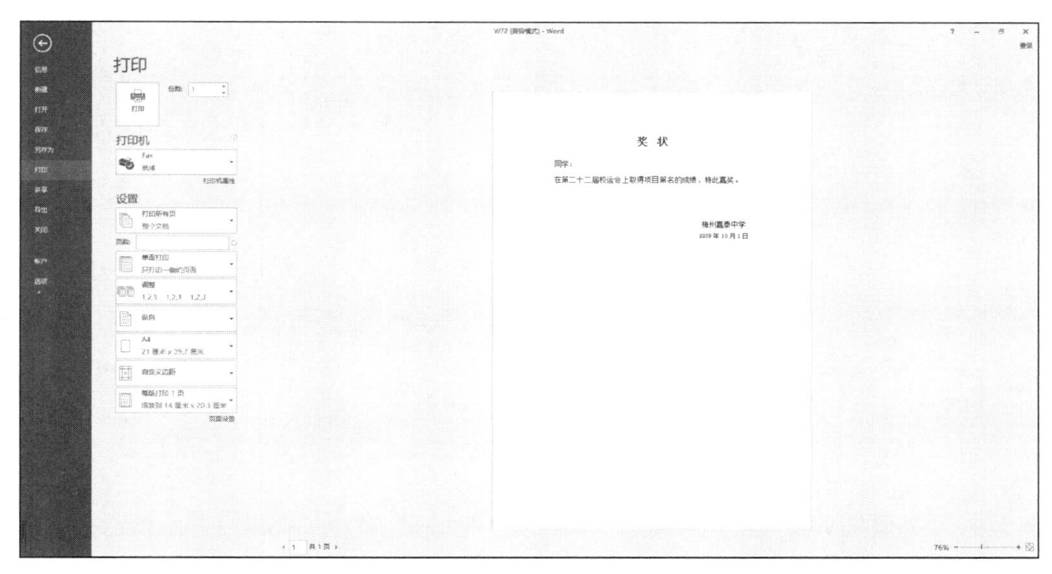

图 3-120　“打印”窗口

3.8.2　打印

在 Word 2016 中，可以通过设置打印选项使打印设置更适合实际应用，且所做的设置适用于所有 Word 文档。设置 Word 文档打印选项的步骤如下所述：

（1）打开 Word 2016 文档窗口，依次单击“文件”→“选项”命令。

（2）在打开的“Word 选项”对话框中，切换到“显示”标签，如图 3-121 所示。

图 3-121　“Word 选项”对话框中的“显示”标签

在“打印选项”区域列出了可选的打印选项，每一项的作用介绍如下：

- 选中“打印在 Word 中创建的图形”选项，可以打印使用 Word 绘图工具创建的图形。
- 选中“打印背景色和图像”选项，可以打印为 Word 文档设置的背景颜色和在 Word 文档中插入的图片。
- 选中“打印文档属性”选项，可以打印 Word 文档内容和文档属性内容（如文档创建日期、最后修改日期等内容）。
- 选中“打印隐藏文字”选项，可以打印 Word 文档中设置为隐藏属性的文字。
- 选中“打印前更新域”选项，在打印 Word 文档以前首先更新 Word 文档中的域。
- 选中“打印前更新链接数据”选项，在打印 Word 文档以前首先更新 Word 文档中的链接。

（3）在“Word 选项”对话框中切换到“高级”标签，在“打印”区域可以进一步设置打印选项，每一项的作用介绍如下：

- 选中“使用草稿品质”选项，能够以较低的分辨率打印 Word 文档，从而实现降低耗材费用、提高打印速度的目的。
- 选中“后台打印”选项，可以在打印 Word 文档的同时继续编辑该文档，否则只能在完成打印任务后才能编辑。
- 选中“逆序打印页面”选项，可以从页面底部开始打印文档，直至页面顶部。
- 选中“打印 XML 标记”选项，可以在打印 XML 文档时打印 XML 标记。
- 选中“打印域代码而非域值”选项，可以在打印含有域的 Word 文档时打印域代码，而不打印域值。
- 选中“打印在双面打印纸张的正面”选项，当使用支持双面打印的打印机时，在纸张正面打印当前 Word 文档。
- 选中“在纸张背面打印以进行双面打印”选项，当使用支持双面打印的打印机时，在纸张背面打印当前 Word 文档。
- 选中“缩放内容以适应 A4 或 8.5×11 纸张大小”选项，当使用的打印机不支持 Word 页面设置中指定的纸张类型时，自动使用 A4 或 8.5×11 尺寸的纸张。
- “默认纸盒”列表中可以选中使用的纸盒，该选项只有在打印机拥有多个纸盒的情况下才有意义。

对文档的打印预览效果满意后，准备好打印机，就可以开始打印文档了。

根据不同情况有两种方法：

（1）文档直接被打印。单击快速访问工具栏中的“打印”按钮。此时，计算机会根据打印机的默认设置打印全部文档。

（2）根据要求设置打印选项后再打印。执行“文件”选项卡中的“打印”命令，打开“打印”窗口，在其中可以设置打印选项，常用的打印选项如下：

（1）设置打印份数。在“打印”窗口中间“打印”区域的“份数”框中输入要打印的份数。如果要打印多份，单击“设置”区域的“调整”下拉按钮。在打开的列表中选中“调整”选项，将在完成第 1 份打印任务时再打印第 2 份、第 3 份……；选中“取消排序”选项，将逐页打印足够的份数。

（2）设置打印范围。在“打印”窗口中间的“设置”区域，可以设置打印的页面范围，如图 3-122 所示。如果选中“打印所有页”，则打印所有页的内容；如果选择“打印当前页面”，打印的是光标所在页的内容；如果要打印文档中的指定内容，可以选择“打印所选内容”，但应注意只有事先在文档中选定内容后，该选项才可用；如果要指定打印的页面，可选择“打印自定义范围”，在下方的“页面”文本框中输入打印页码，输入页码的规则是：非连续页之间用英文状态的“,”号，连续页之间用英文状态的“-”号。例如，输入“1,3,5,9-13”，表示将打印第 1、3、5、9、10、11、12、13 页的内容。

（3）设置打印纸张方向。在“打印”窗口中间的“设置”区域可以选择是纵向打印还是横向打印。

（4）设置页边距。在“打印”窗口中间的“设置”区域可以自定义设置打印纸张的上、下、左、右页边距。

（5）每版打印的页数。在“打印”窗口中间的“设置”区域可以选择每版打印 1 页、2 页、4 页、6 页、8 页、16 页等。

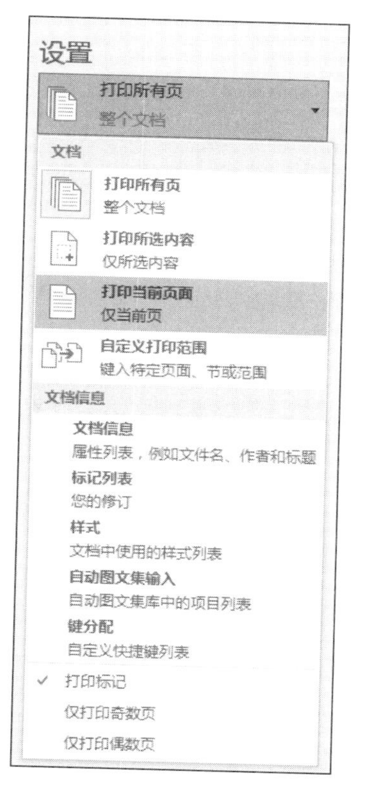

图 3-122　“打印”窗口的“设置”区域

本章小结

本章首先介绍 Word 2016 的基本知识，包括功能概述、启动和退出、工作环境，接着介绍 Word 2016 的基本操作，然后介绍文本的编辑和文档排版，再介绍 Word 2016 中表格的操作和图文混排，以及 Word 2016 的高级操作，包括创建目录和邮件合并，最后介绍如何打印文档。

思考题

1. 简述文字处理软件的主要功能。
2. 模板、样式的优点分别是什么？
3. 在 Word 2016 编辑状态，使用格式刷复制格式时，如何区分“只复制字符格式”“只复制段落格式”和“复制字符格式及段落格式”在操作上的不同？
4. 如何修改 Word 的度量单位？
5. 比较 Word 中题注、脚注、尾注、批注的不同。
6. 如何删除页码、页眉、页脚？
7. 在 Word 中将一个文档插入到另一个文档中（合并文档）有哪几种方法？
8. 若想对一页中的各个段落进行多种分栏，该怎样操作？
9. 如何在 Word 中绘制出一个不规则的表格？
10. 在 Word 中表格与文本如何实现相互转换？
11. 如何在 Word 中绘制出斜线表头？
12. 如何在 Word 的表格中实现标题行重复？
13. 在 Word 2016 中如何生成一个目录？目录制作完成后如何修改？
14. 举例说出一些邮件合并的应用场景。
15. 邮件合并中如何对数据源的数据进行修改？
16. 如何避免在 Word 文档中多次输入同一个数学公式？
17. 在普通打印机上如何实现 Word 文档的双面打印？
18. 为了保证 Word 文档内容的保密性，如何设置文档的密码？
19. 为什么在设置 Word 2016 文档密码时需要输入两个密码？
20. Word 软件在不断地更新，目前最新的版本是什么？有什么新的特点？

第 4 章　Excel 2016 电子表格处理

Excel 是目前使用最广泛的电子表格处理软件之一，也是 Microsoft 公司 Office 办公套件中的一个重要组件。

人们在日常生活、工作中经常会遇到各种各样的计算问题。例如，商业上要进行销售统计；会计人员要对工资、报表等进行统计分析；教师记录、计算学生成绩；科研人员分析实验结果；家庭进行理财、计算贷款偿还等。这些都可以通过电子表格软件来实现。

目前流行的电子表格处理软件除了 Excel 外，还有 WPS Office 金山办公组合软件中的金山电子表格等。

本章将以 Excel 2016 为例，介绍电子表格处理软件的基本功能和使用方法。

4.1　Excel 2016 的基本知识

4.1.1　Excel 2016 的功能概述

Excel 2016 是一种专门用于数据计算、统计分析和报表处理的软件，与传统的手工计算相比有很大的优势，它能使人们解脱乏味、烦琐的重复计算，专注于对计算结果的分析评价，提高工作效率。同文字处理软件一样，电子表格软件是办公自动化系统中最常用的软件之一。早期的电子表格软件功能单一，只是简单的数据记录和运算；现代的电子表格不仅具有数据记录、运算功能，而且还提供了图表、财会计算、概率与统计分析、求解规划方程、数据库管理等工具和函数，可以满足各种用户的需求。

Excel 2016 具有以下主要功能。

1. 表格处理

输入原始数据，使用公式和函数计算数据；工作表中数据、单元格、行、列和表的移动和复制、插入和删除等编辑工作；工作表数据格式化，调整行高和列宽，设置对齐方式，添加边框和底纹，使用条件格式，自动套用格式等格式化操作。

2. 制作图表

创建、编辑和格式化图表等。

3. 管理和分析数据

建立数据清单、数据排序（简单、复杂）、筛选（自动、高级）、分类汇总（简单、嵌套）、数据透视表等。

4. 数据计算功能

在 Excel 工作表中，不但可以编制公式，还可以运用系统提供的大量函数进行复杂计算。

5. 决策指示

Excel 除了可以做一些一般的计算工作外，还有大量函数用来做财务、数学、字符串等操作，以及各种工程上的分析与计算。Excel 的规划求解，可以做线性规划和非线性规划，这些都是管理科学上求解最佳值的方法，为用户的决策提供参考。

6. 远程发布数据功能

Excel 可以将工作簿或其中的一部分（如工作表的某项）保存为 Web 页发布，使其在 HTTP 站点、FTP 站点、Web 服务器上供用户浏览或使用。

7. 打印工作表

打印选定数据区域、选定工作表或整个工作簿等。

4.1.2 Excel 2016 的启动与退出

Excel 2016 的启动和退出与 Word 2016 类似，从“开始”菜单或者快捷方式均可启动 Excel 2016。

要退出 Excel，常用的方法是单击“文件”按钮，然后在后台视图中选择“关闭”命令，或单击 Excel 窗口右上角的“关闭”按钮☒。

4.1.3 Excel 2016 的工作环境

启动 Excel 后，出现初始窗口，并自动打开一个新的工作簿，如图 4-1 所示。Excel 工作窗口由快速访问工具栏、标题栏、功能区、编辑栏、工作区、状态栏等组成。与 Word 不同之处有：

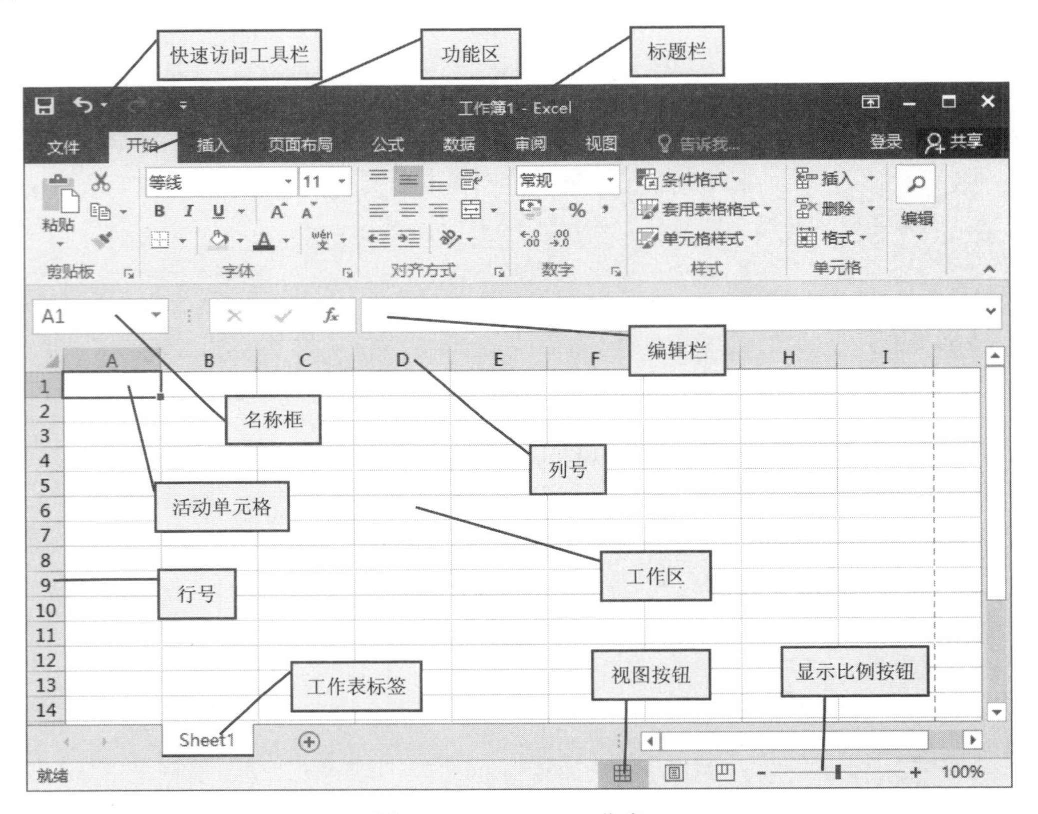

图 4-1　Excel 2016 工作窗口

1. 编辑栏

编辑栏位于功能区的下方，是 Excel 窗口特有的，用来显示和编辑活动单元格中的数据和公式。它由 3 部分组成：左端是名称框，当选择单元格或区域时，相应的地址或区域名称显示在该框中，如 B3；右端是编辑框，在单元格中编辑数据时，其内容会同时出现在编辑框中，如果是较长的数据，由于单元格默认宽度通常显示不下，此时，可以在编辑框中进行编辑。如果想查看单元格中的内容是公式还是数据，可以选中单元格，在编辑框中查看（也可以直接双击单元格查看）；中间是“插入函数”按钮 fx，单击它可打开“插入函数”对话框。当光标在编辑框中单击时，它的左边会出现“取消”按钮✕和“输入”按钮✓。

2. 工作簿

一个 Excel 文件就是一个工作簿，其扩展名为.xlsx（Excel 2003 及以前版本中工作簿文件的扩展名为.xls）。Excel 的工作区显示的是当前打开的工作簿。工作簿用来存储并处理工作数据，它由若干张工作表组成，默认为 1 张，名称为 Sheet1，用户可自行更改名称。工作表数目也可以增加和删除，最多为 255 张。在 Excel 中，工作簿与工作表的关系就像是日常的账簿和账页之间的关系一样，一个账簿可由多个账页组成，如果一个账页所反映的是某月的收支账目，那么账簿可以用来说明一年或更长时间的收支状况。在一个工作簿中所包含的工作表都以标签的形式排列在状态栏的上方，当需要进行工作表的切换时，单击工作表标签，对应的工作表就会从后面显示到屏幕上，原来的工作表即被隐藏起来。

3. 工作表

工作表是一个由 1048576 行和 16384 列组成的表格。表格的最左边和最上边是行号栏和列号栏，用于标记工作表单元格的行号和列号。行号自上而下为 1～1048576，列号从左到右为 A、B、…Z；AA、AB、…AZ；BA、BB、…BZ；ZA、ZB、…ZZ；AAA、…XFD。每一个工作表用一个工作表标签进行标识（如 Sheet1）。

4. 单元格

工作表中每一个长方形的小格就是一个单元格，在单元格内可以输入数字、字符、公式、日期、图形或声音文件等，每一个单元格的长度、宽度以及单元格中的数据类型都是可变的。

在 Excel 中，单元格是通过位置（也称为“引用地址”）来进行标识的，每一个单元格都处于某一行和某一列的交叉位置，这就是它的“引用地址”，通常把列号写在行号的前面。例如，第 A 列和第 1 行相交处的单元格是 A1，D4 指的是第 D 列第 4 行交叉位置上的单元格。

除了采用上述地址表示方式（称为相对地址），还可以采用绝对地址和混合地址，详见 4.3.1。此外，为了区分不同工作表的单元格，需要在地址前加工作表名称并以“!”分隔，构成单元格的所谓“三维地址”。如 Sheet1!B3，表示 Sheet1 工作表的 B3 单元格。当前正在使用的单元格称为活动单元格，有黑框线包围，如图 4-1 中的 A1 单元格。

5. 单元格区域

单元格区域是指一组相邻单元格构成的矩形块，它可以是某行或某列单元格，也可以是任意行或列的组合。引用单元格区域时可以用它左上角单元格的地址和右下角地址单元格的地址中间加一个冒号分隔的方式来表示，例如 A1:E5、A1:D1、C1:C8 等。

4.2 Excel 2016 的基本操作

Excel 2016 的基本操作主要是对工作簿中的工作表进行的基本操作，包括创建工作表、编辑工作表和格式化工作表等。

4.2.1 工作簿的建立、打开和保存

1. 新建一个工作簿

启动 Excel 2016 即可新建一个新的空白工作簿，也可以通过下面 3 种方法来创建新的工作簿：

（1）单击“快速访问工具栏”中的“新建”按钮。

（2）按组合键 Ctrl+N。

（3）单击“文件”按钮，然后在后台视图中选择“新建”命令。

Excel 新建工作簿与 Word 新建文档一样，不仅可以新建空白工作簿，也可以根据工作簿模板来建立新工作簿，其操作与 Word 类似。

一个新工作簿默认包含 1 张工作表，创建工作表的过程实际上就是在工作表中输入原始数据、使用公式和函数计算数据的过程。

2. 保存工作簿

工作簿创建或修改完毕，可以单击“快速访问工具栏”中的“保存”按钮，也可以单击“文件”按钮，然后在后台视图中选择“保存”或“另存为”命令，将其保存起来，以便将来使用。

3. 打开一个工作簿

如果要用的工作簿已经保存在磁盘中，可以单击“快速访问工具栏”中的“打开”按钮，也可以单击“文件”按钮，然后在后台视图中选择“打开”命令来打开它。

【例 4.1】按图 4-2 格式录入职工工资表数据，并以“职工工资表.xlsx”为文件名存入 D 盘的“我的文档”文件夹中。

	A	B	C	D	E	F	G	H
1	职工工资表							
2	姓名	部门	职务	出生日期	基本工资	奖金	扣款数	实发工资
3	郑含因	销售部	业务员	1984-6-10	1000	1200	100	
4	李海儿	销售部	业务员	1982-6-22	800	700	85.5	
5	陈 静	销售部	业务员	1977-8-18	1200	1300	120	
6	王克南	销售部	业务员	1984-9-21	700	800	76.5	
7	钟尔慧	财务部	会计	1983-7-10	1000	500	35.5	
8	卢植茵	财务部	出纳	1978-10-7	450	600	46.5	
9	林 寻	技术部	技术员	1970-6-15	780	1000	100.5	
10	李 禄	技术部	技术员	1967-2-15	1180	1080	88.5	
11	吴 心	技术部	工程师	1966-4-16	1600	1500	110.5	
12	李伯仁	技术部	工程师	1966-11-24	1500	1300	108	
13	陈 醉	技术部	技术员	1982-11-23	800	900	55	
14	马甫仁	财务部	会计	1977-11-9	900	800	66	
15	夏 雪	技术部	工程师	1984-7-7	1300	1200	110	

图 4-2 职工工资表

操作步骤如下：

- 单击“快速访问工具栏”中的“新建”按钮，系统自动新建一个文件名为“工作簿 X”（X 为数字）的临时工作簿。

- 新建一个新工作簿之后，便可以在其中的工作表中输入数据。输入数据时，先用鼠标或光标移动键（↑、↓、→、←）移到对应的单元格，然后输入数据内容。

当一个单元格中的内容输入完毕，可以使用光标移动键、Tab 键、回车键或单击编辑栏上的“输入”按钮✓4 种方法来确定输入。

如果要放弃刚才输入的内容，可单击编辑栏上的“取消”按钮✕或按 Esc 键。

要修改单元格中的数据，先要双击对应的单元格或按功能键 F2 进入修改状态，此后便可以用→或←键来移动插入点的位置，也可以利用 Delete 键或退格键来消除多余的字符，修改完毕按 Enter 键结束。

- 录入完所有的数据后，单击“快速访问工具栏”上的“保存”按钮，双击“这台电脑”选项，弹出“另存为”对话框。在“文件名”框中输入“职工工资表”，在“保存位置”框中选择 D 盘“我的文档”后单击“保存”按钮。

注意：保存工作簿的默认类型为“Excel 工作簿”，即为 Excel 2016 格式文件，另外还可以选择“Excel 97-2003 工作簿”“Excel 97-2003 模板”“Excel 模板”“PDF”等。

- 单击“职工工资表”工作簿窗口的“关闭”按钮，关闭“职工工资表”工作簿。

4.2.2　在工作表中输入数据

1. 数据类型

Excel 为用户提供了 4 种常用的数据类型，即数值型、日期时间型、逻辑型、文本型（也称字符型或文字型）。

（1）数值型数据，是指除了由数字（0～9）和特殊字符组成的数字。特殊字符包括+、-、/、E、e、$、%以及小数点（.）和千分位符号（,）等，如-100.25、$150、1.235E+11。

（2）日期时间型数据，用于表示各种不同格式的日期和时间。Excel 规定了一系列日期和时间格式，如 DD-MMM-YY（示例：1-Otc-98）、YYYY-MM-DD（示例：1998-5-28），HH:MM:SS AM/PM（示例：10:30:36 AM）、YYYY-MM-DD HH:SS（示例：1998-5-28 20:28）等。

（3）逻辑型数据，用于表示事物之间成立与否的数据，只有 TRUE（真）和 FALSE（假）两个值。例如，=90>80 的值为 TRUE，="A">"B"的值为 FALSE。

（4）文本型数据，是指键盘上可键入的任何符号的组合，只要不被解释为前面的 3 种类型数据，则 Excel 都视其为文本型。如 256MB、中文 Windows XP 等。

2. 数据输入

数据的输入方法直接影响到工作效率，在工作表中输入原始数据的主要有方法有 4 种：直接输入数据、快速输入数据、利用“自动填充”功能输入有规律的数据、利用命令导入外部数据。

（1）直接输入数据。单击欲存放数据的单元格，选择自己习惯的输入法后从键盘直接输入，结束时按 Enter 键、Tab 键或单击编辑栏的“输入”按钮✓。如果要放弃输入，按 Esc 键或单击编辑栏的“取消”按钮✕。输入的数据可以是文本型、数值型、日期时间型、逻辑型，默认情况下文本型数据左对齐，数值型、日期时间型右对齐，逻辑型数据居中显示。

1）文本型数据的输入。对于数字形式的文本型数据，如编号、学号、电话号码等，应在数字前添加英文单引号（'）。例如，输入编号 0101，应输入“'0101”，此时 Excel 以 0101 显示，沿单元格左对齐。

当输入的文本长度超出单元格宽度时，若右边单元格无内容，则扩展到右边列显示，否则截断显示。

2）数值型数据的输入。对于分数的输入，为了与日期的输入区别，应先输入数字 0 和空格，例如，要输入 1/2，应输入“0 1/2”，如果直接输入的话，系统会自动处理为日期时间型数据。

Excel 数值输入与数值显示并不总是相同，计算时以其值为准。当输入数值的整数位数超过 11 位或绝对值小于 10^{-9} 时，Excel 自动以科学计数法表示，如输入 123456789012，则显示为 1.23457E+11；如果单元格数字格式设置为带 2 位小数，输入 3 位小数的时候，末位将进行四舍五入。

3）日期时间型数据的输入。Excel 内置了一些日期、时间格式，当输入数据与这些格式相匹配时，Excel 将自动识别它们。输入形如 hh:mm(AM/PM)的日期时间格式时，其中 AM/PM 与分钟之间应有空格，如 8:30 AM，否则将被当作字符处理。输入系统当前日期和时间对应的组合键分别是 Ctrl+；和 Ctrl+Shift+；。

4）逻辑型数据的输入。只要在对应的单元格中直接输入 TRUE 或和 FALSE 即可。

注： 输入非文本型数据时，有时会发现屏幕上出现符号“###”，这是因为单元格列宽不够，不足以显示全部数据的缘故，此时加大单元格列宽即可。

（2）快速输入数据。当在工作表的某一列要输入一些相同的数据时，这时可以使用 Excel 提供的快速输入方法：记忆式输入和选择列表输入。

1）记忆式输入。是指当输入的内容与同一列中已输入的内容相匹配时，系统将自动填写其他字符。如图 4-3 所示，在 B16 单元格输入的“销”和 B3 单元格的内容相匹配，系统自动显示了后面的字符“售部”。这时按 Enter 键，表示接受提供的字符；若不采用提供的字符，继续输入即可。

	A	B	C	D	E	F	G	H
1	职工工资表							
2	姓名	部门	职务	出生日期	基本工资	奖金	扣款数	实发工资
3	郑含因	销售部	业务员	1984-6-10	1000	1200	100	
4	李海儿	销售部	业务员	1982-6-22	800	700	85.5	
5	陈　静	销售部	业务员	1977-8-18	1200	1300	120	
6	王克南	销售部	业务员	1984-9-21	700	800	76.5	
7	钟尔慧	财务部	会计	1983-7-10	1000	500	35.5	
8	卢植茵	财务部	出纳	1978-10-7	450	600	46.5	
9	林　寻	技术部	技术员	1970-6-15	780	1000	100.5	
10	李　禄	技术部	技术员	1967-2-15	1180	1080	88.5	
11	吴　心	技术部	工程师	1966-4-16	1600	1500	110.5	
12	李伯仁	技术部	工程师	1966-11-24	1500	1300	108	
13	陈　醉	技术部	技术员	1982-11-23	800	900	55	
14	马甫仁	财务部	会计	1977-11-9	900	800	66	
15	夏　雪	技术部	工程师	1984-7-7	1300	1200	110	
16		销售部						

图 4-3　“记忆式输入”示例

2）选择列表输入。用人工输入的方法可能会使输入内容不一致，从而导致统计结果不准确。例如，同一种职务可能输入不同的名字：出纳或出纳员。为避免这种情况的发生，可以在选取单元格后，右击，在快捷菜单中选择“从下拉列表中选择”命令或按 Alt+↓组合键，显示一个输入列表，再从中选择需要的输入项，如图 4-4 所示。

（3）利用“自动填充”功能输入有规律的数据。有规律的数据是指等差、等比、系统预定义序列和用户自定义序列。当某行或某列为有规律的数据时，可以使用 Excel 提供的“自动填充”功能。

	A	B	C	D	E	F	G	H
1	职工工资表							
2	姓名	部门	职务	出生日期	基本工资	奖金	扣款数	实发工资
3	郑含因	销售部	业务员	1984-6-10	1000	1200	100	
4	李海儿	销售部	业务员	1982-6-22	800	700	85.5	
5	陈　静	销售部	业务员	1977-8-18	1200	1300	120	
6	王克南	销售部	业务员	1984-9-21	700	800	76.5	
7	钟尔慧	财务部	会计	1983-7-10	1000	500	35.5	
8	卢植茵	财务部	出纳	1978-10-7	450	600	46.5	
9	林　寻	技术部	技术员	1970-6-15	780	1000	100.5	
10	李　禄	技术部	技术员	1967-2-15	1180	1080	88.5	
11	吴　心	技术部	工程师	1966-4-16	1600	1500	110.5	
12	李伯仁	技术部	工程师	1966-11-24	1500	1300	108	
13	陈　醉	技术部	技术员	1982-11-23	800	900	55	
14	马甫仁	财务部	会计	1977-11-9	900	800	66	
15	夏　雪	技术部	工程师	1984-7-7	1300	1200	110	
16								
17								
18								
19								
20								

出纳
工程师
会计
技术员
业务员
职务

图 4-4　“选择列表输入”示例

“自动填充”功能是根据初始值来决定以后的填充项，用鼠标指向初始值所在单元格右下角的小黑方块（称为填充柄），此时鼠标指针更改形状变为黑十字（✚），然后向右（行）或向下（列）拖拽至填充的最后一个单元格，即可完成自动填充。如图 4-5 所示为自动填充的示例。

填充柄

	A	B	C	D	E	F	G	H	I	J	K	L	M
1	**复制数据**	1	1	1	1								
2	**等差**	1	3	5	7								
3	**等比**	2	6	18	54								
4	**系统预定义**	星期一	星期二	星期三	星期四	星期五	星期六	星期日					
5	**用户自定义**	电视机	洗衣机	冰箱	空调	台式电脑	手提电脑	投影机	手机	微波炉	热水器	DVD	音响

图 4-5　“自动填充”示例

自动填充分 3 种情况：

1）填充相同数据（复制数据）。单击该数据所在的单元格，沿水平或垂直方向拖拽填充柄，便会产生相同数据。

2）填充序列数据。如果是日期型序列，只需要输入一个初始值，然后直接拖拽填充柄即可；如果是数值型序列，则必须输入前两个单元格的数据，然后选定这两个单元格，拖拽填充柄，系统默认为等差关系，拖拽到的单元格内依次填充等差序列数据；如果需要填充等比序列数据，则在填充区域的起始单元格输入初始值，并选择要填充的整个区域，然后选择“开始”选项卡，单击“编辑”选项组中的“填充”按钮，在下拉列表中选择“序列”项，在打开的“序列”对话框（图 4-6）中选择“类型”为“等比序列”，并设置合适的步长（即比值，如 3）来实现。

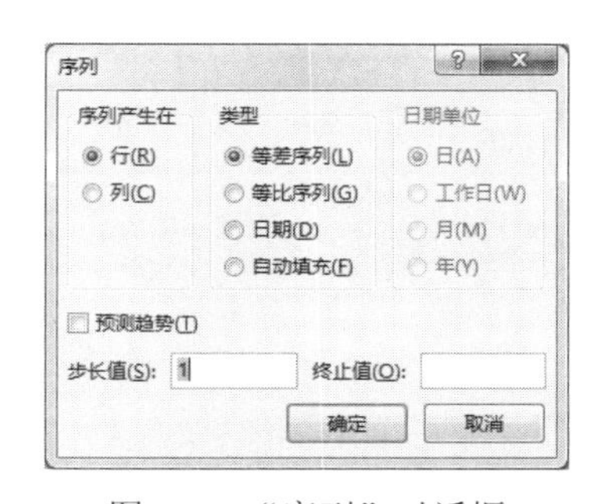

图 4-6　“序列”对话框

3）填充用户自定义序列数据。在实际工作中，经常需要输入商品名称、课程科目、公司在各大城市的办事处名称等，可以将这些有序数据自定义为序列，节省输入工作量，提高效率。将有序数据自定义为序列的操作方法如下：

单击“文件”按钮，在后台视图中依次单击“选项”→“高级”→“编辑自定义列表”，此后弹出“自定义序列”对话框。在其中添加新序列，有两种方法：一种是单击“新系列”后在“输入序列”列表框中直接输入，每输入一项内容按一次 Enter 键，输入完毕后单击“添加”按钮，如图 4-7 所示；另一种是从工作表中直接导入，单击“导入”按钮左边的“折叠对话框”按钮，选中工作表中的序列数据，然后再单击“导入”按钮。

（4）利用命令导入外部数据。选择“数据”选项卡，单击“获取外部数据”选项组中的各按钮，可以导入其他数据库系统（如 Access、SQL Server 等）产生的文件，还可以导入文本文件等。

在实际工作中灵活应用以上 4 种数据输入方法可以大大提高输入效率。

在向工作表输入数据的过程中，可能会输入一些不合要求的数据，即无效数据。为避免这个问题，可以通过选择“数据”选项卡，单击“数据验证”命令，在弹出的“数据验证”对话框中设置某些单元格允许输入的数据类型和范围，还可以设置数据输入提示信息和输入错误提示信息。

例如，在输入学生成绩时，数据应该为 0～100 之间的整数，这就有必要设置数据的有效性，方法是：先选定需要进行有效性检验的单元格区域，执行“数据”选项卡中的“数据验证”命令，在“数据验证”对话框“设置”选项卡中进行相应设置，如图 4-8 所示，其中选中“忽略空值”复选框表示在设置数据验证的单元格中允许出现空值。设置输入提示信息和输入错误提示信息分别在该对话框中的“输入信息”和“出错警告”选项卡中进行。数据验证设置好后，Excel 就可以监督数据的输入是否正确。

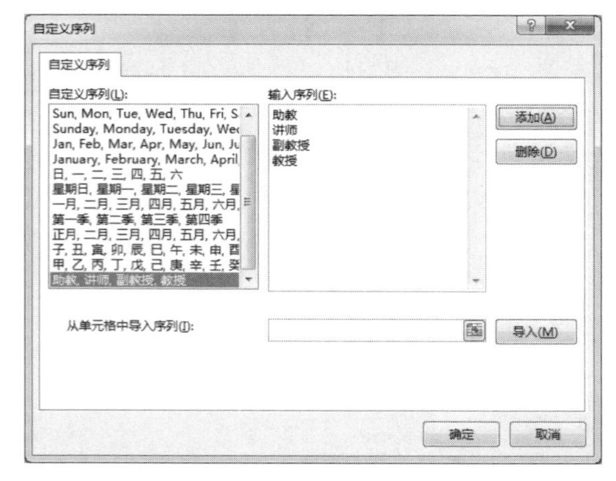

图 4-7 添加用户自定义新序列

图 4-8 “数据验证”对话框

4.2.3 编辑工作表

工作表的编辑主要包括工作表中数据的编辑，单元格、行、列的插入和删除，以及工作表的插入、移动、复制、删除、重命名等。工作表的编辑遵循“先选定，后执行”的原则。

工作表中常用的选定操作见表 4-1。

表 4-1　常用选定操作

选取范围	操作
单元格	单击对应的单元格
多个连续单元格	从选择区域左上角拖拽至右下角；或单击选择区域左上角单元格，按住 Shift 键，单击选择区域右下角单元格
多个不连续单元格	按住 Ctrl 键的同时，选择单元格或区域
整行或整列	单击工作表相应的行号或列号
相邻行或列	鼠标拖拽行号或列号
整个表格	单击工作表左上角行列交叉的全选按钮；或按组合键 Ctrl+A
单个工作表	单击工作表标签
连续多个工作表	单击第一个工作表标签，然后按住 Shift 键，单击所要选择的最后一个工作表标签
多个不连续工作表	按住 Ctrl 键，分别单击所需工作表标签

1. 工作表中数据的编辑

在向工作表中输入数据的过程中，经常会需要对数据进行清除、移动和复制等编辑操作。

（1）清除数据。清除针对的是单元格中的数据，单元格本身仍保留在原位置。操作方法如下：选取单元格或区域后，在“开始”选项卡的“编辑”选项组中，单击“清除”下拉按钮，在打开的下拉列表中选择相应的命令，可以清除单元格格式、内容、批注、超链接中的任一种或者全部；按 Delete 键清除的只是内容。

（2）移动或复制数据。

1）使用菜单命令移动或复制数据。使用菜单命令移动或复制单元格区域数据的方法基本相同，下面以复制单元格区域数据为例来说明。操作步骤如下：

- 选择要复制的单元格区域。
- 在“开始”选项卡的“剪贴板”选项组中单击“复制”按钮。
- 单击目标区域的左上角单元。
- 单击“剪贴板”选项组中的“粘贴”按钮。

对于移动单元格区域数据，只需将第 2 步中的单击“复制”按钮改成单击“剪切”按钮即可。

2）使用拖动法移动或复制数据。在 Excel 中，也可以使用鼠标拖动法来移动或复制数据。使用鼠标拖动法来复制单元格数据的操作方法如下：

- 选择要复制的单元格区域。
- 将鼠标指针移到选定的单元格区域边框上，此时鼠标指针会变成箭头形状。
- 按住 Ctrl 键的同时按住鼠标左键，拖动鼠标将选定的源区域拖到目标区域。
- 松开鼠标左键后再松开 Ctrl 键。

用鼠标拖动法移动单元格区域数据与复制操作相仿，不同的是在拖动鼠标时无需按住 Ctrl 键。

（3）粘贴选项与选择性粘贴。在 Excel 中按照上述方法直接粘贴数据到目标区域后，默认情况下目标区域将会保留原有的各种信息（如内容、格式、公式及批注等）。使用粘贴选项或选择性粘贴，复制数据时可以是全部信息，也可以只复制部分信息，还可以在复制数据的同时进行算术运算、行列转置等。下面分别介绍这两种方法。

1）使用粘贴选项。当源区域数据粘贴到目标区域后，在目标区域右下角会出现“粘贴选项”下拉按钮，单击该下拉按钮，打开“粘贴选项”下拉列表，可从中选择需要的粘贴方式。

2）使用选择性粘贴。具体操作方法是：

- 选择要复制的单元格区域。
- 在“开始”选项卡的“剪贴板”选项组中单击“复制”按钮。
- 单击目标区域的左上角单元。
- 单击“剪贴板”选项组中的“粘贴”下拉按钮，打开下拉列表，在列表中选择“选择性粘贴”命令，打开“选择性粘贴”对话框，如图 4-9 所示。

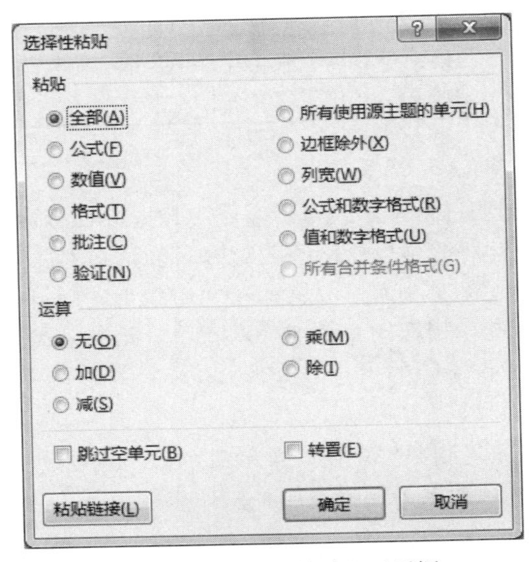

图 4-9 “选择性粘贴”对话框

- 在“选择性粘贴”对话框中进行相应设置：在该对话框的“粘贴”栏中列出了粘贴单元格中的部分信息，其中最常用的是公式、数值、格式；“运算”栏表示源单元格中数据与目标单元格数据的运算关系；“转置”复选框表示将源区域的数据行列交换后粘贴到目标区域。

（4）查找和替换。在 Excel 中，为方便用户操作，也提供了查找和替换操作。查找和替换的操作方法类似，下面只介绍替换操作的步骤：

- 选择“开始”选项卡，在“编辑”选项组中单击“查找和选择”下拉按钮，打开下拉列表。
- 在打开的下拉列表中选择“替换”命令，打开“查找和替换”对话框。
- 在“查找和替换”对话框中，分别在“查找内容”“替换为”文本框中输入要查找及替换的文本内容，并按要求设置替换格式、搜索方式、查找范围，是否区分大小写等。
- 单击“替换”或“全部替换”按钮，如图 4-10 所示。

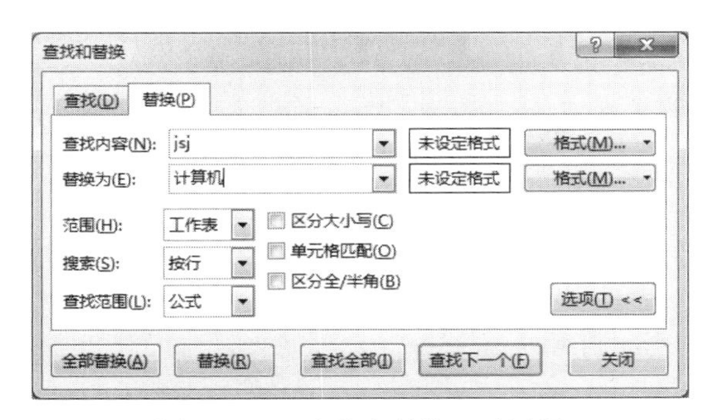

图 4-10　“查找和替换”对话框

2. 单元格、行、列的插入和删除

单元格、行、列的插入操作，可以通过“开始”选项卡的“单元格”选项组中的“插入”按钮实现，操作步骤如下：在工作表中选择要插入单元格、行、列的位置，在“开始”选项卡的“单元格”选项组中单击“插入”按钮旁的下拉按钮，打开如图 4-11 所示的“插入”下拉列表。在下拉列表中选择相应的命令。如果选择“插入单元格”命令，会打开“插入”对话框，如图 4-12 所示，在该对话框中对插入单元格后如何移动原有单元格作出选择。

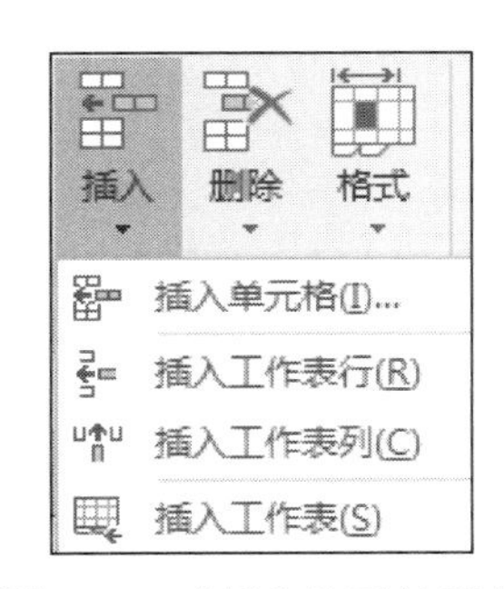

图 4-11　“插入”下拉列表

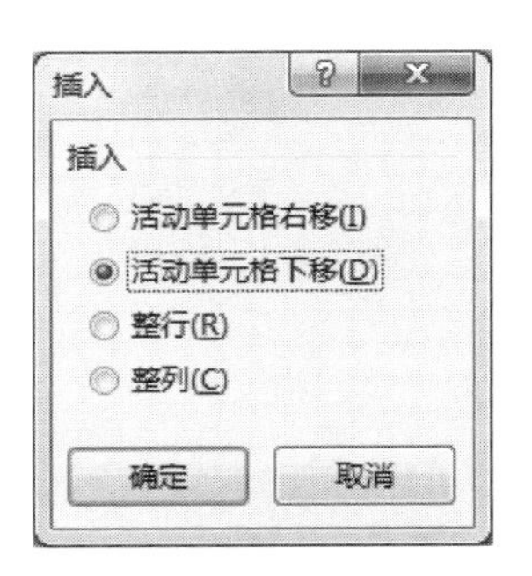

图 4-12　“插入”对话框

单元格、行、列的删除操作，可以通过“开始”选项卡的“单元格”选项组中的“删除”按钮（或其旁的下拉按钮）实现，操作步骤为：在工作表中选择要删除的单元格、行或列，在“开始”选项卡的“单元格”选项组中单击“删除”按钮旁的下拉按钮，打开如图 4-13 所示的“删除”下拉列表。在下拉列表中选择相应的命令。如果选择“删除单元格”命令，会打开“删除”对话框，如图 4-14 所示，在该对话框中对删除单元格后如何移动原有单元格作出选择。

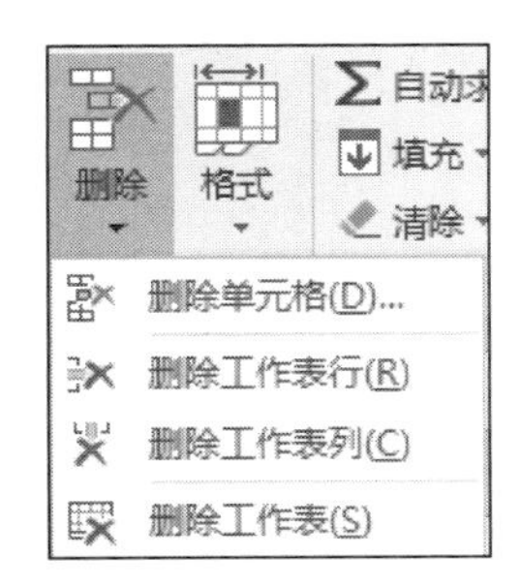

图 4-13　“删除”下拉列表

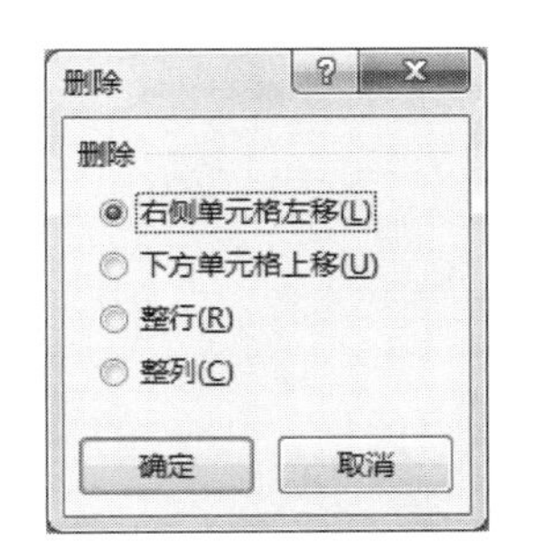

图 4-14　“删除”对话框

删除单元格、行、列，是把单元格、行、列连同其中的数据从工作表中删除。

3. 工作表的插入、移动、复制、删除、重命名

如果一个工作簿中包含多个工作表，可以使用 Excel 提供的工作表管理功能对工作表进行管理。常用的方法是：在工作表标签上右击，在出现的快捷菜单中选择相应的命令，如图 4-15 所示。Excel 允许工作表在同一个或多个工作簿中移动或复制，如果是在同一个工作簿中操作，只需单击该工作表标签，将它直接拖拽到目的位置实现移动，在拖拽的同时按住 Ctrl 键实现复制；如果是在多个工作簿中操作，首先应打开这些工作簿，然后单击该工作表标签，在快捷菜单中选择“移动或复制工作表”命令，打开“移动或复制工作表”对话框。在“工作簿”下拉列表中选择“工作簿”（如没有出现所需工作簿，说明此工作簿未打开），从“下列选定工作表之前”列表框中选择插入位置。复制操作还需选中对话框底部的“建立副本”复选框，如图 4-16 所示。

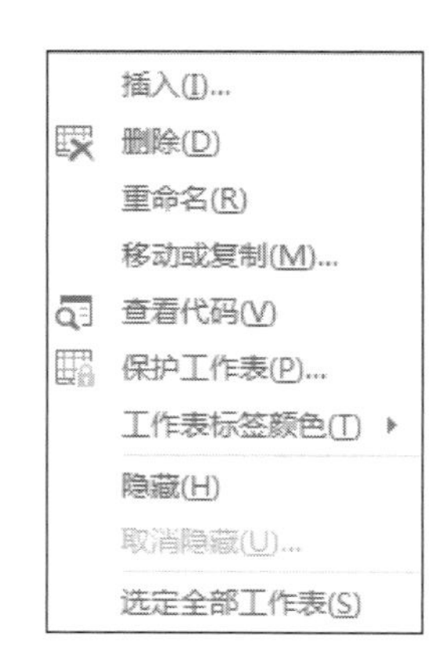

图 4-15　工作表的快捷菜单

图 4-16　移动或复制工作表对话框

注意：在删除工作表的时候一定要慎重，一旦工作表被删除后将无法恢复。

4.2.4　格式化工作表

一个好的工作表除了保证数据的正确性外，为了更好地体现工作表中的内容，还应对外观进行修饰（即格式化），使之整齐、鲜明和美观。

工作表的格式化主要包括格式化数据、调整工作表的列宽和行高、设置对齐方式、添加边框和底纹、使用条件格式以及自动套用格式等。

1. 格式化数据

（1）设置数字格式。在 Excel 中，可以设置不同的小数位数、百分号、货币符号、千位分隔符等来表示同一个数，如 1234.56、123456%、¥1234.56、1,234.56。这时屏幕上单元格显示的是格式化后的数字，编辑栏显示的是系统实际存储的数据。

Excel 提供了大量的数字格式，并将它们分成常规、数值、货币、会计专用、日期、时间、百分比、分数、科学记数、文本、特殊、自定义等。其中，“常规”是系统的默认格式。

Excel 将常用的格式化命令集成在“开始”选项卡的“字体”“对齐方式”“数字”和“样式”等组中，如图 4-17 所示。另外也可以通过“设置单元格格式”对话框来设置，如图 4-18 所示。打开“设置单元格格式”对话框有以下两种常用方法：

1）单击“字体”“对齐方式”“数字”组右下角的对话框启动器。

2）选择要格式化的单元格或单元格区域，右击，从弹出的快捷菜单中选择“设置单元格格式”命令。

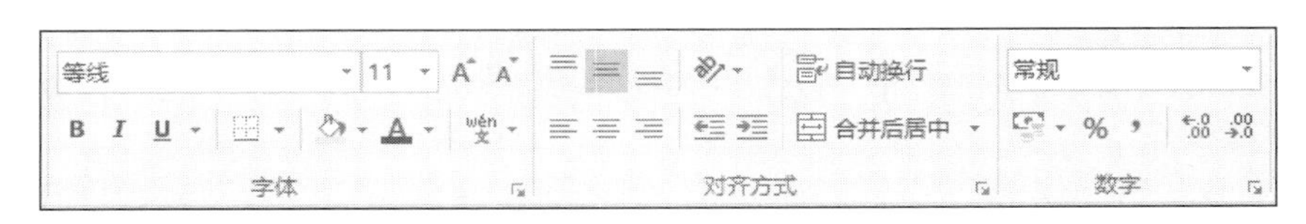

图 4-17　格式化工具功能区

图 4-18　“设置单元格格式”对话框

（2）设置对齐方式。对齐方式是指单元格中的内容相对单元格上、下、左、右的位置。默认情况下，单元格中的文本靠左对齐，数字右对齐，逻辑值和错误值居中对齐。此外，Excel 还允许用户改变或设置其他对齐方式，可通过“设置单元格格式”对话框中的“对齐方式”选项卡来完成。除了设置对齐方式，在该选项卡中还可以对文本进行显示控制，有效解决文本的显示问题，如自动换行、缩小字体填充、将选定的区域合并为一个单元格、改变文字方向和旋转文字角度等，效果如图 4-19 所示。

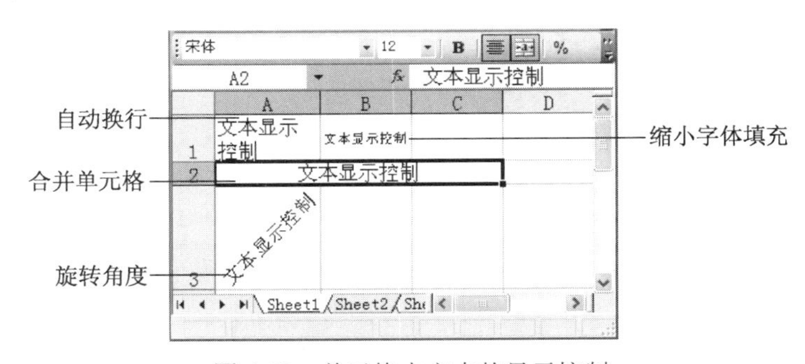

图 4-19　单元格中文本的显示控制

（3）设置字体。在 Excel 中，为了美化数据，经常会对数据进行字符格式化，如设置数据字体、字形和字号，为数据加下划线、删除线、上下标，改变数据颜色等。这主要是通过“设置单元格格式”对话框中的“字体”选项卡来完成的。

2. 添加边框

为工作表添加各种类型的边框，不仅可以起到美化工作表的目的，还可以使工作表更加清晰明了。

如果要给某一单元格或某一区域增加边框，首先选择相应的区域，然后打开“设置单元格格式”对话框，在“边框”选项卡中进行设置，如图 4-20 所示。

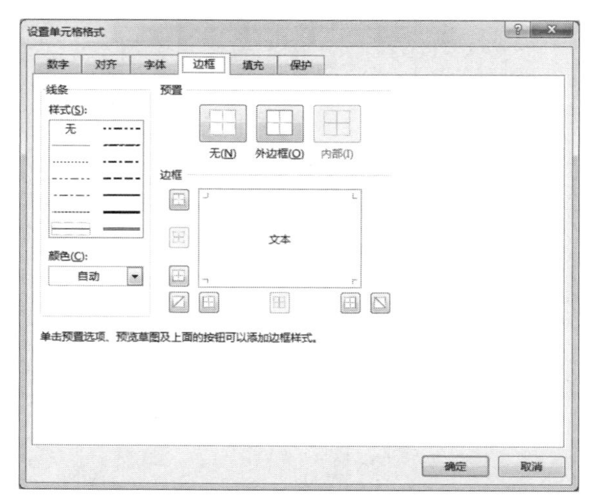

图 4-20 “设置单元格格式”对话框“边框”选项卡

3. 设置填充

除了为工作表加上边框外，还可以使用填充命令为特定区域加上背景颜色或图案，即底纹。如果要给某一单元格或某一区域增加底纹，常用的方法是先选择相应的区域，然后打开“设置单元格格式”对话框，在“填充”选项卡中进行设置，如图 4-21 所示。

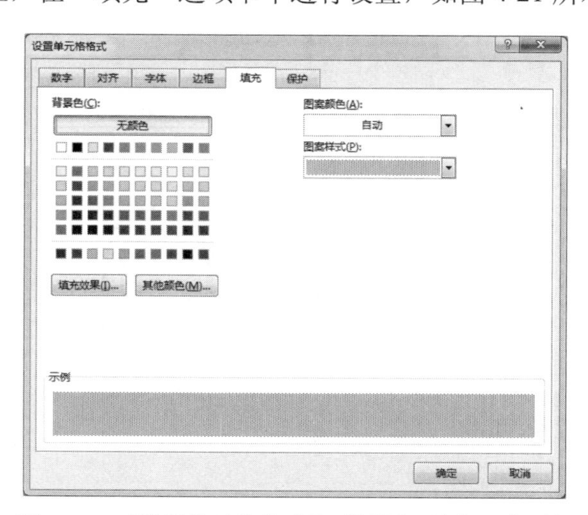

图 4-21 “设置单元格格式”对话框“填充”选项卡

4. 保护

锁定或隐藏单元格数据的功能在工作表受保护时才能有效。

5. 调整工作表的列宽和行高

设置每列的宽度和每行的高度是改善工作表外观经常用到的手段。例如，输入太长的文字内容将会延伸到相邻的单元格中，如果相邻单元格中已有内容，那么该文字内容会被截断；对于数值数据，则以一串#提示用户该单元格列宽不够而无法显示该数值数据。

调整列宽和行高最快捷的方法是利用鼠标来完成，将鼠标指向要调整的列宽（或行高）的列（或行）号之间的分隔线上，当鼠标指针变成带一个双向箭头的十字形时，拖拽分隔线到需要的位置即可，如图 4-22 所示。

	A	B	C
1	列的宽度不够		
2	####	123	
3			

图 4-22　利用鼠标调整列宽

如果要精确调整列宽和行高，可以单击“单元格”组中的“格式”下拉按钮，在打开的下拉列表中选择行高和列宽的相应设置命令，如图 4-23 所示，其中，使用“行高”命令将打开“行高”对话框，如图 4-24 所示，用户可以输入需要的高度值。列宽的设置与此类似。

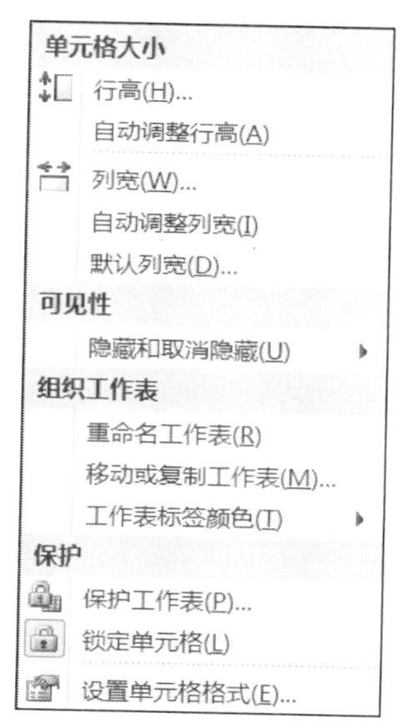

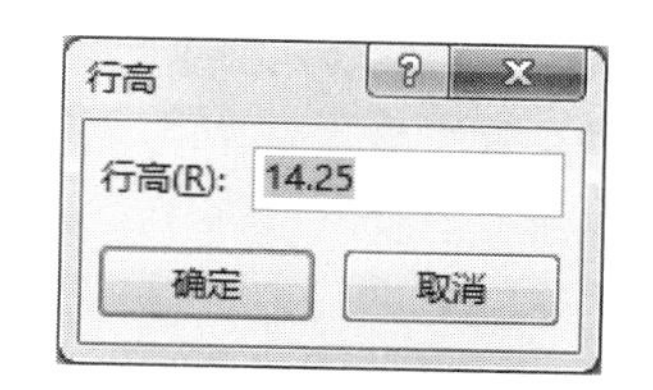

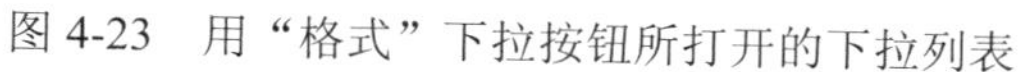

图 4-23　用“格式”下拉按钮所打开的下拉列表

图 4-24　“行高”对话框

【例 4.2】对例 4.1 中的“职工工资表”进行格式化：设置“扣款数”列小数位为 1，加千位分隔符和人民币符号¥；设置标题行高为 25，姓名列宽为 10；将 A1:H1 单元格区域合并，标题内容水平居中对齐，标题字体设为华文彩云、20 号、加粗；工作表边框外框为黑色粗线，内框为黑色细线；姓名所在行背景色为黄色。其效果如图 4-25 所示。

	A	B	C	D	E	F	G	H
1	职工工资表							
2	姓名	部门	职务	出生日期	基本工资	奖金	扣款数	实发工资
3	郑 含 因	销售部	业务员	1984-6-10	1000	1200	¥100.0	
4	李 海 儿	销售部	业务员	1982-6-22	800	700	¥85.5	
5	陈 静	销售部	业务员	1977-8-18	1200	1300	¥120.0	
6	王 克 南	销售部	业务员	1984-9-21	700	800	¥76.5	
7	钟 尔 慧	财务部	会计	1983-7-10	1000	500	¥35.5	
8	卢 植 茵	财务部	出纳	1978-10-7	450	600	¥46.5	
9	林 寻	技术部	技术员	1970-6-15	780	1000	¥100.5	
10	李 禄	技术部	技术员	1967-2-15	1180	1080	¥88.5	
11	吴 心	技术部	工程师	1966-4-16	1600	1500	¥110.5	
12	李 伯 仁	技术部	工程师	1966-11-24	1500	1300	¥108.0	
13	陈 醉	技术部	技术员	1982-11-23	800	900	¥55.0	
14	马 甫 仁	财务部	会计	1977-11-9	900	800	¥66.0	
15	夏 雪	技术部	工程师	1984-7-7	1300	1200	¥110.0	

图 4-25　工作表格式化效果

操作步骤如下：

- 在 Excel 中打开“职工工资表”文件。
- 单击列号 G 选定“实发工资”列，右击，在快捷菜单中选择“设置单元格格式”命令，打开“设置单元格格式”对话框，在“数字”选项卡的“分类”列表框中选择“数值”，在“小数位数”数值框中选择 1，选择“使用千位分隔符”复选框，再在“分类”列表框中选择“货币”，在“货币符号”下拉列表中选择¥，单击“确定”按钮。
- 单击行号 1 选定标题行，单击“单元格”选项组中的“格式”下拉按钮，在打开的下拉列表中选择“行高”命令，并在“行高”文本框中输入 25，单击“确定”按钮；单击列号 A 选定姓名所在列，单击“单元格”选项组中的“格式”下拉按钮，在打开的下拉列表中选择“列宽”命令，并在“列宽”文本框中输入 10，单击“确定”按钮。
- 选中 A1:H1 单元格区域，在“设置单元格格式”对话框的“对齐”选项卡中设置“水平对齐”为“居中”，选择“合并单元格”复选框，单击“确定”按钮。也可以单击单击“对齐方式”组中的“合并后居中”按钮快速完成。
- 选中标题“职工工资表”，在“设置单元格格式”对话框的“字体”选项卡中设置字体为“华文彩云”，字号为 20，单击“确定”按钮。也可以利用“字体”选项组中的对应按钮完成。
- 选中 A1:H15 单元格区域，在“设置单元格格式”对话框的“边框”选项卡中选择线条“颜色”为“黑色”，“样式”为“粗线”，单击“外边框”按钮，完成工作表外框的设置；再选择线条“样式”为“细线”，单击“内部”按钮，完成工作表内框线的设置，单击“确定”按钮。
- 选中 A2:H2 单元格区域，在“设置单元格格式”对话框的“填充”选项卡中选择“背景色”为“黄色”，单击“确定”按钮。也可以利用“字体”组中的“填充颜色”按钮快速完成。

6. 应用样式

Excel 提供了多种内置样式。通过“样式”组的“条件格式”“套用表格格式”和“单元格样式”等 3 组命令可以设置相关样式。其中，“条件格式”可以使数据在满足不同的条件时显示不同的格式，非常实用。

【例 4.3】对例 4.2 中的工作表设置条件格式：将基本工资大于等于 1500 的单元格设置成蓝色填充，字体加粗、倾斜，背景色为红色；基本工资小于 500 的单元格设置成红色填充、加双下划线。其效果如图 4-26 所示。

	A	B	C	D	E	F	G	H
1	职工工资表							
2	姓名	部门	职务	出生日期	基本工资	奖金	扣款数	实发工资
3	郑含因	销售部	业务员	1984-6-10	1000	1200	¥100.0	
4	李海儿	销售部	业务员	1982-6-22	800	700	¥85.5	
5	陈　静	销售部	业务员	1977-8-18	1200	1300	¥120.0	
6	王克南	销售部	业务员	1984-9-21	700	800	¥76.5	
7	钟尔慧	财务部	会计	1983-7-10	1000	500	¥35.5	
8	卢植茵	财务部	出纳	1978-10-7	450	600	¥46.5	
9	林　寻	技术部	技术员	1970-6-15	780	1000	¥100.5	
10	李　禄	技术部	技术员	1967-2-15	1180	1080	¥88.5	
11	吴　心	技术部	工程师	1966-4-16	1500	1500	¥110.5	
12	李伯仁	技术部	工程师	1966-11-24	1500	1300	¥108.0	
13	陈　醉	技术部	技术员	1982-11-23	800	900	¥55.0	
14	马甫仁	财务部	会计	1977-11-9	900	800	¥66.0	
15	夏　雪	技术部	工程师	1984-7-7	1300	1200	¥110.0	

图 4-26　设置条件格式效果

操作步骤如下：

- 选定要设置格式的 E3:E15 单元格区域。
- 单击“样式”组中的“条件格式”下拉按钮，在打开的下拉列表中选择“管理规则”命令，打开“条件格式规则管理器”对话框，如图 4-27 所示。

图 4-27　“条件格式规则管理器”对话框

- 在该对话框中单击“新建规则”按钮，打开“新建格式规则”对话框，如图 4-28 所示。在该对话框中，单击“选择规则类型”列表框中的“只为包含以下内容的单元格设置格式”项，然后在“编辑规则说明”栏中单击第 1 个下拉列表，选择“单元格值”项，单击第 2 个下拉列表，选择“大于或等于”项，在该行右边的文本框中输入 1500。单击“格式”按钮，在打开的“设置单元格格式”对话框中进行格式设置，即将满足“规则 1”的单元格格式设置成蓝色填充，字体加粗、倾斜，背景色为红色。单击“确定”按钮，返回“新建格式规则”对话框。再单击“确定”按钮，返回“条件格式规则管理器”对话框。
- 重复上述步骤，继续添加“规则 2”。“条件格式规则管理器”对话框最终的设置如图 4-28 所示，单击“确定”按钮。

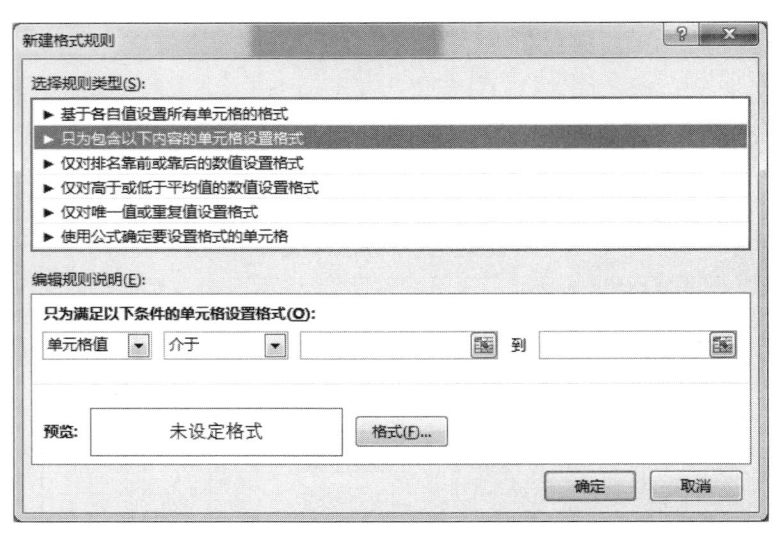

图 4-28 “新建格式规则”对话框

图 4-29 包含 2 个规则的“条件格式规则管理器”对话框

要修改已设置的条件格式，可打开“条件格式规则管理器”对话框，通过单击“编辑规则”按钮进行修改；通过单击“删除规则”按钮可删除已设置的条件格式。

列表中较高处的规则的优先级高于列表中较低处的规则。默认情况下，新规则总是添加到列表的顶部，因此具有较高的优先级，可以使用对话框中的“上移”和“下移”箭头更改优先级顺序。

4.3 公式与函数

如果工作表中只是输入一些文本、数值、日期和时间，那么文字处理软件完全可以取代它。Excel 的主要功能不在于它能显示、存储数据，更重要的是对数据的计算能力。它可以对工作表中某一区域的数据进行求和、求平均值、计数、求最大/最小值以及其他更为复杂的运算，从而避免手工计算的烦琐和容易出现错误；数据修改后公式的计算结果也会自动更新，这更是手工计算无法比拟的。

在 Excel 的工作表中，几乎所有的计算工作都是通过公式和函数来完成的。

4.3.1　公式的使用

公式是由=来引导，并用运算符将数据、单元格引用地址、函数等连接在一起的式子，如=A1+B1+C1。它与普通数据之间的区别在于公式首先是由=来引导的，后面是计算的内容，由常量、单元格引用地址、运算符和函数组成。

公式可以在单元格或编辑栏中直接输入。在输入公式时，之所以不用数据本身而是用单元格的引用地址，是为了使计算的结果始终准确地反映单元格的当前数据。只要改变了数据单元格中的内容，公式单元格中的结果也立刻随之改变。如果在公式中直接书写数据，那么一旦单元格中的数据有变化，公式计算的结果就不会自动更新。

1. 运算符

Excel 公式中常用的运算符分为 4 类，见表 4-2。

表 4-2　Excel 运算符及其优先级

类型	表示形式	优先级
算术运算符	+（加）、-（减）、*（乘）、/（除）、%（百分比）、^（乘方）、-（负号）	从高到低分为 5 个级别：负号、百分比、乘方、乘/除、加/减
关系运算符	=（等于）、>（大于）、<（小于）、>=（大于等于）、<=（小于等于）、<>（不等于）	优先级相同
文本运算符	&（文本的连接）	
引用运算符	:（区域）、,（联合）、空格（交叉）	从高到低依次为：区域、联合、交叉

其中，文本运算符用来将多个文本连接为一个组合文本，如"Microsoft"&"Excel"的结果为 MicrosoftExcel；引用运算符用来将单元格区域合并运算，见表 4-3。

表 4-3　引用运算符的功能

引用运算符	功能	示例
:（区域运算符）	包括两个引用在内的所有单元格的引用	SUM(A1:C3)
,（联合操作符）	对多个引用合并为一个引用	SUM(A1,C3)
空格（交叉操作符）	产生同时隶属于两个引用的单元格区域的引用	SUM(A1:C4 B2:D3)

4 类运算符的优先级从高到低依次为：引用运算符、算术运算符、文本运算符、关系运算符。当多个运算符同时出现在公式中时，Excel 按运算符的优先级进行运算，优先级相同时，自左向右运算。

2. 公式的输入和复制

当一个单元格中输入公式后，Excel 会自动加以运算，并将运算结果存放在该单元格中。当公式中引用的单元格数据发生变动时，公式所在的单元格的值也会随之改变。

【例 4.4】打开“职工工资表.xlsx”，使用公式计算每位职工的实发工资。

操作步骤如下：

- 打开“职工工资表”工作簿文件，选定第 1 位职工“实发工资”单元格，即 H3 单元格。

- 在 H3 单元格中输入公式=E3+F3-G3（或在编辑栏中输入=E3+F3-G3），按 Enter 键，Excel 自动计算并将结果显示在单元格中，如图 4-30 所示。比输入单元格引用地址更简单的方法是，直接用鼠标依次单击源数据单元格，则该单元格的引用地址会自动出现在编辑栏中。

	A	B	C	D	E	F	G	H
1	职工工资表							
2	姓名	部门	职务	出生日期	基本工资	奖金	扣款数	实发工资
3	郑含因	销售部	业务员	1984-6-10	1000	1200	¥100.0	2100
4	李海儿	销售部	业务员	1982-6-22	800	700	¥85.5	
5	陈　静	销售部	业务员	1977-8-18	1200	1300	¥120.0	
6	王克南	销售部	业务员	1984-9-21	700	800	¥76.5	
7	钟尔慧	财务部	会计	1983-7-10	1000	500	¥35.5	
8	卢植茵	财务部	出纳	1978-10-7	450	600	¥46.5	
9	林　寻	技术部	技术员	1970-6-15	780	1000	¥100.5	
10	李　禄	技术部	技术员	1967-2-15	1180	1080	¥88.5	
11	吴　心	技术部	工程师	1966-4-16	1600	1500	¥110.5	
12	李伯仁	技术部	工程师	1966-11-24	1500	1300	¥108.0	
13	陈　醉	技术部	技术员	1982-11-23	800	900	¥55.0	
14	马甫仁	财务部	会计	1977-11-9	900	800	¥66.0	
15	夏　雪	技术部	工程师	1984-7-7	1300	1200	¥110.0	

图 4-30　使用公式计算实发工资

- 计算其他职工的实发工资：再次单击单元格 H3，使之成为活动单元格；单击“剪贴板”组中的“复制”按钮；选定区域 H4:H15；单击“剪贴板”组中的“粘贴”按钮。执行结果如图 4-31 所示。

	A	B	C	D	E	F	G	H
1	职工工资表							
2	姓名	部门	职务	出生日期	基本工资	奖金	扣款数	实发工资
3	郑含因	销售部	业务员	1984-6-10	1000	1200	¥100.0	2100
4	李海儿	销售部	业务员	1982-6-22	800	700	¥85.5	1414.5
5	陈　静	销售部	业务员	1977-8-18	1200	1300	¥120.0	2380
6	王克南	销售部	业务员	1984-9-21	700	800	¥76.5	1423.5
7	钟尔慧	财务部	会计	1983-7-10	1000	500	¥35.5	1464.5
8	卢植茵	财务部	出纳	1978-10-7	450	600	¥46.5	1003.5
9	林　寻	技术部	技术员	1970-6-15	780	1000	¥100.5	1679.5
10	李　禄	技术部	技术员	1967-2-15	1180	1080	¥88.5	2171.5
11	吴　心	技术部	工程师	1966-4-16	1600	1500	¥110.5	2989.5
12	李伯仁	技术部	工程师	1966-11-24	1500	1300	¥108.0	2692
13	陈　醉	技术部	技术员	1982-11-23	800	900	¥55.0	1645
14	马甫仁	财务部	会计	1977-11-9	900	800	¥66.0	1634
15	夏　雪	技术部	工程师	1984-7-7	1300	1200	¥110.0	2390

图 4-31　使用公式计算实发工资的执行结果

说明： 其他职工的实发工资也可以利用公式的自动填充功能快速完成，方法是：移动鼠标到公式所在单元格（即 H3）右下角的填充柄处，当鼠标变成黑十字形状（✚）时，按住鼠标左键拖拽经过目标区域，到达最后一个单元格时释放鼠标左键，公式自动填充完毕。

3. 单元格地址表示方式

公式和函数中经常包含单元格的引用地址，它有 3 种表示方式：相对地址、绝对地址和混合地址。表示方式不同，处理方式也不同。

（1）相对地址（也称相对坐标）。由列号和行号表示，如 B1，A2:C4 等，是 Excel 默认的引用方式，它的特点是公式复制时，该地址会根据复制的目标位置自动调节。例如，职工工资表中公式从 H3 复制 H4，列号没变，行号加 1，所以公式从=E3+F3-G3 自动变为=E4+F4-G4。

假如公式从 H3 复制到 I4，列号加 1，行号也加 1，公式将自动变为=F4+G4-H4。相对地址常用来快速实现大量数据的同类运算。

（2）绝对地址（也称绝对坐标）。在列号和行号前都加上符号$构成，如$B$1，它的特点是公式复制或移动时，该地址始终保持不变。例如，职工工资表中将 H3 单元格公式改为=$E$3+$F$3-$G$3，再将公式复制到 H4，会发现 H4 的结果与 H3 一样，公式没变，仍然是=$E$3+$F$3-$G$3。$就好像一个"钉子"，钉住了参加运算的单元格，使它们不会随着公式位置的变化而变化。

（3）混合地址（也称混合坐标）。混合地址是在列号或行号前加上符号$构成，如$B1 和 B$1，它是相对地址和绝对地址的混合使用。在进行公式复制时，公式中的相对坐标会随引用单元格地址的变动而作相应改变，但公式中的绝对地址部分则保持不变。

4. 出错信息

当公式表达不正确时，系统将显示出错信息。常见的出错信息及其含义见表 4-4。

表 4-4　常见出错信息及其含义

出错信息	含义
#DIV/0!	除数为 0
#N/A	引用了当前不能使用的数值
#NAME?	引用了不能识别的名字
#NULL!	指定的两个区域不相交
#NUM!	数字错
#REF!	引用了无效的单元格
#VALUE!	错误的参数或运算对象

4.3.2　函数的使用

函数是 Excel 自带的一些已经定义好的公式，格式如下：

函数名(参数 1,参数 2,…)

其中的参数可以是常量、单元格、单元格区域、公式或其他函数。

例如，求和函数 SUM(A1:A8)中，A1:A8 是参数，指明操作对象是单元格区域 A1:A8 中的数值。

与直接创建公式比较（如公式=A1+A2+A3+A4+A5+A6+A7+A8 与函数=SUM(A1:A8)），使用函数可以减少输入的工作量，减小出错率；而且，对于一些复杂的运算（如开平方根、求标准偏差等），如果由用户自己设计公式来完成会很困难。Excel 2016 提供了 400 多种函数，包括数学与三角、财务、日期和时间、统计、查找与引用、数据库、文本、逻辑、信息、工程等函数。下面分别介绍各类中的常用函数。

1. 函数的分类

（1）数学函数。

1）绝对值函数 ABS。

格式：ABS(Number)

功能：返回参数 Number 的绝对值。

2）取整函数 INT。

格式：INT(Number)

功能：返回不大于参数 Number 的最大整数。

例如：=INT(5.6)与=INT(5)的值都为 5，=INT(-5.6)的值为-6。

3）求余函数 MOD。

格式：MOD(Number,Divisor)

功能：返回 Number/Divisor 的余数，结果的符号与 Divisor 的相同。

例如：=MOD(3,2)与=MOD(-3,2)的值都为 1，=MOD(3,-2)的值为-1。

4）圆周率函数 PI。

格式：PI()

功能：返回圆周率π的值。该函数无参数，但使用时圆括号不能省。

5）随机数函数 RAND。

格式：RAND()

功能：返回一个[0,1)之间的随机数。

例如：a+INT(RAND()*(b-a+1))可以产生[a,b]上的随机整数。其中 a<b 且都为整数。

6）四舍五入函数 ROUND

格式：ROUND(Number,Num_digits)

功能：对参数 number 按四舍五入的原则保留 Num_digits 位小数。其中 Num_digits 为任意整数。

例如：=ROUND(3.1415,2)的值为 3.14，=ROUND(3.1415,3)的值为 3.142。

7）求平方根函数 SQRT。

格式：SQRT(Number)

功能：返回 Number 的算术平方根。其中要求 Number≥0。

例如：=SQRT(9)的值为 3，=SQRT(-9)的值为#NUM!。

8）求和函数 SUM。

格式：SUM(Number1, Number2,…)

功能：返回参数表中所有参数的和，参数的个数最多不超过 30 个，常使用区域形式。

9）条件求和函数 SUMIF。

格式：SUMIF(Range,Criteria,Sum_range)

功能：返回区域 Range 内满足条件 Criteria 的单元格所顺序对应的区域 Sum_range 内单元格中数值的和。如果参数 Sum_range 省略，求和区域为 Range。条件 Criteria 是以数值、单元坐标、字符串等形式出现。

例如：对于图 4-30 中的数据，用公式=SUMIF(D3:D15,">=1980-1-1",E3:E15)可以计算出 1980 年 1 月 1 日以后出生的职工的基本工资总和。而公式=SUMIF(E3:E15,">1000")则计算出奖金大于 1000 的职工的奖金总和。

10）截取函数 TRUNC。

格式：TRUNC(Number,Num_digits)

功能：将数字 Number 截取为整数或保留 Num_digits 位小数。Num_digits 省略时默认值为 0。

例如：=TRUNC(3.1415,3)的值为 3.141，=TRUNC(3.1415)的值为 3。

（2）文本函数。

1）字符串长度函数 LEN。

格式：LEN(Text)

功能：返回文本字符串中的字符数。

例如：=LEN("广东梅州嘉应学院")的值为 8，=LEN("How do you do? ")的值为 14。

2）左截取子串函数 LEFT。

格式：LEFT(Text,Num_chars)

功能：返回字符串 text 左边的 Num_chars 个字符构成的子字符串。其中 Num_chars 省略时默认为 1。

例如：=LEFT("广东梅州嘉应学院",2)的值为“广东”，=LEFT("How do you do? ",3)的值为 How。

3）右截取子串函数 RIGHT。

格式：RIGHT(Text,Num_chars)

功能：返回字符串 Text 右边的 Num_chars 个字符构成的子字符串。其中 Num_chars 省略时默认为 1。

例如：=RIGHT("广东梅州嘉应学院",2)的值为“学院”，=RIGHT("How do you do?",3)的值为 do?。

4）中间截取子串函数 MID。

格式：MID(Text,Start_num,Num_chars)

功能：返回从字符串 Text 左边的第 Start_num 个字符开始取 Num_chars 个字符构成的子字符串。

例如：=MID("广东梅州嘉应学院",3,2)的值为“梅州”，=MID("How do you do? ",5,6)的值为 do you。

（3）日期与时间函数。

1）指定日期函数 DATE。

格式：DATE(Year,Month,Day)

功能：返回在 Excel 日期时间代码中代表日期的数字。

说明：year 是介于 1900 ~ 9999 之间的整数。Month 是一个代表月份的整数，若输入的月份大于 12，则函数会自动进位，如输入=DATE(2010,20,8)将返回 2011-8-8 对应的日期序列数。Day 是一个代表在该月份第几天的数，若输入的 Day 大于该月份的最大天数时，则函数也会自动进位，如输入=DATE(2008,7,39)也将返回 2008-8-8 对应的日期序列数。系统规定：1900-1-1 对应的日期序列数为 1，以后每增加一天，序列数顺序加 1。

例如：=DATE(2008,8,8)的日期序列数为 39668，此系列数说明从 1900-1-1 到 2008-8-8 已经过了 39668 天。

2）系统的今天函数 TODAY。

格式：TODAY()

功能：返回计算机系统的当前日期。

3）系统的现在函数 Now。

格式：NOW()

功能：返回计算机系统的当前日期与当前时间。

4）年函数 YEAR。

格式：YEAR(Serial_number)

功能：返回对应日期的年份值。

例如：=YEAR("2008-10-1")的值为 2008。

5）月函数 MONTH。

格式：MONTH(Serial_number)

功能：返回对应日期的月份值。

例如：=MONTH("2008-10-1")的值为 10。

6）日函数 DAY。

格式：DAY(Serial_number)

功能：返回对应日期的日数字。

例如：=DAY("2008-10-1")的值为 1。

（4）逻辑函数。

1）逻辑“与”函数 AND。

格式：AND(Logical1,Logical2, ...)

功能：所有参数的逻辑值为真时，返回 TRUE；只要有一个参数的逻辑值为假，即返回 FALSE。

例如：=AND(3>2,3+2>=2+3,"A"<"B")的值为 TRUE，AND(2>3,2+3>1+2)的值为 FALSE。

2）逻辑“或”函数 OR。

格式：OR(Logical1,Logical2, ...)

功能：所有参数的逻辑值为假时，返回 FALSE；只要有一个参数的逻辑值为真，即返回 TRUE。

例如：=OR(3<2,3+2>2+3,"A">"B")的值为 FALSE，OR(2>3,2+3>1+2)的值为 TRUE。

3）条件函数 IF。

格式：IF(Logical_test,Value_if_true,Value_if_false)

功能：当 Logical_test 取值为 TRUE 时，返回 Value_if_true；否则返回 Value_if_false。

【例 4.5】对图 4-32 的职工工资表，要求使用 IF 函数在区域 I3:I15 完成对职工工资高低进行评价。标准如下：实发工资＜1500 为“低”，1500≤实发工资＜2500 为“中”实发工资≥2500 为“高”。

	A	B	C	D	E	F	G	H	I
1	职工工资表								
2	姓名	部门	职务	出生日期	基本工资	奖金	扣款数	实发工资	工资评价
3	郑含因	销售部	业务员	1984-6-10	1000	1200	¥100.0	2100	
4	李海儿	销售部	业务员	1982-6-22	800	700	¥85.5	1414.5	
5	陈　静	销售部	业务员	1977-8-18	1200	1300	¥120.0	2380	
6	王克南	销售部	业务员	1984-9-21	700	800	¥76.5	1423.5	
7	钟尔慧	财务部	会计	1983-7-10	1000	500	¥35.5	1464.5	
8	卢植茵	财务部	出纳	1978-10-7	450	600	¥46.5	1003.5	
9	林　寻	技术部	技术员	1970-6-15	780	1000	¥100.5	1679.5	
10	李　禄	技术部	技术员	1967-2-15	1180	1080	¥88.5	2171.5	
11	吴　心	技术部	工程师	1966-4-16	1600	1500	¥110.5	2989.5	
12	李伯仁	技术部	工程师	1966-11-24	1500	1300	¥108.0	2692	
13	陈　醉	技术部	技术员	1982-11-23	800	900	¥55.0	1645	
14	马甫仁	财务部	会计	1977-11-9	900	800	¥66.0	1634	
15	夏　雪	技术部	工程师	1984-7-7	1300	1200	¥110.0	2390	

图 4-32　评价职工工资收入

操作步骤如下：

- 在 I3 单元格中输入公式=IF(H3>=2500,"高",IF(H3>=1500,"中","低"))，按 Enter 键。
- 评价其他职工的实发工资：再次单击单元格 I3，使之成为活动单元格；双击 I3 单元的填充柄。执行结果如图 4-33 所示。

I3　fx　=IF(H3>=2500,"高",IF(H3>=1500,"中","低"))

	A	B	C	D	E	F	G	H	I
1	职工工资表								
2	姓名	部门	职务	出生日期	基本工资	奖金	扣款数	实发工资	工资评价
3	郑含因	销售部	业务员	1984-6-10	1000	1200	¥100.0	2100	中
4	李海儿	销售部	业务员	1982-6-22	800	700	¥85.5	1414.5	低
5	陈　静	销售部	业务员	1977-8-18	1200	1300	¥120.0	2380	中
6	王克南	销售部	业务员	1984-9-21	700	800	¥76.5	1423.5	低
7	钟尔慧	财务部	会计	1983-7-10	1000	500	¥35.5	1464.5	低
8	卢植茵	财务部	出纳	1978-10-7	450	600	¥46.5	1003.5	低
9	林　寻	技术部	技术员	1970-6-15	780	1000	¥100.5	1679.5	中
10	李　禄	技术部	技术员	1967-2-15	1180	1080	¥88.5	2171.5	中
11	吴　心	技术部	工程师	1966-4-16	1600	1500	¥110.5	2989.5	高
12	李伯仁	技术部	工程师	1966-11-24	1500	1300	¥108.0	2692	高
13	陈　醉	技术部	技术员	1982-11-23	800	900	¥55.0	1645	中
14	马甫仁	财务部	会计	1977-11-9	900	800	¥66.0	1634	中
15	夏　雪	技术部	工程师	1984-7-7	1300	1200	¥110.0	2390	中

图 4-33　使用 IF 函数评价职工工资高低的执行结果

（5）统计函数。

1）第 1 计数函数 COUNTA。

格式：COUNTA(Value1,Value2,…)

功能：返回参数 Value1,Value2,…的个数。对于区域参数则计算其中非空单元的数目，参数可为 1～30 个。

2）第 2 计数函数 COUNT。

格式：COUNT(Value1,Value2,…)

功能：返回参数 Value1,Value2,…中数值型参数的个数。对于区域参数则计算其中数值型单元的数目，参数可为 1～30 个。

函数在计数时，会把数值、空、逻辑值、日期或以数值构成的字符串计算进去；但对于错误值以及无法转换成数值的文字则被忽略。

例如：=COUNT(0.6,TRUE,"3","three",4,,9,#DIV/0!)的值为 6。

3）条件计数函数 COUNTIF。

格式：COUNTIF(Range,Criteria)

功能：返回区域 Range 内满足条件 Criteria 的单元格个数。条件 Criteria 以数值、单元坐标、字符串等形式出现。

例如：若 A1:A4 中各单元的值分别为 20、30、40、50，则公式=COUNTIF(A1:A4,">20")的值为 3。

4）求平均值函数 AVERAGE。

格式：AVERAGE(Number1,Number2,…)

功能：返回参数表中所有数值型参数的平均值。参数的个数最多不超过 30 个，常使用区域形式。

5）求最大值函数 MAX。

格式：MAX(Number1,Number2,…)

功能：返回参数表中所有数值型参数的最大值。参数的个数最多不超过 30 个，常使用区域形式。

6）求最小值函数 MIN。

格式：MIN(Number1,Number2,…)

功能：返回参数表中所有数值型参数的最小值。参数的个数最多不超过 30 个，常使用区域形式。

7）频率分布函数 FREQUENCY。

格式：FREQUENCY(Data_array,Bins_array)

功能：计算一组数 Data_array 分布在指定区间 Bins_array 的个数。

其中，Data_array 为要统计的数组所在的区域，Bins_array 为统计的区间数组数据。设 Bins_array 指定的参数为 A1、A2、A3、…、An，则其统计的区间为 X≤A1，A1<X≤A2，A2<X≤A3、…、An-1<X≤An、X>An，共 n+1 个区间。函数 FREQUENCY 将忽略空白单元格和文本。

【例 4.6】对图 4-31 的职工工资表，要求使用 FREQUENCY 函数统计实发工资<1500、1500≤实发工资<2000、2000≤实发工资<2500、实发工资≥2500 的职工人数各有多少。

操作步骤如下：

- 在空区域 J3:J5 输入统计间距数据 1499.9、1999.9、2499.9。
- 选定统计结果数据的输出区域 K3:K6（比统计间距区域多一单元）。
- 输入频率分布函数的公式=FREQUENCY(H3:H15,J3:J5)。
- 按 Ctrl+Shift+Enter 组合键。执行结果如图 4-34 所示。

K3 {=FREQUENCY(H3:H15,J3:J5)}

	A	B	C	D	E	F	G	H	I	J	K
1	职工工资表										
2	姓名	部门	职务	出生日期	基本工资	奖金	扣款数	实发工资			
3	郑含因	销售部	业务员	1984-6-10	1000	1200	¥100.0	2100		1499.9	4
4	李海儿	销售部	业务员	1982-6-22	800	700	¥85.5	1414.5		1999.9	3
5	陈　静	销售部	业务员	1977-8-18	1200	1300	¥120.0	2380		2499.9	4
6	王克南	销售部	业务员	1984-9-21	700	800	¥76.5	1423.5			2
7	钟尔慧	财务部	会计	1983-7-10	1000	500	¥35.5	1464.5			
8	卢植茵	财务部	出纳	1978-10-7	450	600	¥46.5	1003.5			
9	林　寻	技术部	技术员	1970-6-15	780	1000	¥100.5	1679.5			
10	李　禄	技术部	技术员	1967-2-15	1180	1080	¥88.5	2171.5			
11	吴　心	技术部	工程师	1966-4-16	1600	1500	¥110.5	2989.5			
12	李伯仁	技术部	工程师	1966-11-24	1500	1300	¥108.0	2692			
13	陈　醉	技术部	技术员	1982-11-23	800	900	¥55.0	1645			
14	马甫仁	财务部	会计	1977-11-9	900	800	¥66.0	1634			
15	夏　雪	技术部	工程师	1984-7-7	1300	1200	¥110.0	2390			
16											

图 4-34　例 4.6 的执行结果

8）排位函数 RANK。

格式：RANK(Number,Ref,Order)

功能：返回参数 Number 在区域 Ref 中的排位值。参数 Number 为需要排位的数字；Ref 为所有参与排位的数字区域；Order 为一数字，指明排位的方式，为 0（零）或省略时按降序排列，不省略且不为零时按照升序排列。

【例 4.7】对图 4-35 的职工工资表中的实发工资进行排位，要求使用 RANK 函数完成，实发工资最高者排第一。

	A	B	C	D	E	F	G	H	I
1	职工工资表								
2	姓名	部门	职务	出生日期	基本工资	奖金	扣款数	实发工资	工资排位
3	郑含因	销售部	业务员	1984-6-10	1000	1200	￥100.0	2100	
4	李海儿	销售部	业务员	1982-6-22	800	700	￥85.5	1414.5	
5	陈　静	销售部	业务员	1977-8-18	1200	1300	￥120.0	2380	
6	王克南	销售部	业务员	1984-9-21	700	800	￥76.5	1423.5	
7	钟尔慧	财务部	会计	1983-7-10	1000	500	￥35.5	1464.5	
8	卢植茵	财务部	出纳	1978-10-7	450	600	￥46.5	1003.5	
9	林　寻	技术部	技术员	1970-6-15	780	1000	￥100.5	1679.5	
10	李　禄	技术部	技术员	1967-2-15	1180	1080	￥88.5	2171.5	
11	吴　心	技术部	工程师	1966-4-16	1600	1500	￥110.5	2989.5	
12	李伯仁	技术部	工程师	1966-11-24	1500	1300	￥108.0	2692	
13	陈　醉	技术部	技术员	1982-11-23	800	900	￥55.0	1645	
14	马甫仁	财务部	会计	1977-11-9	900	800	￥66.0	1634	
15	夏　雪	技术部	工程师	1984-7-7	1300	1200	￥110.0	2390	

图 4-35　职工实发工资排位

操作步骤如下：

- 在 I3 单元格中输入公式=RANK(H3,$H$3:$H$15)，按 Enter 键。
- 对其他职工的实发工资排位：再次单击单元格 I3，使之成为活动单元格；双击 I3 单元格的填充柄。执行结果如图 4-36 所示。

I3　　fx　=RANK(H3,$H$3:$H$15)

	A	B	C	D	E	F	G	H	I
1	职工工资表								
2	姓名	部门	职务	出生日期	基本工资	奖金	扣款数	实发工资	工资排位
3	郑含因	销售部	业务员	1984-6-10	1000	1200	￥100.0	2100	6
4	李海儿	销售部	业务员	1982-6-22	800	700	￥85.5	1414.5	12
5	陈　静	销售部	业务员	1977-8-18	1200	1300	￥120.0	2380	4
6	王克南	销售部	业务员	1984-9-21	700	800	￥76.5	1423.5	11
7	钟尔慧	财务部	会计	1983-7-10	1000	500	￥35.5	1464.5	10
8	卢植茵	财务部	出纳	1978-10-7	450	600	￥46.5	1003.5	13
9	林　寻	技术部	技术员	1970-6-15	780	1000	￥100.5	1679.5	7
10	李　禄	技术部	技术员	1967-2-15	1180	1080	￥88.5	2171.5	5
11	吴　心	技术部	工程师	1966-4-16	1600	1500	￥110.5	2989.5	1
12	李伯仁	技术部	工程师	1966-11-24	1500	1300	￥108.0	2692	2
13	陈　醉	技术部	技术员	1982-11-23	800	900	￥55.0	1645	8
14	马甫仁	财务部	会计	1977-11-9	900	800	￥66.0	1634	9
15	夏　雪	技术部	工程师	1984-7-7	1300	1200	￥110.0	2390	3

图 4-36　例 4.7 的执行结果

（6）财务函数。

1）投资（未来值）函数 FV。

格式：FV(Rate,Nper,Pmt)

功能：基于固定利率及等额分期付款方式，返回某项投资的未来值。其中：

Rate：每期的利率。

Nper：付款的总次数。

Pmt：每期应存入或偿还的金额。

在所有参数中，支出的款项，如向银行存款，表示为负数；收入的款项，如股息收入，表示为正数。注意：rate 与 nper 使用时单位必须一致。

例如：假定当前年利率为 5%，从现在开始每月向银行存入 1470.46 元，则 5 年后得到的存款（本息）为=FV(5%/12,5*12,-1470.46)=100000.22 元。

2）偿还函数 PMT。

格式：PMT(Rate,Nper,Pv,Fv,Type)

功能：返回固定利率下的投资或贷款的等额分期存款或还款额。其中：

Pv：现值，或一系列未来付款的当前值的累积和（贷款本金）。

Fv：未来值，或在最后一次付款后希望得到的现金余额，如果省略 Fv，则假设其值为零，也就是一笔贷款的未来值为零。

Type：数字 0 或 1，表示何时付款。0 或省略表示期末付款，1 表示期初付款。

例如：某企业向银行贷款 5 万元，准备 4 年还清，假定当前年利率为 4%，每月应向银行偿还贷款的数额为（期末付款）=PMT(4%/12,4*12,50000)=−1128.95 元。如在每月初偿还贷款，则为=PMT(4%/12,4*12,50000,0,1)=−1125.20 元。

再如：假定当前年利率为 5%，为使 5 年后得到 10 万元的存款，则从现在开始每月应向银行存入的钱额为=PMT(5%/12,5*12,100000)=−1470.46 元。

3）可贷款（现值）函数 PV。

格式：PV(Rate,Nper,Pmt)

功能：返回规定利率、偿还期数及偿还能力下可贷款的总额。

例如：某企业向银行贷款，其偿还能力为每月 50 万元，计划 3 年还清，假定当前年利率为 4%，则该企业可向银行贷款的数额为=PV(4%/12,3*12,50)=1693.54（万元）。

（7）查找与引用函数。

1）选择函数 CHOOSE。

格式：CHOOSE(Index_Num,Value1,Value2,...)

功能：当 Index_num 为 1 时，取值为 Value1；当 Index_num 为 2 时，取值为 Value2；依次类推。

例如：单元格 A1 的值为 4，则=CHOOSE(A1,2,3,4,5)的值为 5。

2）按列内容选择函数 VLOOKUP。

格式：VLOOKUP(Lookup_value,Table_array,Col_index_num,Range_lookup)

功能：在区域 Table_array 的首列查找指定的数值 Lookup_value，然后在 Lookup_value 所在行右移到 Col_index_num 列，并返回该单元格的数据。其中：

Lookup_value：为需要在数据表第一列中查找的数据，可以是数值、文本字符串或引用。

Table_array：为需要在其中查找数据的数据表（区域），可以使用单元格区域或区域名称等。如果 Range_lookup 为 TRUE 或省略，则 Table_array 的第一列中的数值必须按升序排列，否则，函数 VLOOKUP 不能返回正确的数值。如果 Range_lookup 为 FALSE，Table_array 不必进行排序。Table_array 的第一列中的数值可以为文本、数字或逻辑值。若为文本时，不区分文本的大小写。

Col_index_num：为 Table_array 中待返回的匹配值的列序号。Col_index_num 为 1 时，返回 Table_array 第一列中的数值；Col_index_num 为 2 时，返回 Table_array 第二列中的数值，以此类推。

Range_lookup：为一逻辑值，指明函数 VLOOKUP 返回时是精确匹配还是近似匹配。如果为 TRUE 或省略，则返回近似匹配值，也就是说，如果找不到精确匹配值，则返回小于

Lookup_value 的最大数值；如果 Range_value 为 FALSE，函数 VLOOKUP 将返回精确匹配值。如果找不到，则返回错误值#N/A。

例如：现有图 4-37 的数据表，可以看出 A 列的数据已进行升序排序。则有：=VLOOKUP(1,A1:C10,3)的值为 100，=VLOOKUP(1,A1:C10,3,FALSE)的值为#N/A。

	A	B	C
1	密度	粘度	温度
2	0.457	3.55	500
3	0.525	3.25	400
4	0.616	2.93	300
5	0.675	2.75	250
6	0.746	2.57	200
7	0.835	2.38	150
8	0.946	2.17	100
9	1.09	1.95	50
10	1.29	1.71	0

图 4-37　某物体密度粘度温度对照表

（8）数据库函数。

1）格式：函数名(Database,Field,Criteria)

其中：

Database：数据库区域。指整个数据清单所占的区域，即字段名行和所有记录行所占的区域。

Field：字段偏移量，也称列序号。指被统计字段在数据库中的序号，第一字段为 1，第二字段为 2，以此类推。也可以用被统计字段的字段名所在的单元坐标（用相对坐标）或用英文双引号括住的字段名表示。

Criteria：条件区域。指字段名行和条件行所占的区域。条件区域的构造方法及数据库函数的应用将在后续内容中介绍。

2）功能。

DAVERAGE 函数功能：求数据库中满足给定条件的记录的对应字段的平均值。

DSUM 函数功能：求数据库中满足给定条件的记录的对应字段的和。

DMAX 函数功能：求数据库中满足给定条件的记录的对应字段的最大值。

DMIN 函数功能：求数据库中满足给定条件的记录的对应字段的最小值。

Dcounta 函数功能：求数据库中满足给定条件的记录数。

2. 函数的输入

函数的输入有两种方法：

（1）直接输入法。即直接在单元格或编辑栏内输入函数，适用于比较简单的函数。

（2）插入函数法。单击“编辑栏”上的“插入函数”按钮 *fx*，或单击“公式”选项卡“函数库”组中的“插入函数”按钮，打开“插入函数”对话框，如图 4-38 所示，在该对话框进行操作。

注意：如果是 5 个基本函数（求和、平均值、计数、最大值、最小值），Excel 提供了一种更快捷的方法，即使用“公式”选项卡“函数库”组中的“Σ自动求和”下拉列表，如图 4-39 所示，它将自动对活动单元格上方或左侧的数据进行这 5 种基本计算。

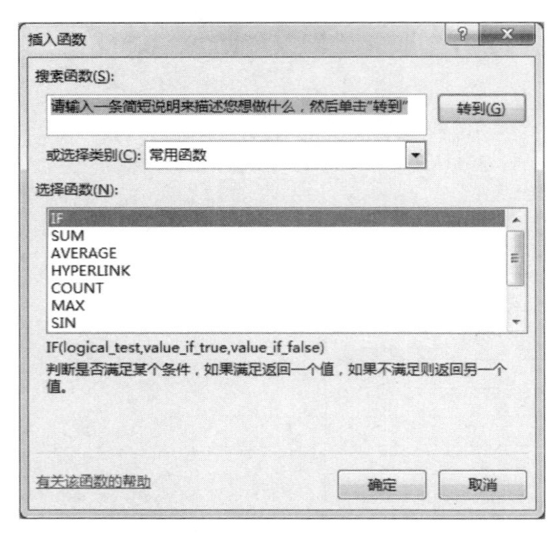

图 4-38 “插入函数”对话框

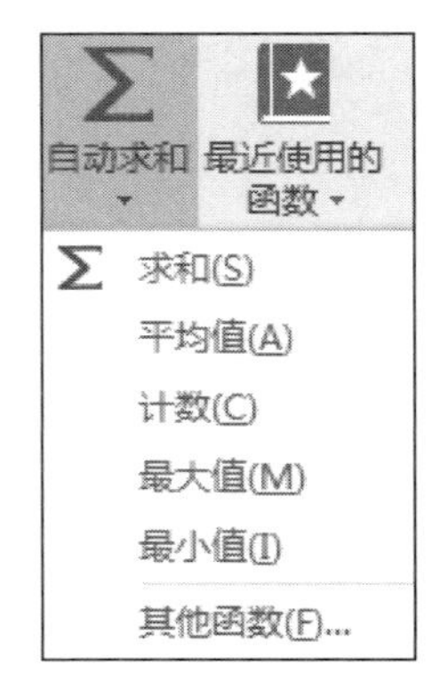

图 4-39 “自动求和”下拉列表

【例 4.8】使用插入函数法统计“职工工资表”中所有职工的基本工资、奖金、扣款数和实发工资的平均值。

操作步骤如下：

- 在“职工工资表”中单击用于存放基本工资平均值的 E16 单元格。
- 单击“编辑栏”上的“插入函数”按钮，或单击“公式”选项卡“函数库”中的“插入函数”按钮，打开“插入函数”对话框，在“或选择类别”下拉列表中选择“常用函数”，在“选择函数”列表框中选择 AVERAGE。
- 单击“确定”按钮，弹出所选函数参数对话框，如图 4-40 所示，此时，系统自动提供的数据单元格区域 E3:E15 正确，直接单击“确定”按钮即可。如果单元格区域不正确，则需要重新选择：单击 Number1 参数框右侧的“折叠对话框”按钮，从工作表中重新选定相应的单元格区域，再单击按钮恢复对话框，最后单击“确定”按钮。

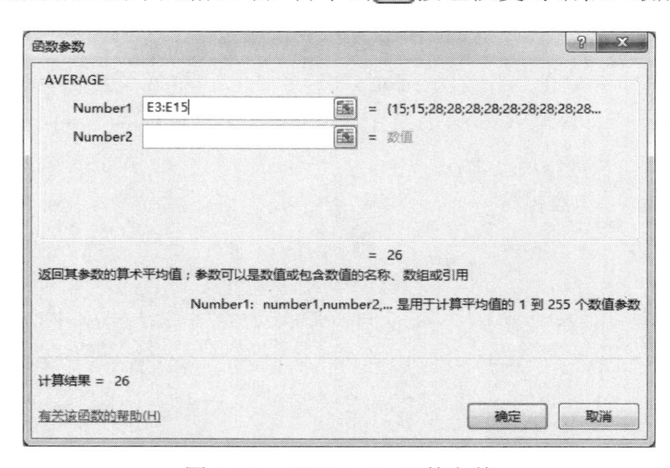

图 4-40 AVERAGE 函数参数

- 其他如奖金、扣款数、实发工资的平均值计算可利用公式的自动填充功能快速完成。执行结果如图 4-41 所示。

	A	B	C	D	E	F	G	H	I
1	职工工资表								
2	姓名	部门	职务	出生日期	基本工资	奖金	扣款数	实发工资	工资评价
3	郑 含 因	销售部	业务员	1984-6-10	1000	1200	¥100.0	2100	中
4	李 海 儿	销售部	业务员	1982-6-22	800	700	¥85.5	1414.5	低
5	陈　　静	销售部	业务员	1977-8-18	1200	1300	¥120.0	2380	中
6	王 克 南	销售部	业务员	1984-9-21	700	800	¥76.5	1423.5	低
7	钟 尔 慧	财务部	会计	1983-7-10	1000	500	¥35.5	1464.5	低
8	卢 植 茵	财务部	出纳	1978-10-7	450	600	¥46.5	1003.5	低
9	林　　寻	技术部	技术员	1970-6-15	780	1000	¥100.5	1679.5	中
10	李　　禄	技术部	技术员	1967-2-15	1180	1080	¥88.5	2171.5	中
11	吴　　心	技术部	工程师	1966-4-16	1600	1500	¥110.5	2989.5	高
12	李 伯 仁	技术部	工程师	1966-11-24	1500	1300	¥108.0	2692	高
13	陈　　醉	技术部	技术员	1982-11-23	800	900	¥55.0	1645	中
14	马 甫 仁	财务部	会计	1977-11-9	900	800	¥66.0	1634	中
15	夏　　雪	技术部	工程师	1984-7-7	1300	1200	¥110.0	2390	中
16	平均值				1016.154	990.8	84.8077	1922.115	

图 4-41　计算基本工资、奖金、扣款数、实发工资的平均值

4.4　制作图表

用图表来描述电子表格中的数据是 Excel 的主要功能之一。Excel 能够将电子表格中的数据转换成各种类型的统计图表，更直观地描述数据之间的关系，反映数据的变化规律和发展趋势，使我们能一目了然地进行数据分析。当工作表中的数据发生变化时，图表会相应改变，不需要重新绘制。

4.4.1　图表的基本知识

1. 图表的数据源

用于生成图表的数据区域称为图表数据源。数据源中的数据可以按行或按列分成若干个数据系列。

2. 图表的基本元素

图 4-42 列出了图表的基本元素。每一个图表都处于一个矩形框中，框内的区域称为图表区域。图表区域内用于绘制图形的区域称为绘图区。图表还包括标题、坐标轴、网格线、图例等。如图 4-42 所示。

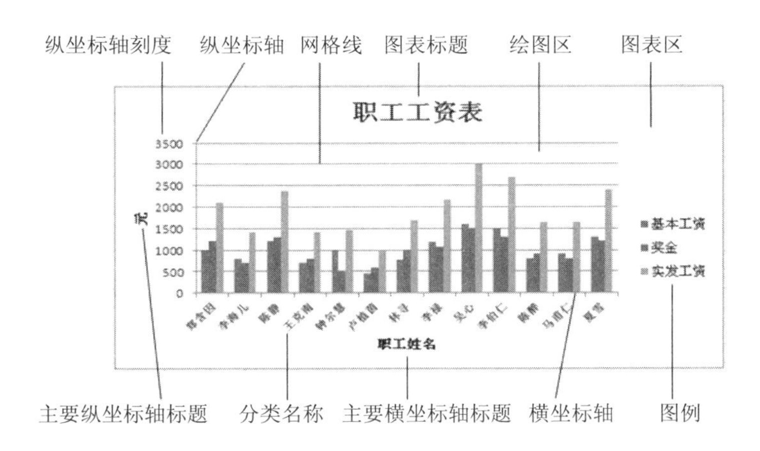

图 4-42　图表的组成

3. 图表类型

按图表的存放位置分，Excel 可以生成嵌入式图表和图表工作表。嵌入式图表是将图表作为一个图形对象插入到一个工作表内；图表工作表是将图表放在一个新工作表中，它是具有独立工作表名的工作表。

按图表的形状分，Excel 2016 中提供了多种图表类型，包括柱形图、条形图、折线图、饼图、XY 散点图、面积图、圆环图、雷达图、曲面图、气泡图、股价图、圆柱图、圆锥图和棱锥图等类型，Excel 默认图表类型为柱形图。各种图表各有优点，适用于不同的场合，可根据不同的情况选用不同类型的图表。下面对常用的几种图表类型进行说明。

（1）柱形图。柱形图是用柱形块表示数据的图表，通常用于反映数据之间的相对差异，为最常用的图表类型。柱形图可以绘制多组系列，同一数据系列中的数据点用同一颜色或图案绘制，如图 4-43 所示。

（2）折线图。折线图是用点以及点与点之间连成的折线表示数据的图表，它可以描述数值数据的变化趋势。在折线图中，同一数据系列中的数据绘制在同一条折线图上，如图 4-44 所示。

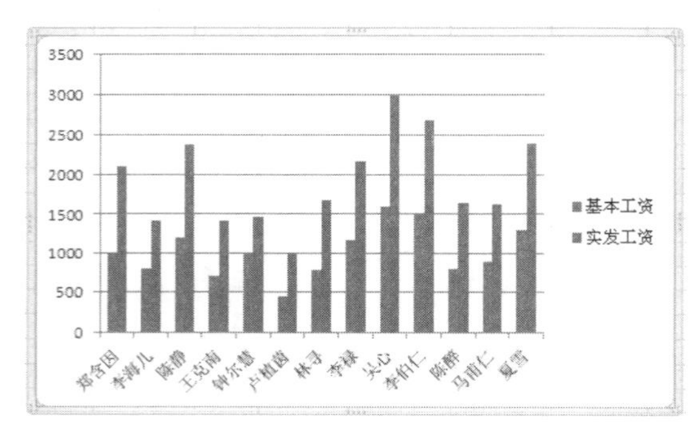

图 4-43 柱形图

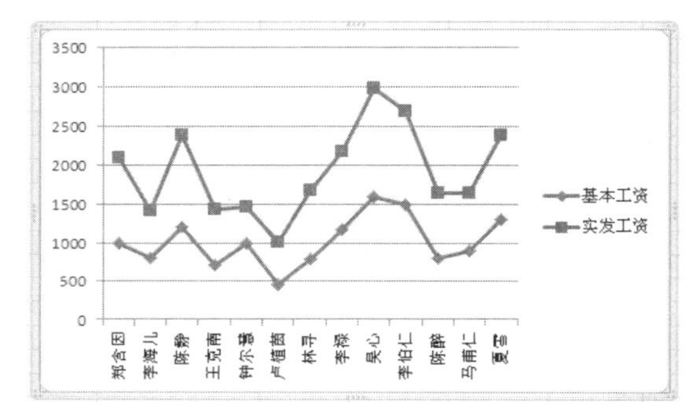

图 4-44 折线图

（3）饼图。饼图用于表示部分在整体中所占的百分比，能显示出部分与整体的关系。它只能处理一组数据系列，且无坐标轴和网格线，如图 4-45 所示。

（4）XY 散点图。散点图中的点一般不连续，每一点代表了两个变量的数值，适用于分析两个变量之间是否相关，通常用于绘制函数曲线，如图 4-46 所示。

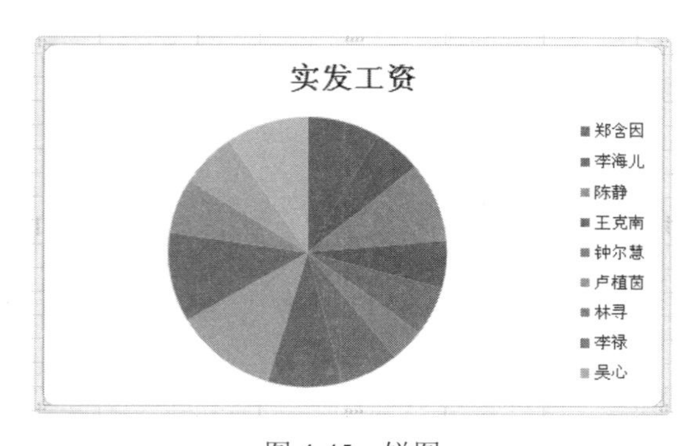

图 4-45 饼图

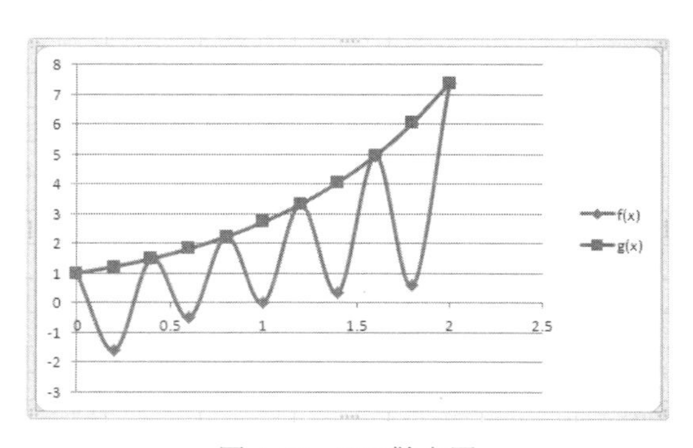

图 4-46 XY 散点图

4.4.2　创建图表

Excel 2016 创建图表有两种常用方式：一是利用“插入”选项卡“图表”组中的各个按钮，二是直接按 F11 键快速创建图表。下面以实例说明利用“插入”选项卡创建图表的具体操作方法。

【例 4.9】根据例 4.8“职工工资表”中的姓名、基本工资、奖金、实发工资产生一个簇状柱形图，并嵌入到工资表中。图表建立好后，适当改变大小，并移动到工作表中空白处。

操作步骤如下：

- 选定建立图表的数据源。方法如下：先选定“姓名”列（A2:A15），然后按住 Ctrl 键，再选定“基本工资”列（E2:E15）、“奖金”列（F2:F15）和“实发工资”列（H2:H15），如图 4-47 所示。

	A	B	C	D	E	F	G	H	I
1	职工工资表								
2	姓名	部门	职务	出生日期	基本工资	奖金	扣款数	实发工资	工资评价
3	郑 含 因	销售部	业务员	1984-6-10	1000	1200	¥100.0	2100	中
4	李 海 儿	销售部	业务员	1982-6-22	800	700	¥85.5	1414.5	低
5	陈 静	销售部	业务员	1977-8-18	1200	1300	¥120.0	2380	中
6	王 克 南	销售部	业务员	1984-9-21	700	800	¥76.5	1423.5	低
7	钟 尔 慧	财务部	会计	1983-7-10	1000	500	¥35.5	1464.5	低
8	卢 植 茵	财务部	出纳	1978-10-7	450	600	¥46.5	1003.5	低
9	林 寻	技术部	技术员	1970-6-15	780	1000	¥100.5	1679.5	中
10	李 禄	技术部	技术员	1967-2-15	1180	1080	¥88.5	2171.5	中
11	吴 心	技术部	工程师	1966-4-16	1600	1500	¥110.5	2989.5	高
12	李 伯 仁	技术部	工程师	1966-11-24	1500	1300	¥108.0	2692	高
13	陈 醉	技术部	技术员	1982-11-23	800	900	¥55.0	1645	中
14	马 甫 仁	财务部	会计	1977-11-9	900	800	¥66.0	1634	中
15	夏 雪	技术部	工程师	1984-7-7	1300	1200	¥110.0	2390	中
16	平均值				1016.154	990.8	84.8077	1922.115	

图 4-47　正确选定建立图表的数据源

- 在“插入”选项卡中，单击“图表”组中的“插入柱形图或条形图”下拉按钮，在弹出的下拉列表中选择“二维柱形图”中的“簇状柱形图”，在工作表中将显示所创建的“簇状柱形图”，如图 4-48 所示。

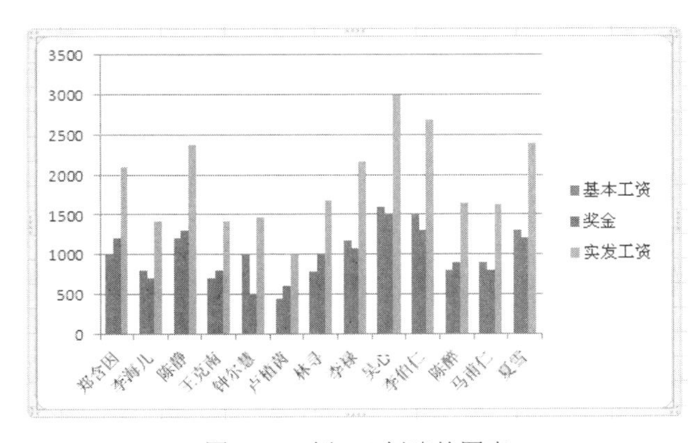

图 4-48　例 4.9 创建的图表

- 刚建立好的图表边框上的 4 个角及 4 边中部有 8 个尺寸句柄。将鼠标定位在尺寸句柄，拖动鼠标适当调整图表的大小。再将鼠标定位在图表空白处，拖动鼠标，将图表移动到工作表的空白处。

若要选择更多的图表类型，只需在“插入”选项卡中单击“图表”组中的对话框启动器，打开“更改图表类型”对话框进行选择，如图 4-49 所示。

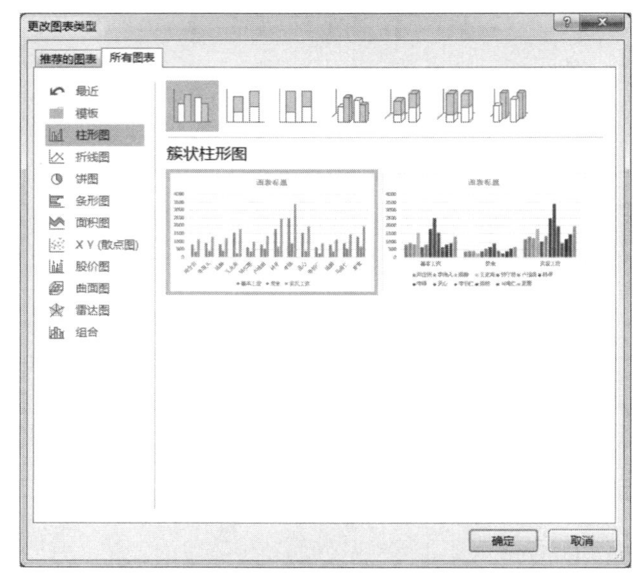

图 4-49 “更改图表类型”对话框

4.4.3 编辑图表

在创建图表之后，可根据需要对图表进行编辑修改，包括更改图表的位置、图表类型和对图表中各个对象进行编辑修改等。

1. 选择图表

要修改图表，应先选择图表。如果是嵌入式图表，单击图表即可；如果是工作表图表，则需单击其工作表标签，进入相应的工作表图表。选择图表后，系统显示“图表工具”功能区，用户可以通过“图表工具”菜单下的“设计”和“格式”2 个选项卡对图表进行编辑修改。

2. 修改图表的位置

选中图表后，单击“设计”选项卡中的“移动图表”按钮，弹出“移动图表”对话框，如图 4-50 所示。“移动图表”对话框用于确定图表的位置，可实现“嵌入式图表”与“工作表图表”之间转换，也可以将嵌入式图表由一个工作表放置到另一个工作表。

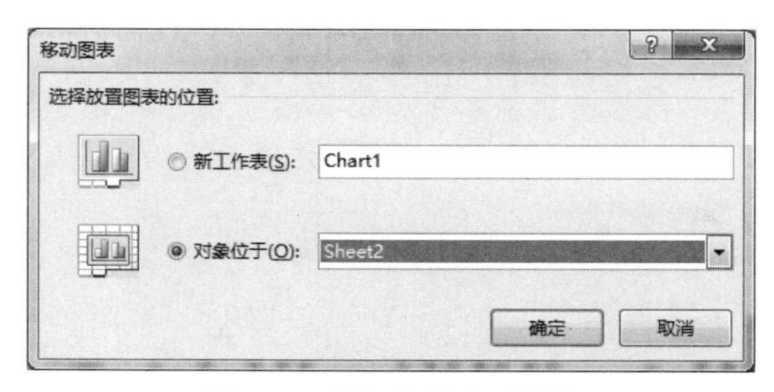

图 4-50 “移动图表”对话框

3. 更改图表类型

选中图表后，单击“设计”选项卡“类型”组中的“更改图表类型”按钮，在弹出“更改图表类型”对话框中进行选择，如图 4-51 所示。

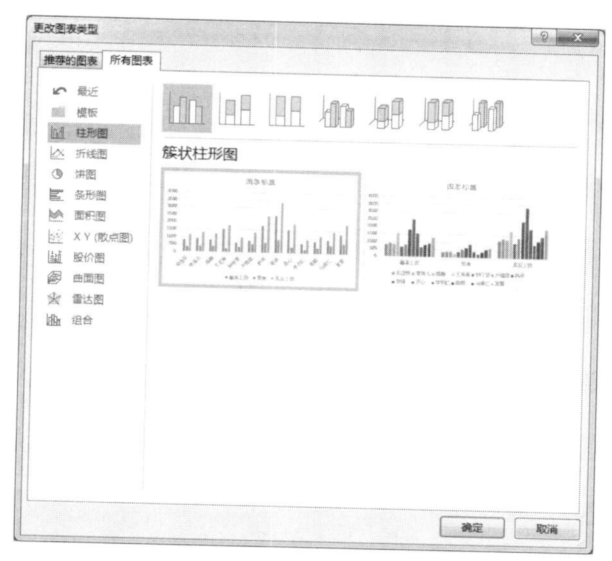

图 4-51　“更改图表类型”对话框

4. 添加和删除数据及系列调整

用户可以根据需要将新的数据系列添加到图表中，也可以删除已有的数据系列，还可以对图表中的数据系列进行调整。操作方法如下：选中图表，单击“设计”选项卡的“数据”组中的“选择数据”按钮，弹出“选择数据源”对话框，如图 4-52 所示。在该对话框中，单击“切换行/列（W）”按钮可将横轴与纵轴的数据系列进行调换；通过“图例项（系列）”中的“添加”“编辑”或“删除”按钮，可添加、编辑或删除图表中的数据系列；通过“图例项（系列）”中的“上移”“下移”按钮，可实现图表中数据系列次序的改变。

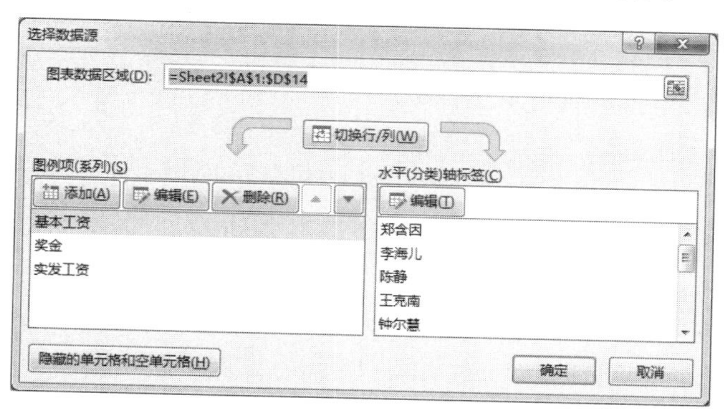

图 4-52　“选择数据源”对话框

添加和删除图表中的数据系列，也可以使用以下更快捷的方法：添加数据系列，将要添加的数据系列直接粘贴到图表中即可；删除图表中数据系列，先在图表中选定待删除的数据系列，然后按 Delete 键。删除图表中的数据系列，不会删除工作表中的数据。

5．修改图表项

选中图表后，通过“设计”选项卡的“图标布局”组中的“添加图表元素”按钮，可修改坐标轴、轴标题、图表标题、数据标签、数据表、误差线、网格线、图例、线条、趋势线、涨/跌柱线等。

4.4.4 格式化图表

生成一个图表后，为了获得更理想的显示效果，可以对图表的各个对象进行格式化。不同的图表对象有不同的格式设置，常用的格式设置包括边框、图案、字体、数字、对齐、刻度和数据系列格式等。

【例 4.10】将例 4.9 中创建的图表增加图表标题为“职工工资表”，增加横坐标轴标题为“职工姓名”，增加纵坐标轴标题为“元”，并将图表标题文本“职工工资表”设置为黑体、红色、16 磅；显示图例靠上；改变绘图区的背景为白色大理石。格式化后图表效果如图 4-53 所示。

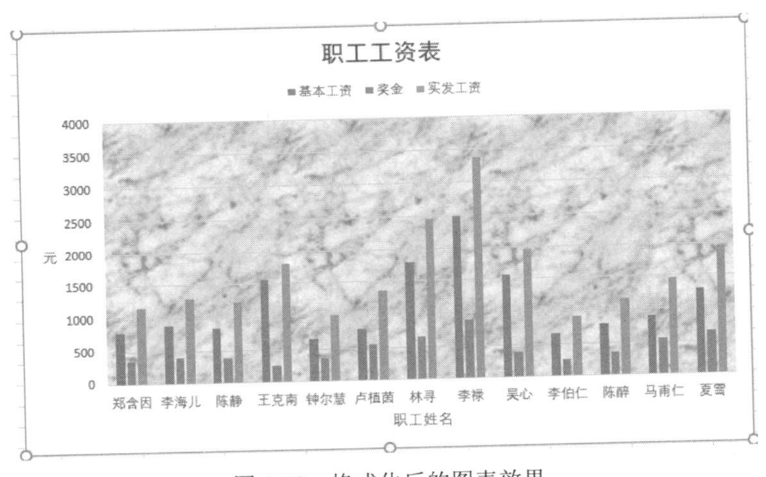

图 4-53 格式化后的图表效果

操作步骤如下：

- 打开例 4.9 建立图表所在的工作簿文件。
- 选中图表后，通过“设计”选项卡的“图标布局”组中的“添加图表元素”按钮，通过下拉列表中的“图表标题”“轴标题”命令，分别增加图表标题为“职工工资表”，增加“主要横坐标轴”标题为“职工姓名”，增加“主要纵坐标轴”标题为“元”，并在“更多轴标题选项”中更改文本框的“文字方向”为竖排。
- 右击图表标题，在弹出的快捷菜单中选择“字体”命令，在弹出的“字体”对话框中，将图表标题文本设置为黑体、红色、16 磅，然后单击“确定”按钮。
- 单击“图标布局”组中的“添加图表元素”按钮，在“图例”命令中选择“顶部”项，将图例靠上显示。
- 右击图表的绘图区域，在右键快捷菜单中选择“设置绘图区格式”命令，在弹出的“设置绘图区格式”浮动窗口中，选择“填充”项中的“图片或纹理填充”单选按钮，并单击“纹理”下拉按钮，在弹出的下拉列表中选择“白色大理石”。

4.5　数据管理和分析

Excel 不仅具有数据计算处理的能力，而且还具有数据库管理的一些功能。它可以方便、快捷地对数据进行排序、筛选、分类汇总、创建数据透视表等。

4.5.1　建立数据清单

数据清单也称为数据列表，是一张二维表，即 Excel 工作表中单元格构成的矩形区域。可以将数据清单看作“数据库”，其中行作为数据库中的记录，列对应数据库中的字段，列标题作为数据库中的字段名称。借助数据清单，Excel 就能把应用于数据库中的数据管理功能如排序、筛选、汇总等一些分析操作应用到数据清单中的数据上。

如果要使用 Excel 的数据管理功能，首先必须将电子表格创建为数据清单。数据清单是一种特殊的表格，必须包括两部分：表结构和表记录。表结构是数据清单中的第一行，即列标题（又称“字段名”），Excel 将利用这些字段名对数据进行查找、排序以及筛选等操作；表记录则是 Excel 实施管理功能的对象，该部分不允许有非法数据内容出现。要正确创建数据清单，应遵循以下准则：

（1）避免在一张工作表中建立多个数据清单，如果在工作表中还有其他数据，要在它们与数据清单之间留出空行、空列。

（2）通常在数据清单的第一行创建字段名，字段名必须唯一，且每一字段的数据类型必须相同。

（3）数据清单中不能有完全相同的两行记录。

4.5.2　数据排序

在实际应用中，为了方便查找和使用数据，用户通常按一定顺序对数据清单进行重新排列。其中数值按大小排序，时间按先后排序，英文字母按字母顺序（默认不区分大小写）排序，汉字按拼音字母排序或笔画排序。

用来排序的字段称为关键字。排序方式分升序（递增）和降序（递减）两种，排序方向有按行排序和按列排序两种，此外，还可以采用自定义排序。

数据排序有两种：单列排序和多列排序。

1. 单列排序

单列排序指对 1 个关键字（单一字段）进行升序或降序排列。操作时，先选定关键字所在的字段名单元格，然后单击“数据”选项卡的“排序和筛选”组中的“升序”按钮 A↓ （或“降序”按钮 Z↓）实现。

2. 多列排序

多列排序指对 1 个以上关键字（多个字段）进行升序或降序排列。当排序的字段值相同时，可按另一个关键字继续排序。多列排序通过“数据”选项卡的“排序和筛选”组中“排序”按钮实现。

【例 4.11】 对“职工工资表”排序，按主要关键字“部门”升序排列，部门相同时，按次要关键字“基本工资”降序排列，部门和基本工资都相同时，按第三关键字“奖金”降序排列。排序结果如图 4-54 所示。

	A	B	C	D	E	F	G	H	I
1	职工工资表								
2	姓名	部门	职务	出生日期	基本工资	奖金	扣款数	实发工资	工资评价
3	钟 尔 慧	财务部	会计	1983-7-10	1000	500	¥35.5	1464.5	低
4	马 甫 仁	财务部	会计	1977-11-9	900	800	¥66.0	1634	中
5	卢 植 茵	财务部	出纳	1978-10-7	450	600	¥46.5	1003.5	低
6	吴 心	技术部	工程师	1966-4-16	1600	1500	¥110.5	2989.5	高
7	李 伯 仁	技术部	工程师	1966-11-24	1500	1300	¥108.0	2692	高
8	夏 雪	技术部	工程师	1984-7-7	1300	1200	¥110.0	2390	中
9	李 禄	技术部	技术员	1967-2-15	1180	1080	¥88.5	2171.5	中
10	陈 醉	技术部	技术员	1982-11-23	800	900	¥55.0	1645	中
11	林 寻	技术部	技术员	1970-6-15	780	1000	¥100.5	1679.5	中
12	陈 静	销售部	业务员	1977-8-18	1200	1300	¥120.0	2380	中
13	郑 含 因	销售部	业务员	1984-6-10	1000	1200	¥100.0	2100	中
14	李 海 儿	销售部	业务员	1982-6-22	800	700	¥85.5	1414.5	低
15	王 克 南	销售部	业务员	1984-9-21	700	800	¥76.5	1423.5	低

图 4-54　多列排序结果

操作步骤如下：

- 打开“职工工资表”工作簿文件。
- 单击数据清单 A2:H15 中的任一单元格，在“数据”选项卡的“排序和筛选”组中单击“排序”按钮，或在“开始”选项卡的“编辑”组中单击“排序和筛选”下拉按钮，在下拉列表中选择“自定义排序”命令，打开“排序”对话框，在其中选择“主要关键字列”为“部门”，“排序依据”为“数值”，“次序”为“升序”。
- 单击“添加条件”按钮，选择“次要关键字列”为“基本工资”，“排序依据”为“数值”，“次序”为“降序”。
- 再次单击“添加条件”按钮，选择“次要关键字列”为“奖金”，“排序依据”为“数值”，“次序”为“降序”，如图 4-55 所示。
- 单击“确定”按钮完成排序操作。

单击“排序”对话框中的“删除条件”或“复制条件”按钮可删除或复制条件；通过其中的“上移”“下移”按钮可改变排序条件的先后次序。

单击“排序”对话框的“选项”按钮，打开“排序选项”对话框，可设置字符型数据的排序规则，如图 4-56 所示。

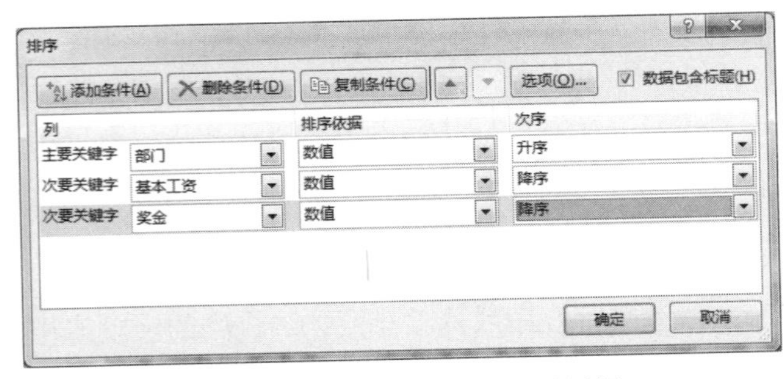

图 4-55　设置后的“排序”对话框

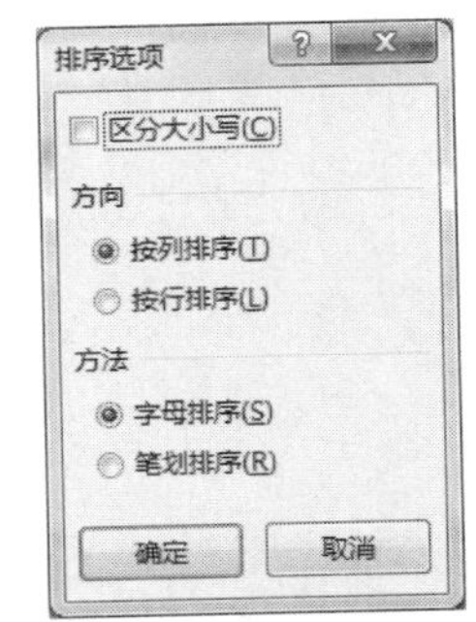

图 4-56　“排序选项”对话框

单击某一关键字的“次序”下拉按钮，选择下拉列表中的“自定义序列”，可设置字符型数据按自定义序列排序。

4.5.3　数据筛选

当数据列表中记录非常多，用户只对其中一部分数据感兴趣时，可以使用 Excel 的数据筛选功能将不感兴趣的记录暂时隐藏起来，只显示感兴趣的数据，当筛选条件被删除时，隐藏的数据又恢复显示。数据筛选有两种：自动筛选和高级筛选。

1. 自动筛选

自动筛选可以实现单个字段筛选，以及多字段筛选的“逻辑与”关系（即同时满足多个条件），操作简便，能满足大部分应用需求。

【例 4.12】在“职工工资表”中筛选出销售部基本工资大于等于 1000，奖金大于等于 1000 的记录。

操作步骤如下：

- 单击数据清单中任一单元格。
- 在“数据”选项卡的“排序和筛选”组中单击“筛选”按钮，或在“开始”选项卡的“编辑”组中单击“排序和筛选”下拉按钮，从打开的下拉列表中选择“筛选”命令，此时，在工作表标题行各字段的右侧会出现供筛选用的下拉按钮，进入自动筛选状态。单击“部门”列的筛选按钮，在下拉列表中选择“销售部”（取消选中其他部门前复选框），筛选结果只显示销售部的员工记录。
- 单击“基本工资”列的筛选按钮，在下拉列表中选择“数字筛选”中的“自定义筛选”命令，打开“自定义自动筛选方式”对话框，在第 1 个操作符下拉列表中选择“大于或等于”，在其右边的文本框中输入 1000，如图 4-57 所示，单击“确定”按钮。筛选结果只显示销售部的员工基本工资大于等于 1000 的记录。

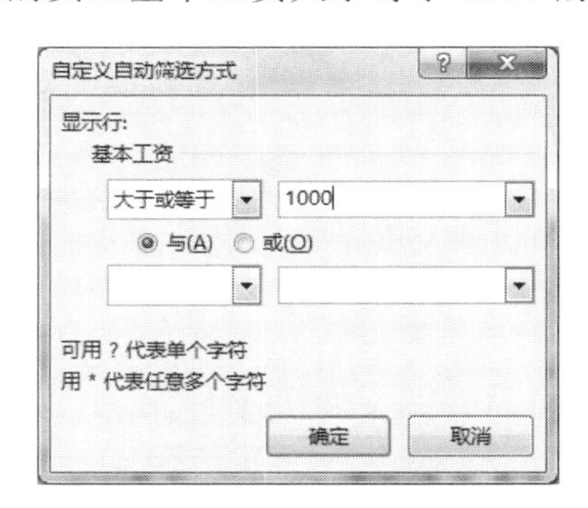

图 4-57　“自定义自动筛选方式”对话框

- 单击“奖金”列的筛选按钮，在下拉列表中选择“数字筛选”中的“自定义筛选”命令，打开“自定义自动筛选方式”对话框，在对话框中输入范围，其操作与“基本工资”列的筛选操作相同。筛选结果如图 4-58 所示。

	A	B	C	D	E	F	G	H
1	职工工资表							
2	姓名	部门	职务	出生日期	基本工资	奖金	扣款数	实发工资
3	郑含因	销售部	业务员	1984-6-10	1000	1200	¥100.0	2100
5	陈　静	销售部	业务员	1977-8-18	1200	1300	¥120.0	2380

图 4-58　自动筛选结果

要删除自动筛选结果，可再次单击“数据”选项卡的“排序和筛选”组中“筛选”按钮，或再次单击“开始”选项卡的“编辑”组中“排序和筛选”下拉按钮，从打开的下拉列表中选择“筛选”命令。此时，工作表的记录恢复全部显示，筛选按钮消失。

2. 高级筛选

高级筛选能实现多字段筛选的“逻辑或”关系，较复杂，需要在数据清单以外建立一个条件区域。在进行高级筛选时，不会出现自动筛选下拉按钮，而是需要在条件区域输入条件。筛选的结果可在原数据清单位置显示，也可在数据清单以外的位置显示。

（1）创建条件区域的具体要求。

1）条件区域应在空白区域中建立，并与其他数据之间应有空白行或空白列隔开。

2）第一行为条件字段标记行，第二行开始是各条件行。

3）同一条件行的条件互为“与（AND）”的关系，不同条件行的条件互为“或（OR）”的关系。

4）条件中可使用比较运算（<、>、=、>=、<=、<>）和通配符（?代表单个字符, * 代表多个字符），但运算符和通配符要用西文符号。

（2）条件区域的构造方法举例。

例如，要筛选基本工资大于等于 1000，且职务为“工程师”的所有记录。条件区域如图 4-59 所示。

又如，要筛选基本工资大于等于 1000，或职务为“工程师”的所有记录。条件区域如图 4-60 所示。

基本工资	职务
>=1000	工程师

图 4-59 条件区域①

基本工资	职务
>=1000	
	工程师

图 4-60 条件区域②

再如，要筛选 1000≤基本工资≤1500，且职务为“工程师”的姓“李”职工的记录。条件区域如图 4-61 所示。

基本工资	基本工资	职务	姓名
>=1000	<=1500	工程师	李*

图 4-61 条件区域③

（3）高级筛选的操作步骤。

- 在空白区构造条件区域。
- 单击数据库区域的任一单元格。
- 单击“数据”选项卡的“排序和筛选”组中“高级”按钮，弹出“高级筛选”对话框。
- 在“高级筛选”对话框中作必要的选择，并输入“列表区域”“条件区域”及“复制到”（即“输出区域”）（输出区域可只输其左上角单元的坐标）。
- 单击“确定”按钮。

【例 4.13】在“职工工资表”中筛选销售部基本工资大于 1000 或财务部基本工资小于 1000

的记录，并将筛选结果在原有区域显示。筛选结果如图 4-62 所示。

	A	B	C	D	E	F	G	H
1	职工工资表							
2	姓名	部门	职务	出生日期	基本工资	奖金	扣款数	实发工资
4	马甫仁	财务部	会计	1977-11-9	900	800	¥66.0	1634
5	卢植茵	财务部	出纳	1978-10-7	450	600	¥46.5	1003.5
12	陈　静	销售部	业务员	1977-8-18	1200	1300	¥120.0	2380

图 4-62　高级筛选结果

操作步骤如下：

- 建立条件区域：在数据清单以外选择一个空白区域（如 A17:B19），在首行输入与条件有关的字段名：部门、基本工资，在第 2 行对应字段名下面输入条件：销售部、>1000，在第 3 行对应字段名下面输入条件：财务部、<1000，如图 4-63 所示。

	A	B	C	D	E	F	G	H
1	职工工资表							
2	姓名	部门	职务	出生日期	基本工资	奖金	扣款数	实发工资
3	钟尔慧	财务部	会计	1983-7-10	1000	500	¥35.5	1464.5
4	马甫仁	财务部	会计	1977-11-9	900	800	¥66.0	1634
5	卢植茵	财务部	出纳	1978-10-7	450	600	¥46.5	1003.5
6	吴　心	技术部	工程师	1966-4-16	1600	1500	¥110.5	2989.5
7	李伯仁	技术部	工程师	1966-11-24	1500	1300	¥108.0	2692
8	夏　雪	技术部	工程师	1984-7-7	1300	1200	¥110.0	2390
9	李　禄	技术部	技术员	1967-2-15	1180	1080	¥88.5	2171.5
10	陈　醉	技术部	技术员	1982-11-23	800	900	¥55.0	1645
11	林　寻	技术部	技术员	1970-6-15	780	1000	¥100.5	1679.5
12	陈　静	销售部	业务员	1977-8-18	1200	1300	¥120.0	2380
13	郑含因	销售部	业务员	1984-6-10	1000	1200	¥100.0	2100
14	李海儿	销售部	业务员	1982-6-22	800	700	¥85.5	1414.5
15	王克南	销售部	业务员	1984-9-21	700	800	¥76.5	1423.5
16								
17	部门	基本工资						
18	销售部	>1000	条件区域					
19	财务部	<1000						

图 4-63　建立条件区域

- 单击数据清单中任意单元格。
- 单击“数据”选项卡的“排序和筛选”组中“高级”按钮，弹出“高级筛选”对话框，打开“高级筛选”对话框，先确认“在原有区域显示筛选结果”单选按钮为选中状态，以及给出的列表区域是否正确，如果不正确，单击“列表区域”文本框右侧的“折叠对话框”按钮，用鼠标在工作表中重新选择后单击按钮返回；然后单击“条件区域”文本框右侧的“折叠对话框”按钮，用鼠标在工作表中选择条件区域后单击按钮返回。“高级筛选”对话框设置如图 4-64 所示。

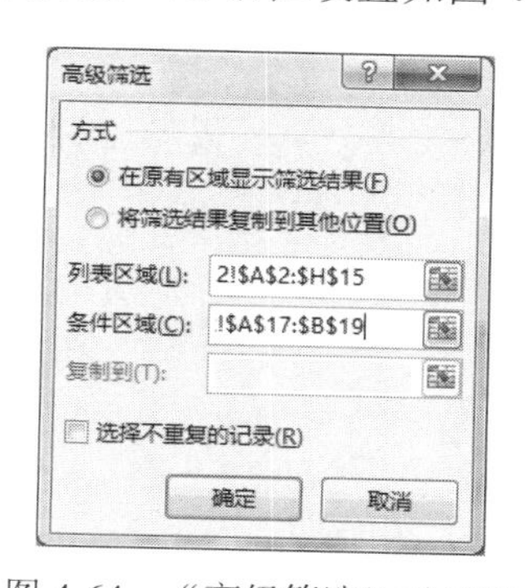

图 4-64　“高级筛选”对话框

- 单击“确定”按钮，得到筛选结果，如图 4-62 所示。

如果要将筛选的结果显示在数据清单以外的位置，只需要在“高级筛选”对话框中选中“将筛选结果复制到其他位置”单选按钮，并在“复制到”文本框中输入输出区域的左上角单元的坐标即可。

4.5.4 数据库函数的应用

学习了数据库的基本概念及条件区域的构造方法后，就可以使用数据库函数了。使用数据库函数之前，也必须先构造好条件区域。下面以实例来说明。

【例 4.14】在图 4-54 的“职工工资表”中，统计所有销售部基本工资大于 1000 或财务部基本工资小于 1000 的人数并计算其实发工资总和、平均值、最大值、最小值。

操作步骤如下：

- 建立条件区域：在数据清单以外选择一个空白区域构造。本例使用例 4.13 已构造的条件区域，即 A17:B19。
- 在相应的空白单元输入以下公式：

统计满足指定条件的人数：=DCOUNTA(A2:H15,1,A17:B19)
计算满足指定条件职工的实发工资总和：=DSUM(A2:H15,8,A17:B19)
计算满足指定条件职工的实发工资平均值：=DAVERAGE(A2:H15,H2,A17:B19)
计算满足指定条件职工的实发工资最大值：=DMAX(A2:H15,H2,A17:B19)
计算满足指定条件职工的实发工资最小值：=DMIN(A2:H15,"实发工资",A17:B19)

4.5.5 分类汇总

实际应用中经常用到分类汇总，像仓库的库存管理需要统计各类产品的库存总量，商店的销售管理需要统计各类商品的售出总量等。它们的共同特点是首先要进行分类（排序），将同类别数据放在一起，然后再进行数量求和之类的汇总运算。Excel 2016 提供了分类汇总功能。

分类汇总就是对数据清单按某个字段进行分类（排序），将字段值相同的连续记录作为一类，进行求和、求平均值、计数等汇总运算。针对同一个分类字段，可进行多种方式的汇总。

需要注意的是，在分类汇总前，必须对分类字段排序，否则将得不到正确的分类汇总结果；其次，在分类汇总时要清楚对哪个字段分类，对哪些字段汇总以及汇总的方式，这些都需要在“分类汇总”对话框中逐一设置。

分类汇总有两种：简单汇总和嵌套汇总。

1. 简单汇总

简单汇总是指对数据清单的一个或多个字段仅做一种方式的汇总。

【例 4.15】在“职工工资表”中，求各部门基本工资、奖金和实发工资的平均值。汇总结果如图 4-65 所示。

根据分类汇总要求，实际是对“部门”字段分类，对“基本工资”“奖金”和“实发工资”字段进行汇总，汇总方式是求平均值。

操作步骤如下：

- 通过“数据”选项卡的“排序和筛选”组中的“排序”按钮，首先按“部门”字段排序（升序或降序均可）。

	A	B	C	D	E	F	G	H
1	职工工资表							
2	姓名	部门	职务	出生日期	基本工资	奖金	扣款数	实发工资
3	钟尔慧	财务部	会计	1983-7-10	1000	500	¥35.5	1464.5
4	卢植茵	财务部	出纳	1978-10-7	450	600	¥46.5	1003.5
5	马甫仁	财务部	会计	1977-11-9	900	800	¥66.0	1634
6	财务部 平均值				783.33333	633.3333		1367.3333
7	林　寻	技术部	技术员	1970-6-15	780	1000	¥100.5	1679.5
8	李　禄	技术部	技术员	1967-2-15	1180	1080	¥88.5	2171.5
9	吴　心	技术部	工程师	1966-4-16	1600	1500	¥110.5	2989.5
10	李伯仁	技术部	工程师	1966-11-24	1500	1300	¥108.0	2692
11	陈　醉	技术部	技术员	1982-11-23	800	900	¥55.0	1645
12	夏　雪	技术部	工程师	1984-7-7	1300	1200	¥110.0	2390
13	技术部 平均值				1193.3333	1163.333		2261.25
14	郑含因	销售部	业务员	1984-6-10	1000	1200	¥100.0	2100
15	李海儿	销售部	业务员	1982-6-22	800	700	¥85.5	1414.5
16	陈　静	销售部	业务员	1977-8-18	1200	1300	¥120.0	2380
17	王克南	销售部	业务员	1984-9-21	700	800	¥76.5	1423.5
18	销售部 平均值				925	1000		1829.5
19	总计平均值				1016.1538	990.7692		1922.1154

图 4-65　简单汇总结果

- 单击数据清单中任意单元格。
- 单击“数据”选项卡的“分级显示”组中的“分类汇总”按钮，打开“分类汇总”对话框。选择“分类字段”为“部门”，“汇总方式”为“平均值”，“选定汇总项”（即汇总字段）为“基本工资”“奖金”和“实发工资”，并清除其余默认汇总项，其设置如图 4-66 所示，单击“确定”按钮，显示出分类汇总的结果。

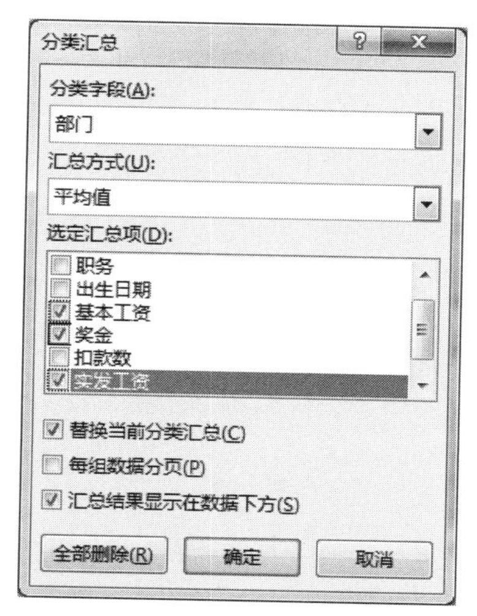

图 4-66　求平均值“分类汇总”对话框设置

在“分类汇总”对话框中“替换当前分类汇总”的含义是：用此次分类汇总的结果替换已存在的分类汇总结果。

分类汇总后，默认情况下，数据会分 3 级显示，可以单击分级显示区上方的 1、2、3 这 3 个按钮控制。单击按钮 1，只显示清单中的列标题和总计结果；单击按钮 2，显示各个分类汇总结果和总计结果；单击按钮 3，显示全部详细数据。

若要取消分类汇总，在“分类汇总”对话框中单击“全部删除”按钮即可。

2. 嵌套汇总

嵌套汇总是指对同一字段进行多种不同方式的汇总。

【例 4.16】在求各部门基本工资、实发工资和奖金的平均值的基础上再统计各部门人数。汇总结果如图 4-67 所示。

	A	B	C	D	E	F	G	H
1	职工工资表							
2	姓名	部门	职务	出生日期	基本工资	奖金	扣款数	实发工资
3	钟尔慧	财务部	会计	1983-7-10	1000	500	¥35.5	1464.5
4	卢植茵	财务部	出纳	1978-10-7	450	600	¥46.5	1003.5
5	马甫仁	财务部	会计	1977-11-9	900	800	¥66.0	1634
6	**财务部 计数**				3	3		3
7	**财务部 平均值**				783.33333	633.3333		1367.3333
8	林 寻	技术部	技术员	1970-6-15	780	1000	¥100.5	1679.5
9	李 禄	技术部	技术员	1967-2-15	1180	1080	¥88.5	2171.5
10	吴 心	技术部	工程师	1966-4-16	1600	1500	¥110.5	2989.5
11	李伯仁	技术部	工程师	1966-11-24	1500	1300	¥108.0	2692
12	陈 醉	技术部	技术员	1982-11-23	800	900	¥55.0	1645
13	夏 雪	技术部	工程师	1984-7-7	1300	1200	¥110.0	2390
14	**技术部 计数**				6	6		6
15	**技术部 平均值**				1193.3333	1163.333		2261.25
16	郑含因	销售部	业务员	1984-6-10	1000	1200	¥100.0	2100
17	李海儿	销售部	业务员	1982-6-22	800	700	¥85.5	1414.5
18	陈 静	销售部	业务员	1977-8-18	1200	1300	¥120.0	2380
19	王克南	销售部	业务员	1984-9-21	700	800	¥76.5	1423.5
20	**销售部 计数**				4	4		4
21	**销售部 平均值**				925	1000		1829.5
22	**总计数**				13	13		13
23	**总计平均值**				1016.1538	990.7692		1922.1154

图 4-67 嵌套汇总结果

这需要分两次进行分类汇总。先按上例的方法求平均值，再在平均值汇总的基础上计数。操作步骤如下：

- 按例 4.15 的方法求平均值。
- 再在平均值汇总的基础上统计各部门人数。统计人数的“分类汇总”对话框设置如图 4-68 所示，需要注意的是“替换当前分类汇总”复选框不能选中，“选定汇总项”只有“部门”，其余汇总项要清除，单击“确定”按钮。

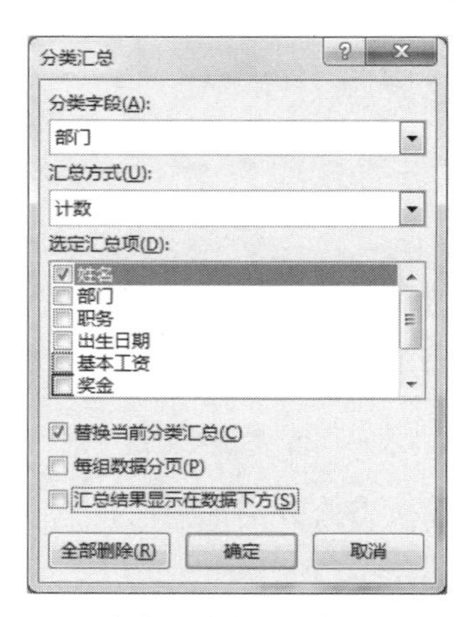

图 4-68 “分类汇总”对话框（统计人数）

4.5.6 数据透视表

分类汇总适合按一个字段进行分类，对一个或多个字段进行汇总。如果要对多个字段进行分类并汇总，这就需要利用数据透视表这个有力的工具来解决问题。

1. 创建数据透视表

【例 4.17】在“职工工资表”中，统计各部门各职务的人数。其结果如图 4-69 所示。本例既要按“部门”分类，又要按“职务”分类，这时候需要使用数据透视表。

将报表筛选字段拖至此处

计数项:姓名	职务					
部门	出纳	工程师	会计	技术员	业务员	总计
财务部	1		2			3
技术部		3		3		6
销售部					4	4
总计	1	3	2	3	4	13

图 4-69　数据透视表统计结果

操作步骤如下：

- 单击数据清单中任一单元格。
- 单击“插入”选项卡的“表格”组的“数据透视表”按钮，弹出“创建数据透视表”对话框，如图 4-70 所示。

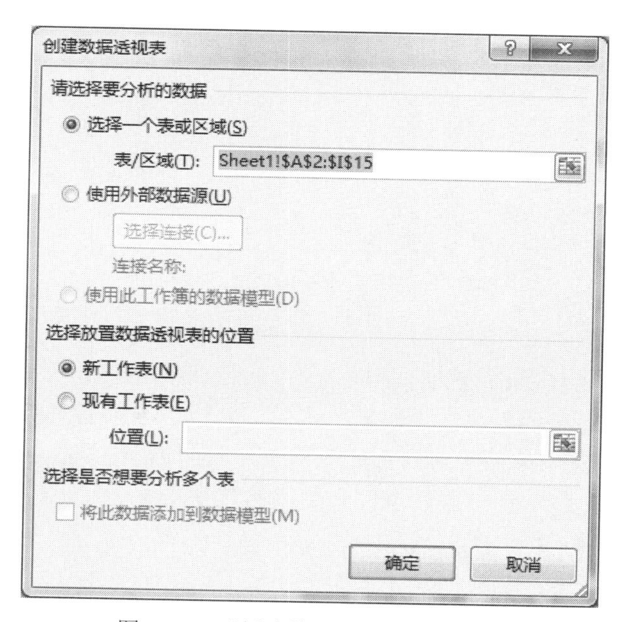

图 4-70　“创建数据透视表”对话框

- “创建数据透视表”对话框用于指定数据源和透视表存放的位置。

数据源默认为“选择一个表或区域”，一般选择该项。“表/区域”可以选择或修改源数据区域。指定放置透视表的位置，可以选择“新工作表”，也可以选择“现有工作表”。选择“新工作表”，表示将数据透视表放置在一张新建的工作表中；选择“现有工作表”，表示将数据透视表放置在现有工作表中。本例选择“新工作表”，然后单击“确定”按钮，弹出“数据透视表字段”浮动窗格，如图 4-71 所示。

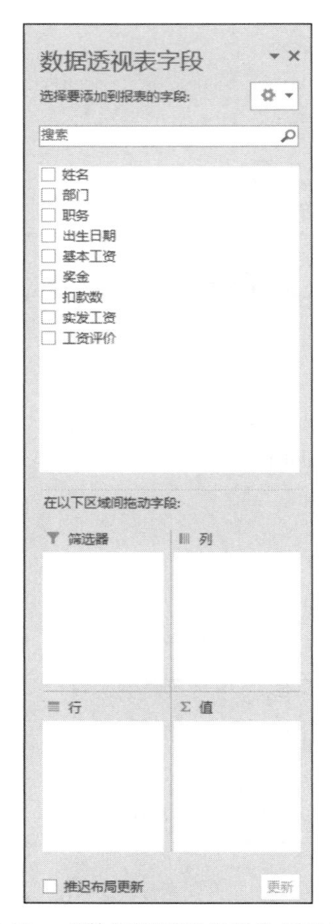

图 4-71 “数据透视表字段”浮动窗格

- 在“数据透视表字段”浮动窗格上半部分的列表框中，列出了数据源包含的所有字段。创建透视表时，将要筛选统计字段拖入“筛选器”区域；将要分类的字段拖入“行”或“列”区域；将要汇总的字段拖入“值”区域。本例将“部门”字段拖入“行”区域，作为行字段；将“职务”字段拖入“列”区域，作为列字段；将“姓名”字段拖入“值”区域，作统计字段；本例不使用筛选字段。至此，数据透视表便创建在新工作表中，如图 4-69 所示。

2. 修改数据透视表

数据透视表建好后，用户可根据自己的需要进行修改。单击数据透视表，会弹出“数据透视表字段”浮动窗格，同时在功能区中增加“数据透视表工具”。用户可以根据“数据透视表字段”浮动窗格修改数据透视表，也可以通过“数据透视表工具”下的“分析”及“设计”选项卡修改数据透视表。

（1）更改数据透视表布局。要修改透视表结构中筛选器、行、列、值字段，可通过“数据透视表字段”浮动窗格来实现。将筛选器、行、列、值字段移出对应区域，表示删除透视表结构的对应字段；从字段列表框中拖入字段至对应位置，表示增加对应字段；把筛选器、行、列、值字段在它们之间交换位置，表示把筛选器、行、列、值字段进行调整。

（2）改变计算方式。默认情况下，计数项如果是非数字型字段则对其计数，否则为求和。

要改变计算方式，单击“数据透视表字段”浮动窗格“值”区域中对应字段右边的下拉按钮，在弹出的下拉列表中选择“值字段设置”命令，打开“值字段设置”对话框，在对话框中选择所需的计算类型即可，如图 4-72 所示。

图 4-72　“值字段设置”对话框

（3）显示或隐藏字段项目。在数据透视表的行字段和列字段的右下方各有一个下拉按钮，单击下拉按钮，可以选择要显示或隐藏的字段项目，打“√”表示该项目会显示在数据透视表中，取消勾选表示该项目在数据透视表中隐藏起来，如图 4-73 所示。

图 4-73　显示与隐藏项目

4.6 页面设置和打印工作表

当工作表的编辑和格式化都完成后，需要把它们打印出来。其操作步骤一般为：先进行页面设置，然后进行打印预览，最后再打印输出。Excel 工作表的打印根据打印内容可分为 3 种情况：选定区域、活动工作表、整个工作簿，其中，选定区域最为常用。

4.6.1 页面设置

页面设置主要包括设置打印纸张的大小、方向、页边距、页眉和页脚，以及工作表选项等内容。选择“页面布局”选项卡，使用“页面设置”“调整合适大小”“工作表选项”组中的按钮可快速设置页面布局。若单击 3 个选项组的对话框启动器，则显示如图 4-74 所示的“页面设置”对话框。

图 4-74 “页面设置”对话框

“页面设置”对话框包含“页面”“页边距”“页眉/页脚”和“工作表”4 个标签，可分别进行与打印相关的各种设置。

4.6.2 设置打印区域和分页控制

1. 设置打印区域

如只想打印工作表中的部分数据或图表，可以通过设置打印区域来解决。方法如下：先选择要打印的区域，然后选择“页面布局”选项卡，在“页面设置”组单击“打印区域”按钮，在弹出的下拉列表中选择“设置打印区域”选项。这时被选择区域的边框上出现虚线，表示区域已设置好。打印时只有被选定区域中的数据被打印，而且工作表保存后再次打开时，设置的打印区域仍然有效。打印区域也可以通过“页面设置”对话框的“工作表”选项卡中的“打印区域”进行设置。

选择“页面布局”选项卡，在“页面设置”组单击“打印区域”按钮，在弹出的下拉列表中选择“取消打印区域”选项，将设置的“打印区域”取消。

2. 分页预览与分页打印

设置好页面后，如果需要预览或打印的工作表内容超过一页，Excel 会自动进行分页打印。用户也可以根据自己的需要进行人工分页，进行人工分页的方法如下：单击要进行“人工分页”所在行的任一单元格，然后选择“页面布局”选项卡，在“页面设置”组单击“分隔符”按钮，在弹出的下拉列表中选择“插入分页符”选项。这时分页处会出现一条线，表示“人工分页”已设置好。

选择“页面布局”选项卡，在“页面设置”组单击“分隔符”按钮，在弹出的下拉列表中选择“删除分页符”选项，将取消“人工分页”设置。

4.6.3 打印预览和打印输出

1. 打印预览

为节约纸张、节省时间，打印前应通过“打印预览”命令预览工作表，查看打印效果是否令人满意。

要进行打印预览，可使用以下方法：选择“文件”选项卡，在后台视图中选择“打印”命令；或单击“快速访问工具栏”上的“打印预览和打印”按钮；也可以单击“页面设置”对话框中的“打印预览”按钮。此后屏幕将显示“打印预览”界面，界面左下方状态栏显示当前页码和总页数。

2. 打印工作表

工作表一旦设置正确，就可在打印机上正式打印输出。

打印工作表可使用以下方法：选择“文件”选项卡，在后台视图中选择“打印”命令，或单击“快速访问工具栏”上的“打印预览和打印”按钮，也可以单击“页面设置”对话框中的“打印”按钮。然后在弹出的“打印预览”界面中作必要的选择（如打印的份数、打印机设备、打印的页码范围等）。最后单击“打印”按钮。

本章小结

本章主要介绍了 Excel 2016 电子表格处理软件的基本功能和使用方法，包括 Excel 2016 的基本知识、基本操作、公式与函数、制作图表、数据的管理和分析、页面设置和打印工作表等。

Excel 2016 的基本操作是对工作簿中的工作表进行的基本操作，包括创建工作表、编辑工作表和格式化工作表等。公式是用运算符将数据、单元格地址、函数等连接在一起的式子，以等号（=）开头；函数是 Excel 2016 中已经定义好的公式。在 Excel 2016 的工作表中，几乎所有的计算工作都是通过公式和函数完成。图表是工作表数据的图形表示，它可以使工作表中数据表示形式更为直观。Excel 2016 不仅具有很强的计算功能，而且还可以对数据进行管理，它可以对数据进行排序、筛选、分类汇总及创建数据透视表等。

通过本章的学习，要求读者理解 Excel 2016 的基本概念，熟悉 Excel 2016 的工作表的各种基本操作，掌握 Excel 2016 的数据管理和分析、图表的制作等操作，并在此基础上能通过使用 Excel 2016 解决一些实际问题。

思考题

1．Excel 2016 有哪些主要功能？

2．Excel 2016 的工作窗口由哪些部分组成？

3．简述 Excel 中的工作簿、工作表、单元格区域、单元格之间的关系。

4．Excel 2016 中的数据有哪几种类型？日期时间型数据的取值范围是什么？

5．Excel 2016 中的日期时间型数据是依据什么原则比较大小的？而字符型（汉字、字母以及其他各种字符）、逻辑型数据呢？

6．Excel 2016 为用户提供了哪几类函数？试比较函数 INT、ROUND、TRUNC 功能的异同。

7．Excel 2016 为用户提供了哪几种图表类型？其中柱形图、折线图、饼图、XY 散点图各自适用于何种场合？

8．比较自动筛选和高级筛选功能的异同。

9．数据库函数有哪几个参数？其中“列序号（Field）”是指什么？它可用几种形式表示？

10．在 Excel 2016 中为高级筛选创建条件区域应满足哪些要求？

第 5 章　PowerPoint 2016 演示文稿制作

PowerPoint 2016 是目前使用最广泛的演示文稿制作软件之一，它同样是 Office 2016 办公套件中的一个重要组件。

现实生活中，演示文稿制作软件已广泛应用于会议报告、课程教学、论文答辩、广告宣传和产品演示等方面，成为人们在各种场合下进行信息交流的重要工具。

目前流行的演示文稿制作软件除了 PowerPoint 2016 外，还有 WPS Office 金山办公组合软件中的 WPS PowerPoint 等。

本章将以 PowerPoint 2016 为例，介绍演示文稿制作软件的基本功能和使用方法。

5.1　演示文稿制作软件的基本功能

演示文稿制作软件以幻灯片的形式提供了一种演讲手段，利用它可以制作集声音、文字、图形、影像（包括视频、动画、电影、特技等）于一体的演示文稿。制作的演示文稿可以在计算机上或投影屏幕上播放，也可以打印成幻灯片或透明胶片，还可以生成网页。它与传统的演讲方式相比较，演讲效果更直观生动，给人印象深刻。

现代的演示文稿制作软件不仅可以制作如贺卡、电子相册等图文并茂的多媒体演示文稿，还可以借助超链接功能创建交互式的演示文稿，并能充分利用万维网的特性，在网络上“虚拟”演示。

演示文稿制作软件一般具有以下功能：

（1）制作多媒体演示文稿：包括根据内容提示向导、设计模板、现有演示文稿或空演示文稿创建新演示文稿；在幻灯片上添加对象（如声音、动画和影片）、超链接（下划线形式和动作按钮形式），以及幻灯片的移动、复制和删除等编辑操作。

（2）设置演示文稿的视觉效果：包括美化幻灯片中的对象，以及设置幻灯片外观（利用幻灯片版式、背景、母版、设计模板和配色方案）等。

（3）设置演示文稿的动画效果：包括设计幻灯片中对象的动画效果、设计幻灯片间切换的动画效果和设置放映方式等。

（4）设置演示文稿的播放效果：包括设置放映方式、演示文稿打包、排练计时和隐藏幻灯片等。

（5）演示文稿的其他有关功能：包括演示文稿的打印和网上发布等。

5.2　PowerPoint 2016 的工作环境与基本概念

5.2.1　PowerPoint 2016 的工作环境

PowerPoint 2016 的启动和退出与前面介绍的 Word 2016、Excel 2016 类似。

最常用的启动方法是单击“开始”菜单下的 PowerPoint 2016 命令，执行该命令后就会进入 PowerPoint 窗口，如图 5-1 所示。

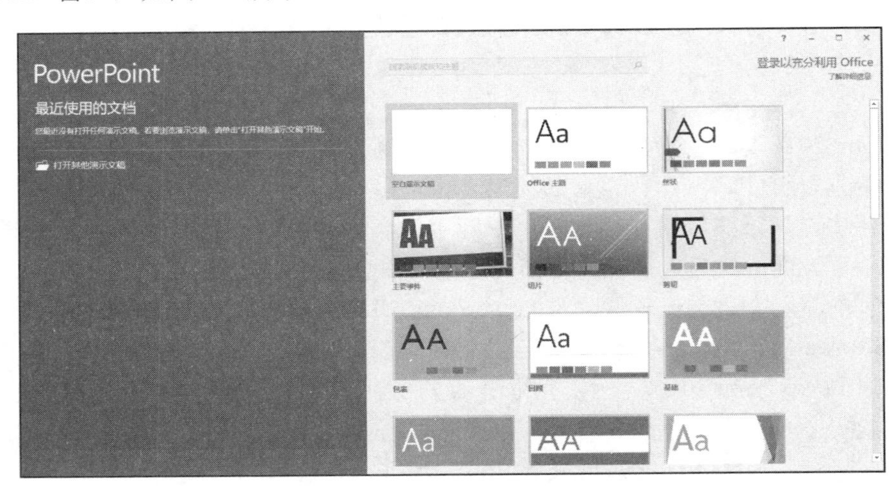

图 5-1　PowerPoint 2016 窗口

单击“空白演示文稿”进入 PowerPoint 工作窗口，如图 5-2 所示。

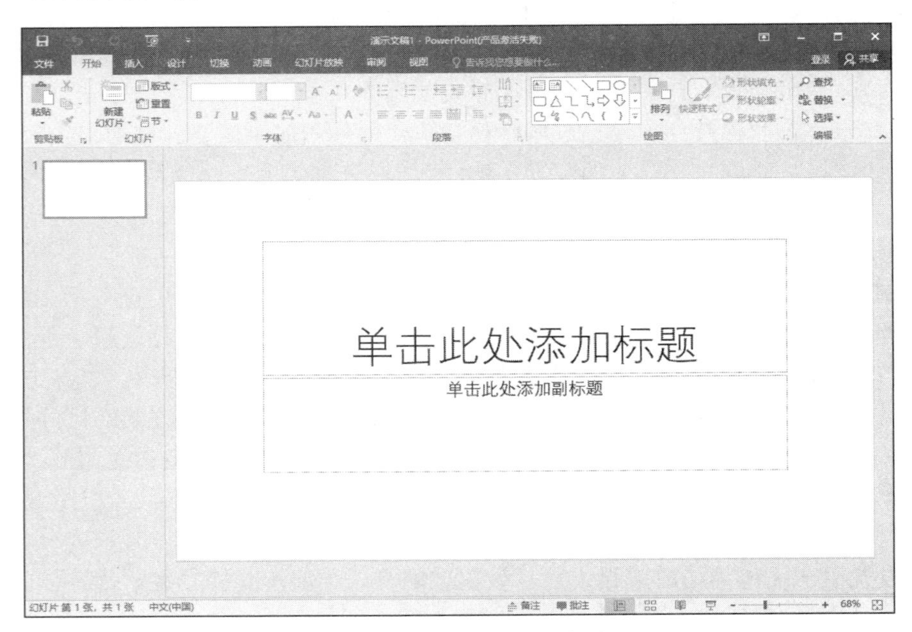

图 5-2　PowerPoint 2016 工作窗口

PowerPoint 2016 根据建立、编辑、浏览、放映幻灯片的需要，提供了如下视图模式：普通视图、幻灯片浏览视图、幻灯片放映视图、备注页视图、阅读视图和母版视图。视图不同，演示文稿的显示方式不同，对演示文稿的加工也不同。各个视图间的切换可以通过“视图”选项卡的“演示文稿视图”组中相应的选项来实现。

（1）普通视图。图 5-2 所示的就是普通视图，它是系统的默认视图，只能显示一张幻灯片。它集成了“幻灯片”窗格和“大纲”窗格。

1）“幻灯片”窗格：可以查看每张幻灯片的文本外观，可以在单张幻灯片中添加图形、影片和声音，并创建超链接以及向其中添加动画，按照幻灯片的编号顺序显示演示文稿中全部幻灯片的图像。

2）“大纲”窗格：仅显示文稿的文本内容（大纲），按序号从小到大的顺序和幻灯片内容层次的关系，显示文稿中全部幻灯片的编号、标题和主体中的文本。

在普通视图中，还集成了“备注”窗格，备注是演讲者对每一张幻灯片的注释，它可以在“备注”窗格中输入，该注释内容仅供演讲者使用，不能在幻灯片上显示。

（2）幻灯片浏览视图。幻灯片浏览视图可以同时显示多张幻灯片，方便对幻灯片进行移动、复制、删除等操作。

（3）幻灯片放映视图。幻灯片按顺序全屏幕放映，可以观看动画、超链接效果等。按 Enter 键或单击将显示下一张，按 Esc 键或放映完所有幻灯片后将恢复原样。在幻灯片中右击可以打开快捷菜单进行操作。

（4）备注页视图。在备注页视图中“备注”窗格位于“幻灯片”窗格下。用户可以输入要应用于当前幻灯片的备注。以后，用户可以将备注打印出来并在放映演示文稿时进行参考。

（5）阅读视图。阅读视图用于在自己的计算机上查看演示文稿而不是通过大屏幕放映演示文稿。如果希望在一个设有简单控件以方便审阅的窗口中查看演示文稿，而不想使用全屏的幻灯片放映视图，则可以使用阅读视图。如果要更改演示文稿，可随时从阅读视图切换至其他视图。

（6）母版视图。母版视图包括幻灯片母版视图、备注母版视图和讲义母版视图。它们是存储有关演示文稿的信息的主要幻灯片，其中包括背景、颜色、字体、效果、占位符大小和位置。使用母版视图的一个主要优点在于，在幻灯片母版、备注母版或讲义母版上，可以对与演示文稿关联的每个幻灯片、备注页或讲义的样式进行全局更改。

5.2.2　PowerPoint 2016 的基本概念

由演示文稿制作软件生成的文件称为演示文稿，其文件扩展名为.pptx。演示文稿制作软件提供了所有用于演示的工具，包括将声音、文字、图形、影像等各种媒体整合到幻灯片的工具，还有将幻灯片中的各种对象赋予动态演示效果的工具。

一个演示文稿是由若干张幻灯片组成的，一张幻灯片就是演示文稿的一页。这里的幻灯片一词只是用来形象地描绘文稿里的组成形式，实际上它代表一个“视觉形象页”。多媒体演示文稿是指幻灯片内容丰富多彩、声文图像俱全的演示文稿。

制作一个演示文稿的过程其实就是制作一张张幻灯片的过程。

5.3　制作一个多媒体演示文稿

5.3.1　新建演示文稿

在 PowerPoint 2016 中创建演示文稿的常用方法：在 PowerPoint 2016 工作窗口中单击“文

件”选项卡的“新建”命令，可根据“模板”和“主题”创建演示文稿，根据现有的内容新建演示文稿或新建空白演示文稿，如图 5-3 所示。

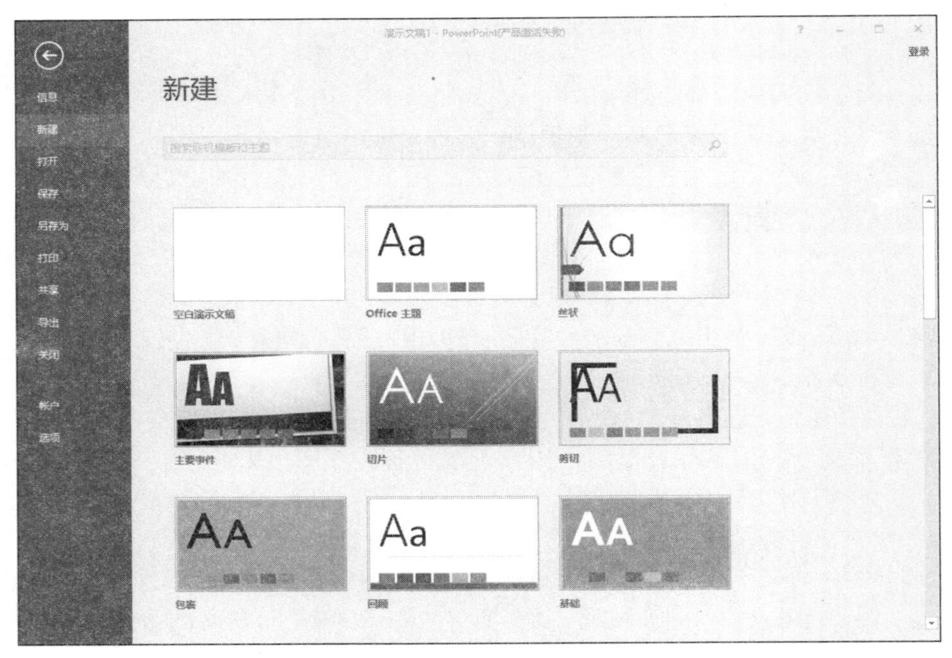

图 5-3　新建演示文稿

（1）根据“模板”和“主题”创建演示文稿。利用 PowerPoint 提供的模板和主题自动且快速地生成外观确定的多张幻灯片，节省了外观设计的时间，使制作演示文稿的人更专注于内容的处理。

（2）根据现有的内容新建。如果对 PowerPoint 中提供的模板和主题不满意，可以使用现有演示文稿中的外观设计和布局，直接在原有的演示文稿中创建新演示文稿。

（3）新建空白演示文稿。如果想按照自己的意愿设计演示文稿的外观和布局，可以首先创建一个空白演示文稿，然后再对空白演示文稿进行外观的设计和布局。

其中最常使用的是新建空白演示文稿，在 PowerPoint 操作环境中单击“文件”选项卡，然后再单击 “新建”，在“可用的模板和主题”中选择“空白演示文稿”，接着在右边预览窗口下单击“创建”按钮。这样就创建了一个空白的演示文稿。一个演示文稿一般都有若干张幻灯片，如果需要插入一张新的幻灯片，可以单击“开始”选项卡的“幻灯片”组中的“新建幻灯片”按钮。单击“新建幻灯片”下拉按钮可以改变幻灯片的板式。

5.3.2　编辑演示文稿

编辑演示文稿包括两部分：一是对每张幻灯片中的对象进行编辑操作；二是对演示文稿中的幻灯片进行插入、删除、移动、复制等操作。

1. 编辑幻灯片中的对象

编辑幻灯片中的对象指对幻灯片中的各个对象进行添加、删除、复制、移动、修改等操作，通常在普通视图下进行。

在幻灯片上添加对象有两种方法：建立幻灯片时，通过选择幻灯片的版式为添加的对象提供占位符，再输入需要的对象；通过“插入”选项卡中的功能组如“表格”“图像”“插图”“链接”“文本”“符号”“媒体”等来实现。

在幻灯片上添加的对象除了文本框、图片、表格、公式等外，还可以是声音、影片和超链接等。

（1）插入音频和视频。在放映幻灯片的同时播放解说词或音乐，或者在幻灯片中播放影片，可以使演示文稿声色俱备。

PowerPoint 2016 可以使用多种格式的声音文件，例如 WAV、MID、MP3、WMA 和 RMI 等。如果要在幻灯片中插入音频，可以通过单击“插入”选项卡中“媒体”组的“音频”按钮来实现，或单击“音频”下拉按钮，根据自己的需要选择：文件中的音频、剪贴画音频和录制音频。

同样，PowerPoint 还可以播放多种格式的视频文件，如 AVI、MOV、MPG、DAT、SWF 等。如果要在幻灯片中插入视频，可以通过单击“插入”选项卡中“媒体”组的“视频”按钮来实现，或单击“视频”下拉按钮，根据自己的需要选择：文件中的视频、来自网站的视频和剪贴画视频。

不管是音频还是视频，当把对应的音频和视频插入到幻灯片后，还可以选定对应的对象，然后通过对应工具功能区中的“格式”和“播放”选项卡对其进行进一步的编辑和处理。

（2）插入 SmartArt 图形。与文字相比，图形更有助于读者理解和记忆，但是对大多数人来说只能创建含文字的内容，创建图形相对比较困难。在 PowerPoint 2016 中提供了插入 SmartArt 图形的功能来解决这个问题。SmartArt 图形是信息和观点的视觉表示形式，可以通过从多种不同布局中进行选择来插入 SmartArt 图形，从而快速、轻松、有效地传达信息。

在演示文稿中的幻灯片中插入 SmartArt 图形的操作步骤如下：

- 打开演示文稿，单击“插入”选项卡的“插图”组中的 SmartArt 按钮。
- 在“选择 SmartArt 图形”对话框中选择 SmartArt 图形的布局，如图 5-4 所示。

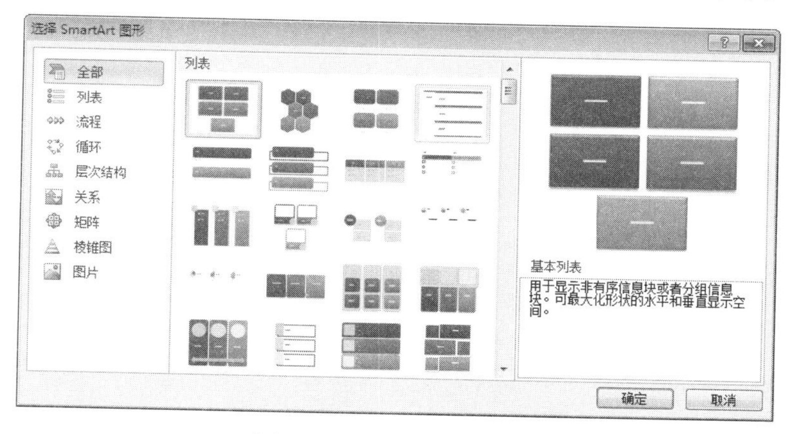

图 5-4　选择 SmartArt 图形

- 确定 SmartArt 图形的布局后，输入对应的文本内容。
- 选择对应的 SmartArt 图形，通过“SmartArt 工具”功能区的“设计”和“格式”选项卡对 SmartArt 图形进行进一步的编辑和处理。

（3）插入链接。用户可以在幻灯片中插入链接，利用它能跳转到同一文档的其他幻灯片，或者跳转到其他的演示文稿、Word 文档、网页或电子邮件地址等。它只能在幻灯片放映视图下起作用。

链接有两种形式：

1）超链接。选定对应的对象，单击“插入”选项卡的“链接”组中的“超链接”按钮，然后在“插入超链接”对话框中进行设置。

2）动作。选定对应的对象，单击“插入”选项卡的“链接”组中的“动作”按钮，然后在“动作设置”对话框中进行设置。

2. 编辑幻灯片

一个演示文稿往往由多张幻灯片组成，因此建立演示文稿经常要新建幻灯片，这可以通过单击“开始”选项卡的“幻灯片”组中的“新建幻灯片”按钮来完成。幻灯片的其他编辑操作如删除、移动、复制等，通常在幻灯片浏览视图或普通视图的“幻灯片”标签中通过快捷菜单操作。

【例 5.1】根据“主题”新建“美丽中国”演示文稿，共 4 张幻灯片。第 1 张幻灯片如图 5-5 所示，插入声音文件（歌曲“美丽中国.mp3”）；第 2 张幻灯片如图 5-6 所示，第 1 行文字是以下划线表示的超链接，右下角的 ▶ 按钮是以动作按钮表示的链接，指链接到下一张幻灯片；第 3 张幻灯片如图 5-7 所示，插入图片（天安门.jpg）；第 4 张幻灯片由第 3 张幻灯片复制而成。

图 5-5 第 1 张幻灯片

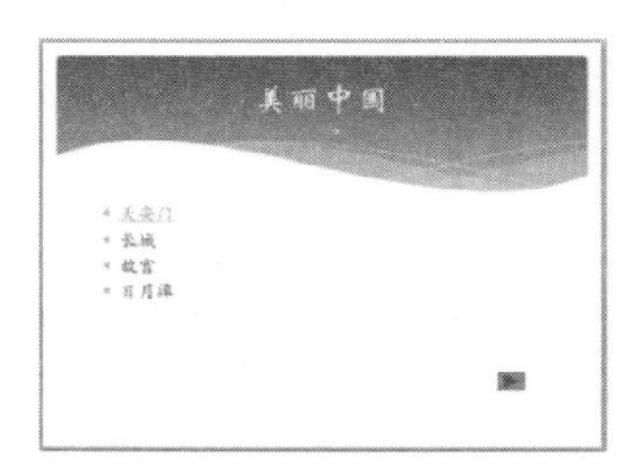

图 5-6 第 2 张幻灯片

图 5-7 第 3 张幻灯片

操作步骤如下：

- 在 PowerPoint 工作窗口中单击“文件”选项卡，然后再单击左边的“新建”命令，接着在“可用的模板和主题”中单击“主题”，选择“波形”主题，最后在右边预览窗口下单击“创建”按钮。
- 在标题幻灯片上单击标题占位符，输入文字“美丽中国”，再单击副标题占位符，输入“制作人：山山”。
- 单击“插入”选项卡的“媒体”组中的“音频”按钮，在打开的“插入音频”对话框中查找音频文件“美丽中国.mp3”，将音频插入幻灯片中，然后选定音频对象，单击“音频工具—播放”选项卡，在“开始”下拉列表中选择“自动（A）”，并设置为“放映时隐藏”。
- 单击“开始”选项卡的“幻灯片”组中的“新建幻灯片”下拉按钮，在展开的幻灯片版式库中选择“标题和内容”版式，插入第 2 张幻灯片，在标题和内容的占位符中输入相应内容。

- 单击“开始”选项卡的“幻灯片”组中的“新建幻灯片”下拉按钮，在展开的幻灯片版式库中选择“空白”版式，插入第 3 张幻灯片，然后单击“插入”选项卡“图像”组中的“图片”按钮，在打开的“插入图片”对话框中查找图片文件“天安门.jpg”，将图片插入幻灯片，并适当调整大小和位置。
- 在第 2 张幻灯片中选定文本“天安门”，然后单击“插入”选项卡“链接”组中的“超链接”按钮，在弹出的“编辑超链接”对话框中设置为链接到“本文档中的位置”中的“下一张幻灯片”，如图 5-8 所示。

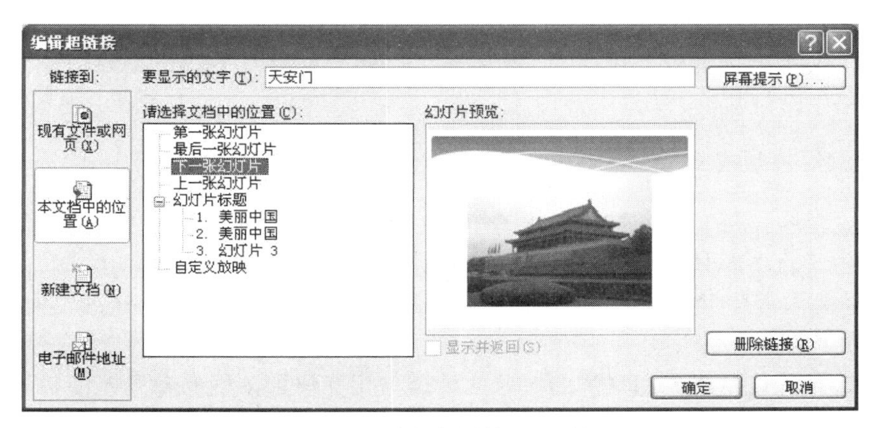

图 5-8　“编辑超链接”对话框

- 在第 2 张幻灯片中单击“插入”选项卡的“插图”组中的“形状”下拉按钮，在弹出的形状库中选择“动作按钮”中的“前进或下一项”形状。在弹出的“动作设置”对话框中设置超链接到“下一张幻灯片”，如图 5-9 所示。

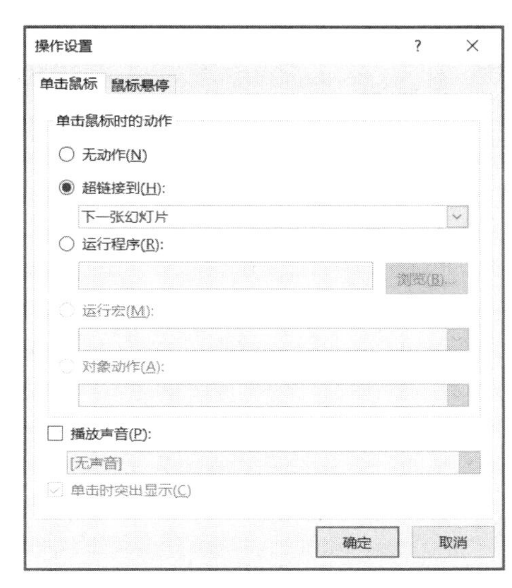

图 5-9　“操作设置”及“动作设置”对话框

- 单击“视图”选项卡的“演示文稿视图”组中的“幻灯片浏览”按钮，在幻灯片浏览视图中选定第 3 张幻灯片，利用快捷菜单中相应的编辑命令复制其为第 4 张幻灯片。

5.4 设置演示文稿的视觉效果

演示文稿制作好后，接下来就是修饰演示文稿的外观，以求达到最佳的视觉效果。在幻灯片中输入文本后，这些文字、段落的格式仅限于模板所指定的格式。为了使幻灯片更加美观，易于阅读，可以重新设定文字和段落的格式。除了对文字和段落进行格式化外，还可以对插入的文本框、图片、自选图形、表格、图表等对象进行格式化操作，只要双击这些对象，在打开的对话框中进行相应设置即可。此外，还可以设置幻灯片版式、幻灯片背景、母版、主题等。

设置演示文稿的视觉效果包括两部分：一是对每张幻灯片中的对象分别进行美化；二是设置演示文稿中幻灯片的外观，统一进行美化。

5.4.1 幻灯片版式

在演示文稿中，每一张幻灯片是由若干个对象构成的，对象是幻灯片的重要组成元素。在幻灯片中插入的文本框、图像、表格、SmartArt 图形等元素都是对象，用户可以选择这些对象，修改对象的内容和大小，移动、复制和删除对象，还可以改变对象的格式，如颜色、阴影、边框等。因此，制作一张幻灯片的过程实际上是制作其中每一个被指定的对象的过程。

幻灯片的布局包括组成幻灯片的对象的种类与相互位置，好的布局能使相同的内容更具表现力和吸引力。可通过“开始”选项卡的“幻灯片”组中的“版式”按钮对幻灯片的版式进行设置，“版式”下拉列表如图 5-10 所示。当单击某一个幻灯片版式时，对应的版式就会应用到选定的幻灯片中。

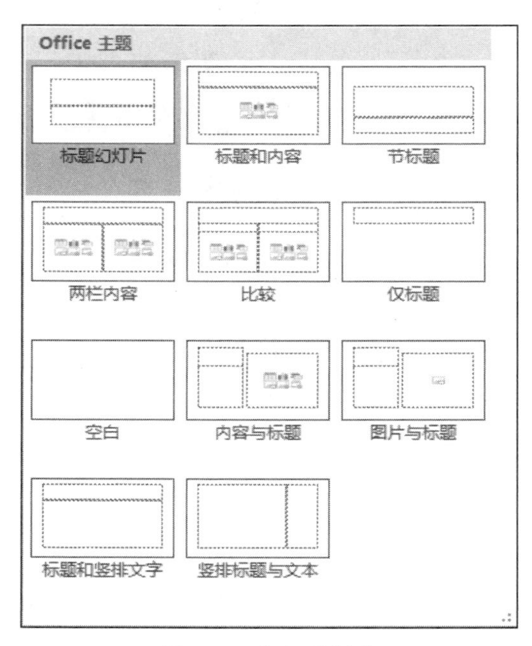

图 5-10 幻灯片版式

每当插入一个新幻灯片时，单击“新建幻灯片”下拉按钮，也可以选择相应的幻灯片版式。幻灯片版式中包含标题、文本框、剪贴画、表格、图像和 SmartArt 图形等多种对象的占位符，用虚线框表示，并有提示文字，如图 5-11 所示。这些虚线框（占位符）用于容纳相应的对象，并确定对象之间的相互位置。用户可以选定占位符，移动它的位置，改变它的大小，删除不需要的占位符。

图 5-11 “标题和内容”版式中的占位符

5.4.2 背景

可以在整个幻灯片或部分幻灯片中插入图片（包括剪贴画）作为背景，还可以在幻灯片中插入颜色作为背景。通过向部分或所有幻灯片设置背景，可以使演示文稿独具特色。

【例 5.2】 将例 5.1 中演示文稿的第 1 张幻灯片的标题文字设置为华文行楷、66 号，分散对齐；将第 2 张幻灯片的版式设置为“标题和竖排文字”版式；将第 3 张幻灯片的背景设置为“样式 9”，并应用于所选幻灯片。效果如图 5-12 所示。

图 5-12 美化幻灯片中的对象

操作步骤如下：

- 在普通视图“幻灯片”窗格中单击第 1 张幻灯片，选定标题文字，利用“开始”选项卡中的“字体”组将字体设置为“华文行楷”，字号为 66，在“段落”组中设置对齐方式为“分散对齐”。
- 单击第 2 张幻灯片，单击“开始”选项卡“幻灯片”组中的“版式”按钮，选择“标题和竖排文字”版式。
- 单击第 3 张幻灯片，单击“设计”选项卡“背景”组中的“背景样式”按钮，将鼠标移动到“样式 9”的样式上，右击，选择“应用于所选幻灯片”，还可以选择“设置背景格式”对幻灯片的背景进行进一步的设置，“设置背景格式”对话框如图 5-13 所示。

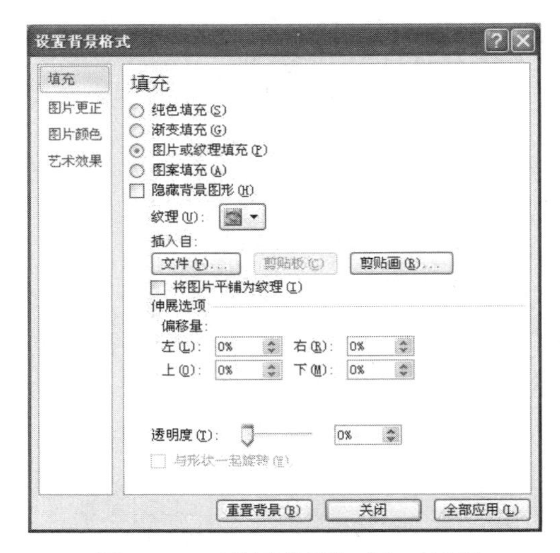

图 5-13 “设置背景格式”对话框

5.4.3 母版

一个演示文稿由若干张幻灯片组成，为了保持风格一致和布局相同，提高编辑效率，可以通过 PowerPoint 提供的“母版”功能来设计好一张“幻灯片母版”，使之应用于所有幻灯片。PowerPoint 的母版分为：幻灯片母版、讲义母版和备注母版。

幻灯片母版是最常用的，它是一张具有特殊用途的幻灯片，可以控制当前演示文稿中，除标题幻灯片之外的所有幻灯片上键入的标题和文本的格式与类型，使它们具有相同的外观。如果要统一修改多张幻灯片的外观，没有必要一张张幻灯片进行修改，只需要在幻灯片母版上作一次修改即可。如果用户希望某张幻灯片与幻灯片母版效果不同，可以直接修改该幻灯片。

单击“视图”选项卡“母版视图”组中的“幻灯片母版”按钮就进入了幻灯片母版视图，如图 5-14 所示。

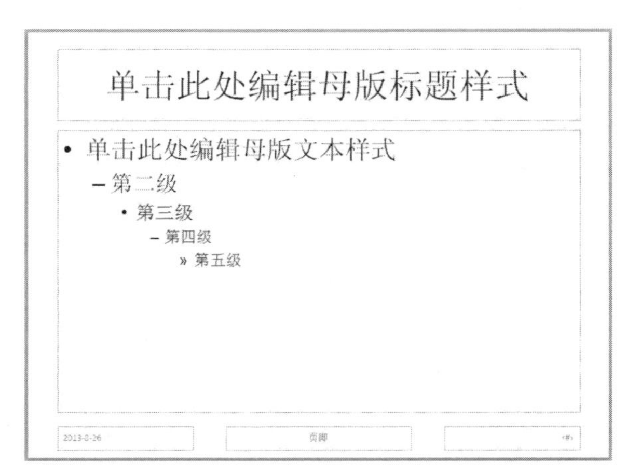

图 5-14 幻灯片母版

它有 5 个占位符，分别是标题、文本、日期、页脚和幻灯片编号。通常使用幻灯片母版可以进行下列操作：

（1）更改文本样式。在幻灯片母版中选择对应的占位符，如标题样式或文本样式等，可更改其字符和段落格式等。修改母版中某一对象样式，即同时修改除标题幻灯片外的所有幻灯片对应对象的格式。

（2）设置日期、页脚和幻灯片编号。如果需要设置日期、页脚或编号，可以在幻灯片母版视图状态下，单击“插入”选项卡“文本”组中的“页眉页脚”按钮或“幻灯片编号”按钮完成。可选中对应的域（日期区、页脚区和数字区）进行字体的设置，还可以将域的位置移动到幻灯片中的任意位置。

（3）向母版插入对象。要使每一张幻灯片都出现相同的文字、图片或其他对象，可以通过在母版中插入该对象完成。

在幻灯片母版中操作完毕后，单击“幻灯片母版”选项卡的“关闭”组中的“关闭母版视图”按钮返回到普通视图。讲义母版用于控制幻灯片以讲义形式打印的格式，备注母版主要为演讲者提供备注空间以及设置备注幻灯片的格式，它们的操作可以通过单击对应的按钮来进行。

【例 5.3】为例 5.2 中演示文稿的每张幻灯片中加入幻灯片编号和页脚“美丽中国欢迎你”，并设置页脚字号为 24 号。

操作步骤如下：

- 打开对应的幻灯片，单击“视图”选项卡“母版视图”组中的“幻灯片母版”按钮进入幻灯片母版视图。
- 在幻灯片母版视图中单击“插入”选项卡“文本”组中的“页眉页脚”按钮或“幻灯片编号”按钮，弹出“页眉和页脚”对话框，如图 5-15 所示。
- 在“页眉和页脚”对话框中选择“幻灯片编号”和“页脚”，然后输入页脚的文本“美丽中国欢迎你”，单击“全部应用”按钮。
- 在幻灯片母版视图中，选择页脚对应的文本，设置其字体大小为 24 号，最后关闭幻灯片母版视图，返回到普通视图。

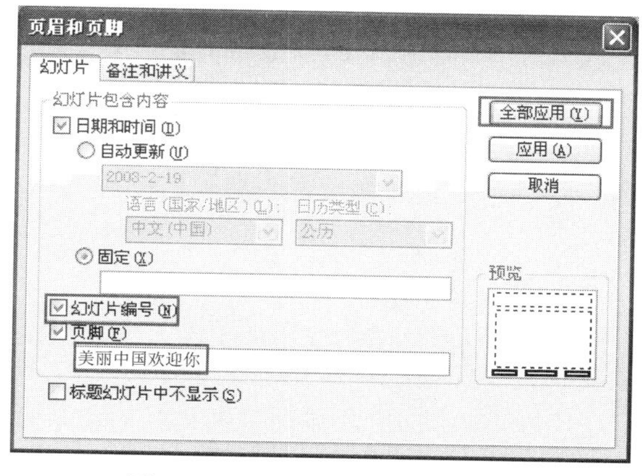

图 5-15　设置幻灯片编号和页脚

5.4.4　主题

PowerPoint 提供了多种设计主题，包含协调配色方案、背景、字体样式和占位符位置。

使用预先设计的主题可以轻松快捷地更改演示文稿的整体外观。默认情况下，PowerPoint 会将普通 Office 主题应用于新的空演示文稿。但是，用户也可以通过应用不同的主题来轻松地更改演示文稿的外观。这可以通过单击“设计”选项卡“主题”组的按钮来完成。

【例 5.4】将例 5.3 中演示文稿的第 1 张幻灯片的主题设置为“龙腾四海”，效果如图 5-16 所示。

操作步骤如下：

- 在普通视图中，单击选中第 1 张幻灯片。
- 单击“设计”选项卡，在“主题”组找到“龙腾四海”的主题，右击，在弹出的快捷菜单中选择“应用于选定幻灯片”，如图 5-17 所示。对应的主题就应用到了第 1 张幻灯片中。

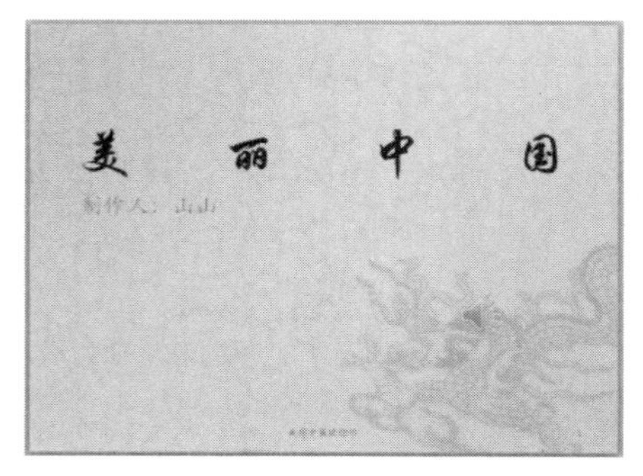

图 5-16 同一演示文稿中使用不同模板

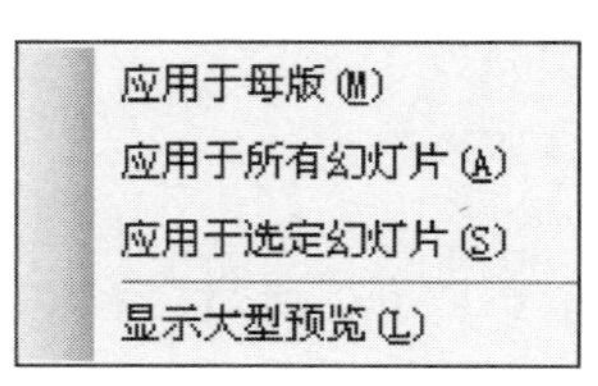

图 5-17 快捷菜单

如果对设置的主题不满意，还可以通过“主题”组中的“颜色”“字体”和“效果”按钮进行进一步的设计。

5.5 设置演示文稿的动画效果

制作演示文稿的最终目的是为了在观众面前展现。制作过程中，除了精心组织内容，合理安排布局外，还需要应用动画效果控制幻灯片中的各种对象的进入方式和顺序，以突出重点，控制信息的流程，提高演示的趣味性。

设计动画效果包括两部分：一是设计幻灯片中对象的动画效果；二是设计幻灯片间切换的动画效果。

5.5.1 设计幻灯片中对象的动画效果

设计幻灯片中对象的动画效果即为幻灯片的各个对象设置动画效果。这样，随着演示的进展可以逐步显示一张幻灯片内不同层次、不同对象的内容。设置幻灯片中对象的动画效果主要有两个操作：添加动画和编辑动画。

（1）添加动画。在幻灯片普通视图中，首先选择对应幻灯片中的对象，然后单击“动画”选项卡“动画”组中的各种动画选项，或者通过“动画”选项卡的“高级动画”组中的“添加动画”按钮来添加动画。如果需要使用更多的动画选项，可以在“动画”库下面选择“更多进入效果”“更多强调效果”“更多退出效果”和“其他动作路径”，如图 5-18 所示。

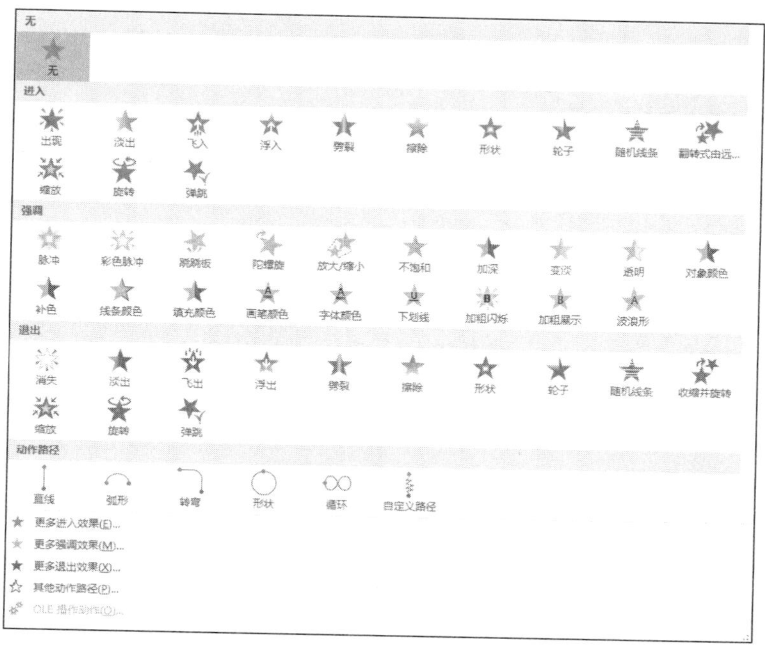

图 5-18　动画库

如果要取消动画效果，先选择幻灯片中对应的对象，然后在“动画”组中选择“无”即可。

（2）编辑动画。演示文稿的动画效果设置完成后，还可以对动画方向、运行方式、动画顺序、播放声音、动画长度等进行进一步的设置。动画方向可以通过“动画”选项卡“动画”组中的“效果选项”进行设置。动画的运行方式可以通过“动画”选项卡“计时”组进行设置，可以选择“单击时”“与上一动画同时”和“上一动画之后”三种方式，还可以单击“动画”选项卡“高级动画”组中的“动画窗格”按钮，打开“动画窗格”进行设置，如图 5-19 所示。

图 5-19　动画窗格

5.5.2 设计幻灯片间切换的动画效果

幻灯片间的切换效果是指移走屏幕上已有的幻灯片，并以某种效果开始新幻灯片的显示。设置幻灯片的切换效果，首先选定演示文稿中的幻灯片，然后单击“切换”选项卡，最后选择“切换到此幻灯片”组中对应的切换效果，如图 5-20 所示。大部分切换效果设置完成后还可以通过“效果选项”进行进一步的设置。另外也可以通过“切换”选项卡“计时”组中的选项对幻灯片的换片方式、持续时间进行设置。

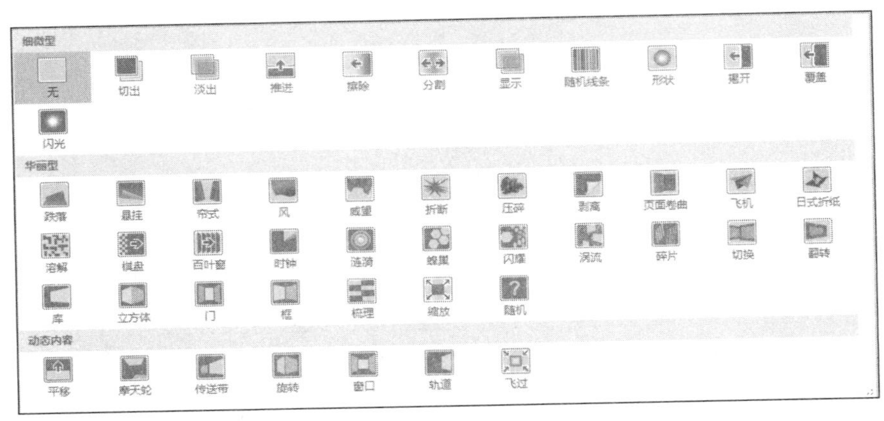

图 5-20 切换效果

【例 5.5】将例 5.4 中演示文稿的第 1 张幻灯片的文字“美丽中国”的动画效果设为“自顶部飞入”，第 3 张幻灯片的切换效果为“闪光”，并将第 3 张幻灯片的换片时间设置为 5 秒。

操作步骤如下：

- 打开演示文稿，在普通视图中单击选中第 1 张幻灯片。
- 选定第 1 张幻灯片中“美丽中国”所在的文本框，单击“动画”选项卡“动画”组的“飞入”动画，在“效果选项”下拉列表中选择“自顶部”。
- 选定第 3 张幻灯片，单击“切换”选项卡的“切换到此幻灯片”组的“闪光”切换效果。
- 选择“切换”选项卡“计时”组的“设置自动换片时间”，并将其设置为 00:05.00。

5.6 设置演示文稿的播放效果

5.6.1 设置放映方式

在播放演示文稿前可以根据使用者的不同需要设置不同的放映方式，可以通过单击“幻灯片放映”选项卡“设置”组中的“设置幻灯片放映”按钮来完成。在“设置放映方式”对话框中操作实现，如图 5-21 所示。

（1）演讲者放映（全屏幕）。以全屏幕形式显示，演讲者可以控制放映的进程，可用绘图笔勾画，适于大屏幕投影的会议、讲座。

（2）观众自行浏览（窗口）。以窗口形式显示，可编辑浏览幻灯片，适于人数少的场合。

（3）在展台浏览（全屏幕）。以全屏幕形式在展台上做演示，按事先预定的或通过执行“幻灯片放映”→“排练计时”命令设置的时间和次序放映，不允许现场控制放映的进程。

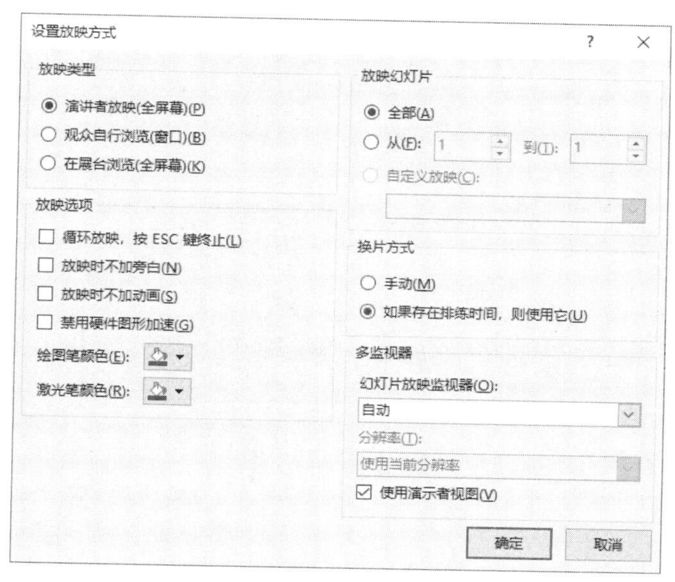

图 5-21　设置放映方式

要播放演示文稿有多种方式：按 F5 快捷键；执行“幻灯片放映”→“从头开始”命令；单击“幻灯片放映”按钮等。其中，除了最后一种方法是从当前幻灯片开始放映外，其他方法都是从第一张幻灯片放映到最后一张幻灯片。

【例 5.6】设置例 5.5 中演示文稿的放映方式。放映类型设置为“演讲者放映（全屏幕）”；放映选项设置为“循环放映，按 ESC 键终止”；从第 1 张到第 3 张放映幻灯片；换片方式为手动换片。

操作步骤如下：

- 打开对应的演示文稿，单击“幻灯片放映”选项卡“设置”组中的“设置幻灯片放映”按钮，弹出“设置放映方式”对话框，如图 5-21 所示。
- 在“设置放映方式”对话框中，“放映类型”选择“演讲者放映（全屏幕）”，选中“循环放映，按 ESC 键终止”复选框，“放映幻灯片”设置为从 1 到 3，“换片方式”设置为“手动”。
- 按 F5 键观看放映，查看幻灯片播放效果。

5.6.2　演示文稿的打包

在我们播放演示文稿的时候经常遇到这样的情况，做好的演示文稿在其他地方播放时，因所使用的计算机上未安装 PowerPoint 软件，或缺少幻灯片中使用的字体等一些原因，而无法放映或放映效果不佳。其实 PowerPoint 早已准备好了一个播放器，只要把制作完成的演示文稿打包，使用时利用 PowerPoint 播放器来播放就可以了。

如果要在另一台计算机上运行幻灯片放映，可以单击“文件”选项卡，选择左边的“保存并发送”，在弹出页面的“文件类型”区中选择“将演示文稿打包成 CD”，接着再单击右边的“打包成 CD”按钮，弹出“打包成 CD”对话框，如图 5-22 所示。通过设置可以将演示文稿所需的文件和字体打包到一起，在没有安装 PowerPoint 的计算机上观看演示文稿，“打包”命令还可以将 PowerPoint 播放器一同打包。

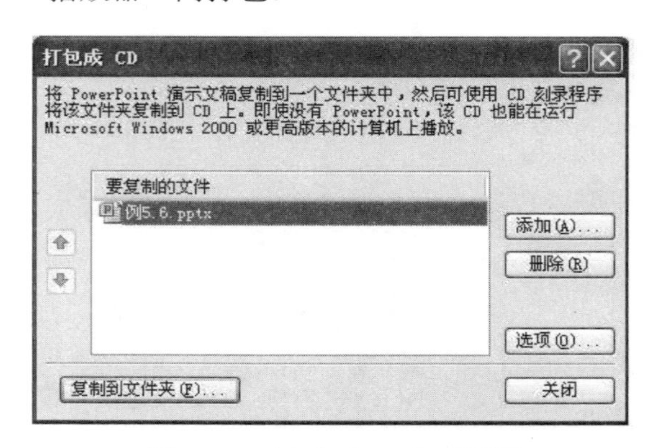

图 5-22 “打包成 CD”对话框

5.6.3 排练计时

在放映每张幻灯片时，必须要有适当的时间供演示者充分表达自己的思想，以供观众领会该幻灯片所要表达的内容。制作演示文稿时可指定以手动（单击或按键）的方式来放映下一张幻灯片，如果放映时不想人工控制幻灯片的切换，可指定幻灯片在屏幕上显示时间的长短，过了指定的时间间隔后自动放映下一张幻灯片。此时，可使用两种方式来指定幻灯片的放映时间：第一种方法是人工为每张幻灯片设置放映时间，然后放映幻灯片并查看所设置的时间；另一种方法是使用排练功能，在排练时由 PowerPoint 自动记录其时间。

利用 PowerPoint 的排练计时功能，演讲者可在准备演示文稿的同时，通过排练计时功能为每张幻灯片确定适当的放映时间，这也是自动放映幻灯片的要求。

操作步骤如下：

- 打开要创建自动放映的演示文稿。
- 单击“幻灯片放映”选项卡“设置”组中的“排练计时”按钮，激活排练方式，演示文稿自动进入放映方式。
- 使用鼠标单击“下一项”来控制速度，放映到最后一张时，系统会显示这次放映的时间，若单击“确定”按钮，则接受此时间，若单击“取消”按钮，则需要重新设置时间。

这样设置以后，可以在放映演示文稿时，单击状态栏上的“幻灯片放映”按钮，即可按设定时间自动放映。

5.6.4 隐藏幻灯片

在播放演示文稿时，根据不同的场合和不同的观众，可能不需要播放演示文稿中所有的幻灯片，这时候可将演示文稿中的某几张幻灯片隐藏起来，而不必将这些幻灯片删除。被隐藏的幻灯片在放映时不播放，并且设置为隐藏的幻灯片可以重新设置为不隐藏。

操作步骤如下：

- 在普通视图或幻灯片浏览视图界面下，选中需要被隐藏的幻灯片。

- 单击“幻灯片放映”选项卡“设置”组中的“隐藏幻灯片”按钮即可。设置了隐藏的幻灯片的编号上添加了“\”标记。

如果要取消隐藏，只要在普通视图或幻灯片浏览视图界面下选择被隐藏的幻灯片，再次单击“幻灯片放映”选项卡“设置”组中的“隐藏幻灯片”按钮，或右击，在快捷菜单中单击“隐藏幻灯片”选项也可取消隐藏。被隐藏的幻灯片的编号上“\”标记也将消失。

5.7 演示文稿的其他有关功能

5.7.1 演示文稿的压缩

在编辑演示文稿的过程中，如果插入大量的图片、音频和视频，演示文稿的文件就会变得很大，不方便进行传输和分享。在 PowerPoint 2016 中可以通过压缩媒体文件提高播放性能并节省存储空间。

音频或视频的压缩步骤如下：

- 打开包含音频文件或视频文件的演示文稿。
- 在“文件”选项卡上，单击“信息”选项，然后在“媒体大小和性能”部分单击“压缩媒体”，弹出“压缩媒体”下拉列表，如图 5-23 所示。

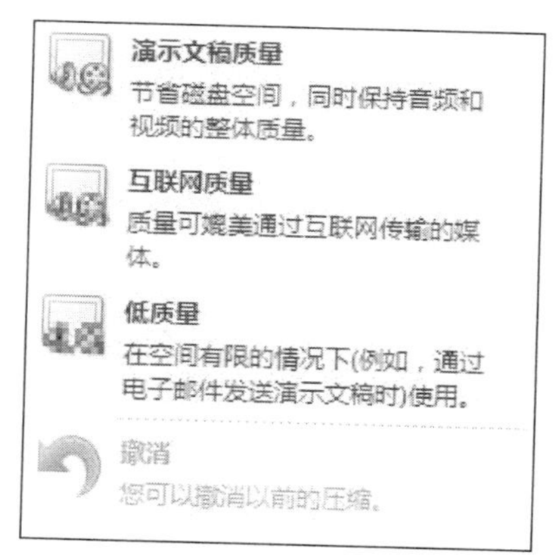

图 5-23 压缩媒体

- 若要指定音频或视频的质量（质量决定其大小）可选择下列选项之一：
  - 演示文稿质量：节省磁盘空间，同时保持音频或视频的整体质量。
  - 互联网质量：可媲美通过 Internet 传输的媒体质量。
  - 低质量：在空间有限的情况下（如通过电子邮件发送演示文稿时）使用。
  - 撤消：如果对压缩的效果不满意，可以撤消压缩。

图片的压缩步骤如下：

- 打开对应的演示文稿，单击选定的幻灯片中需要进行压缩的图片。
- 在“图片工具”功能区“格式”选项卡中，单击“调整”组中的“压缩图片”按钮，弹出“压缩图片”对话框，如图 5-24 所示。如果看不到“图片工具”功能区和“格式”选项卡，请确认是否选择了图片。

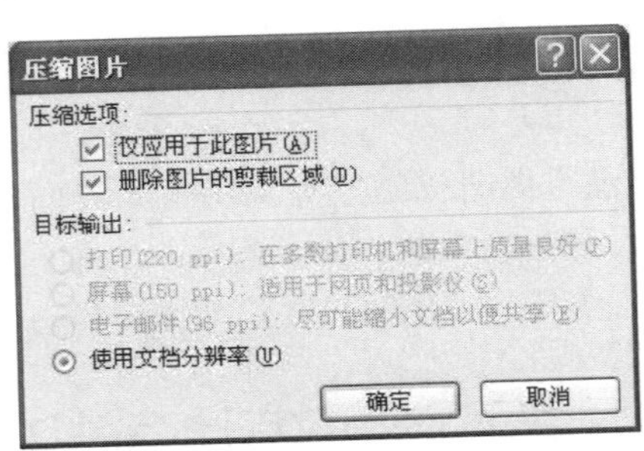

图 5-24　压缩图片

- 若仅更改选定的图片（而非所有图片）的分辨率，可选中“仅应用于此图片”复选框。在“目标输出”栏选择所需的分辨率（注释：选中“使用文档分辨率”将使用“文件”选项卡上设置的分辨率。默认情况下，此值设置为 220ppi，但用户可以更改此默认图片分辨率）。

5.7.2　演示文稿的打印

演示文稿可以打印，这通过执行“文件”→“打印”命令实现。

【例 5.7】 将例 5.5 中的演示文稿以讲义的形式打印出来，每张纸打印 3 张幻灯片。

操作步骤如下：

- 打开例 5.5 生成的演示文稿。
- 单击“文件”选项卡，在左边选择“打印”，在中间的“设置”下拉列表中选择“打印全部幻灯片”和“讲义（3 张幻灯片）”，在右边预览打印效果，满意后单击中间的“打印”按钮。

5.7.3　演示文稿的搜索

与 PowerPoint 2010 比较，这是 PowerPoint 2016 第一个主打新功能，包括两大版块：

（1）功能查找，如图 5-25 所示。以“形状”为例，可以直接搜索“形状”，并且在搜索框里面点击使用，如图 5-26 所示。

图 5-25　搜索框的功能查找

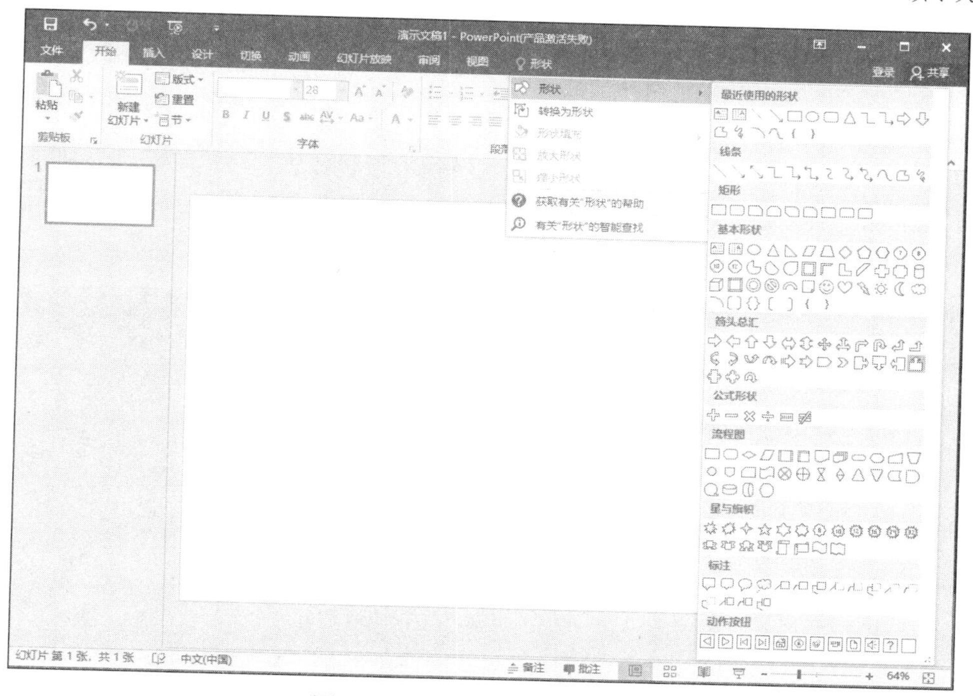

图 5-26　搜索框的“形状”查找

（2）智能查找：内置了微软的必应搜索，可以在互联网查询关键词的相关信息。

说明：首先是加载相当慢，可以看到图片显示一直在加载中。其次是加载完毕，如果要进一步查看搜索出来的功能，就会自动打开浏览器并连接到对应的搜索。

5.7.4　演示文稿的屏幕录制

顾名思义，用来录制屏幕视频，相当实用的一个新增功能。

可以选择录制区域、音频以及录制指针，录制完毕以后按 Windows 徽标键+Shift+Q 组合键，视频将自动插入 PPT 中。亮点：录制出来的视频帧数小、码率大、文件小、视频高清，如图 5-27 所示。

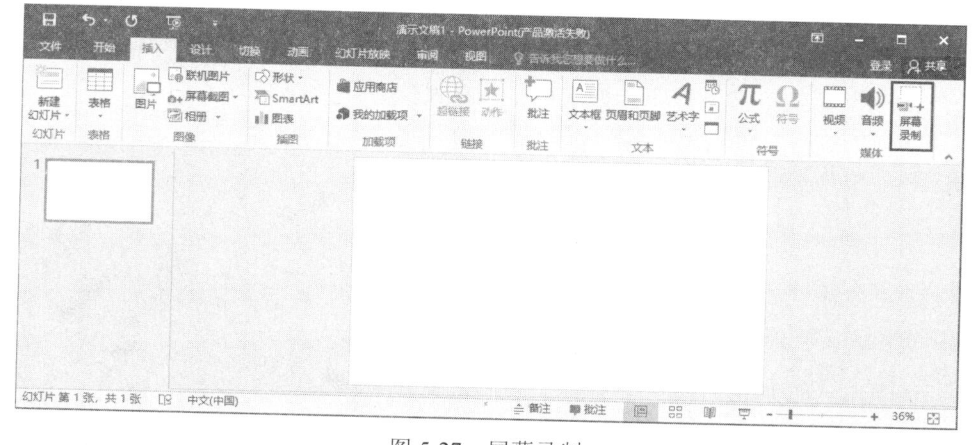

图 5-27　屏幕录制

5.7.5 演示文稿的墨迹书写

简单来说就是一个“手绘”功能，突显触摸设备的优势。

可以直接进行绘画操作。亮点：点击将墨迹转换为形状之后，可以绘制出规则的图形来。除此之外，还有一个墨迹公式功能，和墨迹书写的区别就是从手绘变成手写。用来识别公式，PowerPoint 会将其转换为文本，如图 5-28 所示。

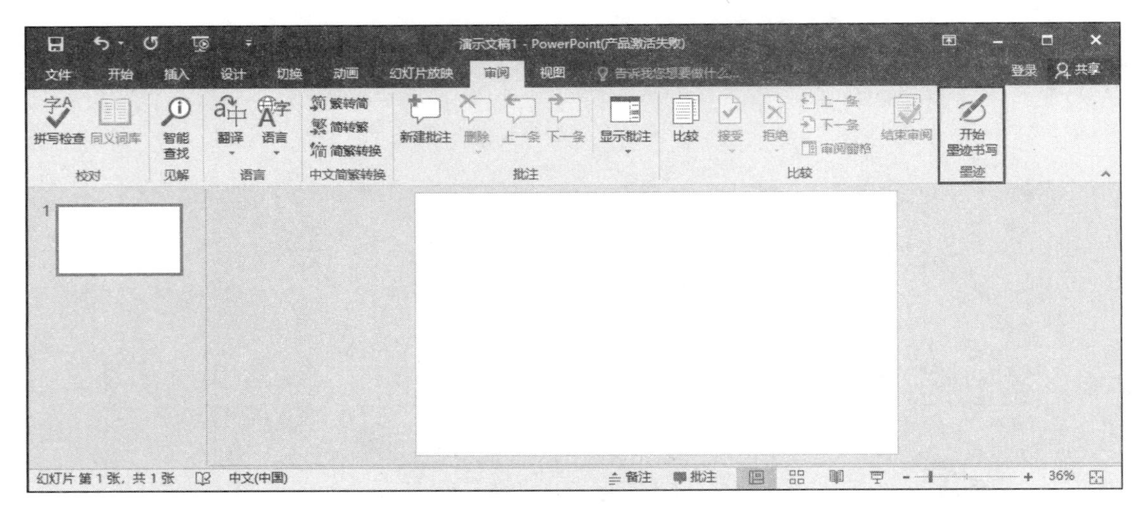

图 5-28　墨迹书写

本章小结

本章首先介绍了 PowerPoint 2016 的基本功能、工作环境和基本概念，然后通过举例的方式介绍如何制作一个简单的演示文稿，如何在幻灯片中插入各种对象，接着介绍通过幻灯片版式、背景、母版和主题设置演示文稿的视觉效果（静态效果），通过设置幻灯片中每个对象的动画效果和幻灯片的切换效果，实现演示文稿的动态效果，再接着介绍演示文稿的播放效果，包括设置放映方式、演示文稿的打包、排练计时和隐藏幻灯片，最后介绍演示文稿的其他有关功能，包括演示文稿的压缩、打印、搜索框、屏幕录制、墨迹书写。

思考题

1．举例说明演示文稿制作软件的用途。
2．说明演示文稿和幻灯片之间的关系。
3．哪些具体的操作可以改变演示文稿的视觉效果（静态效果）？
4．哪些具体的操作可以改变演示文稿的动态视觉效果？
5．如何理解在“设置放映方式”对话框中的“如果存在排练时间，则使用它”？

6．排练计时操作中显示的两个时间分别表示什么含义？
7．如何将网上下载的图片作为幻灯片的背景？
8．如何在幻灯片中使用 Windows Media Player 播放器播放视频？
9．如何在幻灯片中实现某个对象按照一定的路径进行移动？
10．如何操作可以实现在一张 A4 纸中打印多张幻灯片？

第 6 章　多媒体技术基础知识

多媒体技术是 20 世纪末开始兴起并得到迅速发展的一门技术，它把文字、数字、图形、图像、动画、音频和视频等集成到计算机系统中，使人们能够更加自然、更加“人性化”地使用信息。经过几十年的发展，多媒体技术已成为科技界、产业界普遍关注的热点之一，并已渗透到不同行业的很多应用领域，使我们的社会发生日新月异的变化。多媒体技术已经影响到人们工作、学习和生活的各个方面，并将给人类带来巨大的影响。

6.1　多媒体技术的基本概念

6.1.1　数字与信息、媒体与多媒体

数字是客观世界的原始数字记录，信息是数据加工后形成的，并且具有一定意义的数据。例如，数字 38 可能是某件事的数字记录，可以是一个人的体重 38 公斤，也可以是当天的温度 38℃，还可以是一件东西的长度 38 厘米。如果不具体说明，数字 38 没有什么实际意义，也就不是信息，仅仅是一个数据而已。如果解释为当天的温度 38℃，它就表示了该地当天的气温高，需要预防中暑等信息，这时数字 38 就成了信息。因此，数字是客观的，而信息是主观的，单纯的数字本身并没有什么实际意义，只有经过解释后才有实际意义，才能成为有用的信息。如果把数字比作原料，那么信息就是产品。

所谓媒体（medium）是指承载信息的载体。按照 ITU-T（国际电信联盟电信标准分局）建议的定义，媒体有 5 种：感觉媒体、表示媒体、显示媒体、存储媒体和传输媒体。感觉媒体指的是用户接触媒体的总的感觉形式，如视觉、听觉、触觉等。表示媒体则指的是信息的表示形式，如图像、声音、视频、运动模式等。显示媒体（又称“表现媒体”）是表现和获取信息的物理设备，如显示器、打印机、扬声器、键盘、摄像机、运动平台等。存储媒体是存储数据的物理设备，如磁盘、光盘等。传输媒体是传输数据的物理设备，如光缆、电缆、电磁波、交换设备等。这些媒体形式在多媒体领域中都是密切相关的。媒体的表现形式见表 6-1。

表 6-1　媒体的表现形式

媒体类型	媒体特点	媒体形式	媒体实现方式
感觉媒体	人类感知环境的信息	视觉、听觉、触觉	文字、图形、声音、图像、视频等
表示媒体	信息的处理方式	计算机数据格式	图像编码、音频编码、视频编码
显示媒体	信息的表达方式	输入、输出信息	数码相机、显示器、打印机等
存储媒体	信息的存储方式	存取信息	内存、硬盘、光盘、U 盘、纸张等
传输媒体	信息的传输方式	网络传输介质	电缆、光缆、电磁波等

“多媒体”（multimedia）从字面上理解就是“多种媒体的综合”，相关的技术也就是“怎

样进行多种媒体综合的技术”。多媒体本身有两个方面，和所有现代技术一样，它由硬件和软件，或机器和思想混合组成。可以将多媒体技术和功能在概念上区分为控制系统和信息。多媒体之所以能够实现是依靠数字技术。多媒体代表数字控制和数字媒体的汇合，计算机是数字控制系统，而数字媒体是当今音频和视频最先进的存储和传播形式。多媒体技术概括起来说，就是一种能够对多种媒体信息进行综合处理的技术。多媒体技术可以定义为：以数字化为基础，能够对多种媒体信息进行采集、编码、存储、传输、处理和表现，综合处理多种媒体信息并使之建立起有机的逻辑联系，集成为一个系统并能具有良好交互性的技术。

人类利用视觉、听觉、触觉、味觉和嗅觉感受各种信息。其中通过视觉得到的信息最多，其次是听觉和触觉，三者一起得到的信息达到了人类感受到的信息的 95%。因此感觉媒体是人们接收信息的主要来源，而多媒体技术则充分利用了这种优势。

6.1.2　多媒体技术的主要特征

多媒体技术的主要特征包括信息载体的多样性、交互性和集成性这三个方面。这三个特征是多媒体技术的主要特征，也是在多媒体研究中必须解决的主要问题。

1. 信息载体多样性

信息载体的多样性是相对于计算机而言的，指的就是信息媒体的多样化，有人称之为信息多维化。把计算机所能处理的信息空间范围扩展和放大，而不再局限于数值、文本或是被特别对待的图形或图像，这是计算机变得更加人性化所必须具备的条件。多媒体的多样性不仅仅局限在信息数据方面，还包括对设备、系统、网络等多种要素的重组和综合，目的都是能够更好地组织信息、处理信息和表现信息，从而使用户更全面、更准确地接受信息。

2. 信息载体交互性

多媒体技术的第二个关键特征是交互性。交互性是指人和计算机能够“对话”，人借助交互活动可控制信息的传播，甚至参与信息的组织过程，使之能够对感兴趣的画面或内容进行记录或者专门的研究，可以选择控制应用过程。当交互性引入时，“活动”本身作为一种媒体便介入到了数据转变为信息、信息转变为知识的过程之中。因为数据能否转变为信息取决于数据的接收者是否需要这些数据，而信息能否转变为知识则取决于信息的接收者能否理解。借助于交互活动，可以获得我们所关心的内容，获取更多的信息。

3. 信息载体集成性

集成性有两层含义：第一层含义指将多种媒体信息（如文本、图形、图像、音频、动画和视频）进行同步，综合完成一个完整的多媒体信息；第二层含义是把输入显示媒体（如键盘、鼠标、摄像机等）和输出显示媒体（如显示器、打印机、扬声器等）集成为一个整体。因此多媒体系统充分体现了集成性的巨大作用。事实上，多媒体中的许多技术在早期都可以单独使用，但作用十分有限。这是因为它们是单一的、零散的，如单一的图像处理技术、声音处理技术、交互技术、电视技术、通信技术等。但当它们在多媒体的旗帜下集合时，意味着技术已经发展到了相当成熟的程度。多媒体技术的集成性应该说是系统级的一次飞跃，无论是信息、数据，还是系统、网络、软硬件设施，通过多媒体技术的集成性构造出支持广泛信息应用的信息系统，1+1>2 的系统特性将在多媒体信息系统中得到充分的体现。

6.1.3 多媒体技术的发展趋势

任何技术都有其发生、发展的过程，多媒体技术也不例外。多媒体技术的发展过程经历了自由发展阶段（1968—1989 年）、标准化阶段（1990 年至今），现在继续向着更高的方向发展。

时至今日，未来宽带多媒体技术的发展脉络已经非常清晰——从以 PC 技术为主体的计算机多媒体应用，到通信领域的各种多媒体实现，以及未来数字 3C 时代多网合一的融合，宽带多媒体技术都是毋庸置疑的核心技术。网络环境的改善和传输带宽的增加，尤其是IPv6网络的建设和第三代移动通信技术的推出，为宽带多媒体技术带来了前所未有的发展契机。宽带多媒体技术的不断创新和广泛应用必将直接影响整个电子信息产业的未来走向。

专家预言，未来将是一个宽带多媒体技术无处不在的世界。随着信息技术的发展，人们对信息的需求已不满足于传统的电报电话、文件传输、电子邮件，而是追求更高品质的集视频、图像、声音、文字甚至动画为一体的多媒体应用服务。可视会议系统使远程面对面的会谈成为现实，人们可以在听到声音的同时看到图像，共享图像，既节约开支，又提高了效率。宽带多媒体技术还可充分应用于商务交流与技术协作、客户服务、跨国应用、远程教学和技术培训、远程医疗与会诊等。基于 Web 的实时、互动沟通技术和服务的多媒体应用正在极大改变人们的工作方式，引发新一轮的因特网应用变革。

在因特网多媒体信息服务尚未完全普及的今天，移动通信技术、更高级的图像编码技术为移动多媒体服务提供了技术基础，为通过手机、PDA、数字手表等享受各种各样的多媒体信息服务提供了可能。宽带多媒体技术的不断创新和发展为数字3C 产业奠定了广阔而坚实的基础，3C 融合时代也将给宽带多媒体市场带来丰厚的利润和巨大的发展潜力。核心技术市场化引领产业崛起，多媒体核心技术的发展牵动了运营商、内容提供商及终端厂商的兴奋点。成熟的宽带多媒体业务应该具备如下几个特点：

（1）多样性，宽带多媒体业务应充分利用运营商提供的高带宽的特点，运用图像、声音和动画等各种窄带网络所无法提供的传媒手段向用户提供丰富多彩的内容。

（2）互动性，随着带宽的增加，制约互动性发挥的瓶颈将基本消除。由内容提供商提供的以互动为核心的各种服务也将成为互联网服务的主流。

（3）个性化，宽带多媒体业务应当是个性化的服务。对应于不同的客户群体，如不同行业、不同年龄层次，用户都能够根据其消费习惯和实际使用情况，自由选择和定制具体的宽带增值服务。

6.1.4 多媒体技术的应用领域

多媒体技术的应用领域十分广泛，它不仅覆盖了计算机的应用领域，而且开拓了计算机的新应用领域。下面介绍几种最常见的应用。

（1）教育（形象教学、模拟展示）：电子教案、模拟交互过程、网络多媒体教学、仿真工艺过程。

（2）商业广告（特技合成、大型演示）：影视商业广告、公共招贴广告、大型显示屏广告、平面印刷广告。

（3）影视娱乐（电影特技、变形效果）：电视/电影/卡通混编特技、演艺界 MTV 特技制作、三维成像模拟特技、仿真游戏等。

（4）医疗（远程诊断、远程手术）：网络多媒体技术、网络远程诊断、网络远程操作（手术）。

（5）旅游（景点介绍）：风光重现、风土人情介绍、服务项目。

（6）虚拟现实技术：虚拟现实技术是多媒体技术的一个重要应用方向。虚拟现实技术能够创造各种模拟的现实环境，如科学可视化、飞行器、汽车、外科手术等的模拟操作环境，用于军事、体育、驾驶、医学等方面培训，不仅可以使受训者在生动、逼真的场景中完成训练，而且能够设置各种复杂环境，提高受训人员对困难和突发时间的应变能力，并能自动评测学员的学习成绩。

（7）MIS（管理信息系统）：多媒体技术的发展已使多媒体 MIS 的研制成为可能，目前多媒体数据库以及各种多媒体制作工具都已推出。多媒体 MIS 除了处理数据、文字，还可以处理图形、图像、动画、声音、录像等信息，这将对 MIS 的应用带来一场革命。

多媒体的未来是激动人心的，我们生活中数字信息的数量在今后几十年中将急剧增加，质量上也将大大地改善。多媒体正在以一种迅速的、意想不到的方式进入人们生活的多个方面，大的趋势是各个方面都将朝着当今新技术综合的方向发展。多媒体技术集声音、图像、文字于一体，集电视录像、光盘存储、电子印刷和计算机通信技术之大成，将把人类引入更加直观、更加自然、更加广阔的信息领域。

6.1.5　常见的多媒体元素

多媒体元素是指多媒体应用中可显示给用户的媒体形式。目前常见的媒体元素有文本、图形、图像、视频、音频和动画等。

1. 文本

“文本”一词来自英文 text，一般来说，文本是语言的实际运用形态。文本文件中，如果只有文本信息，没有其他任何有关格式的信息，则称为非格式化文本文件或纯文本文件；而带有各种格式信息的文本文件，称为格式化文本文件，该文件中带有段落格式、字体格式、边框等格式信息。文本的多样化是由文字的变化，即字的格式（style）、字的定位（align）、字体（font）、字的大小（size），以及这 4 种变化的各种组合形成的。

文本相比较于其他多媒体元素来说，其占用的存储空间小。一页印在 B5（约 180mm×255mm）纸上的文件，若以中等分辨率（300dpi，约 12 像素/毫米）的扫描仪进行采样，其数据量约 6.61MB/页。一张 650MB 的 CD-ROM 可存 98 页。

2. 图形

图形（graphic）一般指用计算机绘制的如直线、圆、圆弧、矩形、任意曲线和图表等。图形的格式是一组描述点、线、面等几何图形的大小、形状及其位置、维数的指令集合。在图形文件中只记录生成图的算法和图上的某些特征点，因此也称矢量图。通过读取这些指令并将其转换为屏幕上所显示的形状和颜色而生成图形的软件通常称为绘图程序。在计算机还原输出时，相邻的特征点之间用特定的诸多段小直线连接就形成曲线，若曲线是一条封闭的图形，也可靠着色算法来填充颜色。图形的最大优点在于可以分别控制处理图中的各个部分，如在屏幕上移动、旋转、放大、缩小、扭曲而不失真，不同的图形还可在屏幕上重叠并保持各自的特性，必要时仍可分开。因此，图形主要用于表示线框型的图画、工程制图、美术字等。绝大多数 CAD 和 3D 造型软件使用矢量图形来作为基本图形存储格式。

3. 图像

图像（image）是指由输入设备捕捉的实际场景画面，或以数字化形式存储的任意画面，是客观对象的一种相似性的、生动性的描述或写真，是人类社会活动中最常用的信息载体，或者说图像是客观对象的一种表示，它包含了被描述对象的有关信息，是人们最主要的信息源。随着数字技术的不断发展和应用，现实生活中的许多信息都可以用数字形式的数据进行处理和存储，数字图像就是这种以数字形式进行存储和处理的图像。利用计算机可以对图像进行常规图像处理技术所不能实现的加工处理，还可以将它在网上传输，可以多次复制而不失真。据统计，一个人获取的信息大约有 75%来自视觉。古人说的“百闻不如一见”“一目了然”便是非常形象的例子，都反映了图像在信息传递中的独特效果。在计算机中，图像是以数字方式记录、处理和保存的，所以图像也可以说是数字化图像。图像类型大致可以分为两种：矢量图形（向量式图形）与位图图像（点阵式图像）。这两种图像各有特色，也各有其优缺点。因此在图像处理过程中，往往需要将这两种类型的图像交叉运用，才能取长补短，使用户的作品更为完善。

4. 视频

视频（video）泛指将一系列的静态图像以电信号方式加以捕捉、记录、处理、存储、传送与重现的各种技术。视频技术最早是从阴极射线管的电视系统的创建而发展起来的，但是之后新的显示技术的发明，使视频技术所包括的范畴更大。基于电视和计算机的标准，被试图从两个不同的方面来发展视频技术。现在得益于计算机性能的提升，并且伴随着数字电视的播出和记录，这两个领域又有了新的交叉和集中。计算机现在能显示电视信号，能显示基于电影标准的视频文件和流媒体。和电视系统相比，伴随着运算器速度的提高，存储容量的提高，和宽带的逐渐普及，通用的计算机都具备了采集、存储、编辑和发送视频文件的能力。

（1）帧速。视频是利用快速变换帧的内容而达到运动的效果。视频根据制式的不同有 30fps（NTSC）、25fps（PAL）等。有时为了减少数据量而减慢了帧速，例如只有 16fps，也可以达到满意程度，但效果略差。

（2）数据量。如不计压缩，数据量应是帧速乘以每幅图像的数据量。假设一幅图像大小为 1MB，则每秒将达到 30MB（NTSC）。但经过压缩后可减少为百分之几甚至更少。尽管如此，图像的数据量仍然很大，以至于计算机显示可能跟不上速度，导致图像失真。此时就只有在减少数据量上下功夫，除降低帧速外，也可以缩小画面尺寸，例如只有 1/4 屏就可以大大降低数据量。

（3）图像质量。图像质量除了原始数据质量外，还与视频数据压缩的程度有关。一般说来，压缩比较小的时候对图像质量不会有太大影响，而超过一定程度后，将会明显看出图像质量的下降。所以数据量与数据质量是一对矛盾，需要合适的折衷。

5. 音频

数字音频可分为波形声音、语音和音乐。波形声音实际上已经包含了所有的声音形式，它可以把任何声音都进行采样和量化，并恰当地恢复出来。人的说话声虽是一种特殊的媒体，但也是一种波形，所以和波形声音的文件格式相同。影响数字声音波形质量的主要因素有 3 个：

（1）采样频率。采样频率等于波形被等分的份数，份数越多（即频率越高），声音的质量越好。

（2）采样精度。采样精度即每次采样信息量。采样通过模/数转换器（A/D 转换器）将每个波形垂直等分，若用 8 位 A/D 转换器，可把采样信号分为 256 等分；若用 16 位 A/D 转换器，则可将其分为 65536 等分。显然后者比前者音质好，因为有更高的精度。

（3）通道数。声音通道的个数表明声音产生的波形数，一般分单声道和立体声道。单声道产生一个波形，立体声道则产生两个波形；采用立体声道声音丰富，但存储空间要占用很多。声音的保真与节约存储空间是矛盾的，因此需要选择一个平衡点。

数字音频的数据量由采样频率、采样精度、声道数三个因素决定。假设需要还原的模拟声音频率是 22050Hz，这个频率已经达到人耳听觉的上限，则数字采样频率取 44100Hz，采样精度为 16bit，采用双声道立体声模式，1min 所需的数据量为 44100Hz×2B（16bit 采样精度）×2（双声道）×60s=10MB/min。

6. *动画*

动画（animation）是基于人的视觉原理创建的运动图像，在一定时间内连续快速观看一系列相关的静止画面时，会感觉其为连续动作，单幅画面被称为帧。动画是运动的图像，实质是一幅幅静态图像的连续播放。人类在看一个运动物体时，物体的影像会短暂地停留在大脑视觉神经中，这段时间大约是 1/24s，在医学上称为“视觉滞留效应”。当画面的更换速度为 1/24s 或更快时，人们大脑在前一个影像还没有消失前，又接受了新的影像，使物体影像连续不断地出现在大脑视觉神经中，这样，人们看到的是连续活动的图像。动画的连续播放既指时间上的连续，又指图像内容上的连续，即播放的相邻两幅图像之间内容相差不大。

近年来，计算机介入传统的动画制作工艺，使得动画制作工艺发生了革命性的变化。譬如有些人在完成动画画面的绘制工作以后，采用数字图像扫描仪，把画稿直接转换成数字图像，然后在计算机中上色和进行其他处理。由计算机完成的动画数字图像经过转换，制成录像带，可供电视播放用。动画也有和视频类似的技术参数。动画分为二维动画和三维动画两种类型。

6.2　多媒体计算机平台标准

6.2.1　什么是多媒体计算机

在多媒体计算机出现之前，传统的微机或个人机处理的信息往往仅限于文字和数字，只能算是计算机应用的初级阶段，同时，由于人机之间的交互只能通过键盘和显示器，故交流信息的途径缺乏多样性。为了使计算机能够集声、文、图、像处理于一体，人们发明了具有多媒体处理能力的计算机。所谓多媒体个人计算机（MPC）就是指具有多媒体功能的个人计算机，也称为多媒体计算机，它的硬件结构与一般所用的 PC 并无太大的差别，只不过是多了一些软硬件配置而已。一般用户如果要拥有 MPC 大概有两种途径：一是直接购买具有多媒体功能的 PC；二是在基本的 PC 上增加多媒体套件而构成 MPC。现在一般标准配置的计算机大多具有多媒体处理功能。

从硬件设备来看，在 PC 上增加声卡和光盘驱动器，这就是人们一般所指的早期的 MPC。多媒体技术的发展，不断赋予 MPC 新的内容，另外对 MPC 也有不同的理解。对广大用户而言，就是把具有上述功能的 PC 或把现有的增加了多媒体升级套件的 PC 称为 MPC。目前缩写 MPC 特指符合 MPC 联盟标准的多媒体个人计算机。

6.2.2 多媒体计算机的硬件设备

在多媒体硬件系统中计算机主机是基础性部件，是硬件系统中的核心。由于多媒体系统是多种设备、多种媒体信息的综合，因此计算机主机是决定多媒体性能的重要因素，这就要求其具有高速的 CPU、大容量的内外存储器、高分辨率的显示设备及宽带传输总线等。多媒体个人计算机系统在硬件方面根据应用不同，构成配置可多可少，亦可高可低。MPC 基本硬件构成包括计算机传统硬件、CD-ROM 或 DVD 驱动器和声卡等。

1. 存储设备

存储技术发展很快，特别是近 10 年来，近代光学、微电子技术、光电子技术及材料科学的发展为光学存储技术的成熟及工业化生产创造了条件。光存储系统以其存储容量大、工作稳定、密度高、寿命长、介质可换、便于携带、价格低廉等优点，已成为多媒体系统普遍使用的设备。以前常用的是用在个人计算机上的光存储系统，它由光盘驱动器和光盘盘片组成，随着网络的发展，云存储系统使用越来越广泛，在需要使用数据中心时基本上都使用云存储，云存储系统由存储层、基础管理层、应用接口层和访问层组成。

（1）光存储系统。常见的独立光存储系统有只读型、一次写入型和可重写型 3 大类。DVD 驱动器如图 6-1 所示。

图 6-1　DVD 驱动器

光存储的基本特点是用激光引导测距系统的精密光学结构取代硬盘驱动器的精密机械结构。光盘驱动器的读写头是用半导体激光器和光路系统组成的光学头，记录介质采用磁光材料。驱动器采用一系列透镜和反射镜，将微细的激光束引导至一个旋转光盘上的微小区域。由于激光的对准精度高，所以写入数据的密度要比硬盘高得多。

（2）云存储系统。云计算系统不但能对数据进行处理和运算，系统中还有大量的存储阵列设备，以实现对计算数据的保存和管理。在云计算系统中配置相应的存储设备，该计算系统即拥有了云存储系统功能。由此可以理解，云存储系统是以数据存储和数据管理为中心的云计算系统。云存储系统通过集群应用、网格技术或分布式文件系统等功能，将网络中大量不同类型的存储设备通过应用软件集合起来协同工作，共同对外提供数据存储和业务访问功能。云存储系统的结构模型由 4 层组成。

1）存储层。存储层是云存储最基础的部分。存储设备可以是光纤通道、NAS 和 iSCSI 等 IP 存储设备，也可以是 SCSI 或 SAS 等 DAS 存储设备。数量庞大的云存储设备分布在不同地域，彼此之间通过广域网、互联网或者 FC 光纤通道网络连接。

2）基础管理层。基础管理层是云存储最核心的部分，也是云存储中最难以实现的部分。它通过集群系统、分布式文件系统和网格计算等技术，实现云存储中多个存储设备之间的协同工作，使多个存储设备可以对外提供同一种服务，并提供更大、更强、更好的数据访问性能。

3）应用接口层。应用接口层是云存储最灵活多变的部分。不同的云存储运营单位可以根据实际业务类型，开发不同的应用服务接口，提供不同的应用服务。任何一个授权用户通过网络接入、用户认证和权限管理接口的方式来登入云存储系统，都可以享受云存储服务。

4）访问层。云存储运营单位不同，提供的访问类型和访问手段也不同。云存储使用者采用的应用软件客户端不同，享受到的服务类型也不同，比如个人空间租赁服务、运营商空间租赁服务、数据远程容灾和远程备份、视频监控应用平台、IPTV 和视频点播应用平台、网络硬盘引用平台、远程数据备份应用平台等。

2. 音频接口

处理音频信号的 PC 插卡是声卡（audio card），又称音频卡，如图 6-2 所示。声卡处理的音频媒体有数字化声音、合成音乐及 CD 音频。声卡是处理和播放多媒体声音的关键部件，它通过插入主板扩展槽中的方式与主机相连，或集成在主板上。卡上的输入/输出接口可以与相应的输入/输出设备相连。常见的输入设备包括传声器、收录机和电子乐器等，常见的输出设备包括扬声器和音响设备等。

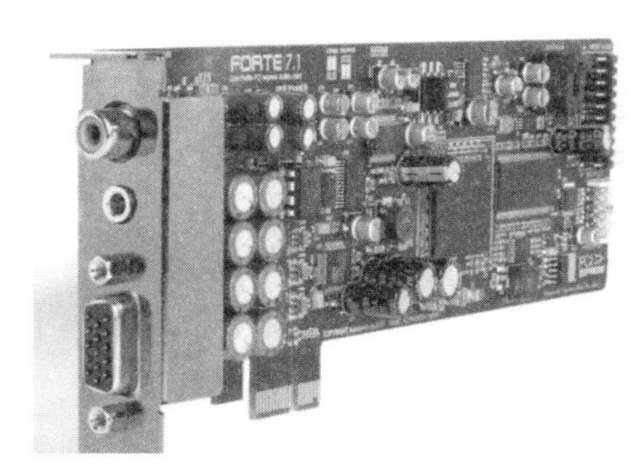

图 6-2　声卡

（1）声卡的工作原理。声卡的工作原理其实很简单，我们知道，麦克风和喇叭所用的都是模拟信号，而计算机所能处理的都是数字信号，声卡的作用就是实现两者的转换。从结构上分，声卡可分为模数转换电路和数模转换电路两部分，模数转换电路负责将麦克风等声音输入设备采到的模拟声音信号转换为计算机能处理的数字信号；而数模转换电路负责将计算机使用的数字声音信号转换为喇叭等设备能使用的模拟信号。

（2）声卡的体系结构。声卡主要由下列部件组成：

1）MIDI 输入/输出电路。

2）MIDI 合成器芯片。

3）用来把 CD 音频输入与线路输入相混合的电路。

4）带有脉冲编码调制电路的模数转换器，用于把模拟信号转换为数字信号以生成波形文件。

5）用来压缩和解压音频文件的压缩芯片。

6）用来合成语音输出的语音合成器。

7）用来识别语音输入的语音识别电路。

8）输出立体声的音频输出或线路输出的输出电路等。

3. 视频采集卡

为了显示原始图像（这里使用的“图像”是泛指，包括全运动视频）的可接受的复制图，需要使用各种显示系统技术来解码信号和压缩数据。

（1）视频采集卡的工作原理。视频信号源、摄像机、录像机或激光视盘的信号首先经过A/D变换，送到多制式数字解码器进行解码得到YUV数据，然后由视频窗口控制器对其进行剪裁，改变比例后存入帧存储器。帧存储器的内容在窗口控制器的控制下，与VGA同步信号或视频编码器的同步信号同步，再送到D/A变换器变成模拟的RGB信号，同时送到数字式视频编辑器进行视频编码，最后输出到VGA监视器及电视机或录像机。

（2）视频采集卡的主要功能。

1）全活动数字图像的显示、抓取、录制等。

2）可以从录像机（VCR）、摄像机、ID、IV等视频源中抓取定格，存储输出图像。

3）可按比例缩放、剪切、移动、扫描视频图像。

4）色度、饱和度、亮度、对比度及R、G、B三色比例可调。

4. 手写板

常见的手写板包括电阻式压力板、电磁式感应板和近期发展的电容式触控板等，如图6-3所示。

图6-3　手写板

（1）电阻压力手写板。

组成：由一层可变形的电阻薄膜和一层固定的电阻薄膜构成，中间由空气相隔离。

特点：原理简单，工艺不复杂，成本较低，价格也比较便宜，材料容易疲劳，使用寿命较短。

（2）电磁式手写板。

工作原理：通过在手写板下的布线电路通电后，在一定时间范围内形成电磁场，来感应带有线圈的笔尖的位置进行工作。

分类：“有压感”和“无压感”两种。

特点：对供电有一定的要求，易受外界环境的电磁干扰，使用寿命短。

（3）电容式手写板。

工作原理：通过人体的电容来感知手指的位置。

特点：用手指和笔都能操作，使用方便；手指和笔与触控板的接触几乎没有磨损，性能稳定；机械测试使用寿命长达30年，元件少，产品一致性好，成品率高，成本较低。

5. 触摸屏

触摸屏（touch screen）是一种定位设备，当用户用手指或者其他设备触摸安装在计算机显示器前面的触摸屏时，所摸到的位置（以坐标形式）被触摸屏控制器检测到，并通过串行口或者其他接口（如键盘）送到CPU，从而确定用户所输入的信息。随着多媒体信息查询的需求与日俱增，人们越来越多地谈到触摸屏，因为触摸屏不仅适用于查询多媒体信息，而且触摸具有坚固耐用、反应速度快、节省空间、易于交流等优点。利用这种技术，用户只要用手指轻轻地触碰计算机显示屏上的图符或文字就能实现对主机操作，从而使人机交互更为直截了当，这种技术大大方便了那些不懂计算机操作的用户，大大改善人与计算机的交互方式。触摸屏应用极广，如用在手机上，用在计算机屏幕上，用在公共信息的查询设备上，如图 6-4 所示。触摸屏主要有红外技术触摸屏、电容技术触摸屏和电阻技术触摸屏 3 种。

图 6-4　触摸屏

6. 扫描仪

扫描仪（scanner）是一种图像输入设备，利用光电转换原理，通过扫描仪光电的移动或原稿的移动，把黑白或彩色的原稿信息数字化后输入到计算机中，如图 6-5 所示。衡量扫描仪的主要技术指标包括扫描分辨率、扫描色彩精度、扫描速度等。扫描仪的关键技术不外乎镜头技术和 CCD 技术，这两项技术决定了扫描分辨率的高低。

手持扫描仪

平板扫描仪

立式扫描仪

图 6-5　各式扫描仪

7. 刻录机

在需要大容量存储的多媒体领域，刻录机基本上已成为多媒体系统的标准配置。根据刻录机是否放到计算机主机箱中，分为内置式刻录机和外置式刻录机，如图 6-6 所示。CD 刻录机可以把数据写在 CD-R 或 CD-W 盘片上，通常每张盘可以存储 650MB～700MB 数据或数字化的声音和影像。刻录好的光盘可以拿到任何一台有光驱的计算机中使用。相比之下，DVD 刻录机的容量更大，读写速度更快。

8. 数码相机

随着科技的迅速发展，数年光景，数码相机（如图 6-7 所示）逐渐成为生活潮流的指标。它的魅力不单在于其外形美观及使用方便，更多在于它所拍摄的相片质量是传统相机不能比拟的，它使得非专业用户也能拍摄出专业的效果。与传统相机相比，数码相机只需一张小小的存储卡便可拍摄，没有更换胶卷等麻烦。正因为数码相机的种种优点，使得它广受摄影爱好者的欢迎。数码相机的选择应该做到物尽其用，不要盲目投入，高投入并不一定能保证创造出高质量的作品。

图 6-6　刻录机

图 6-7　数码相机

9. 彩色投影仪

彩色投影仪简称“投影仪”，是一种数字化设备，主要用于计算机信息的显示，如图 6-8 所示。使用彩色投影仪时，通常配有大尺寸的幕布，计算机送出的显示信息通过投影仪投影到幕布上。作为计算机设备的延伸，投影仪在数字化、小型化、高亮度显示等方面具有鲜明的特点，目前正广泛应用于教学、广告展示、会议、旅游等很多领域。

图 6-8　彩色投影仪

6.2.3　多媒体计算机的软件环境

任何计算机系统都是由硬件和软件构成的，多媒体系统除了具有前述的有关硬件外，还需配备相应的软件。

1. 驱动软件

多媒体驱动软件是多媒体计算机软件中直接和硬件打交道的软件。它负责设备的初始化，各种设备操作以及设备的关闭等。驱动软件一般常驻内存，每种多媒体硬件都需要一个相应的驱动软件。

2. 多媒体操作系统

多媒体操作系统简而言之就是具有多媒体功能的操作系统。多媒体操作系统必须具备对多媒体数据和多媒体设备的管理和控制功能，具有综合使用各种媒体的能力，能灵活地调度多媒体数据并能进行相应的传输和处理，且使各种硬件和谐地工作。

随着多媒体技术的发展，通用操作系统逐步增加了管理多媒体设备和数据的内容，为多媒体技术提供支持，成为多媒体操作系统。Windows 2000、Windows XP 等均适用于多媒体个人计算机。

3. 多媒体数据处理软件

多媒体数据处理软件是专业人员在多媒体操作系统之上开发的。在多媒体应用软件制作过程中，对多媒体信息进行编辑和处理是十分重要的，多媒体素材制作的好坏直接影响到整个多媒体应用系统的质量。常见的声音编辑软件有 Cool Edit、GoldWave、SoundEdit 等；图形编辑软件有 Illustrator、CorelDRAW、FreeHand 等，图像编辑软件有 Photoshop，视频编辑软件有 Premiere、Combustion 等；动画编辑软件有 Ulead GIF Animator、3ds max 和 Maya 等。

4. 多媒体创作软件

多媒体创作软件是帮助开发者制作多媒体应用软件的工具，如 Authorware、Director 等。多媒体创作软件能够对文本、声音、图像、视频等多媒体信息进行控制和管理，并按要求将其连接成一个完整的多媒体应用系统。

5. 多媒体应用系统

多媒体应用系统又称多媒体应用软件，它由各种应用领域的专家或开发人员利用多媒体开发软件或计算机语言，组织编排大量的多媒体数据而制成最终的多媒体产品，多媒体的硬件是直接面向用户的。多媒体应用系统所涉及的应用领域主要有文化教育、数字出版、影视特技等。

6.3 多媒体文件存储格式

计算机对文本、图形、图像、声音、动画、视频等信息进行处理时，首先需要将这些来源不同、信号形式不一、编码规格不同的外部信息改造成计算机能够处理的信号，然后按规定格式对这些信息进行编码，这个过程称为多媒体信息的数字化。

6.3.1 信息的编码

编码是多媒体技术的重要组成部分，因为多媒体系统传送和处理的信息不但包括各个媒体的内容信息，而且还应包括表示各媒体信息时间和空间关系的信息，要使相应的技术系统能有效地处理多媒体信息，就必须对原始信息进行编码。信息编码（information coding）是为了方便信息的存储、检索和使用，在进行信息处理时赋予信息元素以代码的过程，即用不同的代码与各种信息中的基本单位建立一一对应的关系。信息编码必须标准化、系统化，设计合理的编码系统是关系信息管理系统生命力的重要因素。由于计算机只能识别和处理二进制数据，因此必须对原始信息（如文字、数据、图片、视频等）进行编码，将信息表示为计算机能够识别的二进制数据，这种编码的过程称为信源编码，解码则是编码的一个逆过程。

信源编码是将信息按一定规则进行数字化的过程，例如，对文字、符号等信息，可以利用 ASCII 标准进行编码，这些编码可以由文本编辑软件（如 Word）进行解码。在网页中，采用 HTML（超文本标记语言）进行编码，这些具有特殊功能的符号标记语言也是一种信源编码，它由浏览器软件（如 IE）进行解码。对模拟信号进行模数转换后，可以利用 PCM（脉冲编码调制）技术进行编码，利用音频软件进行解码（如 MP3 播放软件）。对于音频和视频信号，可以利用 MPEG 等压缩标准进行信源压缩编码，利用音频、视频播放软件（如暴风影音）进行解码。

6.3.2 字符信息的编码

目前最通用的字符编码是 ASCII（美国信息交换标准码），它主要用于计算机信息编码。ASCII 共定义了 128 个英文字符，其中 33 个字符为控制字符，它们都是不可显示的字符；另外 95 个字符为可显示字符，可显示字符包含 26 个英文大写字母、26 个英文小写字母、10 个阿拉伯数字、常见的英文标点符号、键盘空格键所产生的空白字符等（注意英文字母的大写字母和小写字母的 ASCII 编码是不一样的）。汉字在计算机内的存储使用的是机内码标准，每一个汉字占两个字节。

【例 9.1】 利用 ASCII 标准对字符 boy 进行编码。

查 ASCII 表可知，boy 的 ASCII 码为：

01100010	01101111	01111001

【例 9.2】 利用 ASCII 标准对字符 GIRL 进行编码。

查 ASCII 表可知，GIRL 的 ASCII 码为：

01000111	01001001	01010010	01001100

【例 9.3】 利用 ASCII 标准对字符 9-6 进行编码。

查 ASCII 表可知，字符 9-6 的 ASCII 码为：

00111001	00101101	00110110

6.3.3 多媒体文件的存储格式

声音和图像等多媒体信息以文件（多媒体文件）的形式存放在多媒体系统中，而多媒体系统存储声音和图像推荐使用的是 IBM/Microsoft 的资源交换文件格式 RIFF。这是一种带标记的文件结构，其本身并不是实际的文件格式，而是一种文件结构的标准。大部分多媒体文件的存储是按照特定的算法，对文字、音频或视频信息进行压缩或解压缩形成文件，各存储格式见表 6-2。

表 6-2 多媒体文件存储格式

文件头	多媒体数据	文件尾
软件 ID 软件版本号 图像分辨率 图像尺寸 色彩深度 色彩类型 编码方式 压缩算法	图像数据 色彩变换表	用户名称 注释 开发日期 工作时间

多媒体文件包含文件头和数据两大部分，文件头记录了文件的名称、大小、采用的压缩算法、多媒体文件的类型、文件的存储格式的信息码，它只占文件的一小部分。不同格式的文件，其文件头包含的信息也不完全一致，如 WAV 文件包含了波形编码方式、声道数目、采样频率和播放速率等信息。数据是多媒体文件的主要组成部分，它往往有特定的存储格式。不同格式的文件，必须使用不同的编辑或播放软件，这些软件按照特定的算法还原某种或多种特定格式的文字、音频或视频文件。

6.3.4　流媒体文件

多媒体文件可分为静态多媒体文件和流式多媒体文件（简称为“流媒体”），静态多媒体文件无法提供网络在线播放功能。例如，要观看某个影视节目，必须将这个节目的视频文件下载到本机，然后进行观看。简单来说，就是先下载，后观看。这种方式的缺点是占用了有限的网络带宽，无法实现网络资源的优化利用。

流媒体是指以流的方式在网络中传输音频、视频和多媒体文件的形式。流媒体文件格式是支持采用流式传输及播放的媒体格式。流式传输方式是将视频或音频等多媒体文件经过特殊的压缩方式分成一个个压缩包，由服务器向用户计算机连续、实时传送。在采用流式传输方式的系统中，用户不必像非流式播放那样等到整个文件全部下载完毕后才能看到当中的内容，而是只需要经过几秒钟或几十秒的启动延时即可在用户计算机上利用相应的播放器对压缩的视频或音频等流式媒体文件进行播放，剩余的部分将继续进行下载，直至播放完毕。流媒体视频在播放时并不需要下载整个文件，只需要将文件的部分内容下载到本地计算机，流媒体数据可以随时传送、随时播放，实现流媒体的关键技术是数据的流式传输。常见的流媒体文件的情况见表 6-3。

表 6-3　常见流媒体文件

文件类型	研发公司	播放器
.rm 和.ra	RealNetworks	RealPlayer
.asf	Microsoft	Microsoft Media Player
.qt	Apple	QuickTime
.wmv	Microsoft	QuickTime
.swf	Macromedia	安装 Shockwave 插件
.aam 和.aas	Macromedia	Authorware 或者安装 Shockwave 插件
.mts	MetaCreations	IE 浏览器

6.3.5　多媒体信息的数据量

数字化的图形、图像、视频、音频等多媒体信息数据量很大，下面分别以文本、图像、音频和视频等数字化信息为例，计算它们的理论数据存储容量。

（1）文本的数据量。设屏幕的分辨率为 1024×768，屏幕显示字符大小为 16×16 点阵像素，每个字符用 2 个字节存储，则满屏幕字符的存储空间为：

[1024（水平分辨率）/16（点）×768（垂直分辨率）/16（点）]×2（bit）=6KB

（2）点阵图像的数据量。如果用扫描仪获取一张 11 英寸×8.5 英寸（相当于 A4 纸张大小）

的彩色照片输入计算机，扫描仪分辨率设为300dpi（300点/英寸），扫描色彩为24位RGB彩色图，经扫描仪数字化后，未经压缩的图像存储空间为：

11（英寸）×300（dpi）×8.5（英寸）×300（dpi）×[24（bit）/8（bit）]=24MB

（3）数字化高质量音频的数据量。人们能够听到的最高声音频率为22kHz，制作CD音乐时，为了达到这个指标，采样频率为44.1kHz，量化精度为32位。存储一首1分钟未经压缩的立体声数字化音乐需要的存储空间为：

[44100（Hz）×32（bit）×2（声道）×60（s）]/8（bit）=20.2MB/min

（4）数字化视频的数据量。如果NTSC制式的视频图像分辨率为640×480，每秒显示30幅视频画面（帧频为30fps），色彩采样精度为24位，因此存储1分钟未经压缩的数字化NTSC制式视频图像，需要的存储空间为：

[640×480×24（bit）×30（帧）×60（s）]/8（bit）=1.5GB/min

由以上分析可知，除文本信息的数据量较小外，其他多媒体信息的数据量都非常大，因此多媒体信息的数据编码和压缩技术非常重要。一本书所容纳的信息量只相当于5秒钟的音频信息，而如果拿它来与视频信息相比，那么这只相当于1帧图像，即1/25秒的信息量。像音频和视频这样庞大的信息量，不进行压缩就难以用现有的计算机和通信手段进行处理和传送。因此人们开发了许多对声音、图像和视频信息进行压缩的编码技术，并且制定了相应的标准（如JPEG和MPEG等），从而为多媒体技术的广泛应用奠定了基础。另外，随着描述各媒体信息间关系的编码标准的制定，将使集成有各种媒体信息的多媒体系统变得更加灵活、生动和有效。

6.4 音频处理技术

6.4.1 声音的基本特性

1. 声音的物理特性

声音是振动产生的，例如敲一个茶杯，它振动发出声音；拨动吉他的琴弦，吉他就发出声音。但是仅仅振动还产生不了声音，例如把一个闹钟放在一个密封的玻璃罐子里，抽掉罐子里的空气，无论闹钟怎么振动，也没有声音。因为声音要靠介质来传递，如空气。所以声音是一种波，通常我们叫它声波。声波传进人的耳朵，使人的耳中的鼓膜振动，触动人们的听觉神经，人们才感觉到了声音。

声音不仅可在空气中传递，也可在水、土、金属等物体内传递。声音在空气中的传播速度为340米/秒。

2. 声音的三要素

声音分为乐音和噪声。乐音振动比较有规则，有固定音高；而噪声的振动则毫无规则，无法形成音高。音乐中并不是只有乐音，噪声也是很常用的。决定声音不同的有三个因素：音高、音量和音色。

（1）音高。音高是指各种不同高低的声音，即声音的高度，是声音的基本特征的一种，是人耳对声音调子高低的主观感觉。声音的高低是由振动频率决定的，两者成正比关系：频率高则音“高”，反之则“低”。汉语里音高变化的不同引起声调不同，有区别词义的作用，如“妈”

（音高不变）、“麻”（音高上升）、“马”（音高先下降后上升）、“骂”（音高下降）。普通话中的音高变化的不同，形成了普通话的 4 个声调。值得注意的是，音高的不同不会引起声调的变化，音高变化的不同才会引起声调的变化。音高主要取决于频率的高低与响度的大小，频率低的调子给人以低沉、厚实、粗犷的感觉；频率高的调子给人以亮丽、明亮、尖刻的感觉。频率范围是衡量声音质量重要指标，可分为 4 个等级，见表 6-4。

表 6-4　音质与频率范围的对应表

声音质量	频率范围/Hz
电话	200～3000
调幅无线电广播	50～7000
调频无线电广播	20～15000
数字激光唱盘	10～20000

为什么钢琴上的每个琴键声音都不一样呢？打开钢琴盖可以看到钢琴的弦是由粗到细排列的，由于琴弦粗细不同，琴弦的振动频率也不一样，粗的琴弦不如细的琴弦振动得快。由于振动频率不同产生不同音高，振动频率越高，声音就越高。

（2）音量。音量又称响度、音强，是指人耳对所听到的声音大小强弱的主观感受，其客观评价尺度是声音的振幅大小。这种感受源自物体振动时所产生的压力，即声压。物体振动通过不同的介质，将其振动能量传导开去。人们为了对声音的感受量化成可以监测的指标，就把声压分成“级”——声压级，以便能客观地表示声音的强弱，其单位称为分贝（dB）。音量就是声音的强弱，音量由声波的振幅决定。例如，轻轻拨动吉他的琴弦，琴弦的振动幅度很小，发出的声音也很小；如果再用力拨动琴弦，琴弦的振动幅度就会很大，发出的声音也就越大。在振动中，振动的物理量偏离中心的最大值称为振幅。

音量还与音高有关，而且影响之大是我们想象不到的。声学博士韩宝强在其新著《音的历程：现代音乐声学导论》一书中指出 “频率为 20Hz、响度为 80dB 的声音（纯音）与频率为 1000Hz 响度为 10dB 的声音听起来一样响”。也就是说要想使 20Hz 的声音和 1000Hz 的声音听起来有一样的响度，需将 20Hz 声音的声压加大 7 倍。甚至如某个纯音，其频率为 10Hz，其声压可能大到造成灾害的程度，但我们却听不到，而声音的频率在 1000Hz～6000Hz 时，人类听觉感知的声压变化就比较敏感。

（3）音色。音色又名音品，是指声音的感觉特性。音色的不同取决于不同的泛音，每一种乐器、不同的人以及所有能发声的物体发出的声音，除了一个基音外，还有许多不同频率（振动的速度）的泛音伴随。正是这些泛音决定了其不同的音色，使人能辨别出是不同的乐器甚至不同的人发出的声音。每一个人即使说相同的话也有不同的音色，因此可以根据其音色辨别出是不同的人。音调的高低决定于发声体振动的频率，响度的大小决定于发声体振动的振幅，但不同的发声体由于材料、结构不同，发出的声音音色也就不同，这样就可以通过音色的不同去分辨不同的发声体。音色是声音的特色，根据不同的音色，即使是在同一音高和同一声音强度的情况下，也能区分出是不同乐器或人发出的，同样的音量和音调上不同的音色就与同样的色度和亮度配上不同的色相的感觉一样。

3. 声音的数字化过程

自然声音是连续变化的模拟量。例如对着话筒讲话时，话筒根据它周围空气压力的不同而输出连续变化的电压值。这种变化的电压值是对讲话声音的模拟，称为模拟音频信号。模拟音频电压值输入到录音机时，电信号转变成磁信号记录在录音磁带上，从而记录声音。但用这种方式记录的声音不利于计算机存储和处理，要使计算机能存储和处理声音信号，就必须将模拟音频数字化。

（1）采样。把模拟音频转成数字音频的过程，就称作采样，所用到的主要设备便是模/数转换器（Analog to Digital Converter，即 ADC，与之对应的是数/模转换器，即 DAC）。我们首先要知道：计算机中的声音文件是用数字 0 和 1 来表示的。所以在计算机上录音的本质就是把模拟音频信号转换成数字信号，反之，在播放时则是把数字信号还原成模拟音频信号输出。采样的过程实际上是将模拟音频的电信号转换成二进制码的 0 和 1，这些 0 和 1 便构成了数字音频文件。采样的频率越大则音质越有保证。由于采样频率一定要高于录制的最高频率的两倍才不会产生失真，而人类的听力范围是 20Hz～20kHz，所以采样频率至少得是 20kHz×2=40kHz，才能保证不产生低频失真，这也是 CD 音质采用 44.1kHz（稍高于 40kHz 是为了留有余地）的原因。

在当今的主流音频采集卡上，采样频率一般共分为 22.05kHz、44.1kHz、48kHz 三个等级，22.05kHz 只能达到 FM 广播的声音品质，44.1kHz 是理论上的 CD 音质界限，48kHz 则更加精确一些。对于高于 48kHz 的采样频率人耳已无法辨别出来了，所以在计算机上没有多少使用价值。

（2）量化。另一个影响音频数字化的因素是对采样信号进行量化的位数。例如声卡采样位数为 8 位，就有 2^8=256 种采样等级；如果采样位数为 16 位，就有 2^{16}=65536 种采样等级；如果采样位数为 32 位，就有 2^{32}=3294967296 种采样等级。目前大部分声卡为 24 位或 32 位采样量化。量化位是对模拟音频信号的幅度轴进行数字化，它决定了模拟信号数字化以后的动态范围。由于计算机按字节运算，一般的量化位数为 8 位、16 位、24 位和 32 位。量化位数越高，信号的动态范围越大，数字化后的音频信号就越可能接近原始信号，但所需要的存储空间也越大。

（3）文件。对模拟音频采样量化完成后，计算机得到了一大批原始音频数据，将这些数据加上特定音频文件格式的头部后，就得到了一个数字音频文件。这项工作由计算机中的声卡和音频处理软件（如 Adobe Audition）共同完成。

4. 声音信号的输入和输出

数字音频信号可以通过光盘、电子琴 MIDI 等设备输入计算机。模拟音频信号一般通过话筒和音频输入（Line in）接口输入到计算机，然后由计算机声卡转换成数字音频信号，这一过程称为模/数转换（A/D）。当需要将数字音频文件播放出来时，可以利用音频播放软件将数字音频文件解压缩，然后通过计算机上的声卡或音频处理芯片，将离散的数字量再转换成为连续的模拟量信号（如电压），这一过程称为数/模转换（D/A）。

6.4.2 音频文件格式

音频文件通常分为两类：声音文件和 MIDI 文件。声音文件指的是通过声音录入设备录制的原始声音，直接记录了真实声音的二进制采样数据，通常文件较大；而 MIDI 文件则是一种音乐演奏指令序列，相当于乐谱，可以利用声音输出设备或与计算机相连的电子乐器进行演奏，由于不包含声音数据，其文件较小。目前较流行的音频文件格式有 WAV、MP3、RM、WMA、MID 等。

1. 声音文件

数字音频同 CD 音乐一样，是将真实的数字信号保存起来，播放时通过声卡将信号恢复成悦耳的声音。

（1）WAVE 文件（.wav）。WAVE 格式是 Microsoft 公司开发的一种声音文件格式，用于保存 Windows 平台的音频信息资源，被 Windows 平台及其应用程序广泛支持，是 PC 上最为流行的声音文件格式，但其文件较大，多用于存储简短的声音片段。

（2）MPEG 音频文件（.mp1、.mp2、.mp3、.mp4）。MPEG 是 Moving Pictures Experts Group 的缩写。这里的 MPEG 音频文件格式是指 MPEG 标准中的音频部分。MPEG 音频文件的压缩是一种有损压缩，根据压缩质量和编码复杂程度的不同可分为三层（MPEG Audio Layer 1/2/3），分别对应 MP1、MP2、MP3 这三种声音文件。MPEG 音频编码具有很高的压缩率，MP1 和 MP2 的压缩率分别为 4:1 和 6:1～8:1，标准 MP3 的压缩比是 10:1。一个三分钟长的音乐文件压缩成 MP3 后大约是 4MB，同时其音质基本保持不失真。目前在网络上使用最多的是 MP3 文件格式。MP4 主要应用于视频电话、视频电子邮件等对传输速率要求较低的应用。它利用很窄的带宽，通过帧重建技术、数据压缩，以求用最少的数据获得最佳的图像质量，经过这样处理，图像的视频质量下降不大但体积却可缩小很多，非常有利于在网络上传输。

（3）RealAudio 文件（.ra、.rm、.ram）。RealAudio 是 RealNetworks 公司开发的一种新型流行音频文件格式，主要用于在低速率的广域网上实时传输音频信息，网络连接速率不同，客户端所获得的声音质量也不尽相同。用户可以使用 RealPlayer 和 RealOne Player 对符合 Real Media 技术规范的网络音频视频资源进行实时播放，并且 Real Media 还可以根据不同的网络传输速率制定出不同的压缩比率，从而实现在低速率的网络上进行影像数据实时传送和播放。

（4）WMA 文件。WMA（Windows Media Audio）是继 MP3 后最受欢迎的音乐格式，在压缩比和音质方面都超过了 MP3，能在较低的采样频率下产生好的音质。WMA 有微软公司的 Windows Media Player 做强大的后盾，目前网上的许多音乐纷纷转向 WMA。

WMA 音质要强于 MP3 格式，更远胜于 RA 格式，是以减少数据流量但保持音质的方法来达到比 MP3 压缩率更高的目的，WMA 的压缩率一般都可以达到 1:18 左右。WMA 这种格式在录制时可以对音质进行调节。同一格式，音质的质量可与 CD 媲美，压缩率较高的可用于网格广播。

2. MIDI 文件（.mid）

MIDI 是乐器数字接口（Musical Instrument Digital Interface）的缩写，是数字音乐/电子合成乐器的统一国际标准，它定义了计算机音乐程序、合成器及其他电子设备交换音乐信号的方式，还规定了不同厂家的电子乐器与计算机连接的电缆、硬件及设备间数据传输的协议，可用于为不同乐器创建数字声音，可以模拟大提琴、小提琴、钢琴等常见乐器。在 MIDI 文件中，只包含产生某种声音的指令，计算机将这些指令发送给声卡，声卡按照指令将声音合成出来，相对于声音文件，MIDI 文件显得更加紧凑，其文件也小得多。

MIDI 文件并不是一段录制好的声音，而是先记录声音的信息，然后告诉声卡如何再现音乐的一组指令。这样一个 MIDI 文件每存 1 分钟的音乐只用大约 5KB～10KB 的存储空间。MIDI 文件主要用于原始乐器作品、流行歌曲的业余表演、游戏音轨以及电子贺卡等。

6.5 图像处理技术

6.5.1 图像的基础知识

1. 图像的色彩模式

色彩模式是数字世界中表示颜色的一种算法。在数字世界中，为了表示各种颜色，人们通常将颜色划分为若干分量。成色原理的不同，决定了显示器、投影仪、扫描仪这类靠色光直接合成颜色的颜色设备与打印机、印刷机这类靠使用颜料的印刷设备在生成颜色方式上的区别。色彩模式是用来提供一种将颜色翻译成数字数据的方法，从而使颜色能在多种媒体中得到一致的描述。由于任何一种色彩模式都不能将全部颜色表现出来，而仅仅是根据色彩模式的特点表现某一个色域范围内的颜色，因此，不同的色彩模式表现的颜色与颜色种类也是不同的，如果需要表现丰富多彩的图像，应该选用色域范围大的色彩模式，反之应选择色域范围小的颜色模式。图像的色彩模式主要分为 RGB 模式、CMYK 模式、位图模式、灰度模式和 HSB 模式等。

（1）RGB 模式。RGB 模式是图像中最常用的一种色彩模式，不管是扫描输入的图像，还是绘制的图像，几乎都是以 RGB 模式存储的。RGB 模式由红（Red）、绿（Green）和蓝（Blue）三种原色组合而成，然后由这三种原色混合出各种色彩。RGB 图像通过三种颜色或通道，可以在屏幕上重新生成多达 1670 万种颜色，这三个通道可转换为每像素 24 位（8×3）的颜色信息。将三种基色光按不同比例相加称之为相加混色，由红、绿、蓝三基色进行相加混色的情况如下：

红色+绿色=黄色

红色+蓝色=品红色

绿色+蓝色=青色

红色+绿色+蓝色=白色

（2）CMYK 模式。CMYK 模式是一种印刷模式，与 RGB 模式产生色彩的方式不同。RGB 模式产生色彩的方式是加色，而 CMYK 模式产生色彩的方式是减色。CMYK 模式由青色（Cyan）、洋红色（Magenta）、黄色（Yellow）和黑色（Black）4 种原色组合而成。

（3）位图（bitmap）模式。位图模式也称黑白模式，只有黑色和白色两种颜色，它的每个像素都用 1bit 的位分辨率来记录，因此，在该模式下不能制作出色调丰富的图像，只能制作一些黑白两色的图像。

（4）灰度模式。灰度模式的图像是灰色图像，它可以表现出丰富的色调、生动的形态和景观。该模式使用多达 256 级灰度。灰度图像中的每个像素都有一个由 0（黑色）到 255（白色）之间的亮度值。灰度值也可以用黑色油墨覆盖的百分比来度量（0%等于白色，100%等于黑色）。利用 256 种色调可以使黑白图像表现得很完美。

（5）HSB 模式。HSB 模式在色彩汲取窗口中出现。在 HSB 模式中，H 表示色相，S 表示饱和度，B 表示亮度。色相是组成可见光谱的单色，红色在 0 度，绿色在 120 度，蓝色在 240 度；饱和度表示色彩的纯度，值为 0 时为灰色，白、黑和其他灰色色彩都没有饱和度，在最大饱和度时，每一色相具有最纯的色光；亮度是色彩的明亮度，值为 0 时即为黑色，最大亮度是色彩最鲜明时的状态。

2. 图像的颜色特性

（1）亮度。亮度就是图像的明暗度，调整亮度就是调整明暗度。亮度的范围是 0～255，共包括 256 种色调。图像亮度的调整应该适中，过亮会使图像发白，过暗会使图像变黑。

（2）对比度。对比度是指不同颜色之间的差异。两种颜色之间的差异越大，对比度就越大；差异越小，对比度就越小。图像对比度的调整也应该适中，对比度过强会使图像各颜色的反差加强，影响图像细部的表现；对比度过弱会使图像变暗，丢失亮度。

（3）色相。色相（又称为色调）是指色彩的颜色，调整色相就是在多种颜色之间选择某种颜色。在通常情况下，色相是由颜色名称标识的，如红、橙、黄、绿、青、蓝、紫就是具体的色相。

（4）饱和度。饱和度是指颜色的强度或纯度，调整饱和度就是调整图像色彩的深浅或鲜艳程度。饱和度通常指色彩中白光含量的多少，对于同一色调的色彩，饱和度越高颜色越纯。比如当红色加进白光后，由于饱和度降低，红色被冲淡成粉红色。将一个彩色图像的饱和度调整为 0 时，图像就会变成灰色，增加图像的饱和度会使图像的颜色加深。

3. 图像的关键技术参数

（1）分辨率。分辨率是数字化图像的重要技术指标，图像分辨率越大，图片文件的尺寸越大，也能表现更丰富的图像细节；如果图像分辨率较低，图片就会显得相当粗糙。分辨率有以下几个方面的含义。

1）图像分辨率。图像分辨率指数字化图像水平与垂直方向像素的总和。例如，800 万像素的数码相机，图像最高分辨率为 3264×2448。一般来说，数码相机的像素越高，拍出的图像越清晰，质量越好；反之则图像越粗糙，质量越差。

2）屏幕分辨率。屏幕分辨率指计算机显示器屏幕显示图像的最大显示区，以水平和垂直像素点表示。在屏幕分辨率不同的机器中传输图像时会产生畸变，因此分辨率影响图像质量。一般显示器的屏幕分辨率用水平像素×垂直像素表示，如 1024×768。

3）印刷分辨率。图像在打印时，每英寸的像素的个数，一般用 dpi（像素/英寸）表示。例如，普通书籍的印刷分辨率为 300dpi，精致画册的印刷分辨率为 1200dpi。

（2）图像灰度。图像灰度是指每个图像的最大颜色数，屏幕上每个像素都用 1 位或多位二进制码描述其颜色信息。如单色图像的灰度为 1 位二进制码，表示亮与暗；每个像素 4 位，则表示支持 16 色；8 位支持 256 色；若灰度为 24 位，则颜色数目达 1677 万多种，通常称为真彩色。

（3）图像文件大小。用 Byte（字节）为单位表示图像文件的大小时，描述方法为：（高×宽×灰度位数）/8，其中高是指垂直方向的像素值，宽是指水平方向的像素值。例如，一幅 640×480 的 256 色的图像的大小为 640×480×8/8=307200（Byte）。图像文件大小影响到图像从硬盘或光盘读入内存的传送时间。为了减少该时间，应缩小图像尺寸或采用图像压缩技术。在多媒体设计中，一定要考虑图像文件的大小，特别是在互联网上使用的图片。

6.5.2 图像的类型

1. 矢量图形

矢量图形（graphic）采用特征点和计算公式对图形进行表示和存储。矢量图形保存的是每一个图形元件的描述信息，例如一个图形元件的起始坐标、终止坐标、半径、弧度等。在显示或打印矢量图形时，要经过一系列的数学运算才能输出图形。矢量图形在理论上可以无限放大，图形轮廓仍然能保持圆滑，如图 6-9 所示。

图 6-9 矢量图形

矢量图形用一组指令来描述图形的内容，描述内容包括图形的形状（如直线、圆、圆弧、矩形、任意曲线等）、位置（如 x、y、z 坐标）、大小、色彩等属性。例如：Line(x1,y1,x2,y2)表示点 1(x1,y1)到点 2(x2,y2)的一条直线；Circle(x,y,r)表示圆心位置为(x,y)，半径为 r 的一个圆；也可以用 y=sin x 来描述一个正弦波的图形等。由于矢量图形只保存算法和特征点参数，因此占用的存储空间较小，可以很容易地进行放大、旋转和缩小，并且不会失真，精确度高（与分辨率无关）并可制作 3D 图像，打印输出和放大时图形质量较高。但是，矢量图形也存在一些缺点。一是显示图形时计算时间较多，不易制作色调丰富或色彩变化太多的图形。二是无法使用简单廉价的设备将图形输入到计算机中并且矢量化。矢量图形基本上需要人工设计制作，这对于设计一个三维的矢量图形，工作量特别大。三是矢量图形目前没有统一的标准和格式，大部分矢量图形格式存在不开放和知识产权问题，这造成了矢量图形在不同软件中进行交换的困难，也给多媒体应用带来了极大的不便。

矢量图形主要用于表示线框型图片、工程制图、二维动画设计、三维物体造型、美术字体设计等。大多数计算机绘图软件、计算机辅助设计软件（CAD）、三维造型软件等都采用矢量图形作为基本图形存储格式。矢量图形可以很好地转换为点阵图像，点阵图像转换为矢量图形时效果很差。

制作矢量式图形的软件有 FreeHand、Illustrator、CorelDRAW、AutoCAD、Flash 等。

2. 位图图像（点阵式图像）

位图图像（点阵式图像）是由许多点组成的，这些点称为像素（pixel），如图 6-10 所示，即由许多不同位置和颜色的像素组成的图像。许许多多不同颜色的点（即像素）组合在一起便构成了一幅完整的图像。位图图像的清晰度与像素的多少有关，单位面积内像素数目越多则图像越清晰，否则越模糊。位图图像保存着像素的位置与色彩数据，图像的像素越多，分辨率越高，文件越大，图像的处理速度也就越慢。位图图像的优点是能出色地表现颜色、明暗的精细变化，色彩与色调丰富，图像逼真。缺点是图像质量与原始的分辨率有关，缩放及旋转时会失真，同时无法制作 3D 图像，另外，它的文件较大，对内存与硬盘要求也较高。

制作点阵式图像的软件有 Adobe Photoshop、Corel Photopaint、Design Painter 等软件。

图 6-10　位图

6.5.3　图像的数字化

1．图像的数字化

数字图像可以由数码相机、数码摄像机、扫描仪、手写笔等多媒体设备获取，这些多媒体设备按照计算机能够接受的格式，对自然图像进行数字化处理，然后通过多媒体设备与计算机之间的接口输入到计算机，并且以文本的形式存储在计算机中。多媒体设备或计算机对一幅自然图像进行数字化时，首先必须把连续的自然图像进行离散化处理，离散化的结果就产生了数字图像。当然，数字化图像也可以直接在计算机中进行自动生成或人工设计，或由 U 盘等设备输入。当计算机将数字化图像输出到显示器、打印机、电视机等模拟信号设备时，必须将离散的数字图像合成为一幅多媒体设备能够接受的自然图像。

2．图形的编码

图形由像素构成，也称位图。黑白图形只有黑、白两个灰度等级，如果每一个像素用一位二进制码（0 或 1）表示，就可以对黑白图形的信源进行编码了。图形的信源编码与分辨率有关，分辨率愈高，图形细节愈清晰，但是图形的存储容量也就越大。黑白图形的编码方法如图 6-11 所示。

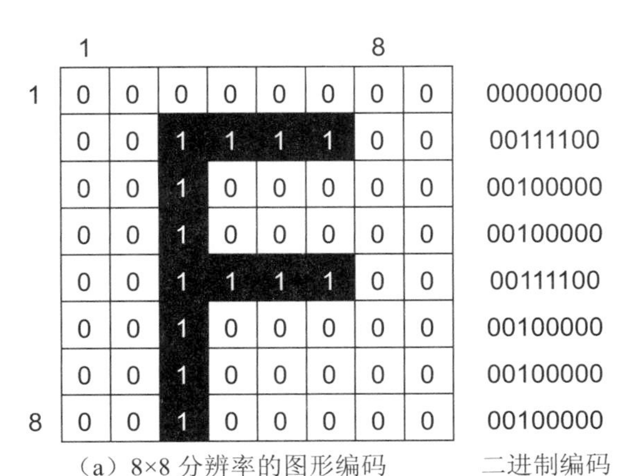

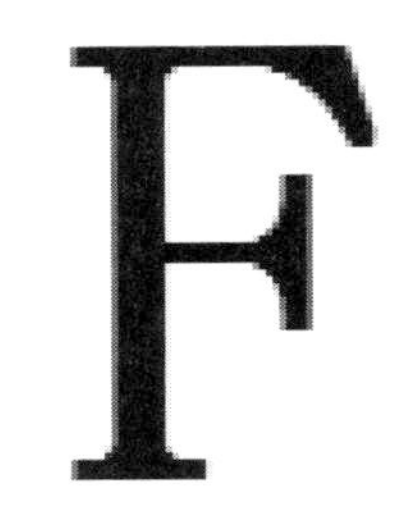

（a）8×8 分辨率的图形编码　　二进制编码　　（b）128×128 分辨率的图形编码

图 6-11　简单黑白图形的信源编码

如果图形为灰度图，图形中每个像素的亮度值用 8 位二进制数表示，亮度表示范围有：2^8=256 个灰度等级（0～255）。如果是彩色图像，则 R（红）、G（绿）、B（蓝）三基色每种基色用 8 位二进制数表示，如果色彩深度为 24 位，它可以表达 2^{24}=16700000 种色彩。

例如对一个分辨率为 1024×768，色彩深度为 24 位的图片进行编码。编码时需要对图片中的每一个像素进行色彩取值，假如其中某一个像素的色彩值为 R= 202，G=156，B = 89，如果不对图片进行压缩，则将以上色彩值进行二进制编码就可以了，即 R（11001010），G（10011100）和 B（01011001），共 24 位。形成图片文件时，还必须根据图片文件的格式加上文件头部。

位图表达的图像逼真，但是文件较大，处理高质量彩色图像时对硬件平台要求比较高。位图缺乏灵活性，因为像素之间没有内在的联系而且它的分辨率是固定的。将图像缩小后，如果再将他恢复到原始尺寸大小时，图像就会变得模糊不清。

6.5.4　图像和图形文件格式

图像的文件格式是计算机中存储图像文件的方法，它包括图像的各种参数信息。不同的文件格式所包含的诸如分辨率、容量、压缩程度、颜色空间深度等信息都有很大不同，所以在存储图像及图形文件时，选择何种格式是十分重要的。

1. BMP 格式

BMP 是英文 bitmap（位图）的简写，它是 Windows 操作系统中的标准图像文件格式，能够被多种 Windows 应用程序所支持。随着 Windows 操作系统的流行与丰富的 Windows 应用程序的开发，BMP 位图格式理所当然地被广泛应用。这种格式的特点是包含的图像信息较丰富，几乎不进行压缩，但由此导致了它与生俱生来的缺点：占用磁盘空间过大。所以，目前 BMP 在单机上比较流行。

2. GIF 格式

GIF 是图形交换格式的意思。GIF 格式的特点是压缩比高，磁盘空间占用较少，所以这种图像格式迅速得到了广泛的应用。最初的 GIF 只是简单地用来存储单幅静止图像（称为 GIF87a），后来随着技术发展，可以同时存储若干幅静止图像进而形成连续的动画，使之成为当时支持 2D 动画的为数不多的格式之一（称为 GIF89a）。目前 Internet 上大量采用的彩色动画文件多为这种格式的文件，也称为 GIF89a 格式文件。

但 GIF 有个小小的缺点，即不能存储超过 256 色的图像。尽管如此，这种格式仍在网络上广泛应用，这和 GIF 图像文件短小、下载速度快、可用许多具有同样大小的图像文件组成动画等优势是分不开的。

3. JPEG 格式

JPEG 也是常见的一种图像格式，它由联合图像专家组开发并命名为 ISO/IEC10918-1，JPEG 仅仅是一种俗称而已。JPEG 文件的扩展名为.jpg 或.jpeg，其压缩技术十分先进，它用有损压缩方式去除冗余的图像和彩色数据，获取极高的压缩率的同时能展现十分丰富生动的图像，换句话说，就是可以用最少的磁盘空间得到较好的图像质量。

同时 JPEG 还是一种很灵活的格式，具有调节图像质量的功能，允许用不同的压缩比例对这种文件压缩。当然我们完全可以在图像质量和文件尺寸之间找到平衡点。

由于 JPEG 优异的品质和杰出的表现，它的应用也非常广泛，特别是在网络和光盘读物上，都能找到它的影子。目前各类浏览器均支持 JPEG 图像格式，因为 JPEG 格式的文件较小，下载速度快，使得 Web 页有可能以较短的下载时间提供大量美观的图像，因此 JPEG 也就顺理成章地成为网络上最受欢迎的图像格式。

4. JPEG 2000 格式

JPEG 2000 同样是由 JPEG 组织负责制定的，它有一个正式名称叫作 ISO/IEC15444-1: 2000，与 JPEG 相比，它是具备更高压缩率以及更多新功能的新一代静态影像压缩技术。

JPEG 2000 作为 JPEG 的升级版，其压缩率比 JPEG 高 30%左右。与 JPEG 不同的是，JPEG 2000 同时支持有损和无损压缩，而 JPEG 只能支持有损压缩。无损压缩对保存一些重要图片是十分有用的。JPEG 2000 的一个极其重要的特征在于它能实现渐进传输，这一点与 GIF 的“渐显”有异曲同工之妙，即先传输图像的轮廓，然后逐步传输数据，不断提高图像质量，让图像由朦胧到清晰显示，而不必是像现在的 JPEG 一样，由上到下慢慢显示。

5. TIFF 格式

TIFF（Tag Image File Format）是 Mac 中广泛使用的图像格式，它由 Aldus 和微软公司联合开发，最初是出于跨平台存储扫描图像的需要而设计的。它的特点是图像格式复杂、存储信息多。正因为它存储的图像细微层次的信息非常多，图像的质量也得以提高，故而非常有利于原稿的复制。

TIFF 格式有压缩和非压缩两种形式，其中压缩形式可采用 LZW 无损压缩方案存储。目前在 PC 上移植 TIFF 文件也十分便捷，因而 TIFF 现在也是微机上使用最广泛的图像文件格式之一。

6. PSD 格式

这是著名的 Adobe 公司的图像处理软件 Photoshop 的专用格式。PSD 文件其实是 Photoshop 进行平面设计的一张“草稿图”，它里面包含有各种图层、通道、遮罩等多种设计的样稿，以便于下次打开文件时可以修改上一次的设计。在 Photoshop 所支持的各种图像格式中，PSD 文件的存取速度比其他格式的文件快很多，功能也很强大。

7. PNG 格式

PNG 是一种新兴的网络图像格式，它一开始便结合 GIF 及 JPG 两家之长，打算一举取代这两种格式。

PNG 是目前保证最不失真的格式，它汲取了 GIF 和 JPG 二者的优点，存储形式丰富，兼有 GIF 和 JPG 的色彩模式；它的另一个特点能把图像文件压缩到极限以利于网络传输，但又能保留所有与图像品质有关的信息，因为 PNG 是采用无损压缩方式来减少文件的大小，这一点与牺牲图像品质以换取高压缩率的 JPG 有所不同；它的第三个特点是显示速度很快，只需下载 1/64 的图像信息就可以显示出低分辨率的预览图像。

PNG 的缺点是不支持动画应用效果，如果在这方面能有所加强，简直就可以完全替代 GIF 和 JPEG 了。Macromedia 公司的 Fireworks 软件的默认格式就是 PNG。现在，越来越多的软件开始支持这一格式，而且其在网络上也越来越流行。

8. SVG 格式

SVG 可以算是目前最火热的图像文件格式了，意思为可缩放的矢量图形。它基于 XML 由 W3C 联盟开发的。严格来说 SVG 应该是一种开放标准的矢量图形语言，可让用户设计激动人心的、高分辨率的 Web 图形页面。用户可以直接用代码来描绘图像，可以用任何文字处理工具打开 SVG 图像，通过改变部分代码来使图像具有互交功能，并可以随时插入到 HTML

中通过浏览器来观看。

SVG 提供了目前网络流行格式 GIF 和 JPEG 无法具备的优势：可以任意放大图形显示，但绝不会以牺牲图像质量为代价。一般来讲，SVG 文件比 JPEG 和 GIF 格式的文件要小很多，因而下载也很快。可以相信，SVG 的开发将会为 Web 提供新的图像标准。

除了上述比较常用图像格式以外，还有一些其他非主流的图像格式，如 PCX 格式、DXF 格式、WMF 格式、EMF 格式、FLIC（FLI/FLC）格式、EPS 格式和 TGA 格式等，在这里就不再一一介绍了。

6.6 动画制作技术

6.6.1 动画的类型

动画（animation）是多幅按一定频率连续播放的静态图像。医学研究表明人眼具有“视觉滞留效应”，即观察物体后，物体的影像将在人眼视网膜上保留一段短暂的时间（约为 1/24 秒）。利用这一现象，让一系列逐渐变化的画面以足够的速率连续出现，人眼就可以感觉到画面上的物体在连续运动。

动画正是利用了人类眼睛的“视觉滞留效应”，由很多内容连续但各不相同的画面组成。由于每幅画面中的物体位置和形态不同，如果每秒更替 24 个画面或更多的画面，那么，前一个画面在人脑中消失之前，下一个画面就进入人脑，从而形成连续的影像。这就是动画形成原理。动画有帧动画、矢量动画和变形动画几种类型。

帧动画是由多帧内容不同而又相互联系的画面连续播放而形成的视觉效果。如图 6-12 所示，构成这种动画的基本单位是帧。人们在创作帧动画时需要将动画的每一帧描绘下来，然后将所有的帧排列并按相同的时间间隔以很快的速度进行播放，所以帧动画工作量非常大。

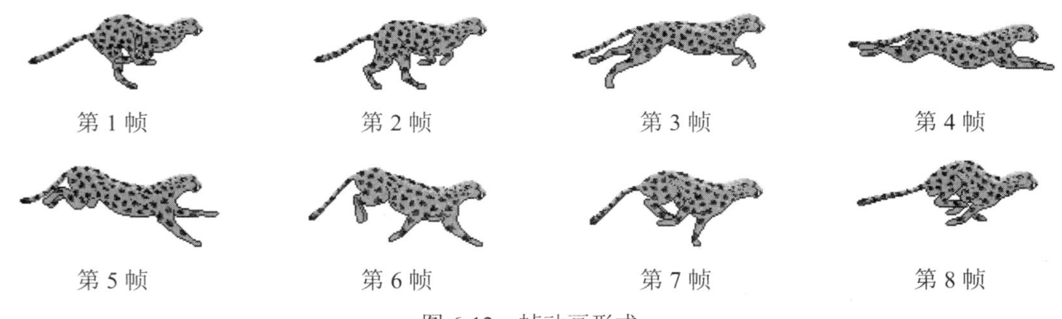

图 6-12　帧动画形式

矢量动画即是在计算机中使用数学方程来描述屏幕上复杂的曲线，利用图形的抽象运动特征来记录变化的画面信息的动画，它是一种纯粹的计算机动画形式。矢量动画可以对每个运动的物体分别进行设计，对每个对象的属性特征，如大小、开关、颜色等进行设置，然后由这些对象构成完整的帧画面。例如 Flash 创建的 SWF 格式动画即为矢量动画。相比常见的 AVI、RMVB 等格式采用点阵描述画面的方式，矢量动画具有无限放大不失真，占用较少储存空间等优点，但是同时它不利于制作复杂逼真的画面效果，我们看到的矢量动画以抽象卡通风格的居多，如图6-13所示。

图6-13　矢量动画图片

变形是指景物的形体变化，变形动画是使一幅图像在1～2秒内逐步变化到另一幅完全不同的图像的处理方法。这是一种较复杂的二维图像处理，需要对各像素的颜色、位置作变换。变形的起始图像和结束图像分别为两幅关键帧，从起始形状变化到结束形状的关键在于自动地生成中间形状，即自动生成中间帧。在改变过程中，把变形的参考点和颜色有序地重新排列，就形成了变形动画。变形动画的效果有时候是惊人的，适用于场景转换、特技处理等影视动画制作中。

6.6.2　三维动画基本知识

三维动画表现了真实的三维立体效果，物体无论旋转、移动、拉伸、变形等，都能通过计算机动画表现它的空间感。三维动画是一种矢量动画形式，它整合了变形动画和帧动画的优点，可以说三维动画才是真正的计算机动画。完成一幅三维动画，最基本的工作流程为建模、渲染和动画。

（1）建模。建模是使用计算机创建物体的三维形体框架，使用得最广泛和简单的建模方式是多边形建模方式。这种建模方式是利用三角形或四边形的拼接，形成一个立体模型的框架。在创建复杂模型时，有太多的点和面要进行计算，所以处理速度会变得慢。

（2）渲染。在三维动画中，物体的光照处理、色彩处理和纹理处理过程称为渲染。将不同的材质覆盖在三维模型上，就可以表现物体的真实感。

（3）动画。动画是三维创作中最难的部分。如果说在建模时需要设计素养，渲染时需要美术修养，那么在动画设计时不但需要熟练的技术，还要有导演的能力。

6.6.3　动画文件的文件格式

1. GIF格式

大家都知道，GIF图像由于采用了无损数据压缩方法中压缩率较高的LZW算法，文件较小，因此被广泛采用。GIF格式可以同时存储若干幅静止图像并进而形成连续的动画。其压缩率一般在50%左右，它不属于任何应用程序。目前几乎所有相关软件都支持GIF格式，公共领域有大量的软件在使用GIF图像文件。GIF格式的另一个特点是其在一个GIF文件中可以存多幅彩色图像，如果把存于一个文件中的多幅图像数据逐幅读出并显示到屏幕上，就可构成一种最简单的动画。目前Internet上大量采用的彩色动画文件多为GIF文件。

2. FLIC（FLI/FLC）格式

FLC是Autodesk公司在其出品的2D/3D动画制作软件中采用的彩色动画文件格式，FLIC是FLI和FLC的统称，其中，FLI是最初的基于320×200像素的动画文件格式，而

FLC 则是 FLI 的扩展格式，采用了更高效的数据压缩技术，其分辨率也不再局限于 320×200 像素。FLIC 文件采用游程编码（RLE）算法和 Delta 算法进行无损数据压缩，首先压缩并保存整个动画序列中的第一幅图像，然后逐帧计算前后两幅相邻图像的差异或改变部分，并对这部分数据进行 RLE 压缩，由于动画序列中前后相邻图像的差别通常不大，因此可以得到相当高的数据压缩率。FLIC 格式被广泛用于动画图形中的动画序列、计算机辅助设计和计算机游戏应用程序。

3. SWF 格式

SWF 是 Macromedia 公司的产品 Flash 的矢量动画格式，它采用曲线方程描述其内容，不是由点阵组成内容，因此这种格式的动画在缩放时不会失真，非常适合描述由几何图形组成的动画，如教学演示等。由于这种格式的动画可以与 HTML 文件充分结合，并能添加 MP3 音乐，因此被广泛地应用于网页上，成为一种“准”流式媒体文件。

4. AVI 格式

AVI 是对视频、音频文件采用的一种有损压缩方式，该方式的压缩率较高，并可将音频和视频混合到一起，因此尽管画面质量不是太好，但其应用范围仍然非常广泛。AVI 文件目前主要应用在多媒体光盘上，用来保存电影、电视等各种影像信息，有时也出现在 Internet 上，供用户下载、欣赏影片的精彩片段。

5. MOV 格式

MOV 是 QuickTime 的文件格式。该格式支持 256 位色彩，支持 RLE、JPEG 等领先的集成压缩技术，提供了 150 多种视频效果和 200 多种 MIDI 兼容音响设备的声音效果，能够通过 Internet 提供实时的数字化信息流、工作流与文件回放。

6.7 视频处理技术

6.7.1 模拟视频标准

视觉是人类感知外部世界的一个最重要途径，有关研究表明，有效信息的 55%～60%依赖于面对面的视觉效果。在多媒体技术中，视频已成为多媒体系统的重要组成要素之一，与其相关的多媒体视频处理技术在目前以至将来都是多媒体应用的一个核心技术。

一般说来，视频（video）是由一幅幅内容连续的图像所组成的，每一幅单独的图像就是视频的一帧。当连续的图像（即视频帧）按照一定的速度快速播放时（25 帧/秒或 30 帧/秒），由于人眼的视觉暂留现象，就会产生连续的动态画面效果，也就是所谓的视频。常见的视频源有摄像机、录像机、影碟机、激光视盘机、卫星接收机以及可以输出连续图像信号的设备等。国际上流行的视频标准分别为 NTSC（美国国家电视标准委员会）制式、PAL（逐行倒相）制式和 SECAM 制式。

（1）NTSC 制式。这是 1952 年由美国国家电视标准委员会制定的彩色电视广播标准，美国、加拿大等大部分西半球国家，以及日本、韩国、菲律宾等均采用这种制式。NTSC 彩色电视制式的主要特性是：每秒显示 30 帧画，每帧水平扫描线为 525 条；一帧画面分成 2 场，每场 262.5 线；电视画面的长宽比 4:3，电影为 3:2，高清晰度电视为 16:9；采用隔行扫描方式，场频（垂直扫描频率）为 60Hz，行频（水平扫描频率）为 15.75kHz，信号类型为 YIQ（亮度分量、色度分量、色度分量）。

（2）PAL 制式。这是德国在 1962 年制定的彩色电视广播标准，主要用于德国、英国、新加坡、中国、澳大利亚、新西兰等国家。PAL 制式规定：每秒显示 25 帧画面，每帧水平扫描线为 625 条，水平分辨率为 240～400 个像素，电视画面的长宽比为 4:3，采用隔行扫描方式，场频（垂直扫描频率）为 50Hz，行频（水平扫描频率）为 15.625kHz，信号类型为 YUA（亮度分量、色度分量、色度分量）。

（3）SECAM 制式。SECAM 是法文缩写，意为顺序传送与存储彩色信号制。这是由法国在 1956 年制定的一种彩色电视制式。使用的国家主要集中在法国、东欧和中东一带。

6.7.2　模拟视频信号的数字化

NTSC 制式和 PAL 制式的电视采用的是模拟信号，计算机要处理这些视频图像，必须进行数字化处理。模拟视频信号的数字化存在以下技术问题：

（1）电视采用 YUV 或 YIQ 信号，而计算机采用 RGB 信号。

（2）电视机的画面是隔行扫描，计算机显示器大多采用逐行扫描。

（3）电视图像的分辨率与计算机显示器的分辨率不尽相同。

因此，模拟视频信号的数字化工作主要包括色彩空间转换、光栅扫描的转换以及分辨率的统一等。

模拟视频信号的数字化一般采用以下方法：

（1）复合数字化。这种方式是先用一个模/数（A/D）转换器对视频信号进行数字化，然后在数字域中分享出亮度和色度信号，以获得 YUV（PAL 制）分量或 YIQ（NTSC 制）分量，最后再将它们转换成计算机能够接受的 RGB 色彩分量。

（2）分量数字化。先把模拟视频信号中的亮度和色度分离，得到 YUV 或 YIQ 分量，然后用三个模/数转换器对 YUV 或 YIQ 三个分量分别进行数字化，最后再转换成 RGB 色彩分量。将模拟视频信号数字化并转换为计算机图形信号的多媒体接口卡称为视频捕捉卡。

6.8　多媒体数据压缩

多媒体数据的一个重要特征是数字化后的信息量巨大，从而带来了如何存储、如何传输和如何保证计算速度等问题，实际上这些问题已经成为人们有效获取和利用多媒体数据的瓶颈问题。在目前数据存储技术、网络传输技术和计算机速度的发展水平上，数据压缩技术仍然是解决上述问题的最佳选择。

6.8.1　多媒体数据压缩的必要性

媒体元素种类繁多、构成复杂，即数字计算机所要处理、传输和存储等的对象为数值、文字、语言、音乐、图形、动画、静态图像和电视视频图像等多种媒体元素，并且它们还要在模拟量和数字量之间进行自由转换、信息吞吐、存储和传输。目前，虚拟现实技术要实现逼真的三维空间、3D 立体声效果和在实境中进行仿真交互，带来的突出的问题是媒体元素数字化后数据量大得惊人。在前几节中曾介绍过诸如声音、图像等信号的海量表现，下面不妨再举几个例子说明。

（1）陆地卫星的水平、垂直分辨率分别为 3240 和 2340，4 波段，采样精度为 7 位，那么一幅图像的数据量为 2340×3240×7×4/8=26.5MB，按每天 30 幅计算，每天的数据量就有 26.5×30=795MB，每年的数据量高达 283GB。

（2）高保真立体声音频信号的采样频率为 44.1kHz，采样精度为 16 位，一分钟存储量为 10.34MB。一片 CD-ROM（存储量为 650MB）可存放约 63min 的音乐。如果使用 48 kHz 采样频率的话，需要的存储量就更大了。

（3）数字电视图像如果采用 CCIR 格式、PAL 制式、4:4:4 采样，每帧数据量为 720×576×3=1.19MB，每秒的数据量为 1.19×25=29.75MB。一片 CD-ROM 只能存放 650÷1.19=546 帧图像，或一片 CD-ROM 可存储节目的时间为 650÷29.75=21.85s。

从以上的例子可以看出，数字化信息的数据量十分庞大，如果不对多媒体数据进行压缩，无疑给存储器的存储量、通信干线的信道传输率以及计算机的速度都增加了极大的压力。如果单纯靠扩大存储器容量、增加通信干线传输率的办法来解决问题是不现实的。通过数据压缩技术可以大大降低数据量，以压缩的形式存储和传输，既节约了存储空间，又提高了通信干线的传输效率，同时也使计算机得以实时处理音频、视频信息，保证播放出高质量的视频和音频节目。

6.8.2 多媒体数据压缩的可能性

经研究发现，与音频数据一样，图像数据中存在着大量的冗余。通过去除冗余数据可以极大地降低原始图像数据量，从而解决图像数据量巨大的问题。

图像数据压缩技术就是研究如何利用图像数据的冗余性来减少图像数据量的方法。因此，进行图像压缩研究的起点是研究图像数据的冗余性。

（1）空间冗余。在静态图像中有一块表面颜色均匀的区域，在这个区域中所有点的光强和色彩以及饱和度都相同，具有很大的空间冗余。这是由于基于离散像素采样的方法不能表示物体颜色之间的空间连贯性导致的。

（2）时间冗余。电视图像、动画等序列图片，当其中物体有位移时，后一帧的数据与前一帧的数据有许多共同的地方，如背景等位置不变，只有部分改变的相邻帧的画面，显然是一种冗余，这种冗余称为时间冗余。

（3）结构冗余。在有些图像的纹理区，图像的像素值存在着明显的分布模式。例如，方格状的地板图案等，称此为结构冗余。如果已知分布模式，就可以通过某一过程生成图像。

（4）知识冗余。对于图像中重复出现的部分，我们可以构造出基本模型，并创建对应各种特征的图像库，进而使图像的存储只需要保存一些特征参数，从而可以大大减少数据量。知识冗余是模型编码主要利用的特性。

（5）视觉冗余。事实表明，人的视觉系统对图像的敏感性是非均匀性和非线性的。在记录原始的图像数据时，对人眼看不见或不能分辨的部分进行记录显然是不必要的。因此，大可利用人的视觉的非均匀性和非线性降低视觉冗余。

（6）相似性冗余。它是指在图像中的两个或多个区域所对应的所有像素值相同或相近，从而产生的数据重复性存储，这就是图像区域的相似性冗余。在以上的情况下，若记录了一个区域中各像素的颜色值，则与其相同或相近的其他区域就不需要记录其中各像素的值。矢量量化（vector quantization）方法就是针对这种冗余性的图像压缩编码方法。

随着对人的视觉系统和图像模型的进一步研究，人们可能会发现图像中存在着更多的冗余性，使图像数据压缩编码的可能性越来越大，从而推动图像压缩技术的进一步发展。

6.8.3　多媒体数据压缩编码的分类

多媒体数据压缩方法根据不同的依据可产生不同的分类。第一种分类方法是根据解码后数据是否能够完全无丢失地恢复原始数据，第二种分类方法是按照压缩技术所采用的方法来分的。按照第一种数据压缩方法来划分主要有两种数据压缩编码类型。

（1）无损压缩：也称为可逆压缩、无失真编码、熵编码等。无损压缩工作原理为去除或减少冗余值，但这些被去除或减少的冗余值可以在解压缩时重新插入到数据中以恢复原始数据。它大多使用在对文本和数据的压缩上，压缩比较低，大致为 2:1～5:1。典型算法有：哈夫曼编码、香农编码、费诺编码、算术编码、游程编码和 LZW 编码等。无损压缩的基本原理是相同的颜色信息只需保存一次。压缩图像的软件首先会确定图像中哪些区域是相同的，哪些是不同的。包括了重复数据的图像（如蓝天）就可以被压缩，只有蓝天的起始点和终结点需要被记录下来。但是蓝色可能还会有不同的深浅，天空有时也可能被树木、山峰或其他的对象掩盖，这些就需要另外记录。从本质上看，无损压缩的方法可以删除一些重复数据，大大减少要在磁盘上保存的图像尺寸。无损压缩方法的优点是能够比较好地保存图像的质量，但是相对来说这种方法的压缩率比较低。

（2）有损压缩：也称不可逆压缩和熵压缩等。这种方法在压缩时减少的数据信息是不能恢复的。在语音、图像和动态视频的压缩中，经常采用这类方法。它对自然景物的彩色图像压缩，压缩比可达到几十倍甚至上百倍。有损压缩可以减少图像在内存和磁盘中占用的空间，在屏幕上观看图像时，不会发现它对图像的外观产生太大的不利影响。有损压缩的特点是保持颜色的逐渐变化，删除图像中颜色的突然变化。生物学中的大量实验证明，人类大脑会利用与附近最接近的颜色来填补所丢失的颜色。利用有损压缩技术，某些数据被有意地删除了，而被取消的数据也不再恢复。如果使用了有损压缩的图像仅在屏幕上显示，可能对图像质量影响不太大，至少对于人类眼睛的识别程度来说区别不大。可是，如果要把一幅经过有损压缩技术处理的图像用高分辨率打印机打印出来，那么图像质量就会有明显的受损痕迹。

按照第二种数据压缩方法来分类的话主要有预测编码、变换编码、统计编码等数据压缩编码类型，每一类编码类型又可再细分为多种具体的编码类型，见表 6-5。

表 6-5　多媒体数据压缩编码类型分类

<table>
<tr><th>编码类型</th><th colspan="3">相关说明</th></tr>
<tr><td>预测编码</td><td colspan="2">PCM、DPCM、ADDCM</td><td rowspan="2">混合编码</td></tr>
<tr><td>变换编码</td><td colspan="2">傅里叶变换、离散余弦变换、离散正统变换、哈尔变换、斜变换
沃尔什－哈达玛变换、卡胡南－洛夫（K-L）变换、小波变换</td></tr>
<tr><td>统计编码（熵编码）</td><td colspan="3">哈夫曼编码、算术编码、费诺编码、香农编码、游程编码（RLE）、LZW 编码</td></tr>
<tr><td>静态图像编码</td><td colspan="3">方块、逐渐浮现、逐层内插、比特平面、抖动</td></tr>
<tr><td rowspan="2">电视编码</td><td colspan="3">帧内预测</td></tr>
<tr><td>帧间编码</td><td colspan="2">运动估计、运动补偿、条件补充
内插、帧间预测</td></tr>
<tr><td>其他编码</td><td colspan="3">矢量量化、子带编码、轮廓编码、二值图像编码</td></tr>
</table>

6.8.4 常见的多媒体数据压缩和编码技术标准

目前，被国际社会广泛认可和应用的通用压缩编码标准大致有 4 种：H.261、JPEG、MPEG 和 DVI。

（1）H.261。由 CCITT（国际电报电话咨询委员会）通过的用于视频服务的视频编解码器（也称 P×64 标准）。H.261 是 1990 年 ITU-T 制定的一个视频编码标准，属于视频编解码器。其设计的目的是能够在带宽为 64Kb/s 的倍数的综合业务数字网上传输质量可接受的视频信号。H.261 使用了混合编码框架，包括了基于运动补偿的帧间预测、基于离散余弦变换的空域变换编码、量化、Zig-Zag 扫描和熵编码。

（2）JPEG。全称是 Joint Photogragh Coding Experts Group（联合图像专家组），是一种基于 DCT 的静止图像压缩和解压缩算法，它由 ISO（国际标准化组织）和 CCITT（国际电报电话咨询委员会）共同制定，在 1992 年后被广泛采纳并成为国际标准。它是把冗长的图像信号和其他类型的静止图像去掉，甚至可以减小到原图像的 1/100（压缩比 100:1）。但是在这个级别上，图像的质量并不好；压缩比为 20:1 时，能看到图像稍微有点变化；当压缩比大于 20:1 时，一般来说图像质量开始变坏。

（3）MPEG。是 Moving Pictures Experts Group（动态图像专家组）的英文缩写，实际上是指一组由 ITU 和 ISO 制定发布的视频、音频、数据的压缩标准。它采用的是一种减少图像冗余信息的压缩算法，它提供的压缩比可以高达 200:1，同时图像和音频的质量也非常高。通常有 3 个版本，即 MPEG-1、MPEG-2、MPEG-4，以适用于不同带宽和数字影像质量的要求。它的 3 个最显著的优点就是兼容性好、压缩比高、数据失真小。

（4）DVI。其视频图像的压缩算法的性能与 MPEG-1 相当，即图像质量可达到 VHS 的水平，压缩后的图像数据传输率约为 1.5Mb/s。为了扩大 DVI 技术的应用，Intel 公司推出了基于 DVI 算法的软件解码算法，称为 Indeo 技术，它能将待压缩的数字视频文件压缩到 1/10～1/5。

6.9 虚拟现实技术

6.9.1 虚拟现实技术概述

虚拟现实（Virtual Reality，VR），是利用计算机系统生成一个模拟环境，提供使用者关于视觉、听觉、触觉等感官的模拟，让使用者如同身临其境一般，可以及时、无限制地观察模拟环境内的事物。虚拟现实技术带给体验者最深刻的特点就是身临其境，体验者感到作为主角存在于模拟环境中的真实程度，理想的模拟环境应该达到让人难辨真假的程度。

虚拟现实技术是多种技术的综合，包括实时三维计算机图形技术，广角（宽视野）立体显示技术，对观察者头、眼和手的跟踪技术，以及触觉/视觉反馈、立体声、网络传输、语音输入/输出技术等。人们戴上立体眼镜、数据手套等特制的传感设备，面对一种三维的模拟现实，似乎置身于一个具有三维的视觉、听觉、触觉甚至嗅觉的感觉世界，并且人与这个环境可以通过人的自然技能和相应的设施进行信息交互。图 6-14 和图 6-15 为常见的 VR 穿戴设备。

图 6-14　加控制器的眼镜盒

图 6-15　带定位的 VR 设备

6.9.2　虚拟现实技术的特点

虚拟现实被认为是多媒体最高级别的应用。它是计算机技术、计算机图形、计算机视觉、视觉生理学、视觉心理学、仿真技术、微电子技术、立体显示技术、传感与测量技术、语音识别与合成技术、人机接口技术、网络技术及人体智能技术等多种高新技术集成之结晶。其逼真性和实时交互性为系统仿真技术提供有力的支撑。虚拟现实技术有以下几个特点：

（1）沉浸性（immersion）。又称临场感，指用户对虚拟世界中的真实感。理想的模拟环境应该使用户难以分辨真假，使用户全身心地投入到计算机创建的三维虚拟环境中，该环境中的一切看上去是真的，听上去是真的，动起来是真的，甚至闻起来、尝起来等都是真的，如同在现实世界中的感觉一样。

（2）交互性（interaction）。指用户对虚拟世界中的物体的可操作性。例如，用户可以用手去直接抓取模拟环境中虚拟的物体，这时手有握着东西的感觉，并可以感觉物体的重量，视野中被抓的物体也能立刻随着手的移动而移动。

（3）构想性（imagination）。又称自主性，指用户在虚拟世界的多维信息空间中，依靠自身的感知和认知能力可全方位地获取知识，发挥主观能动性，寻求对问题的完美解决。

由于沉浸性、交互性和构想性三个特性的英文单词的第一个字母均为 I，这三个特性又通常被统称为 3I 特性。

6.9.3　虚拟现实技术的关键技术

虚拟环境的建立是虚拟现实技术的核心内容。使用动态环境建模技术的目的是获取实际环境的三维数据，并根据应用的需要，利用获取的三维数据建立相应的虚拟环境模型。三维数据的获取可以采用 CAD 技术（有规则的环境），而更多的环境则需要采用非接触式的视觉建模技术，两者的有机结合可以有效地提高数据获取的效率。

（1）实时三维图形生成技术。三维图形的生成技术已经较为成熟，其关键是如何实现“实时”生成。为了达到实时的目的，至少要保证图形的刷新率不低于 15 帧/秒，最好高于 30 帧/秒。在不降低图形的质量和复杂度的前提下，如何提高刷新频率将是该技术的研究内容。

（2）立体显示和传感器技术。虚拟现实的交互能力依赖于立体显示和传感器技术的发展。现有的虚拟现实还远远不能满足系统的需要，例如，数据手套有延迟长、分辨率低、作用范围小、使用不便等缺点；虚拟现实设备的跟踪精度和跟踪范围也有待提高，因此有必要开发新的三维显示技术。

（3）应用系统开发工具。虚拟现实应用的关键是寻找合适的场合和对象，即如何发挥想象力和创造力。选择适当的应用对象可以大幅度地提高生产效率，减轻劳动强度，提高产品开发质量。为了达到这一目的，必须研究虚拟现实的开发工具。例如，虚拟现实系统开发平台、分布式虚拟现实技术等。

（4）系统集成技术。由于虚拟现实中包括大量的感知信息和模型，因此系统的集成技术起着至关重要的作用。集成技术包括信息的同步技术、模型的标定技术、数据转换技术、数据管理模型、识别和合成技术等。

6.9.4 虚拟现实技术的应用

虚拟现实技术的应用范围非常广泛，如医疗、娱乐、军事航天、室内设计、房产开发、工业仿真、应急推演、游戏、地理、教育、水文地质、维修、培训实训、船舶制造、汽车仿真、轨道交通、能源、生物力学、康复训练和数字地球等领域，特别是在医疗、娱乐、教育和生产等领域均得到了应用开展。

1. 虚拟现实技术在医疗领域的应用

虚拟现实在医疗方面的应用具有十分重要的现实意义。在虚拟环境中，可以建立虚拟的人体模型，借助于跟踪球、感觉手套等，学生可以很容易了解人体内部各器官结构，对于医学院的解剖课程，虚拟现实可以提供近乎真实的操作演练环境，这比现有的采用教科书的方式要有效得多。虚拟现实技术对于尸体解剖课程、手术观摩课堂、分散手术中患者的注意力以减缓痛苦、精神疾病的治疗都有很大的帮助。

例如，在现今的社会，工作压力大，生活压力大，心肺复苏应成为人们必备的急救技术。VR 心肺复苏可以模拟科普生命体征判断，如是否有意识、脉搏是否跳动、胸部是否浮动等；同时科普急救技巧，如按压体位、按压方法、按压频率以及按压幅度，保障科学采取急救措施。

2. 虚拟现实技术在娱乐领域的应用

虚拟现实技术在娱乐业的运用也非常广泛，日常生活中许多人都在体验这一“福利”。3D影院随处可见，人们在看电影的过程中感受着身临其境的体验。VR 眼镜也进入人们的生活，随时随地便可以有私人影院般的体验。话剧、音乐剧、舞会、晚会等也逐渐应用虚拟现实技术，为屏幕前的转播观众带来身临其境的震撼感官体验。

虚拟现实将改变许多人的娱乐方式。以游乐场为例，传统的游乐场常常人满为患，有的项目排队半小时却只能体验十分钟；游乐场的项目又太多，一天下来只能玩个几项；有些项目还有一定的危险性，胆小的人玩过山车简直就是一种折磨……虚拟游乐场将改变这种现状，它让你在咫尺之间就能体验到无数的项目，而且安全无危险。利用虚拟现实技术建立虚拟舞台、虚拟游戏厅、虚拟 KTV 等，让体验者不仅能放开唱歌跳舞，还可以和其他人一起互动，体验到比真实场馆还好玩的娱乐方式。

3. 虚拟现实技术在教育领域的应用

虚拟现实技术营造了“自主学习”的环境。利用虚拟现实技术建立起来的实训基地，其“设备”与“部件”多是虚拟的，可以根据教学需求随时生成新的设备。教学内容可以不断更新，使实践训练及时跟上技术的发展，如军事作战技术、外科手术技能、教学技能、飞机驾驶技能、汽车驾驶技能等各种职业技能的训练。由于虚拟的训练系统无任何危险，学生可以不厌其烦地反复练习，直至掌握操作技能为止。

VR 全景应用于教育行业，将大大提高学生的参与度与学习兴趣。VR 全景技术可以让抽象的概念具体化，可以将晦涩深奥的化学成分、遥远神秘的天文景象都呈现在眼前，供学生观察学习。配以旁白解说、文本及相关学习资料，为学生营造沉浸式的学习体验，大大增强了学生的理解能力与学习效率。

4. 虚拟现实技术在生产领域的应用

利用虚拟现实技术建成的汽车虚拟开发工程，可以在汽车开发的整个过程中，全面采用计算机辅助技术来缩短设计周期。例如，福特官方公布过一项汽车研发技术——3D CAVE 虚拟技术。设计师戴上 3D 眼镜坐在“车里”，就能模拟“操控汽车”的状态，并在模拟的车流、行人、街道中感受操控行为，从而在车辆生产出来之前，及时、高效地分析车型设计，了解实际情况中的驾驶员视野、中控台设计、按键位置、后视镜调节等，并进行改进，这套系统能够有效控制汽车的开发成本。

6.10　常用的多媒体软件使用介绍

多媒体常用的软件主要包括文字编辑软件（如记事本、写字板、Office Word 和 WPS）、图像处理软件（如画图工具、Photoshop、CorelDraw 和 Freehand）、音频处理软件（Ulead Media Studio、Sound Forge、Audition、Wave Edit 和 GoldWave）、视频处理软件（Premiere、After Effects、Edius 和会声会影）和动画制作软件（Autodesk Animator Pro、3ds max、MAYA 和 Flash）几大类。下面主要介绍图像处理软件 Photoshop、动画制作软件 Flash 和音频处理软件 GoldWave。

6.10.1　Photoshop 图像处理软件

1. Photoshop 的简介

Photoshop 是 Adobe 公司开发的一个跨平台的平面图像处理软件，是专业设计人员的首选软件。1990 年 2 月，Adobe 公司推出 Photoshop 1.0，2005 年 5 月更新版本为 Photoshop CS2，即 Photoshop 9.0。目前最新的版本是 Photoshop CC 2019。

Photoshop 是图像处理软件，其优势不是图形创作，而是图像处理。图像处理是对已有的位图图像进行编辑、加工、处理以及运用一些特殊效果，常见的图像处理软件有 Photoshop、Photo Painter、Photo Impact、Paint Shop Pro。图形创作是按照自己的构思创作，常见的图形创作软件有 Illustrator、CorelDRAW、Painter。

Photoshop 主要应用于网页设计、建筑效果图后期处理以及影像创意等，集图像编辑、设计、合成、网页制作以及高品质图片输出功能为一体，是目前使用最广泛的图像处理软件之一。

2. Photoshop 工作界面介绍

Adobe 公司出品的 Photoshop 是目前使用最广泛的专业图像处理软件，以前主要用于印刷排版、艺术摄影和美术设计。随着计算机的普及，越来越多的文档需要对其中的图像进行处理。例如，办公人员需要对报表中的图片进行处理和制作，工程技术人员需要对工程图纸和效果图进行处理，大学生需要对课程论文中的图片进行处理，个人用户需要对照片进行处理等。这些市场需求极大地推动了 Photoshop 图像处理软件的普及化，使它迅速成为继 Office 软件后的又一大众普及软件。Photoshop 的工作界面如图 6-16 所示。

图 6-16　Photoshop 的工作界面

Photoshop 工作界面的顶部菜单栏是所有功能的集合，通过文件、编辑、图像、图层、选择、滤镜、视图、窗口、帮助菜单，从中可以实现几乎所有的功能。菜单栏下方默认的是属性设置区域，可以设置工具箱中大多数工具的属性。左侧是工具箱，从中可选取工具对画布进行编辑。工具箱中有选区工具、移动工具、画笔工具、橡皮擦工具、色彩填充工具、图像局部处理工具、文字输入工具、钢笔路径工具、矢量图形工具、选色滴管工具、前景色/背景色选择工具，这些工具功能非常强大。例如，文字工具可以调整输入文字的字体、大小、颜色、形状等，渐变工具可选择渐变类型、渐变方法等，画笔工具可以调整笔尖大小、笔尖形状、流量等。右侧是“图层”“通道”界面，是 Photoshop 中最为精华的功能，也是使用最频繁的功能。这里可以控制图层，可以让画布分层绘画，例如画了一个太阳，然后又想画蓝天，这样的话，不必把太阳删除掉，只要在太阳图层之下新建一个图层，就可以任意绘制蓝天而不会遮盖住太阳了。界面的中央，即最大的区域，是编辑区域，白色的是画布，灰色的是幕后。绘画只能在画布上进行，而幕后则不支持绘画，保存图片的时候只能显示画布区域，幕后也会保存，但不会显示。

3. 图层的操作

图层是 Photoshop 最重要的功能之一。我们不是直接在一个图层上进行编辑和修改，而是将图像分解成为多个图层，然后分别对每个图层进行处理，最后组成一个整体的效果，如图 6-17 所示。图层好比是一张透明的纸，层与层之间是叠加的。若上层无任何图像，对当前层无影响，若上层有图像，与当前层重叠的部分会遮住当前层的图像。这样完成的成品，在视觉效果上与在一个图层中编辑是一致的。

Photoshop 允许在一个图像中创建多达 8000 个图层。可以将一个图像利用抠图技术，分解成为多个图像，这样修改一个图层时，就不会对另外的图层造成破坏。如果觉得某个图层的位置不对，可以单独移动这个图层，以达到修改的效果，甚至可以把这个图层丢弃重新再处理，而其余的图层并不会受到影响。Photoshop 中图层的类型有背景图层、透明图层、不透明图层、效果图层、文字图层、形状图层等。

图 6-17 Photoshop 图层

（1）图层的组成。每一个图层都是由许多像素组成的，而图层又通过上下叠加的方式来组成整个图像。每一个图层就好似是一个透明的“玻璃”，而图层内容就画在这些“玻璃”上，如果“玻璃”什么都没有，这就是个完全透明的空图层，当各“玻璃”都有图像时，自上而下俯视所有图层，从而形成图像显示效果。

（2）图层的使用方法。

1）新建图层。可以在“图层”菜单中选择“新建图层”或者在“图层”面板下方选择“新建图层”→“新建图层组”。

2）复制图层。若需要制作同样效果的图层，可以选中该图层后右击，选择“复制图层”选项。需要删除图层就选择“删除图层”选项。双击图层的名称可以给图层重命名。

3）颜色标识。选择“图层属性”选项，可以给当前图层进行颜色标识，有了颜色标识后在图层调板中查找相关图层就会更容易一些。

4）栅格化图层。对于建立的文字图层、形状图层、矢量蒙版和填充图层之类的图层，不能在它们的图层上再使用绘画工具或滤镜进行处理了。如果在这些图层上继续操作就需要用到栅格化图层，它可以将这些图层的内容转换为平面的光栅图像。

删格化图层的办法：可以选中图层后右击，选择“删格化图层”选项，或者是在“图层”菜单中选择“删格化”下各类选项。

5）合并图层。在设计的时候很多图形都分布在多个图层上，而对那些已经确定不会再修改的图形，可以将它们合并在一起以便于图像管理。合并后的图层中，所有透明区域的交叠部分都会保持透明。

如果是将全部图层都合并在一起，可以选择菜单中的“合并可见图层”和“拼合图层”等选项。如果选择其中几个图层合并，根据图层上内容的不同有的需要先进行删格化之后才能合并。删格化之后菜单中出现“向下合并”选项，使要合并的这些图层集中在一起，这样就可以合并所有图层中的几个图层了。

6）图层样式。图层样式是一个非常实用的功能，它简化了许多操作，利用它可以快速生成阴影、浮雕、发光等效果。这些都是针对单个图层而言的，如果给某个图层加入阴影效果，那么这个图层上所有非透明的部分都会投下阴影，甚至用画笔随便涂一笔，这一笔的影子也会随之产生。

为一个图层增加图层样式时，可以将该图层选为当前活动层，然后选择菜单“图层”→“图层样式”，再在子菜单中选择投影等效果。或者可以在图层命令调板中单击“添加图层样式”按钮，再选择各种效果。

6.10.2 Flash 动画制作软件

1. Flash 软件简介

Flash 是美国 Macromedia 公司开发出品的用于矢量图编辑和动画制作的专业软件。它以其全新、方便的操作界面，新增的丰富的功能模块，当之无愧地引导 Web 世界中的动画主流。由于 Flash 是完全基于矢量的动画处理技术，可以使用少量的矢量数据来描述复杂的对象，使得存储时仅占用很小的空间，而且矢量的自由缩放特性可以保证动画在放大或缩小时能提供稳定的图像质量。由于采用“流式”播放技术，访问者不必等到动画完全下载就可以欣赏。

虽然 Flash 创作的动画是一种矢量动画，但它也能支持并导入其他图像（.bmp、.jpg）、视频（.mov）、动画（.gif、.swf 等）、音频（.wav、.mp3、.au 等）等媒体文件，甚至支持其他图形图像编辑软件的格式文件，如 Photoshop 的.psd 格式文件。利用 Flash 可以生成其特有的.swf 格式文件，它也能转换导出其他格式的媒体文件，如图像或图像序列格式（如.gif、.bmp、.jpg 等）文件、视频格式（如.avi、.mov 等）文件、音频格式（如.wav 等）文件，以及矢量图形格式（如.dxf 等）文件，还可以生成可执行的.exe 文件，.exe 文件不再需要播放器的支持，可以单独运行。Flash 工作界面如图 6-18 所示。

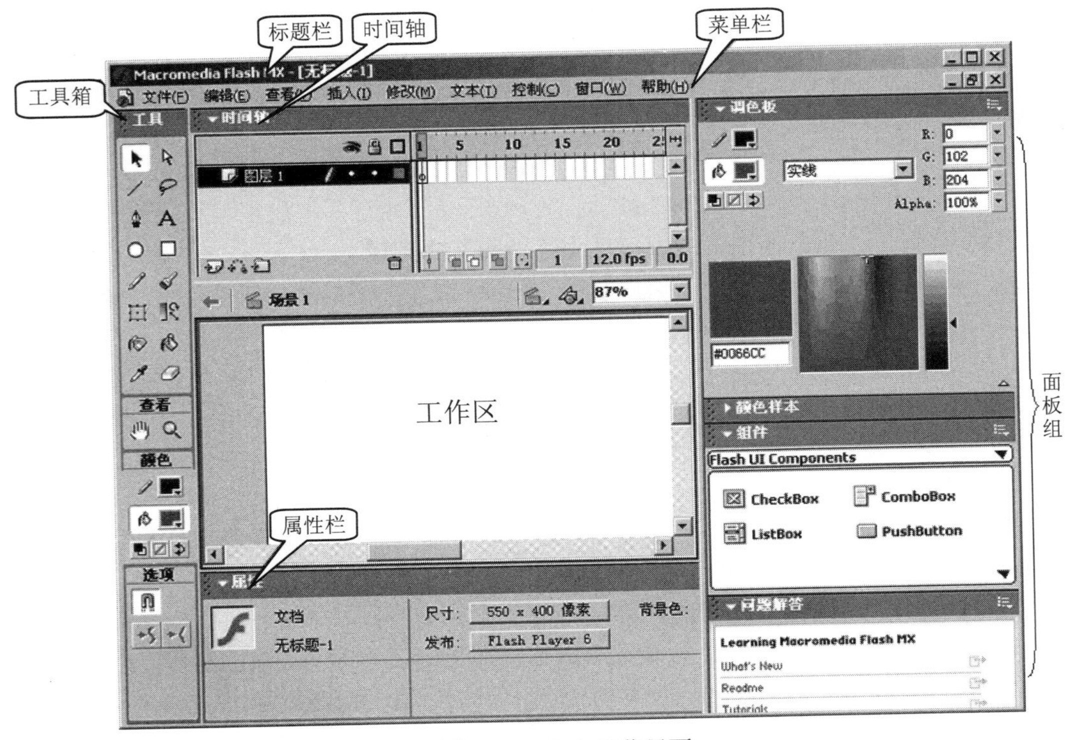

图 6-18 Flash 工作界面

2. Flash 的动画制作的基本概念

（1）舞台：舞台是指绘制和编辑图形的区域，它是用户创作时观看自己作品的场所，也是对动画中的对象进行编辑、修改的唯一场所；那些没有特殊效果的动画可以在这里直接播放。

（2）场景：场景是动画中的一个片段，整个动画可以由一个场景组成，也可以由多个场景组成。Flash 提供了多场景动画的制作功能，多场景的优点是可以反复调用某一段动画。例如，将人物走路时脚和手的动画做成一个场景，然后在其他需要的情况下进行调用，这减轻了动画设计的工作量。可以通过“场景”图标来切换不同场景。

（3）矢量图形：使用向量数据（或数学方程式）来记录图像的一种格式，它能以非常小的文件长度来存储复杂的图像。

（4）元素：使用绘图铅笔、刷子等工具在舞台上创造的单个图形，或从外部导入的图形文件都称为一个元素，它是符号的基本单位。

（5）帧：帧是动画中的一幅图形。帧具有两个特点：一是帧的长度，即从起始帧到结束帧的时间；二是帧在时间轴中的位置，不同的位置会产生不同的动画效果。帧的长度和其在时间轴中的位置由动画设计员指定。

（6）关键帧：在 Flash 中，只要设置动画的开始帧和结束帧，中间帧的动画效果可以由计算机自动生成，而设定的开始帧和结束帧称为关键帧，中间生成的帧称为补间动画。

（7）物体：物体是使用“组”将几个单独的元素组合成的一个复杂的图形。

（8）组：就是将不同的几个元素或者物体组成的一个新的物体或符号。

（9）符号：当用户想在影片中重复使用一个东西时，可以自己建立符号。符号包括单个的元素、物体，或者其他的符号，当然，符号也可以是声音、一段循环播放的单层或多层的影片。每个符号在影片中具有唯一性，可以重复使用，符号中可以加入动画或交互。

（10）元件：Flash 动画中大量的动画效果是由一些小物件、小动画组成的，这些物件和动画在 Flash 中可以进行独立的编辑和重复使用，就称为元件。元件分为 3 种类型：影片剪辑元件、按钮元件和图形元件。

（11）图层：图层是所有图形图像软件当中必须具备的内容，是用来合成和控制元素叠放次序的工具。图层的类型根据使用功能的不同分为普通层、遮罩层、运动引导层。遮罩层决定了动画的显示情况，运动引导层用于设置动画的运动路径。

（12）时间轴：时间轴表示整个动画与时间的关系，在时间轴面板上包含了层、帧和动画等元素。

6.10.3 GoldWave 音频处理软件

1. 多媒体音频处理软件

音频处理软件的主要功能有：音频文件格式转换，通过话筒现场录制声音文件，多音轨的音频编辑，音频片段的删除、插入、复制，音频的消噪，音量加大/减小，音频淡入/淡出，音频特效的制作，对多音轨音频的混响处理等。音频处理软件的音频编辑功能很强大，但是音乐创作功能很弱，它主要用于非音乐专业人员。常用的音频处理软件见表 6-6。

表 6-6 常用的音频处理软件

软件	软件功能
GoldWave	简单易用的音频处理软件，具有音频格式转换、现场录音、多音轨音频编辑、混响、特效等功能
Adobe Audition	功能强大的音频处理软件，具有音频格式转换、现场录音、多音轨音频编辑、混响、特效等功能
Accord CD Ripper	CD 音轨抓取工具，它可以将 CD 碟上的音乐抓取出来，并保存为 MP3 等音频文件格式
Free Audio Converter	音频格式转换软件，支持 MP3、WAV、M4A、AAC、WMA、OGG 等多种格式之间的相互转换

2. GoldWave 软件介绍

（1）GoldWave 简介。GoldWave 是一个集声音编辑、播放、录制和转换为一体的音频工具，体积小巧，功能很强大，可打开的音频文件相当多，包括WAV、OGG、VOC、IFF、AIFF、AIFC、AU、SND、MP3、MAT、DWD、SMP、VOX、SDS、AVI、MOV和APE等格式的音频文件，也可以从CD、VCD、DVD或其他视频文件中提取声音，内含丰富的音频处理特效，从一般特效如多普勒效应、回声、混响、降噪到高级的公式计算都具备，是一款不可多得的音频处理软件。它支持倒转、回音、摇动、边缘、动态、时间限制、增强、扭曲等多种声音效果，具有文件操作、录制声音、声音编辑和增加特殊效果等功能。GoldWave 软件的工作界面如图 6-19 所示。

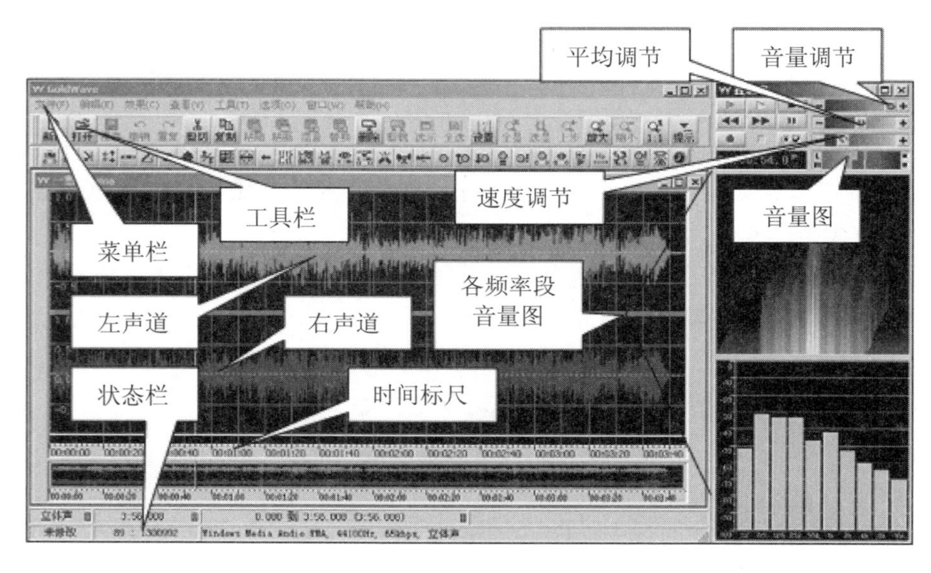

图 6-19 GoldWave 软件的工作界面

（2）GoldWaver 使用技巧。

1）选择音频事件。要对文件进行各种音频处理之前，必须先从中选择一段出来（选择的部分称为一段音频事件）。GoldWave 的选择方法很简单，在某一位置上单击就确定了选择部分的起始点，在另一位置上右击就确定了选择部分的终止点，这样选择的音频事件就将以高亮度显示。当然如果选择位置有误或者更换选择区域可以使用“编辑”→“选择查看”命令，然后再重新进行音频事件的选择。

2）时间标尺。在波形显示区域的下方有一个指示音频文件时间长度的标尺（它以秒为单位，清晰地显示出任何位置的时间情况，这就对制作者了解音频处理时间、音频编辑长短有很大的帮助。

3）声道选择。对于立体声音频文件来说，在 GoldWave 中是以平行的水平形式显示的。有时在编辑中只想对其中一个声道进行处理，另一个声道要保持原样不变化，可使用“编辑”菜单的“声道”命令，直接选择将要进行作用的声道就行了（上方表示左声道，下方表示右声道）。

4）插入空白区域。在指定的位置插入一定时间的空白区域也是音频编辑中常用的一项处理方法，只需要选择“编辑”菜单下的“插入静音”命令，在弹出的对话框中输入插入的时间，然后单击 OK 按钮，这时就可以在指针停留的地方看到这段空白的区域了。

5）回声效果。GoldWave 的回声效果制作方法十分简单，选择“效果”菜单下的“回声”命令，在弹出的对话框中输入延迟时间、音量大小并选中“立体声”或”产生尾声”复选框就行了。

6）改变音高。选择“效果”菜单中的“倾斜度（pitch）”进入音高设置对话框。其中比例表示音高变化到现在的 50%～200%，是一种倍数的设置方式。而半音就一目了然了，表示音高变化的半音数。音高变化的设置方式告诉我们，一般变调后的音频文件的长度也要相应变化。

7）均衡器。均衡调节也是音频编辑中一项十分重要的处理方法，它能够合理改善音频文件的频率结构，达到理想的声音效果。选择“效果”菜单的“过滤器（filter）”→“变量EQ（参数均衡器）”就能打开 GoldWave 的 10 段参数均衡器对话框。最简单快捷的调节方法就是直接拖动代表不同频段的数字标识到一个指定的位置，注意声音每一段的增益（gain）不能过大，以免造成过载失真。

8）声相效果。处理声相效果是指控制左右声道的声音位置并进行变化，达到声相编辑的目的。GoldWave 的声相效果处理方法中，交换声道位置和声相包络线最为有用。交换声道位置就是将左右声道的数据互换，只需要选择“效果”菜单下的“立体”→“交换”就能够完成。而声相包络线跟音量包络线非常类似，能够更灵活地控制不同地方的不同声相变化，非常方便。

6.11　多媒体技术的发展趋势

6.11.1　流媒体技术

随着因特网的迅速普及，计算机正在经历一场网络化的革命。在这场变革中，传统多媒体手段由于其数据传输量大的特点而与现实的网络传输环境发生了矛盾，面临发展相对停滞的危机。虽然高速的网络连接手段可以从根本上解决这个问题，但是由于网络建设和消费者花费成本等原因，短期内还不能大范围普及。

解决问题的一个很好的方法就是采用流媒体技术。所谓“流”，是一种数据传输的方式，使用这种方式，信息的接收者在没有接到完整的信息前就能处理那些已收到的信息。这种一边接收一边处理的方式，很好地解决了多媒体信息在网络上的传输问题。人们可以不必等待太长的时间，就能收听、收看到多媒体信息。并且在此之后边播放边接收，根本不会感觉到文件没有传完。

流媒体技术大大地促进了多媒体技术在网络上的应用。网络的多媒体化趋势是不可逆转的，在很短的时间里，多媒体技术一定能在网络这片新天地里找到更大的发挥空间。

6.11.2 智能多媒体技术

多媒体技术充分利用了计算机的快速运算能力，综合处理声、文、图信息，用交互式弥补计算机智能的不足。发展智能多媒体技术包括很多方面，具体如下：

（1）文字的识别和输入。

（2）语音的识别和输入。

（3）自然语言理解和机器翻译。

（4）图形的识别和理解。

（5）机器人视觉和计算机视觉。

（6）知识工程以及人工智能的一些课题。

把人工智能领域某些研究课题和多媒体计算机技术很好地结合，就是多媒体计算机长远的发展方向。

6.11.3 网络和通信技术

多媒体技术的一个重要应用领域是多媒体通信系统，多媒体网络是未来多媒体技术的发展方向。随着多媒体技术的发展，可视电话、视频会议等日渐普及和完善。

多媒体技术应用到通信商，将电话、电视、音响、摄像机等电子产品与计算机融为一体，由计算机完成音频、视频采集、压缩和解压缩，音频和视频的特技处理，多媒体信息的网络传输，音频播放和视频显示，形成新一代的家电类消费，也就是建立全新信息服务的多媒体个人通信中心。

本章小结

多媒体技术是一门综合型新技术，它是计算机技术、微电子技术与通信技术高速发展和紧密结合的产物，以数字化为基础，通过计算机对文字、数据、图形、图像、动画、声音等多种媒体信息进行综合处理和管理，使用户可以通过多种感官与计算机进行实时信息交互。多媒体技术的出现极大地改变了人类的学习和生活方式。本章主要向读者介绍了多媒体技术的概念，多媒体计算机的平台标准，多媒体文件的存储格式，音频处理技术、图像处理技术、动画制作技术、视频处理技术、多媒体数据的压缩、VR 技术等，最后介绍了常见的几种多媒体软件的使用方法。

思考题

1．请举例说明信息和数据的区别。

2．简述多媒体技术的主要特性。

3．请简述多媒体计算机的定义。
4．请简述多媒体计算机包含的设备及每一种设备的主要功能。
5．多媒体信息处理的关键技术主要有哪些？
6．数字音频的技术指标主要有哪三项？
7．举例说明多媒体数据压缩编码的必要性。
8．请解释什么是无损压缩，什么是有损压缩。
9．简述图像数字化的过程。
10．Flash 中的帧有几种类型？
11．逐帧动画有什么特点？
12．流文件有哪些文件类型？
13．图形和图像有哪些基本的文件类型？
14．利用画图程序观察.bmp 与.jpg 文件的大小区别。
15．VR 技术主要用于哪些领域？
16．多媒体技术的主要发展趋势是什么？
17．什么是模拟信号？什么是数字信号？如何将模拟信号转换成数字信号？
18．多媒体技术研究的主要内容是什么？
19．Flash 逐帧动画的原理是什么？

第 7 章　计算机网络基础和 Internet

计算机网络技术的飞速发展，不仅促使信息领域发生了日新月异的变化，而且日益深入到人们的生产、生活和社会活动等各个方面，给人类带来了巨大的好处。目前计算机网络已经广泛应用于科学研究、军事、商业、教育等领域。通过计算机网络，人们可以随时随地共享信息资源和交换信息。一个国家的计算机网络发展水平直接反映了这个国家高新技术的发展水平，同时也是衡量其综合国力和现代化程度的重要标志。

本章从计算机网络概述入手，主要介绍计算机网络的基础知识和 Internet，使读者对计算机网络的基础知识有一个基本的了解，并掌握计算机网络和 Internet 的基本应用。

7.1　计算机网络概述

20 世纪 50 年代，人们将彼此独立的计算机技术与通信技术结合起来，从而诞生了计算机网络技术。它出现的历史虽然不长，发展却非常迅速，特别是最近十几年，随着信息化和全球化步伐的加快，计算机网络目前已成为计算机应用的一个重要领域，它推动了信息产业的发展，对当今社会经济和生活的发展起着非常重要的作用。

7.1.1　计算机网络的定义和组成

1. 计算机网络的定义

计算机网络是利用通信线路和设备将分布在不同地理位置上的具有独立功能的计算机相互连接起来，在网络协议控制下实现数据通信和资源共享的系统。

2. 计算机网络的组成

计算机网络从结构上可以分成两大部分：通信子网和资源子网。通信子网是网络系统的中心，由通信线路和通信设备组成，其目的是在主机之间进行数据的传送。资源子网也称为用户子网，由主机、终端和相应的软件组成，为用户提供硬件资源、软件资源和网络服务。图 7-1 是一个典型的计算机网络结构图。

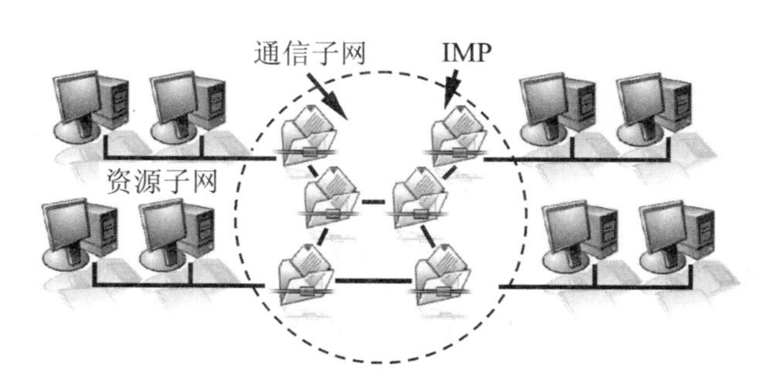

图 7-1　计算机网络结构图

计算机网络是一个非常复杂的系统，它一般包括计算机硬件及软件、通信线路、通信设备等。

（1）计算机硬件及软件。计算机硬件和软件的主要作用是负责数据的收集、处理、存储、传播和提供资源共享。与网络连接的计算机可以是巨型机、大型机、微机以及其他数据终端设备，根据其承担的任务又可以分为：服务器（为网络上的其他计算机提供服务的计算机）、客户机（使用服务器所提供的服务的计算机）、同位体（同时作为服务器和客户机的计算机）。

网络软件是一种在网络环境下运行或管理网络工作的计算机软件，主要包括网络协议、网络操作系统和通信软件、网络应用软件。

网络协议是指通信双方为了实现网络中的数据交换而制定的通信双方必须共同遵守的规则、标准和约定，例如，什么时候通信，数据怎样编码，怎样交换数据等，主要有语法、语义和同步三个要素。

网络操作系统（NOS）是计算机网络软件的核心程序，负责管理和合理分配网络资源，以提高网络运行效率。其主要功能包括：网络管理、网络通信、文件管理、网络安全与容错、设备共享等。常见的网络操作系统有以下 4 种：

1）UNIX：最早最成熟的网络操作系统，由美国贝尔实验室开发，具有良好的安全性、可移植性等，目前广泛应用于高端市场，特别是在金融商业领域有着绝对的优势。

2）NetWare：由美国 Novell 公司开发，其目录管理技术被公认为业界的典范。主要特点是安全性能好，多用于中低端市场。

3）Windows：全球最大的软件开发商——微软公司开发，采用多任务、多流程操作以及多处理器系统，特别适合于客户机/服务器方式的应用，并且用户界面友好，已逐步成为企业组网的标准平台。目前 Windows 的市场份额独占鳌头。

4）Linux：最早由芬兰大学生 Linus 在 1991 年编写，是一套免费使用和自由传播的类 UNIX 操作系统。目前，Linux 以源代码开放、优异的性能，在网络软件市场占据一席之地。

网络应用软件是为某一个应用目的而开发的网络软件，常用的网络应用软件有 IE 浏览器、即时通信软件、网络下载软件等。

（2）通信线路。通信线路指的是传输介质及其连接部件，为数据传输提供传输信道。目前常用的传输介质分为有线和无线两种，其中有线介质包括同轴电缆、双绞线、光纤等，无线介质包括微波、卫星通信、红外线等。

1）同轴电缆。同轴电缆是局域网中最常见的传输介质之一。它用来传递信息的一对导体是一层圆筒式的外导体套在内导体（一根细芯）外面，两个导体间用绝缘材料互相隔离，外导体和中心轴芯线的圆心在同一个轴心上，所以叫作同轴电缆，一般分为粗缆和细缆两种。同轴电缆的优点是可以在相对长的无中继器的线路上支持高带宽通信，数据传输率可达到几 Mb/s 到几百 Mb/s，抗干扰能力强。缺点是体积大，不能承受缠结、压力和严重的弯曲。

2）双绞线。双绞线是由一对互相绝缘的金属导线互相绞合在一起组成的，实际使用时，双绞线是由多对双绞线一起包在一个绝缘电缆套管里的。双绞线与其他传输介质相比，传输距离较小，限制在几百米之内；数据传输率较低，一般为几 Mb/s 到 100Mb/s；抗干扰能力也较差。但其价格较为低廉，且其不良限制在一般的快速以太网中影响甚微，所以目前双绞线仍是局域网中首选的传输介质。双绞线可分为非屏蔽双绞线（UTP）和屏蔽双绞线（STP）两种，现在常用的是 5 类 UTP。

3）光纤。光纤是光导纤维的简称，是一种利用光在玻璃或塑料制成的纤维中的全反射原理而制成的光传导工具，采用特殊的玻璃或塑料来制作。光纤的数据传输率高，可达到几 Gb/s，传输损耗低，抗干扰能力强，安全保密好。常用于计算机网络中的主干线。

4）微波。微波是指频率为300MHz～300GHz的电磁波，沿直线传播。主要用途是完成远距离通信服务及短距离的点对点通信，但微波受地球表面、高大建筑物和气候的影响，在地面上传播距离有限，因此，为了实现远距离的传输，需要使用中继站来“接力”。微波的优点是通信容量大，传输质量高，初建费用小，但其保密性较差。

5）卫星通信。卫星通信简单地说就是地球上（包括地面和低层大气中）的无线电通信站间利用卫星作为中继而进行的通信，卫星通信系统由卫星和地球站两部分组成。卫星通信的特点是：通信范围大；只要在卫星发射的电波所覆盖的范围内，从任何两点之间都可进行通信；不易受陆地灾害的影响（可靠性高）；只要设置地球站，电路即可开通（开通电路迅速）；同时可在多处接收，能经济地实现广播、多址通信（多址特点）；电路设置非常灵活，可随时分散过于集中的话务量；同一信道可用于不同方向或不同区间（多址联接）。卫星通信经常用于电视传播、长途电话传输、专用的商业网络等。

6）红外线。红外线是太阳光线中众多不可见光线中的一种，波长为0.75μm～1000μm。利用红外线来传输信号的通信方式，称为红外线通信。红外线通信有两个最突出的优点：不易被人发现和截获，保密性强；几乎不会受到电器、人为干扰，抗干扰性强。此外，红外线通信机体积小，重量轻，结构简单，价格低廉。但是它必须在直视距离内通信，且传播受天气的影响。

（3）通信设备。计算机网络进行互联都需要通过通信设备，常用的通信设备有网卡、集线器、交换机、路由器等。

1）网卡。网卡又叫网络适配器（NIC），是计算机连网必需的硬件设备，工作在数据链路层。每块网卡都有一个唯一的网络节点地址，称为MAC地址（物理地址），用以标识局域网内不同的计算机。网卡的主要工作是整理计算机内发往网络的数据，并将数据分解为适当大小的数据包之后向网络发送出去；在接收数据时，网卡读入由其他网络设备传输过来的数据帧，通过检查帧中MAC地址的方法来确定网络上的帧是不是发给本节点。如果是发往本节点的则收下，将其转换成计算机可以识别的数据，通过主板上的总线将数据传输到所需计算机设备中，否则丢弃此帧。目前网卡按其传输速度来分可分为10M网卡、10/100M自适应网卡、100M网卡以及千兆（1000M）网卡。现在计算机主板上大多集成了标准的以太网卡，因此不需要另外安装网卡，但是在服务器主机、防火墙等网络设备内，网卡还有它独特的作用。在组建无线局域网时，计算机也必须另外安装无线网卡。网卡如图7-2所示。

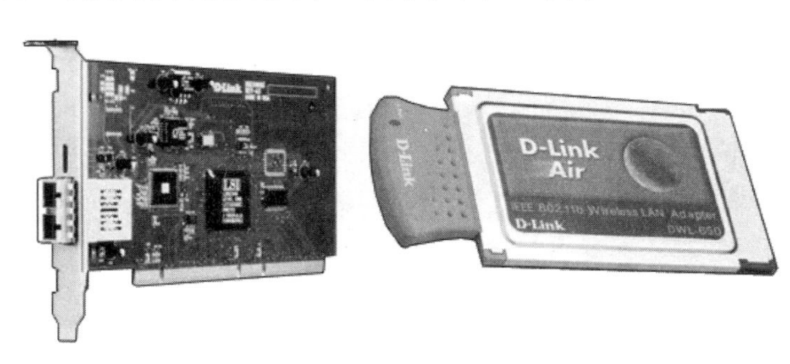

（a）服务器光纤网卡　　（b）笔记本、微机无线网卡

图7-2　网络适配器（网卡）

2）集线器。集线器（hub）属于物理层（第 1 层）网络互联设备，可以说它是一种多端口的中继器。集线器的主要功能是对接收到的信号进行再生整形放大，以扩大网络的传输距离，同时把所有节点集中在以它为中心的节点上。集线器外观与交换机相似，但是它采用共享工作模式，性能大大低于交换机。由于交换机性能高，并且越来越便宜，因此集线器在网络已很少使用，正面临着淘汰。

3）交换机。交换机属于数据链路层（第 2 层）网络互联设备，实际上是支持以太网接口的多端口网桥。交换机是一种基于 MAC 地址识别，对数据的传输进行同步、放大和整形处理，还提供数据完整性和正确性保证的网络设备。交换机可以“学习”MAC 地址，并把其存放在内部地址表中，通过在数据帧的始发者和目标接收者之间建立临时的交换路径，使数据帧直接由源地址到达目的地址。与集线器相比，交换机性能更好。交换机如图 7-3 所示。

图 7-3　交换机

4）路由器。路由器一般是一台专用网络互联设备，路由器也可以由“通用计算机+路由软件”构成。路由器本身就是一台专用的计算机，也有 CPU、内存、主板、操作系统等，工作在 OSI 参考模型的第 3 层（网络层）。路由器的第一个主要功能是连接不同类型的网络，对不同网络之间的协议进行转换，具体实现方法是数据包格式转换，也就是网关的功能；第二大功能是网络路由器，通过选择最佳路径，将数据包传输到目的主机。路由器如图 7-4 所示。

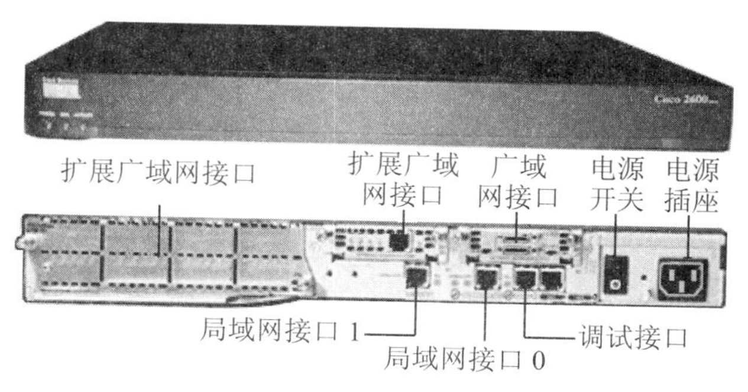

图 7-4　路由器

7.1.2　计算机网络的产生与发展

计算机网络诞生于 20 世纪 50 年代，其发展从最初的由主机−终端之间的联机系统，到现在全世界无数计算机的互联，大致可以划分为以下 4 个阶段。

1. 面向终端的计算机通信网络

第一代计算机网络——面向终端的计算机通信网络，如图 7-5 所示，其形式是将一台计算机经过通信线路与若干终端直接连接。面向终端的计算机通信网络是一种主从式结构，主机属于核心，需要完成数据的处理和通信控制，而终端处于从属地位，一般只是显示器和键盘，完成输入和输出操作。其典型应用是由一台计算机和全美范围内 2000 多个终端组成的飞机订票系统。

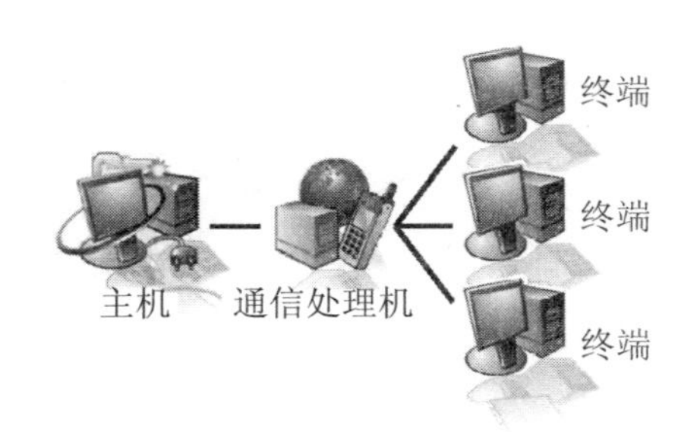

图 7-5　面向终端的计算机通信网络

2. 计算机网络阶段

20 世纪 60 年代中期至 70 年代的第二代计算机网络（见图 7-6）是通过通信线路将多个主机互联起来，相互交换数据和传递信息，为用户提供服务，典型代表是美国国防部高级研究计划局协助开发的 ARPANet。该网络初期只有 4 台主机，1973 年扩展为 40 台，到 20 世纪 70 年代末已经有 100 多台主机连入 ARPANet。

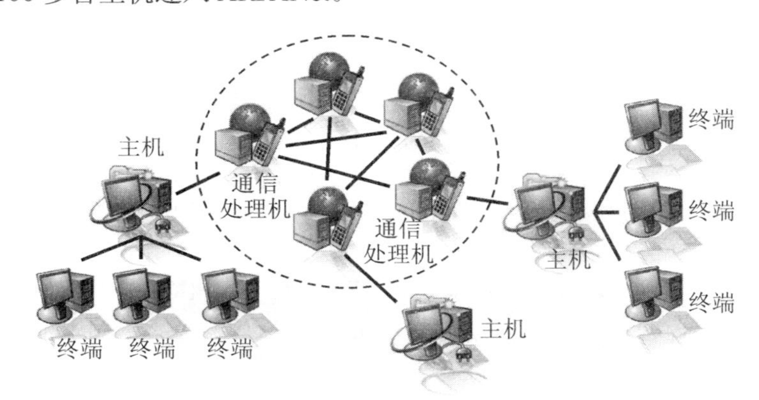

图 7-6　计算机网络阶段

3. 计算机网络互联阶段

ARPANet 兴起后，计算机网络发展迅猛，各大计算机公司相继推出自己的网络体系结构及实现这些结构的软硬件产品。比较著名的有 IBM 公司于 1974 年公布的系统网络体系结构 SNA（System Network Architecture），美国 DEC 公司于 1975 年公布的分布式网络体系结构 DNA（Distributing Network Architecture）。世界范围内不断出现了一些按照不同概念设计的网络，有力地推动了计算机网络的发展和广泛使用。但是由于没有统一的标准，不同厂商的产品之间互联很困难，人们迫切需要一种统一的技术标准，为此，国际标准化组织（ISO）在 1981 年公布了 OSI/RM（开放式系统互联参考模型），使计算机网络体系结构实现了国际标准化。我们把网络体系结构标准化后的计算机网络称为第三代计算机网络，即计算机网络互联阶段。

4. 信息高速公路阶段——Internet 时代

1983 年，全球性的互联网——Internet 诞生，并成为计算机网络领域发展最快的网络技术。

经过 30 多年的发展，全球以美国为核心的高速计算机互联网络即 Internet 已经形成，Internet 已经成为人类最重要的、最大的知识宝库，对世界经济、社会、科学、文化等多个领域的发展产生了深刻的影响。目前，计算机网络的发展正处于信息高速公路阶段——Internet 时代，该阶段计算机网络发展的特点是：高效、互联、高速、智能化应用。

7.1.3 计算机网络系统的功能

计算机网络的功能主要表现在数据通信、资源共享和分布式处理三个方面。

1. 数据通信

计算机网络可以实现计算机之间的数据传输，这是计算机网络的最基本功能。计算机网络为信息交换提供了最迅速、最方便的方式。通过计算机网络提供的数据通信功能，用户可以在网上传送电子邮件（E-mail），发布新闻公告，进行电子商务活动，参加远程教育活动等。

2. 资源共享

依靠功能完善的计算机网络能突破地理位置限制，实现资源共享。资源共享也就是共享网络中所有硬件、软件和数据。共享的硬件资源包括大型机、高分辨率绘图机、快速激光打印机、大容量硬盘等，可节省投资和便于集中管理。而对软件和数据资源的共享，可允许网上用户远程访问各种类型的数据库及得到网络文件传送服务，可以进行远程终端仿真和远程文件传送服务，避免了在软件方面的重复投资。通过资源共享，可使连接到网络中的用户对资源互通有无、分工协作，从而大大提高系统资源的利用率。

3. 分布式处理

通过计算机网络，可以把复杂的、大型的任务分散到网络中不同的计算机上进行分布处理，协同工作、并行处理、共同完成。这样，不仅充分利用了网络资源，而且扩大了计算机的处理能力，提高了整个系统的效率。

计算机网络正是因为具有以上强大的功能，所以在最近十几年得到了迅猛的发展和广泛的应用，并且在未来将会起到更重要的作用。目前，计算机网络正在向高速化、多媒体化、多服务化等方向发展，其目标是实现 5W 的个人通信，即任何人（who）在任何时候（when）在任何地方（where）都可以与任何其他人（whomever）传送任何信息（whatever）。

7.1.4 计算机网络的分类

随着计算机网络的不断发展，已经出现了各种不同形式的计算机网络。计算机网络可以从不同的角度去观察和划分，例如：按网络拓扑结构划分，可以分成总线型、星型、环型、树型等；按网络的地理范围划分，可以分成局域网、广域网和城域网；按拥有者划分，可以分为公用网和专用网等。

1. 按网络拓扑结构分类

拓扑（topolgy）是从数学中的“图论”演变而来的，是一种研究与大小和形状无关的点、线、面的数学方法。在计算机网络中，如果不考虑网络的地理位置，把网络中的计算机、通信设备等网络单元抽象为“点”，把网络中的通信线路看成是“线”，这样就可以将一个复杂的计算机网络系统，抽象成为由点和线组成的几何图形，这种抽象出来的几何图形即是计算机网络的拓扑结构，如图 7-7 所示。

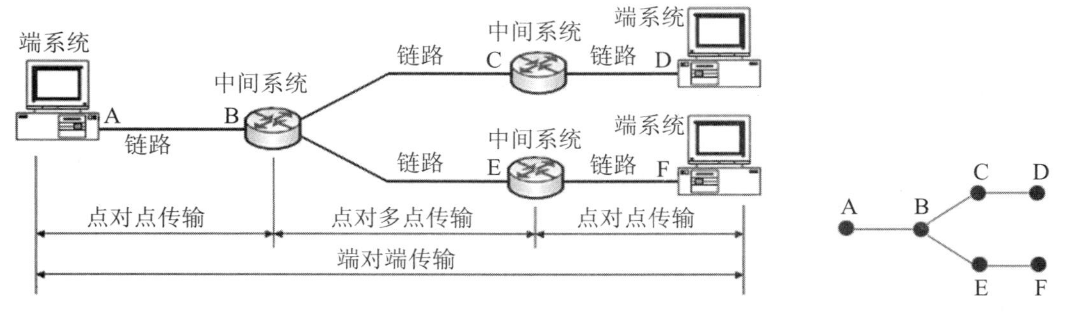

（a）网络拓扑结构图　　（b）抽象为点和线的网络拓扑结构图

图 7-7　网络拓扑结构图

按拓扑结构进行划分，计算机网络一般可以分成总线型结构、星型结构、环型结构、树型结构、网状结构等。网络基本拓扑结构如图 7-8 所示。

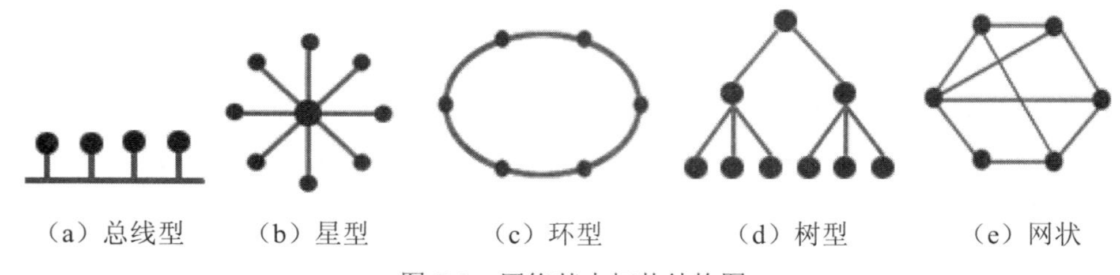

（a）总线型　（b）星型　（c）环型　（d）树型　（e）网状

图 7-8　网络基本拓扑结构图

（1）总线型结构。如图 7-8（a）所示，总线型结构将网络中所有设备连接在一条公共总线上，采用广播方式传输信号（网络上所有节点都可以接收同一信号）。总线型结构的优点是结构灵活简单，增删节点容易，可扩展性好，当某个节点出现故障时不影响整个网络的工作，性能好。但是网络中主干线产生故障时会造成全网的瘫痪，且故障诊断困难，同时由于总线的负载能力有限，所以网络中节点的个数是有限制的。最有代表性的总线网是以太网。

（2）星型结构。如图 7-8（b）所示，星型结构是由一个中心节点和若干从节点组成的。各节点之间相互通信必须经过中心节点。

星型结构的优点是建网容易，结构形式和控制方法简单，便于管理和维护。每个节点独占一条传输线路，减少了数据传送冲突现象。一台计算机及其接口产生故障时，不会影响到整个网络。但对中心节点的要求较高，中心节点一旦出现故障，会造成整个网络瘫痪。目前星型网的中心节点多采用交换机、集线器等网络设备。常见的星型拓扑网络有 10Base-T、100Base-T、1000Base-T 等以太网。

（3）环型结构。如图 7-8（c）所示，环型结构指由各节点首尾相连形成一个闭合环型线路。环型网络中的信息传送是单向的，即沿一个方向从一个节点传到另一个节点。

环型结构每个节点地位平等，传输路径固定，不需要进行路径选择，但是环型网络管理比较复杂，投资费用较高，节点的故障会引起全网故障，且故障检测困难，目前仅用于广域网和城域网。

早期的环型网采用令牌来控制数据的传输，只有获得令牌的计算机才能发送数据，因此避免了冲突现象，这种网络目前已经淘汰。

（4）树型结构。如图 7-8（d）所示，树型结构是星型结构的扩充，它是一种分层结构，就像一棵倒置的树。树型结构网络控制线路简单，故障隔离容易，管理也易于实现。但树型网各个节点对根的依赖性太大，资源共享能力差。

（5）网状结构。网状结构是指将各节点通过传输线路互联起来，并且每一个节点至少与其他两个节点相连，如图 7-8（e）所示。网状结构由于存在多条链路，因此传输数据时可进行路由选择，提高网络性能，网络可靠性较高，资源共享容易。但其安装复杂，成本高，不易管理和维护，一般用于 Internet 骨干网上。

（6）蜂窝型结构。蜂窝型结构是无线局域网中常用的结构。它以无线传输介质点到点和多点传输为特征，是一种无线网，适用于城市网、校园网、企业网。

（7）混合型结构。以上介绍了基本的网络拓扑结构，由于各种结构各具优点，也存在一些不足，因此，在实际使用中，经常采用几种结构的组合，称为混合型结构。如总线型与环型的混合连接、总线型与星型的混合连接等，同时兼顾了各种网络的优点，弥补了各种网络的缺点。

2. 按网络地理范围分类

计算机网络按网络地理范围划分为以下几种，如图 7-9 所示。

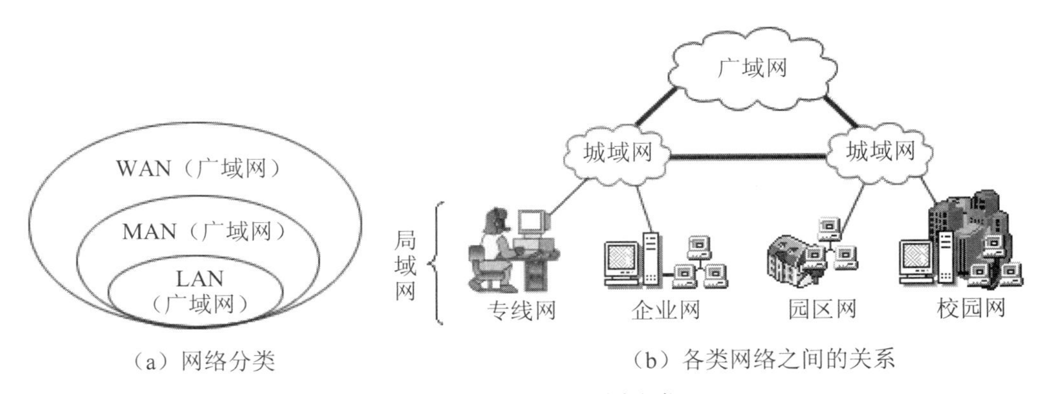

（a）网络分类　　（b）各类网络之间的关系

图 7-9　按网络地理范围分类

（1）局域网（LAN）。局域网通常在一幢建筑物内或相邻几幢建筑物之间，其覆盖范围一般在几千米以内，通常不超过 10 千米。局域网组建方便、使用灵活，具有高数据传输速率、低误码率的高质量数据传输能力，是目前应用最广泛的一类网络。

（2）广域网（WAN）。广域网又称远程网，地理范围通常在几百千米至几千千米间，能连接多个城市或国家，甚至是全世界各个国家（如 Internet），因此广域网能实现大范围的资源共享。

广域网传输介质较为简单，一般采用光纤或卫星进行信号传输。通常广域网的数据传输速率比局域网低，而信号的传播延迟却比局域网要大得多。

（3）城域网（MAN）。城域网是一个城市范围内所建立的计算机网络，介于局域网和广域网之间。城域网主要对个人用户、企业用户进行信号接入，并且将用户信号转发到因特网中。例如，一个学校的多个分校分布在城市的几个城区，每个分校的校园网连接起来就是一个城域网。

3. 按网络信号的传输方式分类

根据网络信号的传输方式，计算机网络分为点对点网络和广播式网络两种类型。

（1）点对点网络。这是指用点对点的方式将各台计算机或网络设备（如路由器）连接起来的网络。点对点网络的优点是网络性能不会随数据流量加大而降低，但网络中任意两个节点通信时，如果它们之间的中间节点较多，就需要经过多跳后才能到达，这加大了网络传输时延。点对点网络的主要拓扑结构有星型、树型、环型等，常用于城域网和广域网中。

（2）广播式网络。广播式网络是指通过一条传输线路连接所有主机的网络。在广播式网络中，任意一个节点发出的信号都可以被连接在电缆上的所有计算机接收。广播式网络的最大优点是在一个网段内，任何两个节点之间的通信，最多只需要“两跳”（主机 A－交换机－主机 B）的距离；缺点是网络流量很大时，容易导致网络性能急剧下降。广播式网络主要用于局域网中。广播式网络有 3 种信号传输方式：单播、多播和组播，如图 7-10 所示。单播即两台主机之间的点对点传输，如网段内两台主机之间的文件传输；多播是指一台主机与整个网段内的主机进行通信，如常见的地址广播；组播是指一台主机与网段内的多台主机进行通信，如网络视频会议。

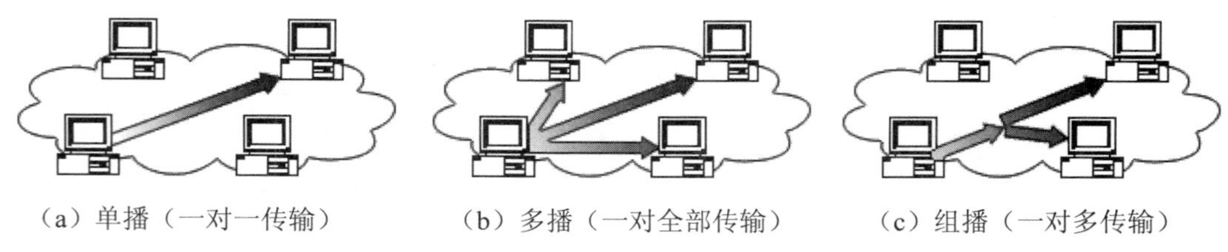

（a）单播（一对一传输）　（b）多播（一对全部传输）　（c）组播（一对多传输）

图 7-10　广播通信方式中信号的 3 种传输方式

4. 按拥有者分类

计算机网络按拥有者可以分为公用网和专用网两种。

（1）公用网：即公众网，指一般由国家的电信公司出资建造的网络，所有愿意按电信公司的规定交纳费用的人都可以使用它，因此，公用网是为全社会的人提供服务的网络。

（2）专用网：一个或几个部门为特殊业务工作而建立的网络，只为拥有者服务，不向其他人提供服务，例如军队、银行等建立的专用网。

5. 按传输介质分类

传输介质分成有线和无线两种，因此，根据传输介质的不同，计算机网络可以分成以下两种：

（1）有线网：采用有线介质（如双绞线、光纤、同轴电缆等）传输数据的网络。

（2）无线网：采用无线介质（如微波、卫星等）传输数据的网络。

除了以上介绍的几种分类方法外，计算机网络还有很多的分类方法，如按网络环境分类可以分为校园网、企业网、政府网等；按传输速率可以分为高速网、中速网、低速网等。

7.1.5 计算机网络体系结构

计算机网络系统中，两台计算机之间要实现通信是非常复杂的。虽然表面上看起来，数据发送方只需要通过键盘输入数据并通过相应的网络应用软件发送出去，接收方就可以在显示器上看到这些数据。但实际上，计算机网络为了完成这项任务做了很多具体的工作，例如：传输线路在物理上是怎样设置的，在介质上怎样传输数据，如何将数据发给特定的接收者。计算机网络体系结构正是解决这些问题的钥匙。所谓网络体系结构就是为了完成计算机之间的通信合作，把每台计算机互联的功能划分成有明确定义的层次，并固定了同层次的进程通信的协议及相邻之间的接口及服务，这些层次进程通信的协议及相邻层的接口统称为网络体系结构。

网络体系结构出现后，使得一个公司生产的各种设备能方便地组网，但是对于不同公司之间的设备，由于各个公司都有自己的网络体系结构，所以很难进行互联。为了能使不同网络体系结构的计算机网络都能互联起来，达到相互交换信息、资源共享、分布应用，国际标准化组织（ISO）于 1981 年提出了著名的开放式系统互联参考模型（OSI/RM），该参考模型将计算机网络体系结构划分为 7 个层次，从下到上依此为物理层、数据链路层、网络层、传输层、会话层、表示层和应用层，如图 7-11 所示。

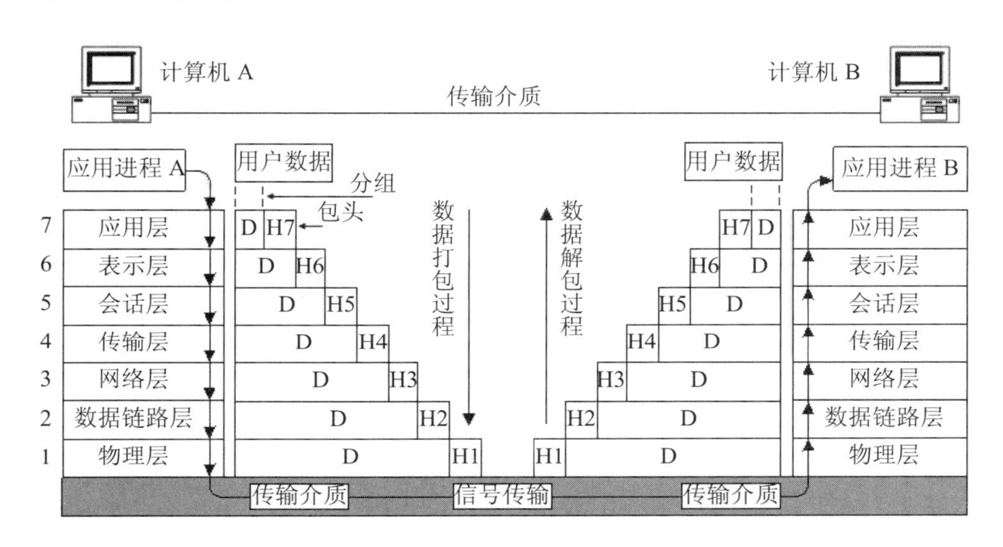

图 7-11　OSI/RM 网络体系结构模型

OSI/RM 参考模型不仅定义了各层的名称，同时规定了每层所实现的具体功能和通信协议。在 OSI/RM 模型中，每一层协议都建立在下层之上，使用下层提供的服务，同时为上一层提供服务。第一至第三层属于通信子网层，提供通信功能，第五至第七层属于资源子网层，提供资源共享功能，第四层起着衔接上下三层的作用。

1. *物理层*

物理层是 OSI/RM 的最低层，主要任务是实现通信双方的物理连接，以比特流（BitTorrent）的形式传送数据信息，并向数据链路层提供透明的传输服务。

物理层是构成计算机网络的基础，所有的通信设备、主机都需要通过物理线路互联。物理层建立在传输介质的基础上，包括了网络、传输介质、网络设备的物理接口，网络设备的物理接口具有 4 个重要特性，即机械、电气、功能和过程特性。

2. *数据链路层*

数据链路层的主要功能是利用物理层提供的比特流传输功能，控制相邻节点之间的物理链路，保证两个相邻节点间以“帧”为单位进行透明、无差错的数据传输。数据链路层接收来自上层的数据，给它加上某种差错校验位、数据链路协议控制信息和头、尾分界标志等将其变成帧，然后把帧从物理信道上发送出去，同时处理接收端的应答，重传出错和丢失的帧，保证按发送次序把帧正确地传送给对方。

数据链路层为上层提供的主要服务是差错检测和控制。典型的数据链路层协议有 HDLC（高级数据链路控制）、PPP（点对点协议）等。

3. 网络层

网络层是 OSI/RM 模型中的第三层，是通信子网层的最高层。网络层的主要功能是在数据链路层的透明、可靠传输的基础上，进一步管理网络中的数据通信，将数据设法从源端经过若干个中间节点传送到目的端，从而向传输层提供最基本的端到端数据传送服务。网络层的目的是实现两个端系统之间的数据透明传送，具体功能包括路由选择、拥塞控制和网际互连等。该层传输的信息以报文分组或包为单位。所谓报文分组是将较长的报文按固定长度分成若干段，且每个段按规定格式加上相关信息，如呼叫控制信息和差错控制信息等，就形成了一个数据单位，通常称其为报文分组或简称“分组”，有时也称为包。网络层接收来自源主机的报文，把它转换为报文分组，然后根据一定的原则和路由选择算法在多节点的通信子网中选择一条最佳路径将其送到指定目标主机，当它到达目标主机之后再还原成报文。

4. 传输层

传输层也称为运输层或传送层，是整个网络的关键部分，实现两个用户进程间端到端的可靠通信，向下提供通信服务的最高层，弥补通信子网的差异和不足，向上是用户功能的最低层。传输层的主要功能有：建立、维护和拆除传输层连接，选择网络层提供合适的服务，提供端到端的错误恢复和流量控制服务，向会话层提供独立于网络层的传送服务和可靠的透明数据传输服务。

5. 会话层

会话层又称为对话层，它是用户到网络的接口。会话层是用于建立、管理以及终止两个应用系统之间的会话，使它们之间按顺序正确地完成数据交换。会话层要为用户提供可靠的会话连接，不能因传输层的崩溃而影响会话。

6. 表示层

表示层主要提供交换数据的语法，把结构化的数据从源主机的内部格式表示为适于网络传输的比特流，然后在目的主机端将它们译码为所需要的表示内容，还可以压缩或扩展并加密或解密数据。表示层主要解决的问题是翻译和加密。

7. 应用层

应用层是 OSI/RM 模型的最高层，直接为应用进程提供服务。其任务是负责两个应用进程之间的通信，即为网络用户之间的通信提供专用的应用程序，如电子邮件、文件传输、数据库存取等。

虽然 OSI/RM 模型层次结构清晰，理论完整，但是，由于制定它的周期过于漫长，层次划分不太合理，实现起来过分复杂，运行效率太低，因此，OSI/RM 七层模型并没有得到最广泛的应用，反而是非国际标准的、Internet 上使用的 TCP/IP 网络体系结构很快地占领了计算机网络市场，成为了事实上的国际标准。

TCP/IP 是随着 Internet 的成长而获得广大用户认可、性能卓越的协议族，由一系列的协议组成，其核心协议是 TCP（传输控制协议）和 IP（网际协议），是因特网协议的代名词。

TCP/IP 协议采用了 4 层的层次结构，如图 7-12 所示。这 4 层分别是网络接口层、网络层、传输层和应用层。

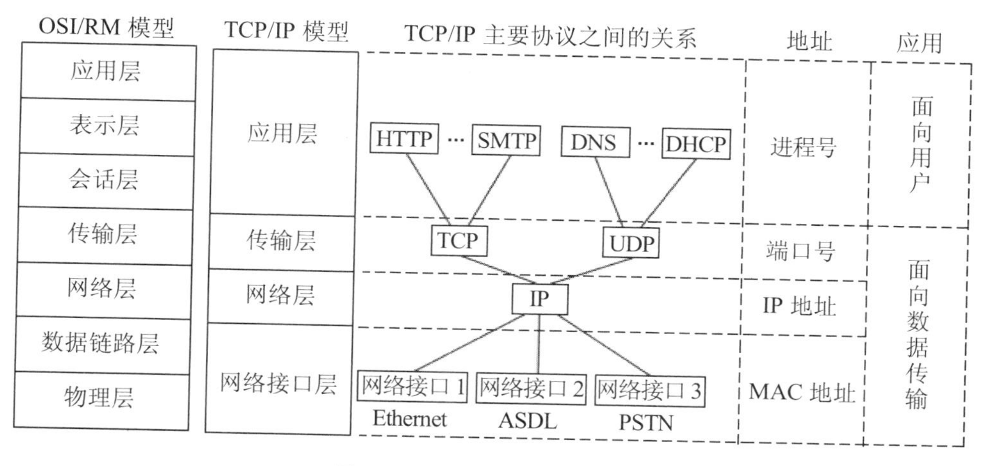

图 7-12　TCP/IP 协议层次模型

1. 网络接口层

网络接口层是 TCP/IP 协议实现的物理基础，定义如何使用实际网络（如 Ethernet、Serial Line 等）来传送数据。

2. 网络层

网络层把传输层的报文段或用户数据报封装成 IP 数据报，选择合适的路由进行传送，同时接收网络接口层送来的数据，去掉 IP 报头，重新组合，然后发送到目的主机上。本层主要采用 IP（网际协议），其他协议有 ICMP（网际报文控制协议）、ARP（地址解析协议）、RARP（反向地址解析协议）。

IP 是其中最重要的一个协议，它支持如下功能：维护一个 IP 路由表，基于此路由表发送数据；从上层协议接收数据并创建数据表；接收到达的数据，然后把它们送入网络或本地主机；支持 IP 到物理层的映射；报告网络中的路由错误。但是 IP 提供的是一种不可靠的报文传送服务，分组接收主机利用 ICMP 通知 IP 发送主机哪些方面需要修改，接收主机的 IP 层还必须将所接收的各个数据包重新组合，保证不丢失数据段，并确保它们的顺序正确。ARP 的作用是将 IP 地址转换为相应的网卡物理地址，无 IP 地址的站点可以通过 RARP 获得自己的 IP 地址。

3. 传输层

传输层负责主机中两个进程之间的通信，提供了面向连接的 TCP 和无连接的用户数据报协议（UDP），面向连接的 TCP 提供可靠的交付，从高层接收到任意长度的报文，把它们分成不超过 64KB 的报文段进行传输。TCP 还负责报文的顺序重组，以及失败报文的重发。UDP 提供了无连接通信，不保证提供可靠的交付，只是尽最大能力交付，这种服务不用确认，不对报文排序，UDP 报文可能会出现丢失、重复、失序等现象。

4. 应用层

应用层是给不同主机之间的应用程序进行通信和协同工作的层，直接为应用程序提供服务。应用层的网络协议很多，常用的应用层协议有支持万维网应用的 HTTP（超文本传输协议），支持文件传输的 FTP（文件传输协议），用于电子邮件传输的 SMTP（简单邮件传输协议），用于 IP 地址与网络域名的相互解析协议，网络远程管理 Telnet（远程登录）协议等。

7.1.6 局域网

局域网是在一个较小范围内利用通信线路将众多计算机及外设连接起来，达到数据通信和资源共享的计算机网络。局域网具有较高的数据传输率和较低的误码率，是计算机网络的重要组成部分。

1．局域网的组成

局域网由网络服务器、工作站、传输介质、连接设备（网卡、交换机、路由器等）和网络软件组成。简单局域网如图 7-13 所示。

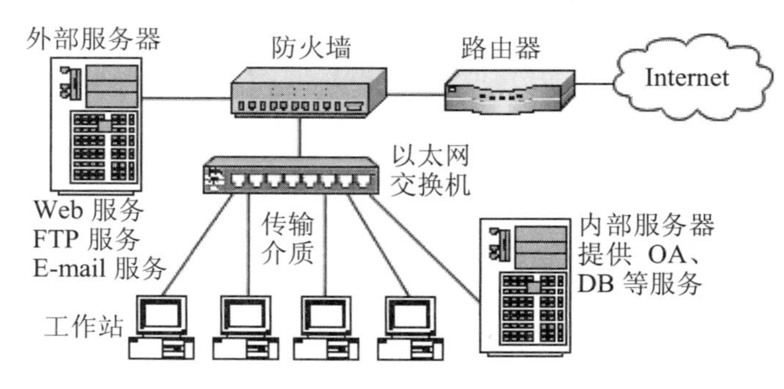

图 7-13　局域网模型

2．局域网的类型

早期的局域网有多种类型，如 Ethernet（以太网）、Token Ring Network（令牌环网）、FDDI（光纤分布式数据接口）网、ATM（异步传输模式）网等，以太网与其他类型的局域网相比，具有性能高、成本低、易于维护管理等诸多优点，因此，目前世界上 90%以上的局域网都采用以太网技术，而其他局域网技术大部分已经被市场淘汰。

局域网一般为一个单位所建，在单位或部门内部控制管理和使用，而广域网往往是面向一个行业或全社会服务。局域网一般是采用双绞线、光纤等传输介质；而广域网则较多采用光纤和微波进行信号传输。局域网与广域网的侧重点也不完全一样，局域网侧重于为企业内部提供信息共享服务，而广域网侧重于准确无误地传输用户所需的信息，并为全社会提供网络服务。

3．CSMA/CD 协议的基本思想

以太网技术由美国 Xerox（施乐）公司和 Stanford（斯坦福）大学联合开发，并于 1975 年推出，早期的网络拓扑结构为总线型，现已扩展到星型、树型等拓扑结构。1981 年 Xerox、DEC、Intel 等公司联合推出了以太网商业产品。

以太网采用 CSMA/CD（载波监听多路访问/冲突检测）协议，工作原理如下：每台主机在发送数据前，先监听信道是否空闲；若是，则发送数据，并继续监听下去，一旦监听到冲突，立即停止发送，并在短时间内连续向信道发出一串阻塞信号强化冲突，如果信道忙，则暂不发送，退避一个随机时间后再尝试，如图 7-14 所示。

CSMA/CD 协议可归结为 4 句话：发前先侦听，空闲即发送，边发边检测，冲突时退避。CSMA/CD 协议已被 IEEE 802 委员会采纳，并以此为依据制定了 IEEE 802.3 系列标准。它具有以下特点：

CSMA/CD 算法简单，易于实现。这对降低局域网成本，扩大应用范围非常有利。

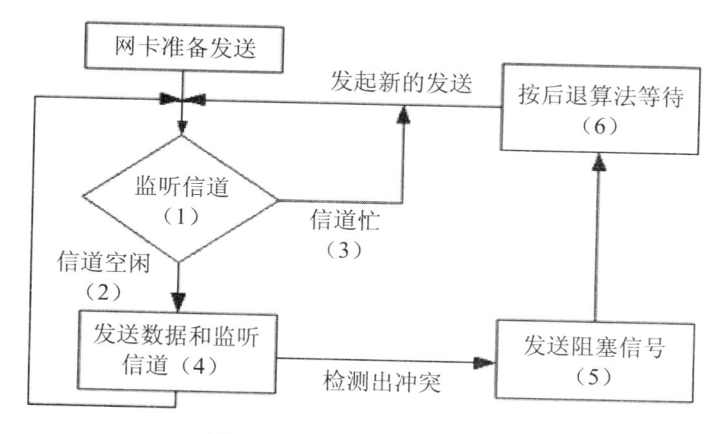

图 7-14　CSMA/CD 工作流程

CSMA/CD 采用一种用户随机竞争总线的方法，适用于办公自动化等对数据传输实时性要求不严格的网络应用环境。

CSMA/CD 在网络通信负载较低时表现出较好的性能。但是，当网络通信负载增大时，由于冲突信号增加，网络吞吐率下降，信号传输延迟增加，因此 CSMA/CD 技术一般用于通信负载较轻的网络应用环境。

7.2　Internet 基本知识和应用

Internet 的中文标准译名为“因特网”，是由全世界各国、各地区的成千上万个计算机网互联起来的全球性网络。世界上任何的计算机系统和网络只要遵守共同的网络通信协议 TCP/IP，都可以连接到 Internet 上。Internet 拥有 40 多亿用户，而且用户数还在以惊人的速度增长。Internet 实现全球信息资源共享，如信息查询、文件传输、远程登录、电子邮件等，成为推动社会信息化的主要工具，对人类社会产生了深刻的影响。

本节将介绍 Internet 的基本知识、常见的 Internet 应用等。

7.2.1　Internet 的起源和发展

1. Internet 的由来

Internet 的原型是 1969 年美国国防部远景研究规划局为军事实验用而建立的网络，名为 ARPANet（阿帕网）。最初的 ARPANet 只是一个单个的分组交换网（并不是一个互联网），把美国重要的军事基地和研究中心的计算机用通信线路连接起来，初期只有 4 台主机，其设计目标是当网络中的一部分因战争原因遭到破坏时，其余部分仍能正常运行。在 ARPANet 问世后，其网络规模增长很快，到了 20 世纪 70 年代中期，人们已认识到不可能仅使用一个单独的网络来解决所有的通信问题。于是专家们开始研究多种网络（如分组无线网络）互联的技术，这导致了互联网的出现。1983 年，TCP/IP 协议成为 ARPANet 的标准通信协议。这样，在 1983 至 1984 年之间，形成了 Internet 的雏形。

ARPANet 的发展使美国国家科学基金会（NSF）认识到计算机网络对科学研究的重要性。1986 年，NSF 建立了国家科学基金网（NSFNET），通过 56Kb/s 的通信线路连接它们的六大超级计算机中心。由于美国国家科学资金的鼓励和资助，许多大学、政府资助的研究机构，甚至私营的研究机构纷纷把自己的局域网并入NSFNET，使NSFNET取代ARPANet成为Internet的主干网，传输速率也提高到1.544Mb/s。

Internet的商业化阶段始于20世纪90年代初，商业机构开始进入Internet，使Internet开始了商业化的新进程，也成为Internet大发展的强大推动力。1991年美国政府决定将Internet的经营权转交给商业公司，商业公司开始对接入Internet的企业收费。1992年，Internet上的主机超过了100万台。从1993年开始，由美国政府资助的NSFNET网逐渐被若干个商用的Internet主干网替代，提供Internet接入服务的商业公司也称为互联网服务提供商（Internet Service Provider，ISP）。任何个人、企业或组织只要向ISP交纳规定的接入费用，就可通过ISP接入到Internet。为了使不同ISP经营的网络都能够互联互通，美国政府在1994年开始创建了4个网络接入点（NAP），它们分别由4家大型电信公司经营，均安装性能很好的通信设备，向不同的ISP提供信息交换服务，使各家ISP之间能够互联互通。目前美国NAP的数量已达到数十个，Internet也逐渐演变成多级结构网络。

现在Internet已经成为世界上规模最大和增长速度最快的计算机网络，没有人能够准确说出Internet上究竟连接了多少台计算机。由于Internet用户数量的猛增，使得现有的Internet不堪重负。1996年美国一些研究机构和34所大学提出研制和建造新一代Internet的设想，并计划实施“下一代Internet计划”，即“NGI（Next Generation Internet）计划”。

NGI计划要实现的第一个目标是开发下一代Internet技术，以比现有的Internet高100倍的传输速率连接至少100个研究机构，以比现有Internet高1000倍的速率连接10个大型网络节点，网络中端到端的传输速率达到100Mb/s～10Gb/s。NGI计划的第二个目标是使用更加先进的网络服务技术，开发许多革命性的应用，如远程医疗、远程教育、有关能源和地球系统的研究、高性能的全球通信、环境监测和预报、紧急情况处理等。NGI计划将使用超高速全光网络，实现更快速的信号交换和路由选择。NGI计划的第三个目标是对整个Internet的管理、信息的可靠性和安全性等方面做出很大的改进。

2. Internet在中国

我国的Internet发展可分为两个阶段。第一个阶段为1987至1993年。1983年，德国卡尔斯鲁厄的大学（Karlsruhe University）的维纳•措恩（Werner Zorn）教授出席了在北京的一次国际会议，会上认识了前中国机械电子部科学研究院副院长王运丰教授，两人就计算机应用和在中国推广计算机网络等问题进行了探讨。1984年，措恩开始与王运丰教授试图建立中一德计算机网络连接和电子邮件服务，但是，中德之间还没有网络的物理连接，在北京电话局的帮助下，措恩的小组找到了一条德国一意大利一北京的租用线路。1986年8月26日，中方成功地从北京登录到德方的VAX计算机上，并可查看电子信箱中的邮件。1987年9月20日，北京计算机应用技术研究所向世界发出了我国的第一封电子邮件，1987年11月8日，美国国家科学基金会（NSF）的主任斯特芬•沃尔夫（Stephen Wolff）表达了对中国接入国际计算机网络的欢迎，并将该批文在普林斯顿会议上转交给了中方代表杨楚泉先生。这是一份正式的，也被认为是“政治性的”认可，中国加入CSNET（美国计算机科学网）和BITNET（美国大学网）。1988年3月底，中国学术网（CANET）在北京建立，1990年正式在国际互联网信息中心为CANET申请了.CN顶级域名，域名服务器运行在德国卡尔斯鲁厄大学。从1990年开始，科技人员开始通过欧洲节点在互联网上向国外发送电子邮件。1990 年 4 月，世界银行贷款项目——中国教育和科研示范网（NCFC）工程启动。该项目由中国科学院、清华大学、北京大学共同承担。1993 年 3 月，中国科学院高能物理研究所与美国斯坦福大学建立了 64Kb/s 的 TCP/IP 连接，这种新型通信协议不仅可以用于电子邮件，而且支持文件传输（FTP）、远程登录（Telnet）等。随后，几所高等院校也与美国互联网连通。

第二阶段为从 1994 年至今，实现了与 Internet 的 TCP/IP 的连接，逐步开通了 Internet 的全功能服务。1994 年 4 月，NCFC 实现了与互联网的直接连接。同年 5 月，顶级域名（CN）服务器在中国科学院计算机网络中心设置。根据国务院规定，有权直接与国际 Internet 连接的网络和单位是中国科学院管理的中国科技网、国家教育部管理的中国教育和科研计算机网、邮电总局管理的中国公用计算机互联网和信息产业部管理的中国金桥信息网。这四大网络构成了我国的 Internet 主干网。后来，又陆续建成了几大互联网络，它们是中国网通公用互联网（CNCNET）、中国联通计算机互联网（UNINET）、中国移动互联网（CMNET）、中国卫星集团互联网（CSNET）、中国长城网（CGWNET）、中国国际经济贸易互联网（CIETNET）。

（1）中国科技网（CSTNET）。CSTNET 始建于 1989 年，由中国科学院主持，1994 年 4 月首次实现了我国与国际互联网络的直接连接，1994 年 5 月完成了我国最高域名 CN 主服务器的设置，实现了与 Internet 的 TCP/IP 连接。其目标是将中国科学院在全国各地的分院（所）的局域网连网，同时连接中国科学院以外的科技单位。它是为科技界、政府部门和高新技术企业服务的非盈利、公益性的网络，主要提供科技数据库、成果信息服务、超级计算机服务、域名管理服务等。

（2）中国教育和科研计算机网（CERNET）。CERNET 是原国家教委（现教育部）主持建设的中国教育科研计算机网络，于 1995 年年底接入互联网。它是一个面向教育、科研和国际学术交流的网络，其目标是将大部分高校和有条件的中小学校连接起来。CERNET 已建成由全国主干网、地区网和校园网组成的 3 级层次结构网络。CERNET 分 4 级管理，分别是全国网络中心、地区网络中心和地区主节点、省教育科研网、校园网。CERNET 的全国网络中心设在清华大学，负责全国主干网的运行管理。地区网络中心和地区主节点分别设在清华大学、北京大学、北京邮电大学、上海交通大学、西安交通大学、华中科技大学、华南理工大学、电子科技大学、东南大学、东北大学等 10 所高校，负责地区网的运行管理和规划建设。

（3）中国公用计算机互联网（ChinaNet）。ChinaNet 是原邮电部于 1994 年投资建设的中国公用 Internet，1995 年初与国际 Internet 连通，1995 年 5 月正式对社会服务，也是目前国内最大的计算机骨干网，由中国电信集团公司经营管理。ChinaNet 在北京、上海、广州开设了 3 个国际出口局，目前已开通至美国、欧洲国家、亚洲国家的国际出口电路，连接的国家有美国、加拿大、澳大利亚、英国、德国、法国、日本、韩国等。

ChinaNet 骨干网在拓扑结构上分为 3 层，即核心层、区域层和边缘层。ChinaNet 骨干网基本拓扑结构如图 7-15 所示。

ChinaNet 网络将全国 31 个省级网络划分为 8 个区域，核心层由北京、上海、广州、沈阳、南京、武汉、成都、西安 8 个大区的中心节点构成，主要负责提供国际出入口电路、核心层节点之间的中继电路，以及不同区域网的连接与转接等。

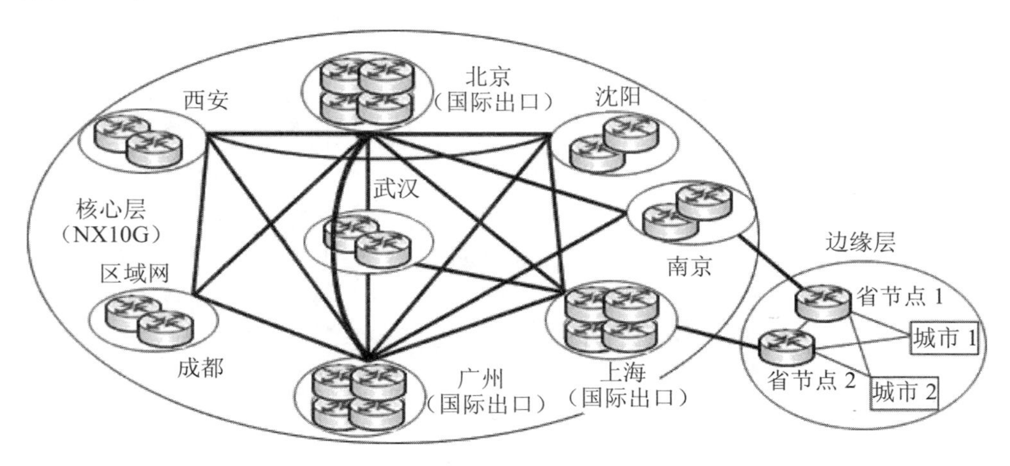

图 7-15　ChinaNet 骨干网结构

（4）中国金桥信息网（ChinaGBN）。金桥网是国家公用经济信息网，于 1996 年 9 月正式开通并向社会服务，是我国国民经济信息化的基础设施，是建立金桥工程的业务网，支持金关、金税、金卡等“金”字头工程的应用。金桥工程为国家宏观经济调控和决策服务，同时也为经济和社会信息资源共享和建设电子信息市场创造条件。现在该网已并入 CNCNET（中国网通公用互联网）。

（5）CNCNET（中国网通公用互联网）。CNCNET 是中国网通公司管理下的一个全国性互联骨干网，它以原 ChinaNet 的北方十省互联网为基础，合并中国金桥信息网（ChinaGBN），经过大规模的改扩建，形成一个全新结构的网络，并在 CNCNET 的基础上组建了 China169（宽带中国）网络。

2009 年，中国网通公司和中国联通公司合并，组建了新的中国联通公司，可为政府机关、商业企业、住宅用户提供电话拨号接入、专线接入、ADSL 宽带接入、LAN 宽带接入、无线接入等基本网络业务，还可以提供虚拟专用网（VPN）、视频观看、数据中心、信息分发、电子商务等应用服务。

（6）UNINET（中国联通计算机互联网）。UNINET 也称为中国联通 165 网，它主要面向 ISP（Internet Service Provider，互联网服务提供商）和 ICP（Internet Content Provider，互联网内容提供商），骨干网已覆盖全国各省会城市，网络节点遍布全国各个城市。

（7）CMNET（中国移动互联网）。中国移动通信集团公司为我国计算机互联网络国际互联单位，CMNET 主要提供无线上网服务，具有 355Mb/s 以上带宽的国际出口。CMNET 可提供 IP 电话、GPRS（通用分组无线服务）骨干网传输、手机上网（含 WAP 上网）、固定电话上网、专线上网、无线局域网（WLAN）、虚拟专用网（VPN）、带宽批发等服务。

（8）CSNET（中国卫星集团互联网）。CSNET 是中国通信广播卫星公司于 2000 年建立的互联网络。中国通信广播卫星公司隶属于国家信息产业部，主要承担国内各种卫星通信广播业务，拥有中星 6 号、中星 8 号两颗卫星，现经营的各种单、双向用户站已达 2000 多个，广泛服务于民航售票、海洋预报、地震监测、金融咨询、期货证券、话音通信以及高速数据全国联网等业务。

（9）CGWNET（中国长城互联网）。中国长城互联网是经国务院、中央军委正式批准，由国家统一组织建设的军队专管专用的互联网络，是中国国防类域名（.mil.cn）的唯一注册管理机构，是国家授权的全国十大基础互联单位之一。中国长城互联网以“军民融合、寓军于民”为指导思想，利用现有资源并整合优质服务，为全军各级单位提供接入和互联网综合管控服务，为官兵提供安全、丰富的互联网信息服务。

（10）CIETNET（中国国际经济贸易互联网）。CIETNET 为非经营性、面向全国外贸系统企事业单位的专用互联网络。CIETNET 主要向企业用户，特别是中小企业提供网络专线接入和安全的电子商务解决方案，同时提供虚拟专网（VPN）和数据中心业务。

据中国互联网信息中心统计：截至 2020 年 3 月，我国网民规模达 9.04 亿，互联网普及率达 64.5%；我国网络购物用户规模达 7.10 亿。我国手机网民规模 8.97 亿元，较 2018 年年底增长 7992 万，我国网民使用手机上网的比例达 99.3%，较 2018 年底提升 0.7 个百分点。无线网络覆盖率明显提升，网民上网首选 Wi-Fi。现如今，半数以上中国人已经接入互联网，网民规模增速提升，同时网民个人上网设备进一步向手机端集中。互联网已经成为我们生活中的一部分，随着网络环境的日益完善、移动互联网技术的发展，各类移动互联网应用的需求逐渐被开发。未来，移动互联网应用将更加贴近生活，从而带动三四线城市、农村地区人口的使用，进一步提升我国互联网普及率。

7.2.2　Internet 的接入方式

由于用户类型的不同，如家庭用户、商业办公楼用户、小区用户、小型企业用户、跨地区或跨国大公司用户等，他们有不同的用户需求和资金预算，因此用户接入 Internet 的方式有很多，比较常见的有 PSTN 接入、ADSL 接入、局域网入网、ISDN 接入等。

（1）PSTN（电话线拨号）接入。采用这种方式的用户计算机必须安装调制解调器，并通过电话线拨号与 ISP 主机连接，数据传输率一般为 33.6Kb/s 或 56Kb/s。特点是使用方便，只需有效的电话线及自带调制解调器（modem）的 PC 就可完成接入。运用在一些低速率的网络应用（如网页浏览查询、聊天、E-mail 等），主要适合于临时性接入或无其他宽带接入场所的使用。缺点是速率低，无法实现一些高速率要求的网络服务，其次是费用较高（接入费用由电话通信费和网络使用费组成）。

（2）ISDN（综合业务数字网）接入。ISDN 接入技术俗称“一线通”，它采用数字传输和数字交换技术，将电话、传真、数据、图像等多种业务综合在一个统一的数字网络中进行传输和处理。用户利用一条 ISDN 用户线路可以在上网的同时拨打电话、收发传真，就像两条电话线一样。ISDN 基本速率接口有两条 64Kb/s 的信息通路和一条 16Kb/s 的信令通路，简称 2B+D，当有电话拨入时，它会自动释放一个 B 信道来进行电话接听。主要适合于普通家庭用户使用。缺点是速率仍然较低，无法实现一些高速率要求的网络服务；其次是费用同样较高（接入费用由电话通信费和网络使用费组成）。

（3）局域网入网。现在大部分政府机关、企业、学校都建立了自己的局域网，用户计算机可以通过局域网接入到 Internet。采用这种方式入网，计算机通过网卡利用专门的通信线路（如光纤、双绞线）连入到某个已与 Internet 相连的局域网（如校园网）上，其特点是线路可靠、误码率低、数据传输速度快，适用于大业务量的用户使用。

（4）ADSL 接入。ADSL 即非对称数字用户线路，是利用现有的电话线实现高速、宽带上网的方式。非对称是指 Internet 的连接具有不同的上行和下行速度，上行是指用户向网络发送信息，下行是指 Internet 向用户发送信息。这种接入方式充分利用现在 Internet 应用中下行信息量远远大于上行信息量的特点，提供 1.5Mb/s～8Mb/s 的下行传输和 10Kb/s～1Mb/s 的上行传输，既可满足单向传送宽带多媒体信号并进行交互的需要，又可以节省线路的开销，经常应用于视频会议和影视节目传输，非常适合中、小企业。现在的家庭用户只需要安装 ADSL Modem 和网卡就可以采用 ADSL 方式上网，在上网的同时也可以打电话，它们之间相互没有影响。

（5）DDN 接入。DDN（数字数据网）是一种利用数字信道提供半永久性连接电路的数字数据传输网络，能够为专线或专网用户提供高速度、高质量的点对点传输服务。这种方式优点很多，如有固定的 IP 地址，可靠的线路运行，永久的连接等，但费用很高，一般应用于集团公司等。

（6）HFC 接入。目前，我国大部分家庭都安装了有线电视（CATV），而 HFC 接入是一种基于有线电视网络铜线资源的接入方式，具有专线上网的连接特点，允许用户通过有线电视网高速接入互联网。适用于拥有有线电视网的家庭、个人或中小团体。特点是速率较高，接入方式方便（通过有线电缆传输数据，不需要布线），可实现各类视频服务、高速下载等。缺点在于基于有线电视网络的架构是属于网络资源分享型的，当用户激增时，速率就会下降且不稳定，扩展性不够。

（7）光纤接入。光纤接入技术是一种点对多点的光纤传输和接入技术，下行采用广播方式，上行采用时分多址方式，可以灵活地组成树型、星型、总线型等拓扑结构，在分支点不需要节点设备，只需要安装一个简单的光分支器即可，具有节省光缆资源、带宽资源共享、设备安全性高、建网速度快、综合建网成本低等优点。

（8）无线接入。无线接入是有线接入的延伸，指用户终端到网络交换节点采用或部分采用无线手段的接入技术。无线接入技术分成两类：一类是基于移动通信的无线接入技术，包括 GSM 接入、CDMA 接入、GPRS 接入等；另一类是基于无线局域网的接入技术。目前，随着笔记本电脑的广泛应用，采用这种方式入网的用户也越来越多。

7.2.3 IP 地址与域名系统

1. IP 地址

IP 地址（Internet Protocol Address）是指互联网协议地址，又译为网际协议地址，是 IP 协议提供的一种统一的地址格式，它为互联网上的每一个网络和每一台主机分配一个逻辑地址，以此来屏蔽物理地址的差异。每台连入 Internet 的主机都必须有一个唯一的 IP 地址，相当于我们的家庭地址一样。IP 地址用二进制码表示，每个 IP 地址长 32 位，分为 4 段，即 4 个字节，每段 8 位。例如，某个采用二进制码表示的 IP 地址是 00000010 00000001 0000000100000001。为了方便人们的记忆和使用，IP 地址经常采用点分十进制的方法，即把每 8 位二进制数转换成十进制的形式，总共有 4 个十进制数，每个数取值为 0～255，中间使用符号“.”分开。上面的 IP 地址采用点分十进制法可以表示为 2.1.1.1。IP 地址分为网络地址和主机地址两部分，网络地址用来区分 Internet 上互联的网络，主机地址用来区分同一个网络中的不同主机。IP 地址分为 A、B、C、D、E 五类。其中 A、B、C 类地址是主类地址，D 类地址为组播地址，E 类地址保留给将来使用，如图 7-16 所示。

0 1 2 3　8　16　24　31

类别	位	字段	字段	范围
A 类	0	网络地址（7 位）	主机地址（24 位）	1～126.BBB.CCC.DDD
B 类	1 0	网络地址（14 位）	主机地址（16 位）	128～191.BBB.CCC.DDD
C 类	1 1 0	网络地址（21 位）	主机地址（8 位）	192～223.BBB.CCC.DDD
D 类	1 1 1 0	组播地址		224～239.BBB.CCC.DDD
E 类	1 1 1 1 1	保留地址		240～247.BBB.CCC.DDD

图 7-16　IP 地址的分类

一个 A 类地址由 1 字节的网络地址和 3 字节的主机地址组成，网络地址的最高位必须是 0，A 类地址范围为 1.0.0.1～126.255.255.254（二进制表示为 00000001 00000000 00000000 00000001～01111110 11111111 11111111 11111110）。可用的 A 类网络有 126 个（2^7-2）。减 2 的原因是：由于网络地址为全 0 的 IP 地址是保留地址，意思是“本网络”；而网络号为 127 的地址保留作为本机软件回路测试之用。A 类地址可提供的主机地址有 16777214（2^{24}-2）个，这里减 2 的原因是：主机地址为全 0 表示“本主机”，而全 1 用于广播地址。A 类地址适用于拥有大量主机的大型网络。

一个 B 类地址由 2 个字节的网络地址和 2 个字节的主机地址组成，网络地址的最高位必须是 10，B 类地址范围为 128.1.0.1～191.255.255.254（二进制表示为 10000000 00000001 00000000 00000001～10111111 11111111 11111111 11111110）。可用的 B 类网络有 16382 个，每一个网络的最大主机数是 65534（2^{16}-2），一般用于中等规模的网络。

一个 C 类地址由 3 字节的网络地址和 1 字节的主机地址组成，网络地址的最高位必须是 110。C 类地址范围为 192.0.1.1～223.255.255.254（二进制表示为 11000000 00000000 00000001 00000001～11011111 11111111 11111110 11111110）。C 类网络可达 2097152（2^{21}）个，每个网络能容纳 254 个主机，用于规模较小的局域网。

例如，某大学中的一台计算机分配到的地址为 222.240.210.100（如图 7-17 所示），地址的第一个字节在 192～223 范围内，因此它是一个 C 类地址，按照 IP 地址分类规定，它的网络地址为 222.240.210，它的主机地址为 100。

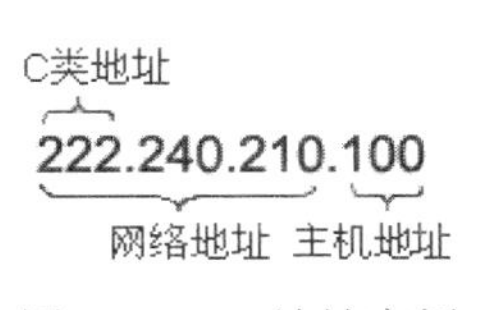

图 7-17　IP 地址实例

现有的互联网是在 IPv4 协议基础上运行的，IPv4 采用 32 位地址长度，只有大约 43 亿个地址。由于互联网的蓬勃发展，IP 地址的需求量愈来愈大，使得 IP 地址的发放愈趋严格，各项资料显示全球 IPv4 地址可能在 2005 至 2010 年全部发完（实际情况是在 2019 年 11 月 25 日 IPv4 地址分配完毕）。地址空间的不足必将妨碍互联网的进一步发展。为了扩大地址空间，拟通过 IPv6 重新定义地址空间。IPv6 是下一版本的互联网协议，也可以说是下一代互联网的协议，采用 128 位地址长度，几乎可以不受限制地提供地址。按保守方法估算如果采用 IPv6，整个地球的每平方米面积上仍可分配 1000 多个地址。在 IPv6 的设计过程中除解决了地址短缺问题以外，还考虑了在 IPv4 中没有解决的一些其他问题，主要有端到端 IP 连接、服务质量（QoS）、安全性、多播、移动性、即插即用等。

IPv6 地址表示采用冒分十六进制表示法，格式为 X:X:X:X:X:X:X:X，其中每个 X 表示地址中的 16b，以十六进制表示，例如 ABCD:EF01:2345:6789:ABCD:EF01:2345:6789。这种表示法中，每个 X 的前导 0 是可以省略的，例如 2001:0DB8:0000:0023:0008:0800:200C:417A 可以表示成 2001:DB8:0:23:8:800:200C:417A。

2. 子网和子网掩码

子网是指在一个 IP 地址上生成的逻辑网络，它使用源于单个 IP 地址的 IP 寻址方案，把一个网络分成多个子网，要求每个子网使用不同的网络号，通过把主机号分成两个部分，为每个子网生成唯一的网络号。一部分用于标识作为唯一网络的子网，另一部分用于标识子网中的主机，这样原来的 IP 地址结构变成如下 3 层结构：

网络地址	子网地址	主机地址

例如，对某个 C 类网络，最多可容纳 254 台主机，若需要把它划分成 4 个子网，则需要从主机号中借 2 个二进制位，用来标识子网号，剩余的 6 位仍为主机号。

子网掩码是一个 32 位的 IP 地址，它的作用一是用于屏蔽 IP 地址的一部分，以区别网络号和主机号；二是用来将网络分割为多个子网；三是判断目的主机的 IP 地址是在本地局域网还是在远程网络。表 7-1 为各类 IP 地址默认的子网掩码，其中值为 1 的位用来确定网络号，值为 0 的位用来确定主机号。例如对于某个 C 类网络，它另有 2 个二进制位表示子网，其子网掩码为 11111111.11111111.11111111.11000000。

表 7-1 不同地址类型的子网掩码

地址类	子网掩码（十进制表示）	子网掩码（二进制表示）
A	255.0.0.0	11111111 00000000 00000000 00000000
B	255.255.0.0	11111111 11111111 00000000 00000000
C	255.255.255.0	11111111 11111111 11111111 00000000

3. 域名系统

对于众多的以数字表示的一长串 IP 地址，人们记忆起来很困难。为此，引入了方便记忆的域名系统（DNS）。域名采用层次结构，一般含有 3～5 个字段，中间用“.”分隔。如“百度”搜索引擎的域名为 www.baidu.com。域名最右边的一段为顶级域名，顶级域名目前分为两类：行业性的和地域性的。行业顶级域名见表 7-2。

表 7-2 行业领域的顶级域名

顶级域名	行业
com	商业企业
edu	教育机构
gov	政府机构
mil	军事部门
org	民间团体等组织
net	网络服务机构

此外，还有像 arts（娱乐）、firm（商号）、info（信息）、web 等顶级域名。国际 Internet 组织为各个国家和地区分配了一个国家或地区的顶级域名，通常用两个字母来表示，见表 7-3。

表 7-3 部分国家的顶级域名

国家顶级域名	国家名称
au	澳大利亚
ca	加拿大
cn	中国
jp	日本
us	美国
fr	法国

Internet 域名系统是逐层、逐级由大到小划分的（如图 7-18 所示），这样既提高了域名解析的效率，同时也保证了主机域名的唯一性。DNS 域名树的最下面的节点为单个的计算机，域名的级数通常不多于 5 个。

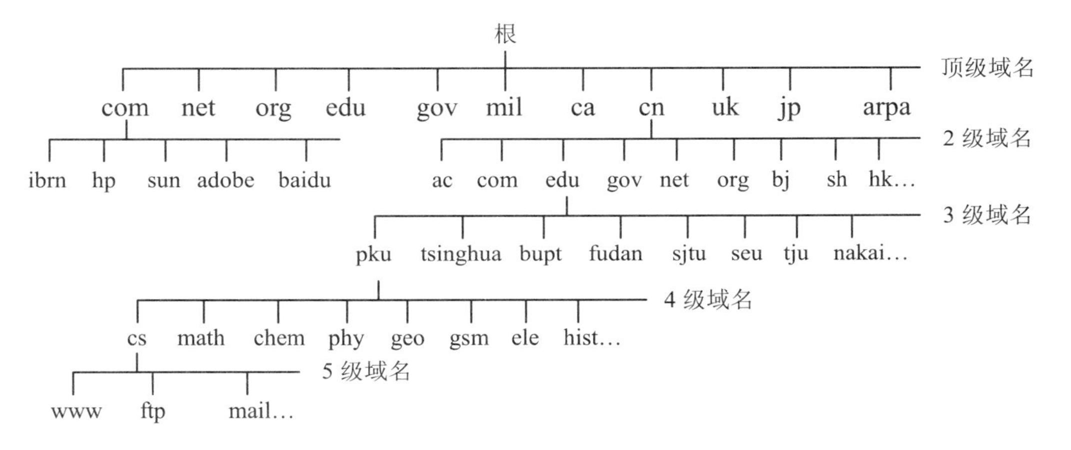

图 7-18 DNS 域名系统

域名是通过域名系统转换成 IP 地址的。域名系统是一个遍布在 Internet 上的分布式主机信息数据库系统，采用客户机/服务器工作模式。域名系统的基本任务是将文字表示的域名，如 www.baidu.com 翻译成 IP 协议能够理解的 IP 地址格式，如 222.181.18.155，这个过程称为域名解析。域名解析的工作通常由域名服务器来完成。域名服务器负责管理存放主机名和 IP 地址的数据库文件，以及域中的主机名和 IP 地址映射。域名服务器分布在不同的地方，它们之间通过特定的方式进行联络，这样可以保证用户通过本地的域名服务器查找到 Internet 上所有的域名信息。

7.2.4 Internet 提供的服务

Internet 提供的基本服务有 WWW、电子邮件（E-mail）、远程登录（Telnet）和文件传输（FTP）等。

1. WWW 服务

WWW（World Wide Web，万维网）一般简称为 Web。万维网是以超文本标记语言（HTML）与超文本传输协议（HTTP）为基础，能够以十分友好的接口提供 Internet 信息查询服务的多媒体信息系统。这些信息资源分布在全球数千万个 Web 站点上，并由提供信息的专门机构进行管理和更新。用户通过 Web 浏览器软件（如 Windows 系统中的 IE 浏览器）就可浏览 Web 站点上的信息，并可单击标记为“链接”的文本或图形，随心所欲地转换到世界各地的其他 Web 站点，访问其上丰富的信息资源。

WWW 系统的结构采用客户机/服务器工作模式，用户在客户端运行客户端程序（如 IE 等），提出查询请求，通过相应的网络介质传送给 Web 服务器，服务器“响应”请求，把查询结果（网页信息）通过网络介质传送给客户端。可以形象地将 Web 服务器视为 Internet 上一个大型图书馆，Web 上某一特定信息资源的所在地就像图书馆中的一本本书，而网页则是书中的某一页，即 Web 节点的信息资源是由一篇篇称为 Web 网页的文档组成的。多个相关 Web 网页合在一起便组成了一个 Web 站点，用户每次访问 Web 网站时，总是从一个特定的 Web 站点开始的。每个 Web 站点的资源都有一个起始点，即处于顶层的 Web 网页，就像一本书的封面或目录，通常称之为主页或首页，如图 7-19 所示。

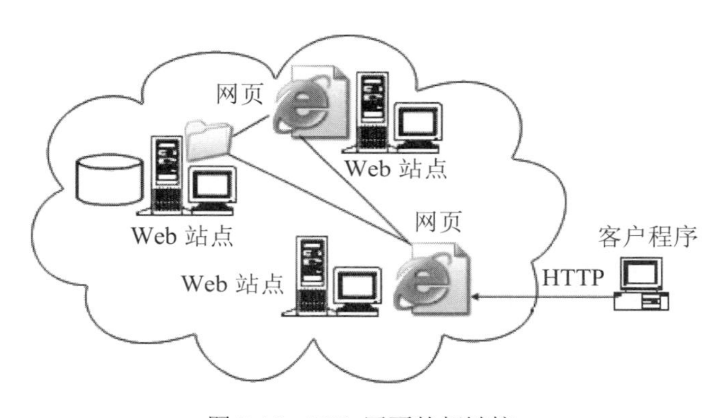

图 7-19 Web 网页的超链接

Web 网页采用超文本格式，即每份 Web 文档除包含其自身信息外，还包含指向其他 Web 页的超链接，可以将链接理解为指向其他 Web 网页的“指针”，由链接指向的 Web 网页可以在近处的一台计算机上，也可能是远在万里之外的一台计算机上，但对用户来说，通过单击网页上的超链接，所需的信息立刻就显现在眼前，非常方便。需要说明的是，现在的超文本已不仅仅只含有文本，还增加了音频、动画、视频等多媒体内容，因此也把这种增强的超文本称为超媒体。

Internet 中的 Web 服务器上，每一个信息资源，如一个文件等都有统一的、在网上唯一的地址，该地址称为 URL（全球统一资源定位）地址，俗称为“网址”。URL 用来确定 Internet 上信息资源的位置，它采用统一的地址格式，以方便用户通过浏览器查阅 Internet 上的信息资源。URL 地址的格式：资源类型://域名:端口号/路径/文件名。下面是一个 URL 示例：http://www.jyu.edu.cn/jyzd，其中，http 是超文本传输协议的英文缩写，://表示其后跟的是域名，如 www.jyu.edu.cn，再接下来是文件的路径名和文件名。URL 不仅可描述 WWW 资源地址，也可以描述其他类型的资源地址，如：

ftp://ftp.pku.edu.cn	FTP 服务器
file:///D:/myweb/mypage.htm	本地磁盘文件
telnet://bbs.pku.edu.cn	telnet 服务器
http://www.gzic.gd.cn:81/mass/sxzn/x44001.htm	某一站点的网页文档，81 为端口号

域名也可以用 IP 地址直接表示，例如：

http://210.38.164.1:88/408/main.htm	某一站点的网页文档，88 为端口号
ftp://210.38.164.1:1529/user/lw/doc	FTP 服务器，1529 为端口号

2. E-mail 服务

电子邮件（E-mail）是一种利用计算机网络交换电子信件的通信手段。电子邮件将邮件发送到收信人的邮箱中，收信人可随时进行读取。电子邮件不仅能传递文字信息，还可以传递图像、声音、动画等多媒体信息。与传统的邮件相比，电子邮件不仅使用方便，而且还具有传递迅速和费用低廉、容易保存和全球畅通无阻的优点，一天 24 小时可以随时发送电子邮件，在几分钟内便可以将电子邮件发送到全球任何地方。

（1）电子邮件的收发过程。电子邮件系统采用客户机/服务器工作模式，由邮件服务器端与邮件客户端两部分组成。邮件服务器好像是邮局，包括接收邮件服务器和发送邮件服务器两类。发送邮件服务器采用 SMTP（简单邮件传输协议）通信协议，当用户发出一份电子邮件，发送方邮件服务器依照邮件地址将邮件送到收信人的接收邮件服务器中。接收方邮件服务器为每个用户的电子邮箱开辟了一个专用的硬盘空间，用于暂时存放对方发来的邮件。当收件人将自己的计算机连接到接收邮件服务器并发出接收操作后，接收方通过 POP3（邮局协议版本 3）或 IMAP（交互式邮件存取协议）读取电子信箱内的邮件。当用户采用 Web 网页进行电子邮件收发时，必须登录到邮箱后才能收发邮件，如果用户采用邮件收发程序（如 Microsoft 公司的 Outlook Express），则程序会自动登录邮箱，将邮件下载到本机中。图 7-20 显示了电子邮件的收发过程。

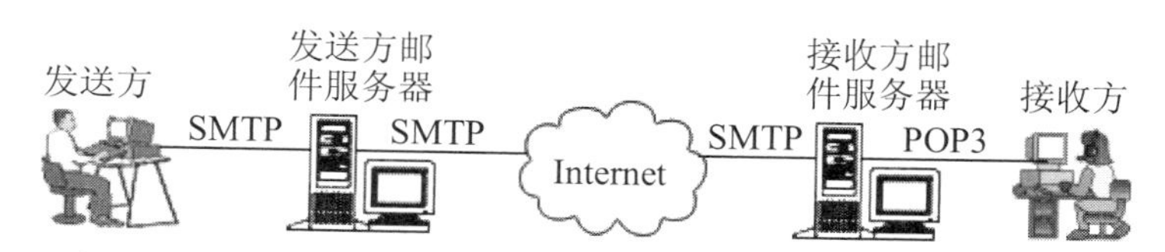

图 7-20　电子邮件的收发过程

（2）电子邮件地址。每一个电子邮箱都有一个 E-mail 地址，E-mail 地址的统一格式如下：

收信人邮箱名@邮箱所在主机的域名

其中，符号@读作 at，表示“在”的意思。收信人邮箱名是用户在向电子邮件服务机构注册时获得的用户名，它必须是唯一的。例如 aaa@163.com 就是一个用户的 E-mail 地址。

（3）电子邮件的使用方式和协议。电子邮件有两种常用的使用方式：Web 方式和邮件客户端软件方式。使用 Web 方式，必须通过浏览器（如 IE 等）先登录到电子邮件服务器的站点，再通过站点来收发邮件。

使用邮件客户端软件收发电子邮件，必须在客户机安装邮件客户端软件，目前常见的邮件客户端软件有 Microsoft 公司的 Outlook Express，以及国内开发的非商业软件 Foxmail。

图 7-21 所示为进入 Outlook Express 邮件系统的主界面。

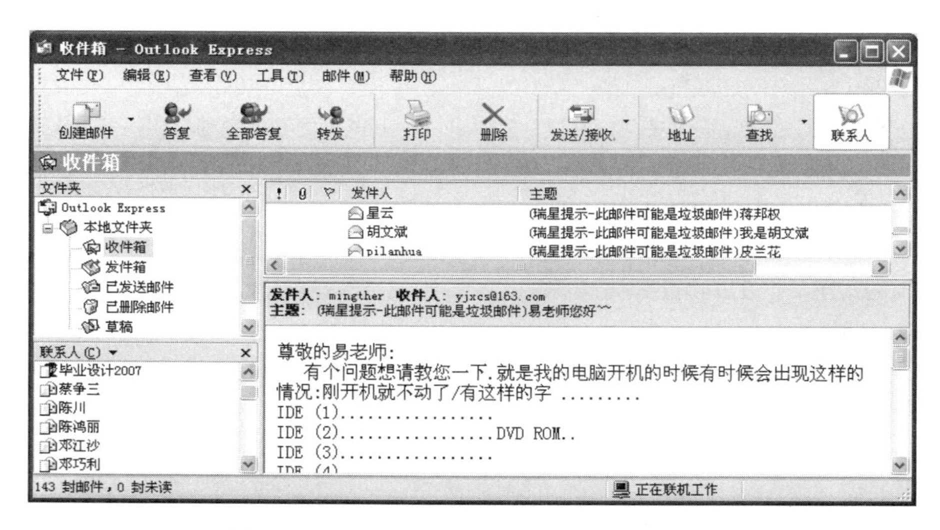

图 7-21 Outlook Express 邮件收发程序主界面

目前，电子邮件客户端软件所提供的功能基本相同，都可以完成以下操作：建立和发送电子邮件；接收、阅读和管理电子邮件；账号、邮箱和通信簿管理等。

1）创建新邮件的方法：单击工具栏上的“创建邮件”按钮，弹出如图 7-22 所示的窗口。

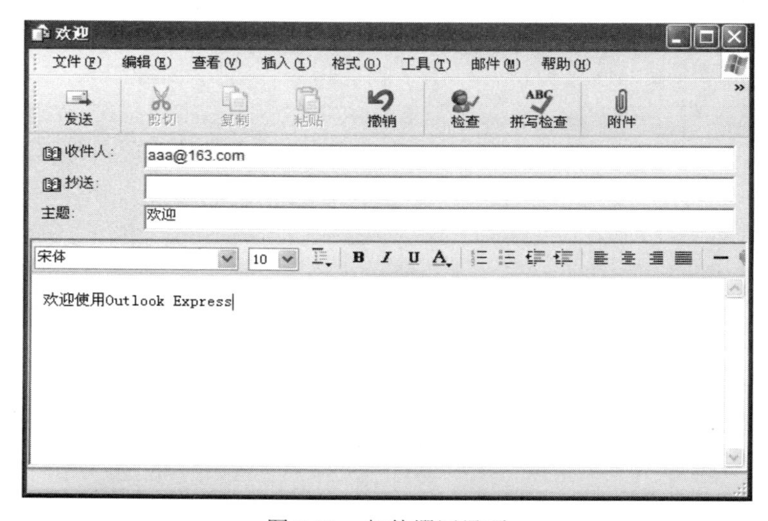

图 7-22 邮件撰写界面

在“收件人”框中输入收件人的电子邮件地址。图 7-22 中，收件人地址为 aaa@163.com，若需要将邮件同时发给多个收件人，则在“抄送”文本框中输入这些收件人的邮件地址，地址之间用分号“;”或“,”分隔。若要从通信簿中选择收件人，可以单击“收件人”文本框和“抄送”文本框左侧的书本图标，将会打开“选择收件人”对话框，可从中选择所需的收件人地址。在“主题”框中键入邮件的主题。通过单击邮件编辑区，把插入点移至该区，可录入邮件正文的内容，如图 7-22 所示，正文为“欢迎使用 Outlook Express”。通过单击工具栏中的“附件”按钮，可把需要发送的文件添加进来。当邮件编辑完成后，单击工具栏的“发送”按钮，就可以发送电子邮件了。

2）回复和转发邮件：收到对方发来的邮件后，可按以下方法回复，即单击要回复的邮件的主题，单击工具栏的“答复”按钮，系统将弹出一个“答复”窗口，在该窗口中，“收件人”文本框中列出了原发件人的地址，“主题”文本框中列出了原邮件的主题，在编辑区中列出了原邮件正文，在编辑区上方输入回复的内容，最后单击“答复”窗口工具栏上的“发送”按钮，把回复的邮件发送出去。

若要将原邮件原封不动地转发给其他人阅读，可以通过转发邮件来实现：选中邮件，单击工具栏的“转发”按钮，余下步骤与回复邮件类似。

3. Telnet 服务

远程登录（Telnet）是指用户使用本地计算机通过 Internet 连接到远程的服务器上，使本地计算机成为远程服务器的终端，并可通过该终端远程控制服务器，使用服务器的各种资源。要开始一个 Telnet 会话，一般需输入用户名和密码来登录服务器。

一些 Internet 的数据库提供了开放式的远程登录方式，即登录这些数据库不需要账号和密码，任何人都可以登录和查询。电子公告栏（BBS）就是通过 Telnet 来实现的，为用户提供发布消息、讨论问题、学习交流的平台。

虽然 Telnet 较为简单实用，也很方便，但是在格外注重安全的现代网络技术中，Telnet 并不被重用。原因在于 Telnet 是一个明文传送协议，它将用户的所有内容，包括用户名和密码都在互联网上明文传送，具有一定的安全隐患，因此许多服务器都会选择禁用 Telnet 服务。如果我们要使用 Telnet，使用前应在远程服务器上检查并设置允许 Telnet 服务的功能。

4. FTP 服务

文件传输协议（FTP）是 Internet 上广泛使用的文件传送协议，采用客户机/服务器工作方式，用户计算机称为 FTP 客户端，远程提供 FTP 服务的计算机称为 FTP 服务器。FTP 服务是一种实时联机服务，用户在访问 FTP 服务器之前需要进行注册。不过，Internet 上大多数 FTP 服务器都支持匿名服务，即以 anonymous 作为用户名，以任何字符串或电子邮件的地址作为口令登录。当然匿名 FTP 服务有很大的限制，匿名用户一般只能获取文件，不能在远程计算机上建立文件或修改已存在的文件，对可以复制的文件也有严格的限制。用户输入网站 FTP 地址（图 7-23）后，就可以登录到远程计算机的公共目录下，搜索需要的文件或程序，然后复制到本地计算机上，也可以将本地计算机上的文件上传到远程 FTP 计算机上。操作过程与在本机上复制文件过程完全一致，但是大部分 FTP 站点不允许用户任意删除文件。

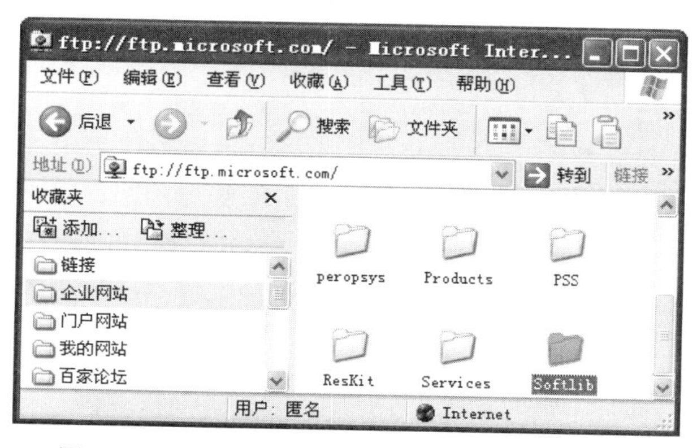

图 7-23　利用浏览器登录微软公司的 FTP 服务器

利用 FTP 传输文件的方式主要有两种：浏览器登录和 FTP 下载工具登录。

（1）浏览器登录。IE 浏览器和 Navigator 浏览器中都带有 FTP 程序，因此可在浏览器地址栏中直接输入 FTP 服务器的 IP 地址或域名，按 Enter 键后浏览器将自动调用 FTP 程序完成连接。例如，要访问微软公司的 FTP 服务器时，可在 IE 浏览器地址栏中输入 ftp://ftp.microsoft.com，按 Enter 键后即可连接成功。浏览器界面显示出该服务器上的文件夹和文件名列表，如图 7-23 所示。由于微软公司的 FTP 服务器支持匿名登录，因此不需要输入任何用户名和口令。

（2）FTP 下载工具登录。使用 FTP 下载工具，如 CuteFTP（图 7-24）、LeapFTP、迅雷等，也可以访问 FTP 站点。通常，这类软件打开后，其工作窗口分成左、右窗格，就像资源管理器一样。左右窗格分别是本地计算机系统和远程主机的系统，当用户需要下载时，只需要把右窗格的内容拖动到左窗格的目标位置即可，上传文件则把左窗格中需要上传的文件拖到右窗格的目标位置，但是上传文件时一般必须有“写”的权限。

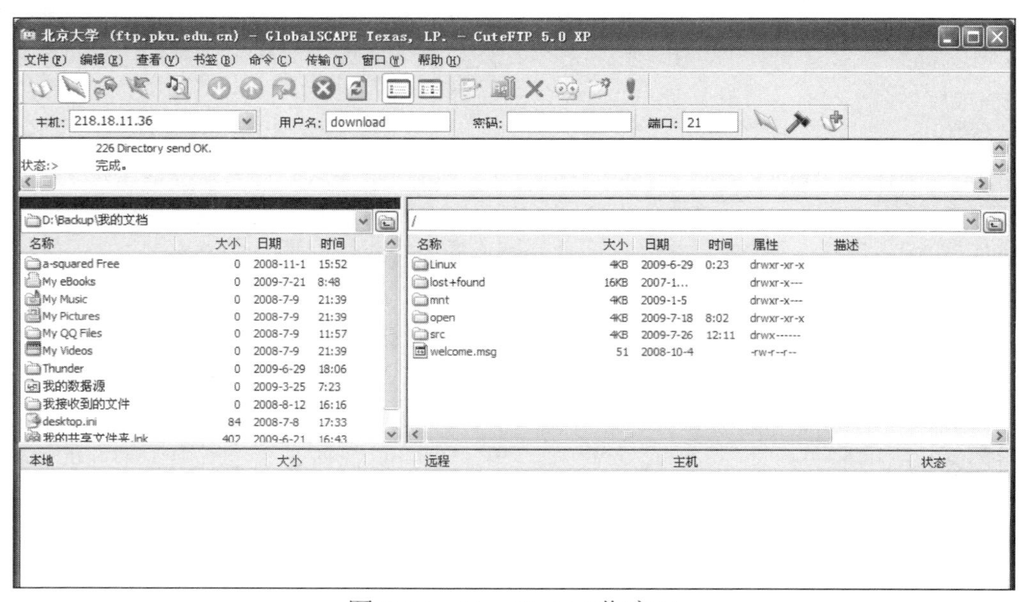

图 7-24　CuteFTP 工作窗口

随着 Internet 的不断发展，其功能日趋丰富和完善，除了以上 4 项基本服务外，还提供了很多实用性很强的服务，常见的有即时通信服务、搜索引擎服务等。

5. 即时通信服务

即时通信（IM）服务有时简单地称为“聊天”软件，它可以在 Internet 上进行即时的文字信息、语音信息、视频信息、电子白板等交流，还可以传输各种文件，在个人和企业即时通信中占据了越来越重要的作用。即时通信软件分为服务器软件和客户端软件，普通用户只需要安装客户端软件。即时通信软件非常多，常用的主要有我国腾讯公司的 QQ 和美国微软公司的 MSN。QQ 目前主要用于在国内进行即时通信，而 MSN 可以用于国际 Internet 的即时通信，如图 7-25 所示。

QQ 是腾讯科技（深圳）有限公司开发的一款即时通信客户端软件，它是基于 Internet 的中文即时寻呼软件。通过使用 QQ 实现与好友进行交流，信息即时发送、即时回复。QQ 还具有网上寻呼、手机短信服务、聊天室、语音邮件、视频电话等功能。

图 7-25　MSN 即时通信软件主界面

6. 搜索引擎服务

搜索引擎是某些网站免费提供的用于在网上查找信息的程序，是一种专门用于定位和访问 Web 网页信息，获取用户希望得到的资源的导航工具。搜索引擎通过分类查询方式或关键词查询方式获取特定的信息。搜索引擎并不是对 Internet 上的所有页面进行搜索，它搜索的是预先整理好的网页索引数据库，得到相关网页的超链接，用户通过搜索引擎的查询结果，知道了信息所处的站点，再通过超链接即可从该网站获得信息的详细资料。

当用户查某个关键词的时候，所有包含了该关键词的网页都将作为搜索结果被搜出来。在经过复杂的算法进行排序后，这些结果将按照与该关键词的相关度高低依次排列。常用的搜索引擎有百度（www.baidu.com）、雅虎（www.yahoo.com）等。百度搜索引擎页面如图 7-26 所示。

图 7-26　百度搜索引擎页面

如何利用搜索引擎全面、准确、快速地从网络上获取所需要的信息，还需要掌握相应的方法。通常情况下，搜索引擎通过搜索关键词来查找包含此关键词的文章或网址。这是使用搜索引擎查询信息的最简单的方法，但返回的结果往往不能令人满意。如果想要得到最佳的搜索效果，就需要使用搜索引擎提供的高级搜索方法，如图 7-27 所示。它可以缩小搜索的范围，提高搜索的效率。

图 7-27　百度搜索引擎高级搜索页面

7. 中国知网的使用

中国知识基础设施工程简称为“CNKI 工程”，是以实现全社会知识信息资源共享为目标的国家信息化重点工程。中国知网（以前称为中国期刊网）作为 CNKI 工程的一个重要组成部分，已建成了中文信息量规模较大的 CNKI 数字图书馆，内容涵盖了中国学术文献、外文文献、学位论文、报纸、工具书等公共知识信息资源，为在互联网条件下共享知识信息资源提供了一个重要的平台。

打开 IE 浏览器，在地址栏中输入 http://www.cnki.net 即可进入中国知网（CNKI）数字图书馆，如图 7-28 所示。中国期刊全文数据库（CJFD）主要以 CAJ 格式和 PDF 格式文件提供文献，因此，在用户计算机中需要预先安装好 CAJViewer 浏览器或 Adobe Reader（读取 PDF 格式文件）软件。

8. 电子商务平台

电子商务是指利用网络进行商务活动，将顾客、销售商、供货商和雇员联系在一起，实现网上宣传、网上洽谈、网上订货、网上供货、网上客户服务等，有 B2B（企业 to 企业）和 B2C（企业 to 顾客）两种模式。目前，电子商务平台已经成为经济发展的新推动力，未来将成为 Internet 最重要和最广泛的应用。我国的电子商务发展迅速，常用的网上购物平台有淘宝、京东等。图 7-29 所示为淘宝网首页。

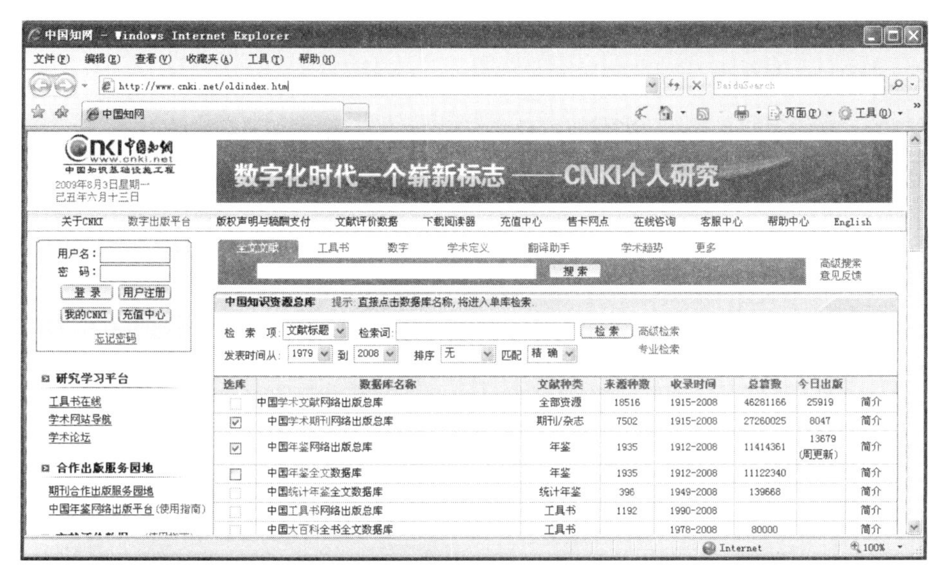

图 7-28　中国知网主页

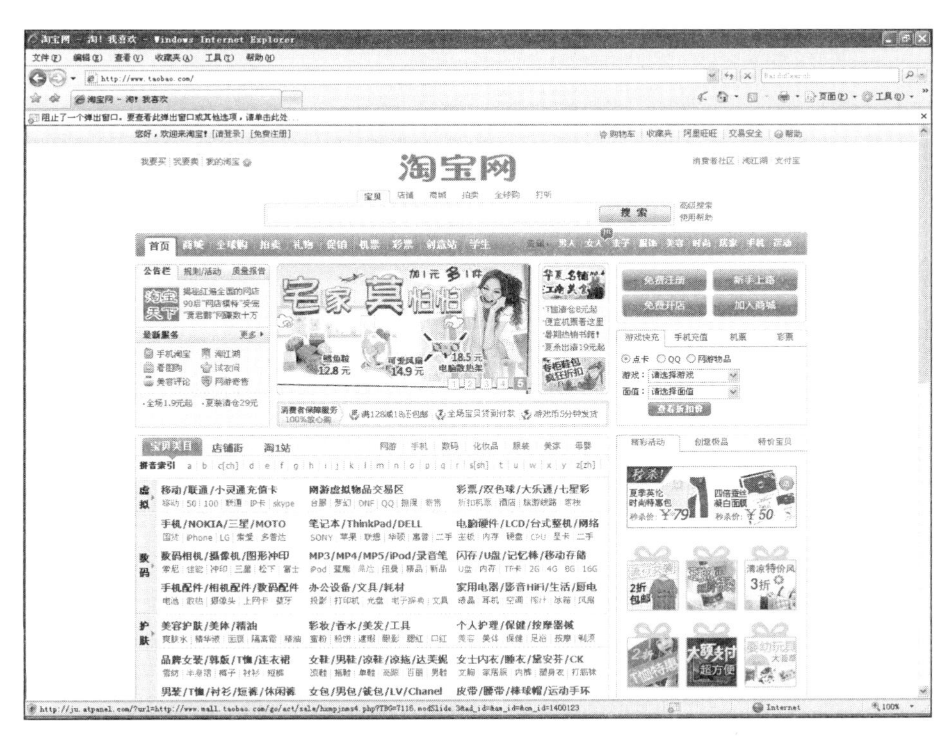

图 7-29　网上交易平台——淘宝网

7.3　信息系统安全

随着计算机网络的飞速发展，计算机和计算机网络安全面临越来越严峻的形势。目前影响计算机安全的主要是计算机病毒和黑客。目前的计算机无法消除病毒的破坏和黑客的攻击，最好的情况是尽量减少这些攻击对系统核心造成的破坏。因此，防止计算机病毒和防止黑客攻击将是一项长期性的工作。

7.3.1 信息系统存在的安全问题

1. 软件设计中存在的安全问题

由于程序的复杂性和编程方法的多样性，加上软件设计处在发展阶段，因此很容易留下一些不容易被发现的安全漏洞。软件漏洞包括如下几个方面：操作系统、数据库、应用软件、TCP/IP 协议、网络软件和服务、密码设置等安全漏洞。这些漏洞平时可能看不出问题，但一旦遭受病毒和黑客攻击就会带来灾难性的后果。随着软件系统越做越大，越来越复杂，系统中的安全漏洞或“后门”不可避免地存在，而且有越来越大的趋势。

操作系统设计中的漏洞：Windows 操作系统一惯强调的是易用性、集成性、兼容性，没有把系统的安全性作为重要的设计目标。虽然更新换代很快，但是由于整体设计思想的限制，造成了微软操作系统的漏洞不断。在一个安全的操作系统（例如 FreeBSD）里，最重要的安全概念就是权限。每个用户有一定的权限，一个文件有一定的权限，而一段代码也有一定的权限，特别是对于可执行的代码，权限控制更为严格。只有系统管理员才能执行某些特定程序，包括生成一个可执行程序等。

程序设计违背最小授权原则：最小授权原则认为，要在最少的时间内授予代码所需的最低权限。除非必要，否则不要允许使用管理员权限运行应用程序。部分程序开发人员在编制程序时，没有注意到代码运行的权限，较长时间地打开系统核心资源，这样会导致用户有意或无意的操作对系统造成的严重破坏。

网页中易被攻击的 CGI 程序：大多数 Web 服务器都支持 CGI 程序，以实现一些页面的交互功能。事实上，大多数 Web 服务器都安装了简单的 CGI 程序。黑客们可以利用 CGI 程序来修改 Web 页面，窃取信用卡账号，为未来的攻击设置后门等。

RPC 服务缓冲区溢出：RPC（远程请求）允许一台机器上的程序执行另一台机器上的程序。它被广泛用来提供网络服务（如文件共享），由 RPC 缺陷导致的弱点正被黑客和病毒（如冲击波病毒）广泛利用。有证据显示，大部分拒绝服务型攻击都是通过有 RPC 漏洞的机器执行的。

信任用户的任何输入：如果程序设计人员总是假设用户输入的数据是有效的，并且没有恶意，那么就会造成很大的安全问题。大多数攻击者向服务器提供恶意编写的数据，信任输入的正确性可能会导致缓冲区溢出、跨站点脚本攻击等。

缓冲区溢出：当攻击者提供的数据长度大于应用程序的预期时，就会发生缓冲区溢出，这时数据会溢出到内存空间。程序开发人员没有预料到外部提供的数据会比内部缓冲区大。溢出导致了内存中其他数据结构的破坏，这种破坏通常会被攻击者利用，以运行恶意软件。

2. 用户使用中存在的安全问题

操作系统的默认安装：大多数操作系统、应用程序等为了简化安装过程，激活了尽可能多的功能，安装了大多数用户不需要的组件。软件开发商的设计思想是最好先激活所有软件功能，而不是让用户在需要时再去安装额外组件。这种方法虽然方便了用户，但却产生了很多危险的安全漏洞。因为用户不会主动给不使用的软件安装补丁程序，很多系统安全漏洞就是因为用户根本不知道安装了这些程序。

没有口令或使用弱口令的账号：大多数系统都把口令作为第一层和唯一的防御线。使用易猜的口令或默认口令是一个很严重的问题，但更严重的是有些账号根本没有口令。实际上，所有使用弱口令、默认口令和没有口令的账号都应从系统中清除。选择口令时建议选取一首歌中的一个短语或一句话，将这些短语的非数字单词的第一个或第二个字母，加上一些数字来组成口令，在口令中加入一些标点符号将使口令更难破解。

没有备份或者备份不完整：一些用户虽然经常做备份，但不去确认备份是否有效。

7.3.2 计算机病毒及防治

1. 计算机病毒的定义

20 世纪 80 年代早期出现了第一批病毒。这些早期的病毒大部分是试验性的，并且是相对简单的自行复制的文件，它们仅是简单的恶作剧而已。1994 年 2 月 18 日，我国正式颁布实施的《中华人民共和国计算机信息系统安全保护条例》第二十八条中明确指出“计算机病毒是指编制或者在计算机程序中插入的破坏计算机功能或者破坏数据，影响计算机使用并且能够自我复制的一组计算机指令或者程序代码”。

计算机病毒通常具有以下特征：

（1）传染性：指计算机病毒能够自我复制，将病毒程序附到其他无病毒的程序内，而使之成为新的病毒源，从而快速传播。传染性是计算机病毒最根本的特征，也是病毒与正常程序的本质区别。

（2）隐蔽性：病毒程序一般都隐蔽在正常程序中，同时在传播时也无外部表现，因而用户难以察觉它的存在。计算机病毒潜入系统后，一般并不立即发作，而是在一定条件下激活其传染机制，才进行传染，激活其破坏机制，才进行破坏。

（3）多样性：不同病毒在发作时引起的症状是不一样的，有时同一病毒在不同的发作条件下也呈现出不同的症状。这些症状有的可直接观察，有的难以察觉。

（4）破坏性：病毒的破坏情况表现不一，良性病毒破坏性小，恶性病毒破坏性大。它可占用计算机系统资源，干扰系统正常运行，破坏数据，严重的可使计算机软、硬件系统崩溃。

2. 计算机病毒的分类

计算机病毒的分类方法很多，可以根据破坏的程度大小、攻击的机种和传染的方式等来分类。按传染的方式可分为以下 3 类：

（1）引导型病毒：其特点是当系统启动引导程序时，病毒程序被运行，并获得系统控制权，从而伺机发作。由于磁盘的引导区是磁盘正常工作的先决条件，所以这种病毒的传染性和危害性都较大。

（2）文件型病毒：它感染扩展名为.com、.exe、.ovl 等的可执行文件，这种病毒与可执行文件进行链接，一旦感染的可执行文件运行，计算机病毒即获得控制权。宏病毒攻击 Microsoft Office 文档文件。当运行带病毒的程序时，病毒程序被运行，从而伺机发作。

（3）复合型病毒：它既感染磁盘引导区又感染文件。

3. 计算机病毒的传染媒介

（1）软盘、U 盘和移动硬盘。使用带病毒的软盘、U 盘和移动硬盘使计算机（硬盘、内存）感染病毒，并传染给未被感染的软盘、U 盘和移动硬盘，这些带病毒的软盘、U 盘和移动硬盘在其他计算机上使用，从而造成进一步的扩散。随着网络技术特别是 Internet 技术的发展，软盘正逐渐成为历史，取而代之的是 U 盘和移动硬盘，因此 U 盘和移动硬盘已经成为病毒传播的重要途径。

（2）硬盘。由于用户大量的文件（系统文件、应用文件）一般都存于硬盘，使得硬盘成为病毒的一个重要载体，从而成为重要的传染媒介。

（3）网络传染。利用网络的各种数据传输（如文件传输、邮件发送）进行传染。由于网络传染扩散速度极快，Internet的广泛使用使得这种传染方式成为计算机病毒传染的一种重要方式。

4. 病毒的表现形式

病毒潜伏在系统内，一旦激发条件满足，病毒就会发作。由于病毒程序设计的不同，病毒的表现形式往往是千奇百怪，没有一定的规律，令用户很难判断。但是，病毒总的原则是破坏系统文件或用户数据文件，干扰用户正常操作。以下不正常的现象往往是病毒的表现形式。

不正常的信息：系统文件的时间、日期、大小发生变化。病毒感染文件后，会将自身隐藏在原文件后面，文件大小大多会有所增加，文件的修改日期和时间也会被改成感染时的时间。

系统不能正常操作：硬盘灯不断闪烁。硬盘灯闪烁说明有磁盘读写操作，如果用户当前没有对硬盘进行读写操作，而硬盘灯不断闪烁，这有可能是病毒在对硬盘写入许多垃圾文件，或反复读取某个文件。

Windows 桌面图标发生变化：把 Windows 默认的图标改成其他样式的图标，或将应用程序的图标改成 Windows 默认图标样式，起到迷惑用户的作用。

文件目录发生混乱：例如破坏系统目录结构，将系统目录扇区作为普通扇区，填写一些无意义的数据。

用户不能正常操作：经常发生内存不足的错误。某个以前能够正常运行的程序，在程序启动时报告系统内存不足，或使用程序中某个功能时报告内存不足。这是因为病毒驻留后占用了系统中大量的内存空间，使得可用内存空间减小。

数据文件破坏：有些病毒在发作时会删除或破坏硬盘上的文档，造成数据丢失。有些病毒利用加密算法，将加密密钥保存在病毒程序体内或其他隐蔽的地方，而被感染的文件被加密。

无故死机或重启：微机经常性无缘无故地死机。病毒感染了微机系统后，将自身驻留在系统内并修改了中断处理程序等，引起系统工作不稳定。

操作系统无法启动：有些病毒修改了硬盘引导扇区的关键内容（如主引导记录、文件分配表等），使得硬盘无法启动。某些病毒发作时删除了系统文件，或者破坏了系统文件，使得无法正常启动微机系统。

运行速度变慢：在硬件设备没有损坏或更换的情况下，本来运行速度很快的计算机，运行同样应用程序，速度明显变慢，而且重启后依然很慢。这可能是病毒占用了大量的系统资源，并且自身的运行占用了大量的处理器时间，造成系统资源不足，正常程序载入时间比平常久，运行变慢。

磁盘可利用空间突然减少：在用户没有增加文件的正常情况下，硬盘空间应维持一个固定的大小。但有些病毒会疯狂地传染繁殖，造成硬盘可用空间减小。

网络服务不正常：自动发送电子邮件。大多数电子邮件病毒都采用自动发送的方法作为病毒传播手段，也有些病毒在某一特定时刻向同一个邮件服务器发送大量无用的电子邮件，以达到阻塞该邮件服务器的正常服务功能，造成网络瘫痪，无法提供正常的服务。

5. 计算机病毒检测技术

杀毒软件本质上是一种亡羊补牢的软件，也就是说，只有某一段病毒代码被编制出来之后，才能断定这段代码是不是病毒，才能去检测或者清除这种病毒。从理论上来说，杀毒软件要做到预防全部未知病毒是不可能的。因为，目前微机和软件的智能水平还远远不能达到图灵测验的程度。但是从局部意义上探讨，利用人工智能防范部分未知病毒是可能的，这种可能性是建立在很多先决条件之下的。

所有杀毒软件要解决的第一个任务是如何发现一个文件是否被病毒感染。因此杀毒软件必须对常用的文件类型进行扫描，检查是否含有特定的病毒字符串。这种病毒扫描软件由两部分组成：一部分是病毒代码库，含有经过特别筛选的各种微机病毒的特定字符串；另一部分是扫描程序，扫描程序能识别的病毒数目完全取决于病毒代码库内所含病毒种类的多少。这种技术的缺点是，随着硬盘中文件数量的剧增，扫描的工作量巨大，而且容易造成硬盘的损坏。目前的杀病毒技术有：特征码技术、覆盖法技术、驻留式软件技术、特征码过滤技术、自身加密的开放式反病毒数据库技术、智能和广谱技术、虚拟机技术、启发扫描技术、病毒疫苗等。

（1）360 杀毒软件。360 杀毒软件是 360 安全中心出品的一款免费的云安全杀毒软件。它创新性地整合了五大领先查杀引擎，包括国际知名的 BitDefender 病毒查杀引擎、小红伞病毒查杀引擎、360 云查杀引擎、360 主动防御引擎以及 360 第二代 QVM 人工智能引擎，为用户带来安全、专业、有效、新颖的查杀防护体验。据“艾瑞咨询”数据显示，截至目前，360 杀毒软件月度用户量已突破 3.7 亿，一直稳居安全查杀软件市场份额头名。

360 杀毒软件具有查杀率高、资源占用少、升级迅速等优点，零广告、零打扰、零胁迫，可一键扫描，快速、全面地诊断系统安全状况和健康程度，并进行精准修复。其防杀病毒能力得到多个国际权威安全软件评测机构认可，荣获多项国际权威认证。360 杀毒软件主界面如图 7-30 所示。

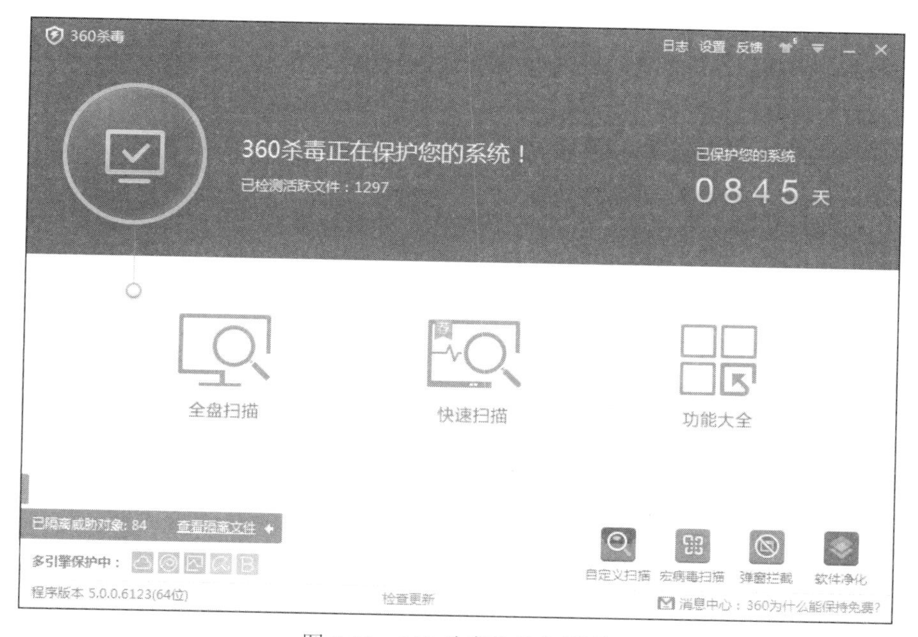

图 7-30　360 杀毒软件主界面

360 杀毒软件的主要特点如下：

1）领先的多引擎技术。国际领先的常规反病毒引擎+360 云查杀引擎+360 第二代 QVM 人工智能引擎+系统修复引擎（360 主动防御引擎），重构优化，强力杀毒，全面保护用户的计算机安全。

2）首创的人工智能启发式杀毒引擎。360 杀毒 5.0 版集成了 360 第二代 QVM 人工智能引擎。这是 360 自主研发的一项重大技术创新，它采用人工智能算法，具备“自学习、自进化”能力，无需频繁升级特征库就能检测到 70%以上的新病毒。

3）优秀的病毒扫描及修复能力。360 杀毒软件具有强大的病毒扫描能力，除普通病毒、网络病毒、电子邮件病毒、木马之外，对于间谍软件、Rootkit 等恶意软件也有极为优秀的检测及修复能力。

4）全面的主动防御技术。360 杀毒 5.0 版包含 360 安全中心的主动防御技术，能有效防止恶意程序对系统关键位置的篡改，拦截钓鱼挂马网址，扫描用户下载的文件，防范 ARP 攻击。

5）全面的病毒特征码库。360 杀毒软件具有超过 600 万的病毒特征码库，病毒识别能力强大。

6）集大成的全能扫描。360 杀毒软件集成上网加速、磁盘空间不足、建议禁止启动项等扩展扫描功能，迅速发现问题，便捷修复。

7）优化的系统资源占用。精心优化的技术架构，对系统资源占用很少，不会影响系统的速度和性能。

8）应急修复功能。在遇到系统崩溃时，可以通过 360 系统急救盘以及系统急救箱进行系统应急引导与修复，帮助系统恢复正常运转。

9）全面防御 U 盘病毒。彻底剿灭各种借助 U 盘传播的病毒，第一时间阻止病毒从 U 盘运行，切断病毒传播链。

10）独有可信程序数据库，防止误杀。依托 360 安全中心的可信程序数据库，实时校验，360 杀毒的误杀率极低。

11）精准修复各类系统问题。“电脑救援”为用户精准修复各类计算机问题。

12）极速云鉴定技术。

360 安全中心已建成全球最大的云安全网络，服务近 4 亿用户，更依托深厚的搜索引擎技术积累，以精湛的海量数据处理技术及大规模并发处理技术，实现用户文件云鉴定 1 秒级响应。采用独有的文件指纹提取技术，甚至无需用户上传文件，就可在不到 1 秒的时间内获知文件的安全属性，实时查杀最新病毒。

（2）诺顿杀毒软件。诺顿杀毒软件（Norton Antivirus）是赛门铁克（Symantec）公司推出的杀毒软件，它可以检测上万种已知和未知的病毒，并且每当开机时，自动防护便会常驻在 System Tray，当从磁盘、网络、E-mail 目录中打开文件时，就会自动检测文件的安全性，若文件内含病毒，会立即警告，并做适当的处理。另外它还附有在线升级功能，可帮助用户自动连上赛门铁克公司的 FTP 服务器，下载最新的病毒特征码库，下载完成后，自动完成安装更新。诺顿杀毒软件简洁易用，比较注重实效，虽然系统资源占用较多，但发现的病毒基本上可以安全地进行处理。

（3）卡巴斯基杀毒软件。卡巴斯基（Kaspersky）杀毒软件来源于俄罗斯，它是一个与诺顿杀毒软件齐名的世界优秀的三大网络杀毒软件之一。卡巴斯基杀毒软件查杀病毒的性能卓越，支持反病毒扫描、驻留后台监视、脚本检测以及邮件检测等，而且能够真正实现带毒杀毒。

卡巴斯基杀毒软件在病毒查杀技术上处于领先地位，不足的方面就是由于保障了病毒查杀的高度准确，在性能方面需要占用太多的系统资源。

7.3.3 黑客攻击的防治

1. 黑客攻击的类型

网络安全威胁可以分为无意失误和恶意攻击，恶意攻击是网络面临的最大威胁，如图 7-31 所示。

图 7-31 黑客对网络安全的攻击

报文窃听：指攻击者使用报文获取软件或设备，从传输的数据流中获取数据，并进行分析，以获取用户名、口令等敏感信息。在 Internet 数据传输过程中，存在时间上的延迟，更存在地理位置上的跨越，要避免数据不受窃听，基本是不可能的。在共享式的以太网环境中，所有的用户都能获取其他用户所传输的报文。对付报文窃听主要采用加密技术。

用户名/口令失密：在行业网络中经常使用拨号线路进行连网，拨号线路一般采用点对点协议（PPP），PPP 需要用户名、口令认证。如果用户名、口令丢失，其他用户就可以伪装成这个用户登录内部网络。对于口令失密的情况，可以采用 Callback（回呼）技术解决。通过 CallBack 技术，可以保证是与设定的对方进行通信。

流量攻击：指攻击者发送大量无用报文占用带宽，使得网络业务不能正常开展。例如接入到城域网中的链路是 10Mb/s 带宽，而上行到网络中心是采用 DDN（如 2Mb/s 的线路），则有可能接收到来自城域网的大量无用报文，正常业务报文发送受到阻碍，因此必须采用访问控制技术来限制非法报文。

拒绝服务（DoS）攻击：指攻击者为达到阻止合法用户对网络资源访问的目的而采取的一种攻击手段。流量攻击也属于拒绝服务攻击的一种。如 SYN Flooding（同步泛滥技术）攻击，该攻击以多个随机的源主机地址向目的主机发送大量的请求连接报文（SYN 包），但是收到目的主机的同步确认（SYN ACK）信号后并不回应，使目的主机长期处于一种连接等待状态，不能响应其他用户的服务。对于 SYN Flooding 攻击，可以通过应用层报文过滤技术进行防御。

IP 地址欺骗：指攻击者通过改变自己的 IP 地址，伪装成内部网用户或可信任的外部网用户，发送特定的报文，以扰乱正常的网络数据传输，或者是伪造一些可接受的路由报文来更改路由，以窃取信息。对于伪装成内部网用户的情况，可采用访问控制技术进行限制。对于外部网络用户，可以通过应用层的身份认证方式进行限制。

2. 防止黑客攻击的策略

数据加密：加密的目的是保护信息系统的数据、文件、口令和控制信息等，同时也可以提高网上传输数据的可靠性，这样即使黑客截获了网上传输的信息包，一般也无法得到正确的信息。

身份认证：通过密码或特征信息等来确认用户身份的真实性，只对确认了的用户给予相应的访问权限。

访问控制：系统应当设置入网访问权限、网络共享资源的访问权限、目录安全等级控制、网络端口和结点的安全控制、防火墙的安全控制等，通过各种安全控制机制的相互配合，才能最大限度地保护系统免受黑客的攻击。

审计：把系统中和安全有关的事件记录下来，保存在相应的日志文件中，例如记录网络上用户的注册信息，如注册来源、注册失败的次数等，或记录用户访问的网络资源等各种相关信息。当遭到黑客攻击时，这些数据可以用来帮助调查黑客的来源，并作为证据来追踪黑客，也可以通过对这些数据的分析来了解黑客攻击的手段以找出应对的策略。

入侵检测：入侵检测技术是近年出现的新型网络安全技术，目的是提供实时的入侵检测及采取相应的防护手段，如记录证据用于跟踪和恢复、断开网络连接等。

其他安全防护措施：不运行来历不明的软件，不随便打开陌生人发来的邮件中的附件，要经常运行专门的反黑客软件，可以在系统中安装具有实时检测、拦截和查找黑客攻击程序的工具软件，经常检查用户的系统注册表和系统启动文件中的自启动程序项是否有异常，做好系统的数据备份工作，及时安装系统的补丁程序等。

7.3.4 防火墙技术

防火墙是防止火灾蔓延而设置的防火障碍。网络系统中的防火墙的功能与此类似，它是用于防止网络外部的恶意攻击对网络内部造成不良影响而设置的安全防护设施。在企业网络安全中，防火墙技术得到了广泛应用。

1. 防火墙的功能

防火墙是由软件或硬件设备构成的网络安全系统，用来在两个网络之间实施访问控制策略。

防火墙内部的网络称为“可信任网络”，而防火墙外部的网络称为“不可信任网络”。防火墙可用来解决内网和外网之间的安全问题。一个好的防火墙系统应具备以下几个方面的特性和功能：

（1）所有内部网络和外部网络之间交换的数据都可以而且必须经过该防火墙。

（2）只有防火墙系统中安全策略允许的数据才可以自由出入防火墙，其他不合格的数据一律禁止通过。

（3）防火墙本身受到攻击后，应当能够稳定有效的工作。

（4）防火墙应当可以有效地记录和统计网络的使用情况。

（5）防火墙应当有效地过滤、筛选和屏蔽一切有害的服务和信息。

（6）防火墙应当能隔离网络中的某些网段，防止一个网段的故障传播到整个网络。

2. 防火墙的类型

硬件防火墙可以是一台独立的硬件设备，也可以在一台路由器上，经过软件配置使其成为具有安全功能的防火墙；防火墙还可以是一个纯软件，如瑞星杀毒软件附带的个人防火墙软件、Windows XP 自带的防火墙软件等。一般来说，相对于软件防火墙，硬件防火墙性能更加稳定，吞吐量和包转发率更高，与此同时，硬件防火墙的抗攻击能力比软件防火墙高很多。

防火墙可分为包过滤型防火墙、代理型防火墙或混合型防火墙。企业级包过滤型防火墙的典型产品有以色列的 Checkpoint 防火墙、美国 CISCO 公司的 PIX 防火墙；企业级代理型防火墙的典型产品有美国 NAI 公司的 Gauntlet 防火墙。

目前市场上大多数企业级防火墙都是硬件产品，它们基于 PC（个人计算机）架构，就是说它们和普通的 PC 没有太大区别。在这些 PC 架构的计算机上运行一些经过裁剪和简化的操作系统，最常用的操作系统有 UNIX、Linux 和 FreeBSD。值得注意的是，由于这类防火墙采用的是别人的操作系统内核，因此依然会受到操作系统本身的安全性影响。硬件防火墙的主要产品有 CISCO PIX 防火墙、美国 Juniper 公司的 NetScreen 系列防火墙、北京天融信科技股份有限公司的网络卫士防火墙等。

（1）包过滤型防火墙。包过滤型防火墙工作在 OSI/RM 的网络层和传输层，它根据数据包头源地址、目的地址、端口号和协议类型等标志确定是否允许通过。只有满足过滤条件的数据包才被转发到相应的目的地，其余数据包则被从数据流中丢弃，如图 7-32 所示。

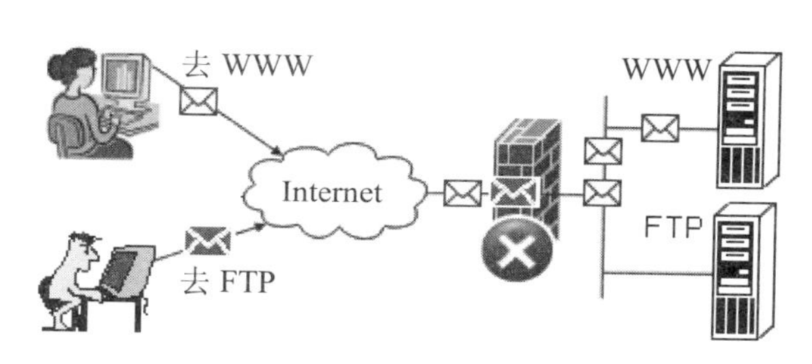

图 7-32 包过滤型防火墙

包过滤是一种通用、廉价和有效的安全手段。它不针对各个具体的网络服务采取特殊的处理方式，因此适用于所有网络服务。包过滤型防火墙之所以廉价，是因为大多数路由器都提供数据包过滤功能，所以这类防火墙多数是由路由器集成的。

（2）代理型防火墙。代理型防火墙是工作在 OSI/RM 的应用层。特点是完全阻隔了网络通信流，通过对每种应用服务编制专门的代理程序，实现监视和控制应用层通信流的作用。其典型网络结构如图 7-33 所示。

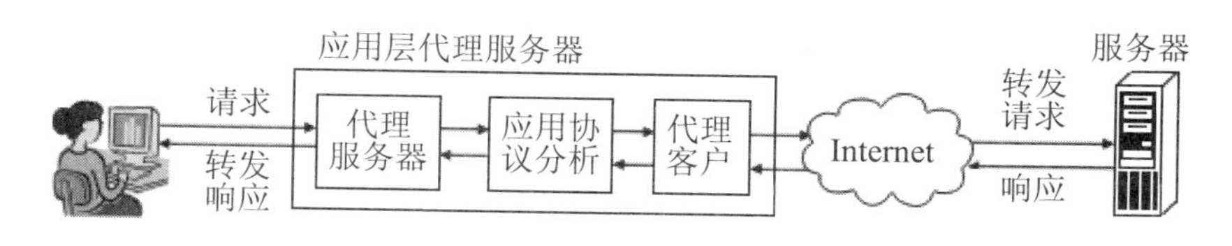

图 7-33 代理型防火墙工作过程

代理型防火墙最突出的优点是安全，由于它工作于最高层，所以它可以对网络中任何一层的数据通信进行筛选保护，而不是像包过滤那样，只是对网络层的数据进行过滤。

代理型防火墙的最大缺点是速度相对比较慢，当用户网关吞吐量要求比较高时，代理型防火墙就会成为内部网络与外部网络之间的瓶颈。因为防火墙需要为不同的网络服务建立专门的代理服务，所以给系统性能带来了一些负面影响。

3. 利用防火墙建立 DMZ 网络结构

DMZ 这一术语来自于军事领域，原意为禁止任何军事行为的区域，即非军事区（也翻译为隔离区、屏蔽子网）。在计算机网络领域，DMZ 的目的是把敏感的内部网络和其他提供服务的网络分开，为网络层提供深度防御。防火墙设置的安全策略和访问控制系统定义和限制了通过 DMZ 的全部通信数据。相反，在 Internet 和企业内部网络之间的通信数据通常是不受限制的。由防火墙构成的 DMZ 网络结构如图 7-34 所示。

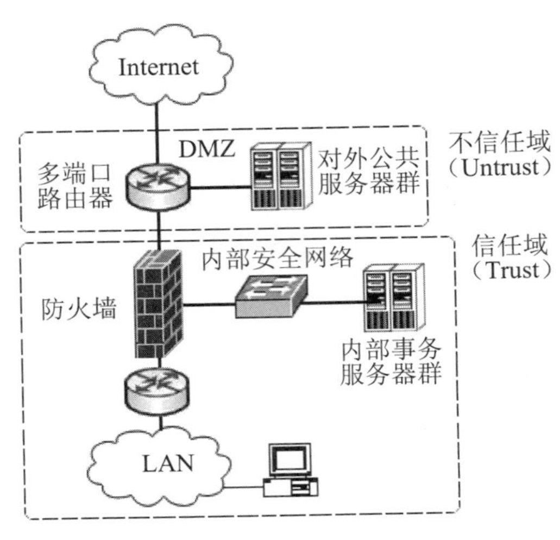

图 7-34　DMZ 网络安全结构

DMZ 内通常放置一些不含机密信息的公用服务器，如 Web、E-mail、FTP 等。这样来自外网的访问者可以访问 DMZ 中的服务，但不可能接触到存放在内网中的公司机密或私人信息等，即使 DMZ 中服务器受到破坏，也不会对内网中的机密信息造成影响。但是，DMZ 并不是网络组成的必要部分。

4. 防火墙的不足

防火墙技术不能解决所有的安全问题，它存在以下不足之处：

（1）防火墙不能防范不经过防火墙的攻击。例如，内部网络用户如果采用拨号上网的接入方式（如 PSTN、ADSL），则绕过了防火墙系统所提供的安全保护，从而造成了一个潜在的后门攻击渠道。

（2）防火墙不能防范恶意的知情者或内部用户误操作造成的威胁，以及由于口令泄露而受到的攻击。

（3）防火墙不能防止受病毒感染的软件或木马文件的传输。由于病毒、木马、文件加密、文件压缩的种类太多，而且更新很快，所以防火墙无法逐个扫描每个文件以查找病毒。

（4）由于防火墙不检测数据的内容，因此防火墙不能防止数据驱动式的攻击。有些表面看来无害的数据或邮件在内部网络主机上被执行时，可能会发生数据驱动式攻击。例如，一种数据驱动式攻击可以修改主机系统中与安全有关的配置文件，从而使入侵者下一次更容易攻击这个系统。

另外，物理上不安全的防火墙设备、配置不合理的防火墙、防火墙在网络中的位置不当等都会使防火墙形同虚设。

7.4 物联网与云计算

7.4.1 物联网

1. 物联网概述

（1）物联网的发展背景。物联网是新一代信息技术的重要组成部分，也是信息化时代的重要发展内容。

物联网的实践最早可以追溯到 1990 年施乐公司的网络可乐贩售机——Networked Coke Machine。

1991 年，美国麻省理工学院（MIT）的 Kevin Ashton 教授首次提出物联网的概念。

1995 年，比尔·盖茨在《未来之路》一书中也曾提及物联网，但未引起广泛重视。

1999 年，美国麻省理工学院建立了“自动识别中心（Auto-ID Center）”，提出“万物皆可通过网络互联”，阐明了物联网的基本含义。早期的物联网是依托射频识别（RFID）技术的物流网络，随着技术和应用的发展，物联网的内涵已经发生了较大变化。

2003 年，美国《技术评论》杂志提出传感网络技术将是未来改变人们生活的十大技术之首。

2004 年，日本总务省（MIC）提出 U-Japan 计划，该战略力求实现人与人、物与物、人与物之间的连接，希望将日本建设成一个随时、随地、任何物体、任何人均可连接的泛在网络社会。

2005 年 11 月 17 日，在突尼斯举行的信息社会世界峰会（WSIS）上，国际电信联盟（ITU）发布《ITU 互联网报告 2005：物联网》，引用了“物联网”的概念。物联网的定义和范围已经发生了变化，覆盖范围有了较大的拓展，不再只是指基于 RFID 技术的物联网。

2006 年，韩国确立了 U-Korea 计划，该计划旨在建立无所不在的社会，在民众的生活环境里建设智能型网络和各种新型应用，让民众可以随时随地享有科技智慧服务。2009 年，韩国通信委员会出台了《物联网基础设施构建基本规划》，将物联网确定为新增长动力，提出到 2012 年实现“通过构建世界最先进的物联网基础实施，打造未来广播通信融合领域超一流信息通信技术强国”的目标。

2008 年后，为了促进科技发展，寻找经济新的增长点，各国政府开始重视下一代的技术规划，将目光放在了物联网上。在我国，同年 11 月在北京大学举行的“知识社会与创新 2.0”第二届中国移动政务研讨会提出移动技术、物联网技术的发展代表着新一代信息技术的形成，并带动了经济社会形态、创新形态的变革，推动了面向知识社会的以用户体验为核心的下一代创新形态的形成，创新与发展更加关注用户，注重以人为本。而创新 2.0 形态的形成又进一步推动新一代信息技术的健康发展。

2009 年，欧盟执行委员会发表了欧洲物联网行动计划，描绘了物联网技术的应用前景，提出欧盟政府要加强对物联网的管理，促进物联网的发展。

2009 年 1 月 28 日，奥巴马就任美国总统后，与美国工商业领袖举行了一次“圆桌会议”，作为仅有的两名代表之一，IBM 首席执行官彭明盛首次提出“智慧的地球”这一概念，建议新政府投资新一代的智慧型基础设施。当年，美国将新能源和物联网列为振兴经济的两大重点。

2009 年 2 月 24 日，IBM 论坛上 IBM 大中华区首席执行官钱大群公布了名为“智慧的地球”的最新策略。此概念一经提出，即得到美国各界的高度关注，甚至有分析认为 IBM 公司的这一构想极有可能上升至美国的国家战略，并在世界范围内引起轰动。

“智慧的地球”战略被美国人认为与当年的“信息高速公路”计划有许多相似之处，同样被他们认为是振兴经济、确立竞争优势的关键战略。该战略能否掀起如当年互联网革命一样的科技和经济浪潮，不仅为美国关注，更为世界所关注。

2010 年我国政府将物联网列为关键技术，并宣布物联网是长期发展计划的一部分。同年，Nest 发布了一款智能恒温器，它可以学习人们的习惯，并自动调节家的温度。Nest 让“智能家居”概念成为众人瞩目的焦点。

2011 年，市场研究机构 Gartner 将物联网添加到他们的“炒作周期”中，这是一个用来衡量一项技术受欢迎程度与其实际效用的图表。

2013 年，谷歌眼镜（GoogleGlass）发布，这是物联网和可穿戴技术的一个革命性进步。

2014 年，亚马逊发布 Echo 智能扬声器，为进军智能家居中心市场铺平了道路。工业物联网标准联盟的成立证明了物联网有可能改变任何制造和供应链流程的运行方式。

2016 年，通用汽车、Lyft、特斯拉和 Uber 都在测试自动驾驶汽车。不幸的是，第一次大规模的物联网恶意软件攻击也得到了证实，Mirai 僵尸网络用制造商默认的用户名和密码来攻击物联网设备，并接管它们，将其用于分布式拒绝服务攻击（DDOS）。

2017—2019 年，物联网开发变得更便宜、更容易，也更被广泛接受，从而导致整个行业掀起了一股创新浪潮。自动驾驶汽车不断改进，区块链和人工智能开始融入物联网平台，智能手机/宽带普及率的提高将继续使物联网成为未来一个吸引人的价值主张。

从长远来看，物联网可能只是一种新的常态，比如通过智能手机控制我们的家将是一件非常简单的事情，实时了解供应链中的每一个项目也将是非常简单的事情。像人工智能和区块链这样的技术正在使我们的设备更加独立和网络化，而“边缘计算”一词的兴起很大程度上是因为人们认识到物联网设备的激增使得往返云端的漫长旅程对本地用户来说不切实际。然而，任何需要大规模采用硬件的事情都需要时间，因此向物联网的转变将是渐进的。这可能也是一件好事，因为它将为我们争取一些时间来解决隐私和安全问题。

（2）物联网的概念。所谓物联网（Internet of Things）是指利用局部网络或互联网等通信技术把传感器、控制器、人员等通过新的方式联在一起，形成人与物、物与物相联，实现信息化、远程管理控制和智能化的网络。物联网是互联网的延伸，它包括互联网及互联网上所有的资源，兼容互联网所有的应用，但物联网中所有的元素都是个性化和私有化的。

物联网概念是在互联网概念的基础上，将其用户端延伸和扩展到任何物品与物品之间，进行信息交换和通信的一种网络概念。

对于“物联网”，国内外普遍公认的是 MIT 自动识别中心 Ashton 教授于 1999 年在研究 RFID 时最早提出来的。在 2005 年国际电信联盟（ITU）发布的同名报告中，物联网的定义和范围已经发生了变化，覆盖范围有了较大的拓展，不再只是指基于 RFID 技术的物联网。

自 2009 年 8 月温家宝总理提出“感知中国”以来，物联网被正式列为国家五大新兴战略性产业之一，写入“政府工作报告”，物联网在我国受到了全社会极大的关注，其受关注程度是在美国、欧盟以及其他各国不可比拟的。

物联网的概念与其说是一个外来概念，不如说它已经是一个“中国制造”的概念，他的覆盖范围与时俱进，已经超越了 1999 年 Ashton 教授和 2005 年 ITU 报告所指的范围，物联网已被贴上“中国式”标签。

2. 物联网的特点与体系

物联网是新一代信息技术的重要组成部分。“物联网就是物物相连的互联网。”这有两层意思：第一物联网的核心和基础仍然是互联网，是在互联网基础上延伸和扩展的网络；第二其用户端延伸和扩展到了任何物品与物品之间，进行信息交换和通信。和传统的互联网相比，物联网有其鲜明的特征。

首先，它是各种感知技术的广泛应用。物联网上部署了海量的多种类型传感器，每个传感器都是一个信息源，不同类别的传感器所捕获的信息内容和信息格式不同。传感器获得的数据具有实时性，按一定的频率周期性地采集环境信息，不断更新数据。

其次，它是一种建立在互联网上的泛在网络。物联网技术的重要基础和核心仍旧是互联网，通过各种有线和无线网络与互联网融合，将物体的信息实时准确地传递出去。在物联网上的传感器定时采集的信息需要通过网络传输，由于其数量极其庞大，形成了海量信息，在传输过程中，为了保障数据的正确性和及时性，必须适应各种异构网络和协议。

再次，物联网不仅仅提供了传感器的连接，其本身也具有智能处理的能力，能够对物体实施智能控制。物联网将传感器和智能处理相结合，利用云计算、模式识别等各种智能技术，扩充其应用领域，从传感器获得的海量信息中分析、加工和处理出有意义的数据，以适应不同用户的不同需求，发现新的应用领域和应用模式。

物联网的体系结构大致被公认有 3 个层次，底层是用来感知数据的感知层，第二层是用于传输数据的网络层，最上面则是与行业需求相结合的应用层，如图 7-35 所示。

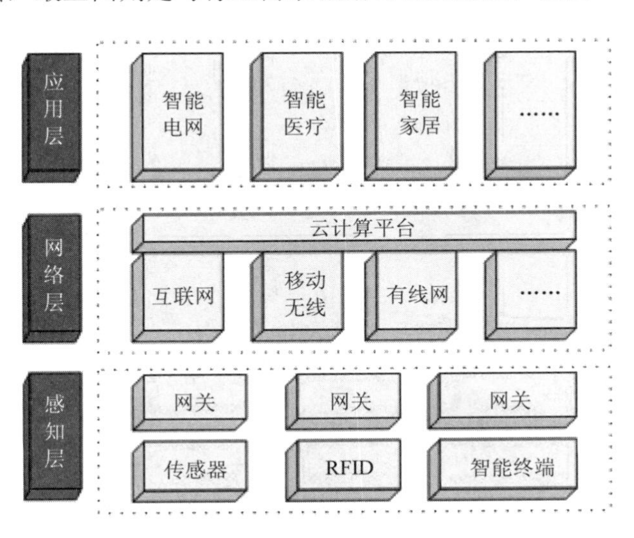

图 7-35　物联网的体系结构图

感知层是让物品说话的先决条件，主要用于采集物理世界中发生的物理事件和数据，包括各类物理量、身份标识、位置信息、音频、视频数据等。物联网的数据采集涉及传感器、RFID、多媒体信息采集、二维码和实时定位等技术。感知层又分为数据采集与执行、短距离无线通信两个部分。数据采集与执行主要是运用智能传感器技术、身份识别以及其他信息采集技术对物品进行基础信息采集，同时接收上层网络送来的控制信息，完成相应动作。这相当于给物品赋予了嘴巴、耳朵和手，既能向网络表达自己的各种信息，又能接收网络的控制命令，完成相应动作。短距离无线通信能完成小范围内的多个物品的信息集中与互通功能，相当于物品的脚。

网络层完成大范围的信息沟通，主要借助于已有的广域网通信系统，把感知层感知到的信息快速、可靠、安全地传送到地球的各个地方，使物品能够进行远距离、大范围的通信，以实现在地球范围内的通信。这相当于人借助火车、飞机等公众交通系统在地球范围内的交流。当然，现有的公众网络是针对人的应用而设计的，当物联网大规模发展之后，能否完全满足物联网数据通信的要求还有待验证。即便如此，在物联网的初期，借助已有公众网络进行广域网通信也是必然的选择，如同 20 世纪 90 年代中期在 ADSL 与小区宽带发展起来之前，用电话线进行拨号上网一样，它也发挥了巨大的作用，完成了其应有的阶段性历史任务。

应用层完成物品信息的汇总、协同、共享、互通、分析、决策等功能，相当于物联网的控制层、决策层。物联网的根本还是为人服务，应用层完成物品与人的最终交互，前面两层将物品的信息大范围地收集起来，汇总在应用层进行统一分析、决策，用于支撑跨行业、跨应用、跨系统之间的信息协同、共享、互通，提高信息的综合利用度，最大程度地为人类服务。其具体的应用服务又回归到前面提到的各个行业应用，如智能交通、智能医疗、智能家居、智能物流、智能电力等。

3. 实现物联网的关键技术

物联网关键技术主要涉及信息感知与处理、短距离无线通信、广域网通信系统、云计算、数据融合与挖掘、安全、标准、新型网络模型，以及如何降低成本等。

（1）信息感知与处理。要想让物品会说话，人要听懂物品的话，看懂物品的动作，传感器是关键。这里有三点需要解决的问题：第一点，物品的种类繁多，各种各样，千差万别，传感器也就种类繁多；第二点，物品的数量大，进行统一编址工作量大；第三点，成本问题，物联网终端由于数量巨大，其成本控制成为关键。

（2）短距离无线通信。短距离无线通信也是感知层中非常重要的一个环节，由于感知信息的种类繁多，各类信息的传输对所需无线频段、通信带宽、通信距离、成本等都存在很大的差别。

（3）广域网通信系统。在物联网中，其信息特征不同，对网络的模型要求也不同。物联网中的广域网通信系统如何改进是需要在物联网的发展中研究的。

（4）数据融合与挖掘。物联网中的信息种类、数量都成倍增加，需要分析的数据量也在增加，还涉及多个系统之间各种信息数据的融合问题，这都给数据计算带来了巨大挑战。

（5）安全问题。它不仅包含信息的保密安全，还新增了信息真伪鉴别方面的安全。

（6）标准。统一标准是任何网络技术的关键，物联网涉及的环节多，终端种类多，其标准也更多。

4. 物联网应用的领域

物联网应用非常广泛，主要有城市管理、环境保护、公共安全、数字家庭、定位导航、物流管理、食品安全控制、花卉栽培、水系监测等。因此，物联网被称为是继计算机和互联网之后的第三次信息技术革命。信息时代，物联网无处不在。

（1）城市管理。

1）智能交通物联网技术可以自动检测并报告公路、桥梁的运行情况，还可以避免过载的车辆经过桥梁，也能够根据光线强度对路灯进行自动开关控制。

2）智能建筑。通过感应技术，建筑物内照明灯能自动调节光亮度，实现节能环保，也能将建筑物的运作状况通过物联网及时发送给管理者。

3）数字图书馆。使用 RFID 设备的图书馆/档案馆，从文献的采集、分编、加工到流通、典藏，RFID 标签和阅读器已经完全取代了原有的条码、磁条等传统设备。将 RFID 技术与图书馆数字化系统相结合，可实现架位标识、文献定位导航、智能分拣等。

（2）数字家庭。有了物联网，就可以在办公室指挥家庭电器的操作运行。在下班回家的途中，家里的饭菜可能已经煮熟，洗澡的热水已经烧好；家庭设施也能够自动报修。

（3）定位导航。物联网与卫星定位技术、GSM/GPRS/CDMA 移动通信技术、地理信息系统（GIS）相结合，能够在互联网和移动通信网络覆盖范围内使用 GPS 技术，使用和维护成本大大降低，并能实现端到端的多向互动。

（4）物流管理。通过在物流商品中植入传感芯片，供应链上的购买、生产制造、包装/装卸、堆栈、运输、配送/分销、出售、服务等每一个环节都能无误地被感知和掌握。

（5）数字医疗。以 RFID 为代表的自动识别技术可以帮助医院实现对病人不间断地监控、会诊和共享医疗记录，以及对医疗器械的追踪等。

7.4.2 云计算

1. 云计算概述

（1）云计算的发展。云计算是继个人计算机和互联网变革之后的第三次 IT 浪潮，也是我国战略性新兴产业的重要组成部分。通过整合网络计算、存储、软件内容等资源，云计算可以实现随时获取、按需使用、随时扩展、按使用付费等功能。

云计算的应用正在迅猛发展。Google、IBM、亚马逊、微软、雅虎、英特尔等 IT 业巨头已经全力投入到云计算争夺战之中，将云计算作为战略制高点。云安全、云杀毒，云存储、内部云、外部云、公共云、混合云、私有云等概念先后形成。美国“互联网和美国人生活研究项目”的一项研究成果显示，约有 70%以上的互联网用户在使用云计算服务。从 2011 年到 2015 年，云计算仍处于起步或初级阶段，但会有一个快速的发展阶段，到 2020 年才可能实现标准化、规范化、社会化，进入趋于成熟的阶段。

（2）云计算的概念。对云计算的定义有多种说法。对于到底什么是云计算，至少可以找到 100 种解释。现阶段广为接受的是美国国家标准与技术研究院（NIST）的定义：云计算是一种按使用量付费的模式，这种模式提供可用的、便捷的、按需的网络访问，进入可配置的计算资源共享池，这些资源能够被快速提供，只需投入很少的管理工作，或与服务供应商进行很少的交互。

云计算是一种商业计算模型，它将计算任务分布在由大量计算机构成的资源池上，使用户能够按需获取计算力、存储空间和信息服务。

这种资源池称为“云”。“云”是一些可以自我维护和管理的虚拟计算资源，通常是指大型服务器集群，包括计算服务器、存储服务器和宽带资源等。云计算将计算资源集中起来，并通过专门软件实现自动管理，无需人为参与。用户可以动态申请部分资源，支持各种应用程序的运转，无需为烦琐的细节而烦恼，能够更加专注于自己的业务，有利于提高效率、降低成本和技术创新。云计算的核心理念是资源池，这与早在2002年就提出的网格计算池的概念非常相似。网格计算池将计算资源和存储资源虚拟成为一个可以任意组合分配的集合，池的规模可以动态扩展，分配给用户的处理能力可以动态回收重用。这种模式能够大大提高资源的利用率，提升平台的服务质量。

之所以称为“云”，是因为它在某些方面具有现实中云的特征：云一般都较大；云的规模可以动态伸缩，它的边界是模糊的；云在空中飘忽不定，无法也无需确定它的具体位置，但它确实存在于某处。之所以称为“云”，还因为Amazon公司将大家曾经称为网格计算的东西，取了一个新名称“弹性计算云”，并取得了商业上的成功。

有人将这种模式比喻为从单台发电机供电模式转向了电厂集中供电模式。它意味着计算能力也可以作为一种商品进行流通，就像煤气、水和电一样，取用方便，费用低廉。最大的不同在于，它是通过互联网进行传输的。

云计算是并行计算、分布式计算和网格计算的发展，或者说是这些计算科学概念的商业实现。云计算是虚拟化、效用计算、基础设施即服务（IaaS）、平台即服务（PaaS）和软件即服务（SaaS）等概念混合演进并跃升的结果。

虽然云计算的概念至今未有较为统一和权威的定义，但云计算的内涵已基本得到普遍认可。从狭义来讲，云计算是信息化基础设施的交付和使用模式，是通过网络以按需要、易扩展的方式获取所需资源，提供资源的网络就被成为“云”，对于使用者来说，“云”可以按需使用，随时扩展，按使用付费。从广义来讲，云计算是指服务的交付和使用模式，是通过网络以按需要、易扩展的方式获取所需的软件、互联网等相关服务或其他服务。

（3）云计算的部署模式。云计算的部署模式一般认为可以分为以下4种。

1）公有云。在此种模式下，应用程序、资源、存储和其他服务都由云服务供应商来提供给用户，这些服务多半都是免费的，也有部分按需、按使用量来付费，这种模式只能使用互联网来访问和使用。同时，这种模式在私人信息和数据保护方面也比较有保证。这种部署模式通常可以提供可扩展的云服务并能高效设置。

2）私有云。这种云基础设施专门为某一个企业服务，不管是自己管理还是第三方管理都没有关系。只要使用的方式没有问题，就能为企业带来很显著的帮助。不过这种模式所要面临的是，纠正、检查等安全问题需企业自己负责，出了问题也只能由企业承担后果。此外，整套系统需要企业出钱购买、建设和管理。这种云计算模式可非常广泛地产生正面效益，从模式的名称也可看出，它可以为所有者提供具备充分优势和功能的服务。

3）社区云。这种模式是建立在一个特定的小组中多个目标相似的公司之间的，共享一套基础设施。所产生的成本由各公司共同承担，因此，所能实现的成本节约效果也并不很大。社区云的成员都可以登入云中获取信息和使用应用程序。

4）混合云。混合云是两种或两种以上的云计算模式的混合体，如公共云和私有云混合。它们相互独立，但在云的内部又相互结合，可以发挥出所混合的多种云计算模式各自的优势。

以上4种云计算模式中，公有云在前期的应用部署、成本投入、技术成熟程度、资源利用效率及环保节能等方面更具优势；私有云在服务质量、可控性、安全性及兼容性等方面的优势相对比较明显；而混合云则兼有几者的优点。

2. 云计算的主要特点

（1）超大规模。“云”具有相当的规模，Google 云计算已经拥有 100 多万台服务器，Amazon、IBM、微软和 Yahoo 等公司的“云”均拥有几十万台服务器。“云”能赋予用户前所未有的计算能力。

（2）以用户为中心的界面。云计算的界面不需要用户改变它们的工作习惯和工作环境；需要在企业用户本地安装的云计算客户端是轻量级的，用户只需使用客户端软件，通过网络调用云计算资源；云计算界面与实际的地理位置无关，可以通过 Web 服务框架和互联网浏览器等界面进行访问。

（3）虚拟化。云计算支持用户在任意位置使用各种终端获取服务。所请求的资源来自“云”，而不是固定的有形的实体。应用程序在“云”中某处运行，但实际上用户无需了解应用程序运行的具体位置，只需要一台笔记本或一个 PDA 就可以通过网络来获取各种能力超强的服务。

（4）通用性。云计算不针对特定的应用，在“云”的支撑下可以构造出千变万化的应用，同一片“云”可以同时支撑不同的应用程序运行。

（5）按需服务。“云”是一个庞大的资源池，用户按需购买，像自来水、电和煤气那样计费。

（6）高可靠性。“云”使用了数据多副本容错、计算节点同构可互换等措施来保障服务的高可靠性，使用云计算比使用本地计算机更加可靠。

（7）高可伸缩性。“云”的规模可以动态伸缩，满足应用程序和用户规模增长的需要。

（8）廉价性。“云”的特殊容错措施使得可以采用极其廉价的节点来构成云；“云”的公用性和通用性使资源的利用率大幅提升；“云”的自动化管理使数据中心管理成本大幅降低；“云”设施可以建在电力资源丰富的地区，从而大幅降低能源成本。因此“云”具有前所未有的性价比。用户可以充分享受“云”的低成本优势，需要时，花费几百美元，一天时间就能完成以前需要数万美元、数月时间才能完成的数据处理任务。

3. 云计算的服务形式

目前，云计算的主要服务形式有软件即服务（SaaS）、平台即服务（PaaS）和基础设施即服务（IaaS）。

（1）云软件即服务。云软件即服务提供给消费者的功能是使用在云基础设施上运行的、由提供者提供的应用程序。这些应用程序可以被各种不同的客户端设备访问，通过像 Web 浏览器这样的客户端界面访问。消费者不直接管理或控制底层云基础设施，包括网络、服务器、操作系统、存储空间，甚至单个应用程序，但有限的特定用户的应用程序配置的设置则可能是个例外。

（2）云平台即服务。云平台即服务提供给消费者的功能是将消费者创建或获取的应用程序，利用提供者指定的编程语言和工具部署到云的基础设施上。消费者虽然不直接管理或控制包括网络、服务器、运行系统、存储空间，甚至单个应用程序的功能在内的底层云基础设施，但可以控制部署的应用程序，也有可能配置应用程序的托管环境。

（3）云基础设施即服务。云基础设施即服务提供给消费者的功能是，消费者不仅可以租用处理、存储网络和其他基本的计算资源，还能够在上面部署和运行任意软件，包括操作系统和应用程序。消费者虽然不管理或控制底层的云计算基础设施，但可以控制操作系统、存储空间、部署的应用程序，也有可能选择网络组件。

4. 云计算的应用

云计算的理念目前迅速推广普及，云计算必将成为未来中国重要行业领域的主流信息产业应用模式。

（1）医药医疗领域。医药企业与医疗单位一直是国内信息化水平较高的行业用户，在“新医改”政策推动下，医药企业与医疗单位将对自身信息化体系进行优化升级，以适应医改业务调整要求。在此影响下，以“云信息平台”为核心的信息化集中应用模式将孕育而生，逐步取代各系统分散为主体的应用模式，进而提高医药企业的内部信息共享能力与医疗信息公共平台的整体服务能力。

（2）电子政务领域。未来，云计算将助力我国各级政府机构“公共服务平台”建设，各级政府机构正在积极开展“公共服务平台”的建设，努力打造“公共服务型政府”的形象。在此期间，需要通过云计算技术来构建高效运营的技术平台，其中包括利用虚拟化技术建立公共平台服务器集群，利用 PaaS 技术构建公共服务系统等方面，进而实现公共服务平台内部可靠、稳定的运行，提高平台不间断服务能力。

（3）电信领域。在国外，Orange、O2 等大型电信企业除了向社会公众提供 ISP 网络服务外，同时也作为“云计算”服务商，向不同行业用户提供 IDC 设备租赁、SaaS 产品应用服务。这些电信企业创新性的产品增值服务也强力地推动了国外公有云的快速发展。

（4）制造领域。随着“后金融危机时代”的到来，制造企业的竞争将日趋激烈，企业在不断进行产品创新、管理改进的同时，也在大力开展内部供应链优化与外部供应链整合工作，进而降低运营成本，缩短产品研发生产周期。未来云计算将在制造企业供应链信息化建设方面得到广泛应用，特别是通过对各类业务系统的有机整合，形成企业云供应链信息平台，进而提升制造企业竞争实力。

（5）金融与能源领域。金融、能源企业一直是国内信息化建设的“排头兵”行业用户，未来云计算模式将成为金融、能源等大型企业信息化整合的主要方向。

（6）教育科研领域。各大高校将根据自身研究领域与技术需求建立云计算平台，并对原来各下属研究所的服务器与存储资源加以有机整合，提供高效可复用的云计算平台，为科研与教学工作提供强大的计算机资源，进而大大提高研发工作效率。

本章小结

计算机网络技术的飞速发展改变了人们的生产生活方式，促进了社会的巨大进步。本章主要介绍了计算机网络的相关知识，包括计算机网络的定义、组成、产生与发展、功能、分类和体系结构，以及局域网的知识，详细讲解了世界上最大的计算机网络——Internet 的工作原理、接入方式和常用的服务，同时介绍了信息系统安全方面的知识，包括计算机病毒、黑客和防火墙技术等，最后对新一代信息技术——物联网和云计算做了简单的介绍。

思考题

1. 计算机网络由哪两个部分组成？各自的作用如何？
2. 计算机网络有哪些常用的性能指标？
3. 计算机网络传输介质主要有哪些？
4. 通信设备主要有哪些？各自的作用如何？
5. 计算机网络的发展大致分为哪几个阶段？
6. 计算机网络都有哪些类别？各种类别的网络都有哪些特点？
7. OSI/RM 模型包含哪七层？每层各起什么作用？
8. TCP/IP 协议有多少层？各层作用如何？
9. IP 地址有几类？如何区分某个 IP 地址属于哪类？
10. CSMA/CD 协议的基本工作原理是什么？
11. 电子邮件的地址格式是怎样的？请说明各部分的含义。
12. Internet 的基本服务有哪些？
13. 试简述 SMTP 通信的三个阶段。
14. 计算机病毒的主要特征有哪些？
15. 计算机病毒的传染途径包括哪些？如何防范计算机病毒？
16. 什么是物联网？其特点是什么？
17. 物联网包含哪三层体系结构？
18. 物联网主要应用于哪些领域？
19. 何谓云计算？其有哪些特点？
20. 云计算有哪些服务形式？